Python
大数据与机器学习实战

谢彦◎编著

電子工業出版社
Publishing House of Electronics Industry
北京•BEIJING

内 容 简 介

随着整个社会信息化、智能化进程的发展，人工智能和大数据技术已成为IT行业的发展趋势，而技术的高速发展和需求的不断增加也产生了巨大的人才缺口。

本书致力于系统地阐释Python大数据和机器学习技术，从数据的采集、存储、清洗，到建立模型、统计分析，最终用前端程序呈现给用户数据展示以及后台的系统服务支持。本书结合了Python数据工具使用、算法原理以及典型实例各个层面，希望读者通过阅读本书，少走弯路，以最小的学习成本获得最大的知识收益。

程序员通过阅读本书可以学习大数据和机器学习行业的具体技能和方法；创业者和产品设计人员通过阅读本书可以了解数据建模的功能、涉及的技术点，以便更好地设计产品。

图书在版编目（CIP）数据

Python大数据与机器学习实战 / 谢彦编著. —北京：电子工业出版社，2020.4
ISBN 978-7-121-38425-7

Ⅰ.①P… Ⅱ.①谢… Ⅲ.①软件工具—程序设计②机器学习 Ⅳ.①TP311.561②TP181

中国版本图书馆CIP数据核字（2020）第023308号

责任编辑：高洪霞　　　　文字编辑：李淑丽
印　　刷：北京虎彩文化传播有限公司
装　　订：北京虎彩文化传播有限公司
出版发行：电子工业出版社
　　　　　北京市海淀区万寿路173信箱　　　　邮编：100036
开　　本：787×980　1/16　　印张：24.5　　字数：517千字
版　　次：2020年4月第1版
印　　次：2022年1月第2次印刷
定　　价：119.00元

凡所购买电子工业出版社图书有缺损问题，请向购买书店调换。若书店售缺，请与本社发行部联系，联系及邮购电话：（010）88254888，88258888。

质量投诉请发邮件至zlts@phei.com.cn，盗版侵权举报请发邮件至dbqq@phei.com.cn。

本书咨询联系方式：010-51260888-819，faq@phei.com.cn。

前　　言

为什么要写这本书？

随着 5G 时代的来临、企事业单位信息化系统的不断完善以及物联网的兴起，数据的收集、传输、存储不再是问题，数据的质量和数量都呈爆发式增长。大数据开发的焦点逐渐从数据收集统计向挖掘新功能、节约成本、创造价值的方向转变，从而催生出大量的应用，并且开始在各个垂直领域开花结果。

人工智能和大数据技术是一门交叉学科，不仅需要计算机领域的知识和算法技术，而且还需要应用领域的相关知识和技巧才能定义和解决问题。可以说，大数据不仅是一门技术，而且是一种思维。机器从数据中学习知识、总结经验，并不断自我进化，整个行业将迎来从信息化向智能化蓬勃发展的时期。

从业者也将面临前所未有的挑战：如何定义问题、选择数据、架构系统、评估工作量、完成工作需要哪些技能……这些问题也随着行业的变化而逐步演进。对于从业者的技术要求越来越高，同时也产生了巨大的人才缺口。

在此时代背景下，大量学生和有经验的程序员都希望能向人工智能和大数据的方向发展，而该领域又涉及系统集成、数据仓库、网络数据获取、统计学、数学基础、机器学习建模以及结果的展示等方面，使得该行业“门槛”比较高。对于日新月异的新兴行业，技术更新迭代速度非常快，目前学校和培训机构开设的课程有限，且水平良莠不齐。在校招时，笔者就发现本科生往往很难达到算法工程师的要求。

那么，如何培养数据工程师并使其在有限的时间内了解整个系统的运行方式，同时出色地完成自身的工作，对学校和企业来说都是必须面对的问题。目前，市场上的大数据书籍和教程基本分为两类：一类偏重算法概念，实用性较差，读者的学习过程比较艰难枯燥，学习之后也很难与实际工作相结合；另一类偏重讲解语言和工具的用法，实例相对简单，与真实应用场景差别较大。

在本书的撰写过程中，笔者遵循全面、实战、目标导向的原则，以在实际工作中大数据工程师需要掌握的技术为目标，系统地讲解了数据工程师的必备技能；由程序员转行的数据工程师也可以从这本书中学习算法和统计学原理，在使用工具时不仅可以知其然，还可以知其所以然。在结构上，本书并没有为保持完整性而用相同篇幅讲解所有功能，而是根据实践经验梳理出常用的问题和场景，让读者用最短的时间，掌握最核心的知识，避免陷入细枝末节中。

本书有何特色？

1. 从系统角度出发

本书涉及大数据工程的方方面面，从问题的定义、数据评估，到具体实现，如数据获取（爬虫）、数据存储（数据库、数据仓库）、特征工程、数据展示、统计分析、建立模型以及简单的前端展示。其中，还涉及数据集群的搭建（Linux、Docker）。本书可以使读者了解数据工作的全貌，学习整个数据系统的运作和相关技能，具有全局思维，而不只是熟悉小范围内的具体工作。企业也可以将本书作为从事与大数据相关工作人员的培训资料。

2. 理论与实际结合

本书从始至终都本着理论和实际相结合的原则，在原理章节（第 7 至 10 章）中阐释原理、推导公式的同时，给出例程并讨论该方法常见的使用场景；在实战章节（第 11 至 16 章）中除了展示前沿算法的使用方法，还介绍了相关概念、公式推导以及源代码。本书把学和用联系起来，既能在学习时了解使用场景，又能在使用时了解其背后的原理和算法演进过程。

3. 主次分明

本书并不是某一具体领域方法的罗列和知识的总结，并不为了保持其完整性使用同等篇幅介绍所有功能。本书更多地着眼于基础知识、常见的需求和方法，尽量将它们组织起来，以解决具体问题的方式偏重关键点，简略说明次要部分。在学习时间和学习难度两方面降低读者的学习成本。

4. 前沿技术

目前，在很多偏重原理的算法书中主要讲解的都是 20 世纪八九十年代流行的算法，这些基础算法都是复杂算法的基础，机器学习从业人员必须了解，但在实用方面，它们早已被当前的主流算法所取代。

本书也使用了一定篇幅讲解基础算法和统计学方法，同时在实战章节中引入近几年的前沿技术，如 NLP 领域的 BERT 算法、图像分割的 Mask R-CNN 算法、机器学习 XGBoost 的原理推导以及源码的讲解。

5. 典型示例

本书后半部分以实例为主，每个实例针对一种典型的问题，包括决策问题、自然语言处理、时间序列、图像处理等，其中大部分代码函数可以直接用在类似的场景中。同时，也在各个章节中加入了示例代码，对于常见问题，读者可快速找到其解决方法并且直接使用其代码。

6. 通俗易懂

本书的语言通俗易懂，并在相对生涩的算法原理章节中加入了大量举例和相关基础知识，尽量让读者在阅读过程中无须查阅其他有关基础知识的书籍，以提高学习效率。

本书内容及知识体系

第 1 章　Python 编程

本章介绍作为大数据工程师需要掌握的基本技术，让读者对数据分析的知识体系有一个整体的认知，然后讲解各种 Python 开发和运行环境的搭建，以及 Python 的基本数据结构和语法、调试技术和常见问题。不熟悉 Python 编程的开发者可通过学习本章掌握 Python 语言的特点和使用方法。

第 2 ~ 4 章　Python 数据分析工具

本部分详细介绍数据处理使用的科学计算库 Numpy、数据操作库 Pandas、数据可视化工具 Matplotlib 和 Seaborn，以及交互作图工具 PyEcharts 的数据处理逻辑和常用方法示例，为后续的数据处理奠定基础。

第 5 ~ 10 章　Python 数据处理与机器学习算法

本部分涉及数据采集、数据存储、特征工程、统计分析，建立机器学习模型的基本概念、原理、具体实现方法、统计方法和模型的选择，以及在实现机器学习算法过程中常用的工具和技巧。其将理论、举例和 Python 代码有机地结合在一起，分别讲解数据处理的每一个子模块。

第 11～16 章　Python 实战

本部分介绍决策问题、迁移学习、图像分割、时序分析、自然语言处理，以及定义问题的方法等几类典型的机器学习问题，兼顾使用场景分析、原理、代码解析等层面，和读者一起探讨在实战中解决问题的思路和方法。

适合阅读本书的读者

- 向人工智能和大数据方向发展的工程师。
- 学习 Python 算法和数据分析的工程师。
- 希望了解大数据工作全流程的行业从业者。
- 希望将数据算法应用于传统行业的从业者（金融、医疗、经济等）。
- 有一定的大数据理论基础，但没有实战经验的研究人员。
- 大数据和人工智能方向的创业者。
- 大数据行业的项目经理、产品经理、客户经理、产品设计师。
- 希望了解人工智能和大数据开发的学生、教师、专业培训机构的学员。

阅读本书的建议

- 对于没有 Python 编程基础的读者，建议从第 1 章开始阅读并演练每一个实例。
- 对于有经验的程序员，建议先通读本书，对大数据相关问题建立整体认知。对于具体的语法以及库的使用方法，不用一次掌握，只需要了解其可实现的功能，在遇到问题时能从书中速查即可。
- 算法章节难度相对较大，但原理非常重要，放平心态认真阅读，绝大部分都能掌握，有些公式推导未必能一次理解，读不懂的部分可先遗留。
- 本书后半部分的实例章节，强烈建议读者在阅读的过程中编程实现和调试，并加入自己的改进方案，因为调试代码的效果要远远大于仅阅读代码的效果。

目　　录

1

第 1 章 Python 大数据开发入门

近两年，大数据和人工智能都非常热门，很多软件开发工程师都希望转行从事相关的工作，或者使用大数据算法解决当前工作中的问题。目前，有关这方面的书籍大多不够系统，有的太偏重理论，读者需要花费大量时间复习数学工具和推导算法，但在遇到实际问题时仍然不知从何下手；有的又太偏重应用，只列举某几类问题的全流程解决方案，但当问题稍有变化时，读者就不能正常使用。

本书结合了模型算法原理、Python 数据处理方法以及具体实例，致力于使读者全面地学习和掌握从集群开发环境、数据抓取、数据预处理、数据分析、数据建模、数据预测到数据展示的全流程。

本章从大数据工程师需要掌握的基本技能开始，介绍 Python 的开发环境、基本语法，以及常见的问题和处理技巧，使读者能够快速地从普通程序开发过渡到 Python 大数据开发当中。

1.1 大数据工程师必备技能

经验丰富的程序员往往能快速掌握某种算法库的使用方法，但是对于算法的选型、调优，则需要更多的理论知识和对算法更深层次的理解。而且算法技术发展很快，有时开发者刚刚熟悉某一工具，很快就有新的工具将其替代，因此只学习算法库的使用还远远不够。

模型和算法只是大数据开发的一部分。在算法的底层，有支撑数据运算和存储的操作系统和服务。在开发前期，需要抓取数据、做特征工程，还有与建立模型同等重要的数据的统计分析。在分析和建模后，还需要以图、表、描述或者应用程序的方式产品化，或者输出有意义的结论。大数据开发的各个步骤环环相扣，非常复杂，针对较大型的项目往往需要实施工程师、DP 工程师、算法工程师、后端工程师和前端工程师配合完成。

大数据开发工程师大部分都从外围，即数据采集、前期处理做起，然后逐渐深入到核心算法；也有一些数学或者统计学专业的工程师从核心算法向周边延展。无论通过哪一种方法，想做好、做精大数据开发都需要对全链路有所了解，另外还需要理解业务数据并在实战中不断磨练。

本书以 Python 数据分析和建模为主，并延展到整条数据链路。下面探讨大数据相关的工作范围。

1. 操作系统

当数据达到一定数量时往往使用集群解决方案，而 Linux 是集群方案的首选操作系统，同时配合 Docker 将常用的库和服务打包在镜像中，这样既屏蔽了不同底层操作系统的差异，又使得在其他机器上安装系统变得非常轻松高效。本章将会介绍 Linux 和 Docker 的安装和使用。

2. 编程工具

目前，数据分析主要使用 MATLAB，SPSS，Stata，R，Python 等。其中，MATLAB 是科学计算的首选工具，但其专业性较强，相对难以上手，并且它是一款商用软件，学习和使用的成本都比较高。Python 和 R 语言也是科学计算领域成熟的编程语言，其中 MATLAB 中的功能一般都可以找到对应的 Python 第三方库。

图形界面的 SPSS 和 Stata 无须学习编程，常被需要对本领域进行数据分析的专业人士使用。久而久之，它们就成为很多专业文章必用的工具，在某些领域中甚至比 Python，R 及 MATLAB 更加流行。

在数据建模方面，由于 R 和 Python 具有易学、易读、易维护等优点，因此它们已成为主流工具。虽然 Java 和 C++也支持一些数据分析建模库，但由于它们的调用方式不如 Python 灵活，因此在数据领域中并不太常用。但由于 C++确实比 Python 更加高效，因此有些 Python 库的底层运算都由 C++实现，上层用 Python 封装，这样在保证接口灵活调用的同时，也保证了运行效率。

Python 强大的第三方库不仅支持科学计算，而且还支持文件管理、界面设计、网络通信等，因此，开发者使用 Python 一种语言即可实现应用程序的完整功能。

本书的多数章节都围绕 Python 数据分析展开，其中涵盖与 Python 数据处理相关的数据结构、数据表支持、图表库、统计库、机器学习模型库及简单的深度学习库，并以实例的方式综合讲解 Python 对各种典型问题的整体解决方案。

3. 数据获取

从文件、数据库或数据仓库获取数据往往是大数据开发的第一步。数据文件和库文件大多是有格式的数据（如医院或学校的信息系统），往往可以直接读取；也有一部分是从其他渠道获取的，比如从他人提供的 Web 接口远程读取的数据，则需要定义格式、转换和保存在本地。

使用爬虫从网络上抓取数据也是不可或缺的手段之一，有时从网络上抓取所有数据，有时从网络上抓取周边辅助数据。例如，在参加数据比赛需要预测人流量并允许使用外部数据时，可能会从网络上抓取相关的天气信息作为特征来提高预测的准确性。本书将在第 5 章介绍数据获取的相关方法。

4. 特征工程

特征工程主要是指在分析和建模之前所做的数据清洗、聚合、生成新特征等工作，开发者对业务的理解和前期经验也常在特征工程的处理中融入数据。例如，根据规则填补数据的缺失值、通过身高和体重生成新特征体重指数 BMI、用 PCA 方法降低数据维度，等等。由于特征工程中的数据处理方法还依赖模型的选择，如使用 PCA 方法降维就会损失模型结果的可解释性，因此在做特征工程时必须要了解业务逻辑、数据分析和模型算法。

本书的第 3 章和第 6 章介绍了 Python 数据表工具 Pandas 及其数据处理工具的使用方法。通过对这些工具的学习，读者可以解决特征工程的大部分相关问题。

5. 统计分析

统计分析方法由来已久，虽然它看起来不如建模预测高级，但是在很多专业领域中仍然是数据分析的主流方法。这一方面是由于在某些复杂领域中，数据比较复杂且数据量并不充足，比如在某类疾病发生率不高的情况下，无法获取足够多的各种情况的实例，这时模型训练和预测效果就不够好。另一方面，一些模型，如神经网络不能提供足够的可解释性，加之黑盒方法的准确率不够高，使其无法应用在敏感和精度要求较高的领域中。

因此，在医学等领域中，统计分析方法仍然占主导地位，该方法可以充分解构出历史数据中所携带的有意义的信息。它通过统计描述，如数据量、缺失量、均值、分位数、高频词等，对数据的概况有所了解，再通过统计假设方法分析自变量与因变量之间的关系。相对于仅用模型预测，它提供对数据多层面的描述和分析，并携带大量信息，即使在使用模型的业务中，也是对模型的重要补充。本书在第 7 章数据分析中介绍常用的统计分析方法。

6. 模型算法

目前，模型算法是解决大数据问题的主流趋势，主要包括机器学习算法和深度学习算法。实际上，深度学习是机器学习的一个分支，但大家常把深度学习以外的其他算法简称为机器学习算法，以示区分。

对于当前成熟的算法，基本上无须自己编写代码，主要通过调用已有的工具库实现。近几年，甚至出现了 Auto-ML 等自动选择建模方法的工具。那么，是否还需要学习模型原理及具体实现呢？究竟是学习机器学习模型还是学习深度学习模型呢？

大多数的模型算法比较复杂，且需要用到较多的数学和概率方面的知识，这也是数据分析中学习难度最大的部分。本书的第 8 章主要介绍机器学习算法的原理和工具的使用方法，第 12 章结合图像处理实例介绍深度学习的基本原理和工具的使用方法，其主要目的是让读者理解它们的原理，以便对其更好地选择和使用，以及在必要时可以根据需求对模型做简单的修改和定制，以实用为主。

7. 图表

数据分析和模型算法结果的展示都会用到图表，其分为作图和展示统计表两部分。表格常用于高效、简洁地展示信息，如原始数据内容的展示、用三线表或者表格文件输出的方式展示统计结果、模型预测报告等。Pandas 提供将图表保存成多种数据文件以及导出成 HTML 格式网页的方法，这将在第 5 章详细介绍。

有些无法通过文字或者数值描述的更复杂的数据，如时序数据、展示特征相关程度的散点图、多特征相关性的热力图、展示分类结果的 AUC-ROC 曲线等，都可以使用作图方式直观地展示信息。本书的第 4 章将由浅入深地介绍三种 Python 作图工具的使用方法。

8. 应用程序

建立应用程序是数据处理的最后一步，往往也是数据处理的目标：将分析和预测结果呈现给用户，并作为软件或者软件模块在具体的工作流程中发挥作用。这涉及编写前端软件，即在常见的 B/S 架构中，服务端以 WebService 的方式提供使用界面。它的好处在于不依赖操作系统，无须安装，用手机或电脑等各种终端即可访问。当对界面要求较高时，一般使用 JavaScript 开发，Python 内部也支持 Flask 库实现相对简单的 WebService 功能，以及和 JavaScript 配合使用。该部分不是本书的重点，只在第 5 章最后部分简要介绍，以完善整个数据处理流程。

1.2　Python 开发环境

在学习 Python 的初级阶段，为了方便使用，开发者往往选择 Windows 系统作为开发环境。而大数据开发往往涉及数据的获取和存储、服务的部署、搭建大数据集群，以及在同时使用多台服务器协同计算时的任务调度和负载均衡等，从集群化、效率及扩展性等方面考虑的话，建议使用 Linux+Docker+Jupyter 的解决方案。下面介绍在 Windows 和 Linux 两种环境下创建 Python 开发环境。

1.2.1　Windows 环境

1. 安装 Python 工具

在 Windows 系统中安装 Python 环境，需要先从 Python 官网下载安装包。

选择其最新版本，在 Windows 环境下建议下载“Windows x86-64 executable installer”可执行的安装包，在安装时建议选择“Add Python 3.7 to PATH”，以便之后在 Windows 命令行 cmd 环境下也可直接使用 Python 及相关工具，设置界面如图 1.1 所示。

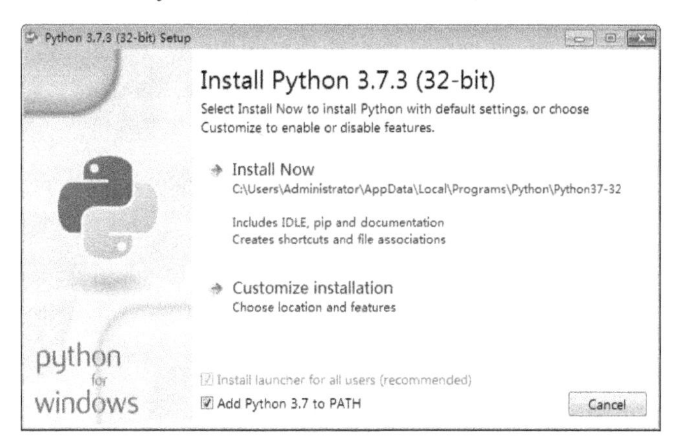

图 1.1　Python 安装界面

安装完成后，就可以在命令行通过命令“python”或者通过开始菜单的程序打开 Python 界面。Python 安装包中自带包管理工具 pip，它具有对 Python 包的查找、下载、安装、卸载等功能，使用它可以安装 Python 的第三方软件，如安装基于 Web 的 Python 集成开发环境 Jupyter。

```
01   $ pip install jupyter        # 安装 Jupyter
02   $ jupyter notebook           # 运行 Jupyter
```

运行 Jupyter Notebook 后会自动启动默认浏览器，通过 URL 连接 Python 开发环境，输入的命令将被传到后台服务器进行处理，处理后将其结果返回浏览器显示。Jupyter 工具将在后续章节中详细介绍。

注意：有些版本的浏览器不支持 Jupyter，建议使用 Firefox 或 Chrome 浏览器。

2. 安装 Anaconda 工具

使用“pip”命令可以安装大多数的 Python 库和工具，但需要手动输入命令逐个安装，比较麻烦。Anaconda 是一款集成工具，包含了 Python，Jupyter，Spyder，conda 等开发工具，以及 Numpy，Sklearn，Pandas，Matplotlib，Seaborn，Scipy 等常用的 Python 科学计算第三方库，共 180 多个工具。其安装包有 500 多兆，支持 Windows，Linux 及 mac OSX 操作系统，可从 Anaconda 官网下载最新版本。

在安装过程中，建议在 Option 界面勾选“Add Anaconda to the system PATH environment variable”，以便之后在 Windows 命令行 cmd 环境下也可直接使用 Python，Jupyter 等工具，设置界面如图 1.2 所示。

安装完成后，在开始菜单的程序中可以看到 Anaconda3，其子菜单中包括了 Jupyter，Spyder 等软件，在 cmd 命令行中也可通过命令启动 Python，Jpython 及 Spyder 工具。对于初学者建立试验环境，Anaconda 一次性安装了大多数的包，这省去了安装常用第三方库的操作，以及解决了包之间依赖关系的问题。

Anaconda 支持图形界面的包管理工具 Anaconda Navigator，这易于初学者安装工具包。同时，它也支持命令行 Anaconda Prompt，通过使用 conda 命令支持更加灵活的包管理。在 Windows 系统中开发 Python，除了 Jupyter 也可以使用 Anaconda 中安装的 Spyder 集成开发环境。Spyder 是由 Python 的作者编写的一款简单的开发环境，用法类似于 MATLAB。常用的 Windows Python 开发环境还有 PyCharm。

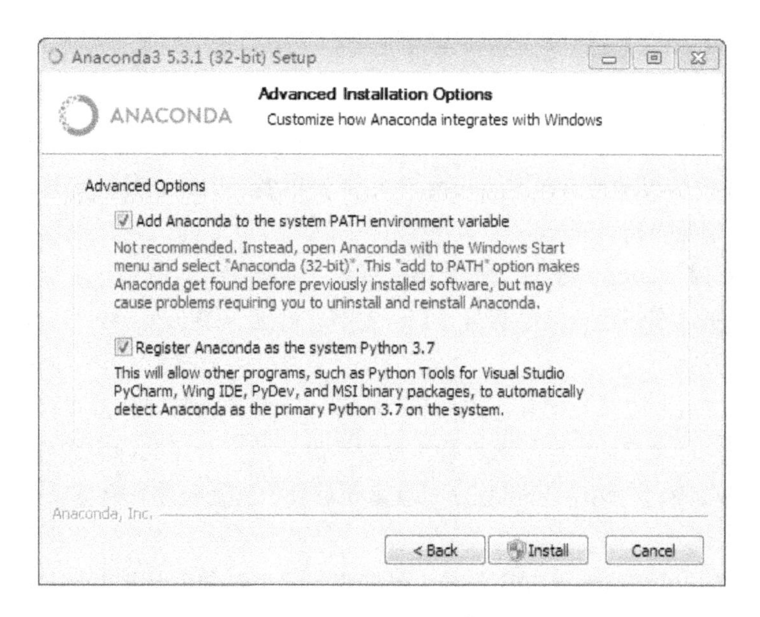

图 1.2　Anaconda 安装界面

1.2.2　Linux 环境

作为高级开发人员，需要设计的不仅包括代码的编写，而且还包括数据相关的整个流程，即从定义问题到可行性分析，到系统架构设计软硬件资源的部署，以及数据的获取、存储、分析、建模，最终将分析研究成果产品化。

大数据开发不仅涉及使用程序分析和处理数据，还涉及整个数据处理流程的方方面面。当业务量和数据量达到一定量级后，就需要设计集群解决方案，即部分机器用于存储、部分机器用于运算、部分机器用于提供服务，或当从外部采集数据时要考虑到系统的安全性和稳定程度，还需要规划存储和主要调度服务的备份。

Linux 是高性能计算（High Performance Computing，HPC）首选的操作系统。在 2018 年 6 月的超级计算机 500 强榜单中，所有的机器都运行 Linux 系统。由于 Linux 具有开源的特性，因此其上有大量软件可供选择，而开源又使开发者在使用时不仅能知其然，还能知其所以然。对于一些说明文档不多的软件，也可通过阅读源码了解其功能和工作流程，必要时还可以修改、定制。从成本方面来看，Linux 上的大量免费软件都能更好地控制开发成本。从集群方案方面来看，Linux 在服务集群解决方案方面已经相当成熟。从技术支持方面来看，开源社区、企业和个人开发的支持率也比较高，相关的文档和参考资料很多。从运行效率来看，Linux 支持从内核到上层应用的各层级的定制和剪裁，这使得各个节点能更加专注于其自身功能，也使其运行效率更高且更加安全。

云服务也是大数据常用的解决方案，可按需租用，有的云计算服务还按小时租用，使用云服务可以极大地节约服务器的采购和维护成本与时间成本。云服务一般都支持 Linux 和 Windows 两种系统。相对来说，Windows 占用资源更多，同等业务就需要更高的配置，而从本地登录到云端服务时，Windows 需要远程桌面或者类似的工具，信息都基于图片或视频数据压缩传输。而 Linux 在支持图形界面的同时，也支持 ssh 命令行连接，以字符方式传输。因此，无论是效率还是传输数据量，Linux 都远远优于 Windows。可以说，Linux 是公认的服务器解决方案。

由于 Linux 也是大数据开发必备的系统，因此，读者需要掌握其基本操作。本书涉及了数据分析相关的集群知识，尤其在学习第 5 章数据库及数据仓库的访问和修改时，建议安装 Linux 系统，以便调试本书中的所有程序（除第 5 章外的其他程序，也可以在 Windows 系统中正常运行）。

如果读者想深入学习 Linux 操作系统，最好将它直接安装到计算机硬件上，这样能让系统运行得更高效。对于不熟悉 Linux 系统的读者来说，需要先学习硬盘分区并保留计算机中原有的操作系统，这相对比较复杂，容易误操作，因此，建议先用虚拟机方式安装。

虚拟机就像是安装了另一台计算机，其与宿主机（安装虚拟机软件的计算机）的软件隔离，方便环境的迁移，使用虚拟机可以部分解决环境不一致和现场软件安装的问题。

下面介绍在 Windows 环境下安装 Linux 虚拟机的基本方法。在 Windows 系统中只要是 Windows XP 以上系统都可正常安装，虚拟机选用 VirtualBox 或者 VMware。本例中使用了 VirtualBox-5.1.26 版本，Linux 系统使用了 Ubuntu 16.04。先下载 Ubuntu 安装盘的 ISO 镜像文件和 VirtualBox 软件，安装后，VirtualBox 界面如图 1.3 所示。

注意：Linux 的版本可以使用 Ubuntu，也可以使用 CentOS，不用过分纠结它们的具体版本，因为后期开发的相关软件都安装在 Docker 中，和操作系统关系不大。

安装方法如下：先新建虚拟电脑，选择其操作系统类型为 Linux，版本为 Ubuntu。然后在内存大小界面设置其内存在 2G 以上（一般为宿主机内存的一半），在虚拟硬盘界面选择“现在创建虚拟硬盘”创建“vdi（VirtualBox 磁盘镜像）”，并选择“动态分配”其大小，这样可使虚拟机随着存储数据的增加逐渐占用存储空间，选择虚拟盘的位置并建立空间为 20G 以上（建议为 50G）的虚拟硬盘，完成创建虚拟机。

选择已创建的虚拟机，在其设置界面的存储选项卡中添加虚拟光驱，选择下载 Ubuntu 安装盘的 ISO 文件，设置完成后启动该虚拟机，即可看到虚拟机从光盘启动，启动后的界面显示如图 1.4 所示。

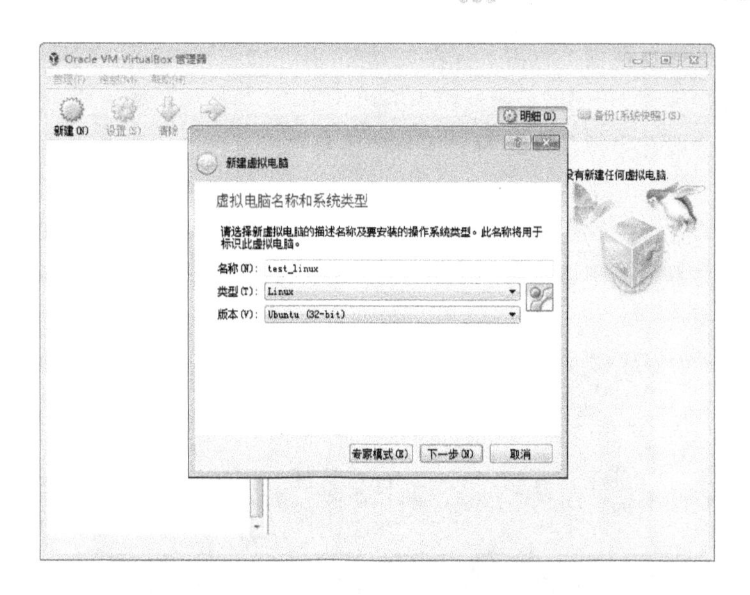

图 1.3　VirtualBox 虚拟机界面

图 1.4　Ubuntu 安装界面

在左侧选择语言为“中文（简体)”、右侧选择“安装 Ubuntu”后，在“准备安装”界面选择“继续”；在“安装类型”界面，如果之前未安装过 Ubuntu 系统，并且在虚拟机中安装，则选择其默认选项“清除整个磁盘并安装”，此时的“清除”指清除虚拟机中的内容，不会影响 Windows 系统。对于熟悉 Linux 的开发者或者是在非虚拟机中安装，可以选择“其他选择”，手动设置分区，这样可以使 Linux 与计算机中其他操作系统并存，在此不深入讨论。本例中选择其默认选项，点击“现在安装”，并在确认框中选择“继续”。

接下来选择时区为“上海”，键盘布局为“汉语”，并按提示输入用户名和密码。此后，系统开始安装，一般在等待几分钟到十几分钟后安装结束，重启即可启动新安装的 Ubuntu 系统。

在 Linux 系统中，主要使用终端通过命令行的方式安装服务和运行程序。在桌面的左上角的“搜索您的计算机”中输入“gnome-terminal”找到终端，打开即可输入命令，终端界面如图 1.5 所示。

图 1.5 Ubuntu 操作系统终端界面

在安装好系统后，虚拟机和宿主机还不支持共用剪切板、文件共享，以及根据窗口大小自动调节分辨率等功能，这就需要安装增强功能。在虚拟机的设备菜单中，选择“安装增强功能”，安装完重新启动，然后在设备菜单的共享粘贴板子菜单中选择双向，剪切板等功能就可以正常使用了。

注意：本书下文中的操作系统环境默认为 Ubuntu 环境，不再涉及 Windows 及 VirtualBox 虚拟机的调用关系。

1.2.3 Docker 环境

由于程序开发和程序部署往往不在同一台计算机上，而很多时候还需要按照客户要求定制系统，而我们编写的程序经常依赖于其他 Python 库及系统底层软件，这时还需要注意其各个版本之间的依赖关系。由于安全和保密的原因，一些客户部署场地需要内外网隔离使得软件不能联网自动安装，必须根据具体环境复制安装大量软件，这大大增加了现场实施的难度，以及发生错误的可能性。

虚拟机适用于在一个系统中安装另一个操作系统，即在一台机器上同时使用两个操作系统。由于虚拟机需要启动整个系统，因此往往占用较多资源，且启动时间长。

目前，搭建集群中的各种服务基本都使用 Docker。Docker 是包含虚拟系统、程序运行、打包、管理等方法的一整套解决方案。它可以将具体的应用从基本系统中剥离出来，如可以将 MySQL 数据库、前端服务、模型预测分别打包成不同的 Docker 镜像。在集群中，当需要在某一台机器上运行数据库时，就可以把 MySQL 镜像复制到该物理机器上运行。

相对于虚拟机，Docker 的启动时间更快，占用资源更少，与在宿主机上直接安装和运行软件差别不大。在启动 Docker 时，可指定运行其中的某种应用程序，同时 Docker 还提供工具快速建立 Docker 镜像。镜像的版本管理工具可以让使用者快速切换到某一版本，且占用更少的存储空间。

网络上有很多其他人发布的 Docker 镜像，下载到本地后无须考虑其宿主机的软硬件环境即可直接使用，这可以大大减少运维的工作量。

即使有系统运维工程师搭建系统，而作为大数据开发人员也需要掌握基本的 Docker 技能。Docker 的功能很多，有专门的书籍介绍其功能和用法，本书第 5 章中介绍的 Python 访问数据库及数据仓库都是基于数据库和数据仓库的 Docker 镜像实现的。本小节只是从实用的角度介绍 Docker 的基本原理，以及最常用的使用方法和使用场景，以便保证读者能正常使用 Docker。

1. 安装 Docker 环境

下面介绍 Docker 工具的基本安装和使用方法，首先在 Ubuntu 系统中安装 Docker 工具。在 Ubuntu 系统中，使用“apt-get”命令安装软件、“sudo”命令将当前用户切换为超级用户“root”，具体命令如下：

```
01  $ sudo apt-get install docker.io
```

安装完 Docker 后，就可以使用“docker”命令了。此时，还只能用“root”身份使用大多数的 Docker 命令，如果想让某个用户操作 Docker，则需要将其加入“docker”组。

```
01  $ sudo usermod -aG docker $your-user # 将新成员加入 docker 组
02  $ sudo service docker restart # 重启 docker 服务
03  $ newgrp - docker # 刷新 docker 成员
04  $ docker run -it ubuntu bash
05  root@894e2dcbbe7a:/#
```

最后一条命令将启动名为“ubuntu”的 Docker 镜像。如果本地不存在“ubuntu”镜像，则会从官网下载。从命令行中可以看到提示符与之前不同，此时就进入了 Docker 所启动系统的命令行，说明已经进入了该镜像，并以交互方式运行“bash”命令（bash 是 Linux Shell

程序），这时可以使用“exit”命令退出 Docker 环境。

通过上述操作可以看到，使用 Docker 只需要一个命令即可安装和启动各种 Docker 环境，比使用虚拟机方便得多。Docker 镜像是一个只有几十兆的小系统，此时可以用“apt-get”命令安装一些软件来构造 Docker 内部环境。

注意： 后面还会用到该容器，建议不要退出，先使用“Ctrl+Shirt+T”组合键以标签页的方式打开另一个终端进行后续操作。

2. Docker 的 C/S 模式

从上面的“service docker restart”命令可以看出，Docker 是 C/S 模式，C 即 Client（客户端），S 即 Server（服务端），服务端与客户端之间通过 Socker 通讯。服务端（即 Docker 系统）在后台运行，客户端用“docker”命令与服务端通讯，通过以下命令可显示 Docker 系统信息。

```
01   $ docker info
```

3. 容器的相关操作

如果把 Docker 看成虚拟机，容器则是虚拟机的运行实例，简单地说就是正在运行着的虚拟电脑。容器是 Docker 的重要概念，对 Docker 的操作主要是围绕它进行的。下面介绍容器的相关操作。

（1）创建和启动容器，“docker run”命令可同时创建和启动容器。在安装 Docker 环境时，用“run”命令启动容器。下面介绍 run 命令的使用方法和主要参数：

```
01   $ docker run [OPTIONS] IMAGE [COMMAND] [ARG...]
```

其主要参数如下：

◎ -d：后台运行容器，并返回容器 ID。

◎ -i：以交互模式运行容器，通常与-t 同时使用。

◎ -t：为容器重新分配一个伪输入终端，通常与-i 同时使用。

◎ -p：将容器端口映射到主机端口（如-p 8890:8888 是把容器中的 8888 端口映射到宿主机 8890 端口）。

◎ -v：将主机目录映射到容器中（如-v /data:/tmp/a 是把主机目录/data 映射到容器中的目录/tmp/a 下；在同一命令行中可使用多组-v 映射多个目录）。

◎ --ip：指定 IP 地址。

◎ --rm：在停止运行（stop）后删除容器，这样在容器关闭后就不再需要用“docker rm”命令删除容器了。

◎　IMAGE：镜像的名字。

◎　COMMAND：需要启动的命令。

上面列出了“docker run”命令最常用的参数，其实它支持的参数还有很多，可以使用以下命令查看。

```
01  $ docker run -help
```

（2）通过以下命令可以查看正在运行的 Docker 容器。

```
01  $ docker ps
```

此时，就能看到正在运行的容器的信息，注意可通过 CONTAINER ID 号操作指定的容器。

在搭建环境的最后一步中，用“docker run”命令启动一个容器，此时再开一个终端，然后用“docker ps”命令就可以看到这个容器的信息了。如果在容器内部运行“exit”命令，退出后再使用“docker ps”命令则看不到该容器。

（3）当执行“docker run”命令启动容器时，常使用-d 参数使容器在后台运行，用“docker exec”命令可与正在运行的容器交互，如使用此命令进入 Docker 并安装一些软件。

```
01 $ docker exec -it CONTAINER_ID /bin/bash
```

该命令可进入正在运行的 Docker 容器，并启动容器中的“bash”。

（4）在容器内部与本地系统之间复制文件。在操作虚拟系统时，常常需要把数据拷入容器，运行之后再把运行结果从容器中拷到本地系统中。在不能上网的环境下，如果想在容器中安装软件，则需要将安装包复制到容器中。使用以下命令将本地文件复制到容器中：

```
01 $ sudo docker cp HOST_PATH CONTAINER_ID:CONTAINER_PATH
```

使用以下命令将容器中的文件复制到本地：

```
01 $ sudo docker cp CONTAINER_ID:CONTAINER_PATH HOST_PATH
```

（5）查看某一容器的 log 信息。

当容器在后台运行时，可能需要捕捉其输出信息。例如，当使用 Docker 在后台运行 Jupyter（Python 开发环境）时，需要获取其输出的 token 信息才能用网页登录。此时，就可以从 log 中查看该 Docker 的输出，具体命令如下。

```
01 $ docker logs CONTAINER_ID
```

（6）停止运行中的容器，命令如下。

```
01 $docker stop CONTAINER_ID
```

（7）删除容器，命令如下。

```
01 $docker rm -f CONTAINER_ID
```

删除之后，容器中的内容将不再保存。run 命令包含建立（create）容器和启动（start）容器两步，相对应的关闭也分为 stop（关闭）和 rm（删除）两步。如果 run 命令在运行时不使用-rm 参数，则停止运行后该容器不会被自动删除，需要用 rm 命令手动删除。

4. 镜像的相关操作

如果把 Docker 看作虚拟机、容器看作虚拟机的运行实例，那么镜像（Image）则可看作存储在硬盘上的虚拟机对应文件。容器是动态的，镜像是静态的。当容器退出和删除后，镜像仍然存在，但需要注意的是在容器中对虚拟系统所做的修改并不会自动保存在镜像中。例如，本次操作在容器中安装了很多软件，退出后，当下次再运行该镜像时，这些软件是不存在的。

为什么 Docker 不像 VirtualBox 和 VMware 虚拟机一样，一边运行一边保存呢？这是因为很多时候在同一台机器上基于同一个镜像可能启动多个容器，如果即时保存，就无法确定镜像中保存的是哪一个容器中的内容。

镜像是容器的基础，一般通过管理镜像来管理容器，以及在不同机器之间传输或共享 Docker 虚拟系统。下面介绍有关镜像的基本操作。

（1）查看镜像。通过以下命令可查看当前可用的镜像，从返回的结果中可以看到之前下载的 Ubuntu 系统，其占用空间为 88.9MB，主版本号 REPOSITORY 为 ubuntu，子版本号为 latest，可通过两个版本号的组合操作该镜像。

```
01  $ docker images
02  # 返回结果
03  # REPOSITORY  TAG       IMAGE ID       CREATED        SIZE
04  # ubuntu      latest   94e814e2efa8   3 weeks ago    88.9MB
```

（2）以 Build 方法制作镜像。当需要保存安装的软件或数据以备下次使用时，就需要重新制作镜像。有两种制作镜像的方法：一种是用“docker build”命令创建新的镜像，另一种是用“docker commit”命令将某一容器中的修改保存成新的镜像。build 方法通过当前目录下名为 Dockerfile 的文件指定基础镜像、安装包、环境变量等，并利用以下命令创建镜像，其中 REPOSITORY 是主版本号，TAG 是子版本号。

```
01  $ docker build -t REPOSITORY:TAG
```

（3）以修改方式制作镜像。build 方法是创建镜像的标准方法，开发者可以从 Dockerfile 文件中清晰地看到新镜像与基础版本镜像的差异。但是当修改项目较多时，DockerFile 文件的内容和逻辑可能非常复杂，这时就可以使用 commit 方法将某容器的内容制作成新镜像，具体方法如下：

```
01  $ docker commit CONTAINER_ID REPOSITORY:TAG
```

其中，CONTAINER_ID 是容器的 ID 号，可通过“docker ps”命令得到。在操作完成之后，使用“docker images”命令就可以看到新的镜像，并通过指定版本号启动不同镜像。新镜像只保存其基础版本的增补，并不会占用太大空间，这相对于虚拟机有明显的优势。在下次启动时，在 run 命令中指定新的版本号（REPOSITORY:TAG）即可用新的镜像启动容器。

另外，还可以通过 TAG 命令修改其版本号。

```
01    $ docker tag 旧版本号新版本号
```

相对来说，build 方法更加规范，能做出比较“干净”的镜像，而 commit 方法相对比较随意，常用于保存工作现场。

（4）删除镜像。在删除镜像前需要先停掉（stop）基于该镜像启动的容器，然后运行 rmi 命令。

```
01    $ docker rmi IMAGE_ID
```

（5）把镜像复制到另一台计算机上。在实际工作环境中，往往是在研发机上制作镜像，然后安装到生产环境中。因为 Docker 的镜像并不是存储在某一单个文件中，所以无法直接复制，需要从一台计算机上导出文件，然后复制到另一台计算机上，再执行导入操作。在需要导出的计算机 A 上执行以下命令：

```
01    $ docker save -o 文件名 IMAGE_TAG
```

将文件复制到需要导入的计算机 B 上，然后执行以下命令。

```
01    $ docker load -i 文件名
```

5. 层

在导出 Docker 文件时，可以看到 Docker 文件占用的空间并不小，内容较多的 Docker 文件往往有几千兆，那么当频繁对 Docker 做修改并生成多个镜像文件时，是否会占用大量存储空间呢？答案是不会的。这是因为镜像是按层存储的，即在 Docker 内部只保存各个版本之间的差异。

层（Layer）是 Docker 用来管理镜像层的概念，因为单个镜像层可能被多个镜像使用，所以 Docker 把层（Layer）和镜像（Image）的概念分开，其中层（Layer）存放镜像层的 diff_id，size，parent_id 等内容。在同一个 Docker 版本管理系统中，只要层（Layer）一致，就只保存一份。

在默认情况下，镜像的存储路径为/var/lib/docker/aufs/，其中的 Layers 文件夹存储的就是镜像层的信息。

在计算机 A 上，镜像的存储是增量的，那么如果用 save/load 方式将镜像复制到另一台计算机 B 上，会不会占很大存储空间呢？答案是不会的。因为镜像的存储是按层堆叠的，同样的层只存储一次，所以在向另一台计算机导入镜像时，会对比和保存新镜像与现存层不同的部分，只是在复制过程中会占用较大空间。

如果想要查看当前 Docker 镜像与其基础版本及各分支的关系，就要先来看看元数据（metadata）。元数据就是关于层的额外信息，不仅包括 Docker 获取运行和构建时的信息，而且还包括父层的层次信息，只读层和读写层也都包含元数据。

用以下命令可获取容器或镜像的元数据：

```
01  $ docker inspect CONTAINER_ID/IMAGE_ID
```

此时，可以看到当前容器或镜像的信息，如镜像的 ID 和 Parent，从而确定其继承关系。

通过对本小节的学习，读者可了解 Docker 的常用方法及基本原理，以便在后面学习了 Python 的 Jupyter 集成开发环境之后，能结合 Docker 和 Jupyter 创建包含 Python 开发环境的 Docker 镜像作为 Docker 的使用实践。

1.3 Python 开发工具

Python 的开发工具有很多，可繁可简，运行简单的 Python 脚本一般使用 Linux 的文本编辑器 vim 编写，使用命令行的“python”或“ipython”命令运行即可；相对复杂的功能一般都使用集成开发环境（Integration Development Environment，IDE）开发，以代码编辑界面为主、支持代码运行以及一些辅助工具。

常用的 Python 集成开发环境有 Eclipse，Spyder，PyCharm，Eric，Jupyter Notebook 等，其中 Jupyter Notebook 并不是最优秀的，但它可以使用浏览器在网络中的任意一台计算机上编写程序，这就使其在大数据开发中尤其是在集群环境下的开发中具有很大的优势。

1.3.1 Python 命令行环境

1. 在 Docker 环境下安装 Python 开发环境

在学习开发工具之前，先要安装 Python 开发环境。本小节介绍在 Docker 环境下安装 Python 基础环境，以及 Jupyter 的 Python 开发环境。首先，搜索可用的 Python 镜像。

```
01  $ docker search python
```

此时会返回多个 Python 镜像文件，选择其中加星最多的名为“python”的镜像，将其下载到本地。

```
01  $ docker pull python
```

下载之后，通过“docker images”命令查看该镜像的基本信息。

```
01  $ docker images|grep python
02  #返回结果：
03  # python  latest   59a8c21b72d4        9 days ago          929MB
```

可以看到，如果不指定子版本号，就会下载最终版本 latest，该镜像大小为 929MB。下一步进入该 Docker 查看系统信息，并使用“apt-get”命令安装 Linux 的文本编辑器 vim。

（apt-get 是 Ubuntu 中的软件包管理工具）。

```
01    $ docker run -it python bash # 以交互方式运行 Docker
02    $ apt-get update
03    $ apt-get install vim
```

使用“pip”命令安装 IPython（Interactive Python 的简称，即交互式 Python）。

```
01    $ pip install ipython
```

此时，IPython 被安装在容器中，当退出容器后，对容器的修改不会被保存。因此，需要用 commit 方法将容器的当前状态保存到镜像中，以备后续使用，可以先用“docker ps”命令查看 CONTAINER_ID。

```
01    $ docker ps
02    # 返回结果
03    # CONTAINER IDIMAGECOMMAND CREATED     STATUS     PORTS      NAMES
04    # cde6197066b7python"bash" 41 minutes ago Up 41 minutes relaxed_snyder
```

由结果可知，CONTAINER_ID 为 cde6197066b7，可用前几个字母代表，再用以下命令将其存储为新的镜像。镜像主版本号仍旧为 python，子版本号为 xy_190405，之后使用“docker images”命令即可查看该镜像。

```
01    $ docker commit cde6 python:xy_190405
02    $ docker images|grep python
03    # 返回结果:
04    # python xy_190405 6ddad238c01d        About a minute ago   1.03GB
05    # python latest 59a8c21b72d4           9 days ago           929MB
```

此时，可看到新增的镜像文件。之后对 Docker 容器的修改如需保存都需要使用 commit 方法或者 build 方法生成新的镜像（简单起见，这里使用了 commit 方法）。

以上介绍了在 Docker 环境下安装 Python 开发环境，后续将会基于上述镜像运行书中的例程。读者也可以在 Windows 或者 Linux 虚拟机上直接安装 Python 环境，但直接安装相对依赖宿主机的软件环境，可能在运行本书后续的例程时需要考虑软件版本匹配的问题。

2. 使用 Python 开发环境

在进入 Docker 内部环境之后，就可以正常使用 Python 和 IPython 了。在命令行中输入“python”即可进入交互式编程。

```
01    $ python
02    >>> print('aaa')# <<<为python 内部提示符
03    aaa
```

也可以用编辑器编写扩展名为“.py”的 Python 程序，并将文件名作为 Python 的命令参数，以运行程序中的代码，例如：

```
01   $ echo "print('aaaa')" > /tmp/a.py#用 Linux 的 echo 命令将文本写入文件
     /tmp/a.py
02   $ python /tmp/a.py
```

IPython 是 Python 的扩展，除了提供 Python 的基本功能，还提供退出后保存历史、Tab 自动补全、内嵌代码编辑、用英文“?”方式获取函数的帮助等功能。在命令行输入“ipython”命令即可进入交互式编程，即 IPython Shell。IPython 还提供浏览器图形界面 IPython Notebook，这将在下一节介绍。

1.3.2 Jupyter 环境

Jupyter Notebook 原名为 IPython Notebook，早期以支持 Python 为主，后来支持 40 多种编程语言。在大数据开发中，Jupyter 是一款基于 Web 的开发工具，开发者可以在一台计算机上启动 Jupyter 的服务端，而在其他计算机上用浏览器通过指定端口开发程序，这是 Jupyter 的最大优势。这种方式可以让开发者利用集群中其他主机的运算资源，并且支持多人使用同一台计算机上的 Jupyter 编写程序。开发者可以使用集群中的任何一台计算机，只要支持普通浏览器（Firefox，Chrome 及 IE 的较高版本）就能进行 Python 程序的开发和调试，尤其适用于当软件环境安装在网络的某台服务器上时，本地用任何一台计算机都可作为终端与之连接进行程序开发。

Jupyter 还支持 Markdown 格式的文件，这可以让我们将带格式的文档、程序，以及程序运行结果保存在同一文件中。

Jupyter 文件扩展名为 ipynb，它是一种文本格式文件，可使用文件编辑器打开，其中包括 Python 源码及一些格式信息，可使用 Jupyter 将其转换成“.py”文件并导出执行。除了导出成 Python 默认的“.py”文件，Jupyter 还支持将其导出成 html，pdf 等格式的文件，这使其在分享或示例代码时非常方便，完全不用考虑代码格式的问题。

“ipynb”格式的文件被广泛使用，如大数据比赛 Kaggle 的程序和说明大多数都是以这种格式编写的，Github 也支持该格式的完美显示，即在 Github 中打开“.ipynb”文件看到的就是分块的代码。

下面介绍 Jupyter 的安装、使用，以及使用 Docker 启动 Jupyter 的方法。

1. 在 Docker 环境下安装和运行 Jupyter

由于 Jupyter 是 C/S 结构，因此需要服务端开放端口供客户端连接，Docker 内部端口需要使用参数-p 映射到其宿主机端口。另外，编写的程序也需要保存在 Docker 之外，以免在关闭容器时丢失数据。在 Docker 启动时，使用参数-v 将宿主机目录映射到 Docker 内部，并用以下命令启动容器。

```
01  $ mkdir $HOME/src
02  $ docker run -v $HOME/src:/home/test/ -p 8889:8888 --rm -it
    python:xy_190405 bash
```

其中，$HOME 指 Linux 下用户的主目录，先在其下建立 src 目录，然后将其映射到 Docker 的“/home/test/”目录下，并将 Jupyter 的默认 8888 端口映射到宿主机的 8889 端口；-it 指以交互方式启动；python:xy_190405 是上一步创建的新镜像的版本号。

在进入 Docker 之后，使用“pip”命令安装 Jupyter，并启动 Jupyter，然后将其网络地址全部设置为 0，以便 Docker 外部可以通过宿主机的 IP 访问 Jupyter。由于 Docker 内部用户为 root，因此在启动时还需要设置参数--allow-root。

```
01  $ pip install jupyter
02  $ jupyter notebook --ip=0.0.0.0 --allow-root
03  # 返回结果：
04  # http://(07bd7592a3bd or 127.0.0.1):8888/?token=f8d000bc67f9f3dc
    d83c2e1de7db98ef4d58331877ccf106
```

在返回结果中包含一个 URL，其中 token 是其连接密码，此时 Jupyter 已经启动并通过 Docker 将其 8888 端口映射到宿主机的 8889 端口。在任何一台连接网络的计算机的浏览器中打开“http://宿主机 IP:8889”，然后输入 token 密码即可连接 Jupyter Notebook。如图 1.6 所示。

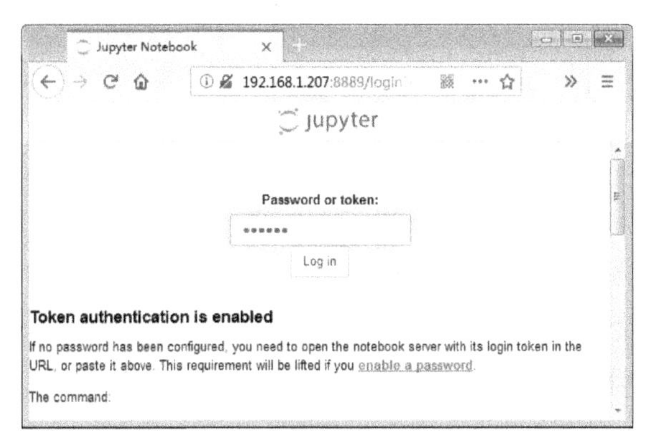

图 1.6　Jupyter 登录界面

至此，虽然 Jupyter 已经可以正常工作了，但是在每次启动时都需要输入 token，另外在启动 Jupyter 时也需要进入 Docker 容器内部输入启动命令，比较麻烦。下面将介绍给 Jupyter 设置固定密码，以及将 Jupyter 启动成后台服务。

在 Docker 内部先查看当前用户的主目录：

```
01    $ env|grep HOME
02    # 返回结果：HOME=/root
```

然后生成 Jupyter 默认的配置文件：

```
01    $ jupyter notebook --generate-config
02    # 返回结果：Writing default config to: /root/.jupyter/jupyter_notebook_config.py
```

并设置密码：

```
01    $ jupyter notebook password
02    # 返回结果：
03    # [NotebookPasswordApp] Wrote hashed password to /root/.jupyter/
      jupyter_notebook_config.json
```

然后使用"echo"命令将 Json 文件中密码的哈希码添加到 jupyter_notebook_config.py 文件中，形如：

```
01    $ cat /root/.jupyter/jupyter_notebook_config.json
02    $ echo "c.NotebookApp.password = 'sha1:81c1fe9e6c55:c5cebe1b23311cc7cee
      93406fa4dce016050ac3d'" >> /root/.jupyter/jupyter_notebook_config.py
```

在输入以上命令时，使用 Json 文件中的 password 内容替换 echo 命令中的哈希码。其中，"echo"命令用于字符串输出，">>"将输出重新定向到文件尾部。在另一终端使用"docker commit"命令对 Docker 的修改保存到镜像，如 python:xy_190408，之后退出 Docker，并使用以下命令设置在启动 Docker 时自动启动 Jupyter。

```
01    $ docker run -v $HOME/src:/home/test/ -p 8889:8888 --rm -d
      python:xy_190408 jupyter notebook --allow-root --ip=0.0.0.0
```

在命令行中，将交互模式-it 改为启动为后台服务-d 并将"jupyter"命令及其参数加入命令行尾部，此时在使用浏览器访问 Jupyter 时即可使用新密码登录。如果想进入已启动的 Docker 容器，就可以使用"dockerexec"命令。首先用"docker ps"命令查看其 CONTAINER_ID，然后指定该 ID 以交互方式连接已启动的 Docker，并运行命令行工具 bash。

```
01    $ docker ps
02    $ docker exec -it CONTAINER_ID bash
```

2. Jupyter 基本用法

登录后的 Jupyter 文件选择界面如图 1.7 所示。

Jupyter 首页显示的内容默认为是在启动 Jupyter 时当前目录中的内容。由于进入该 Docker 后默认进入根目录，因此在该路径下启动 Jupyter 时，界面中就会列出 Docker 中 Linux 根目录的结构。此时，在浏览器中可以编辑和运行已存在的程序，如果还没有 Jupyter Notebook 程序，则可单击右上角的"New"新建程序。在编写和调试程序的过程中，错误提示和运行结果也都会显示在浏览器中。

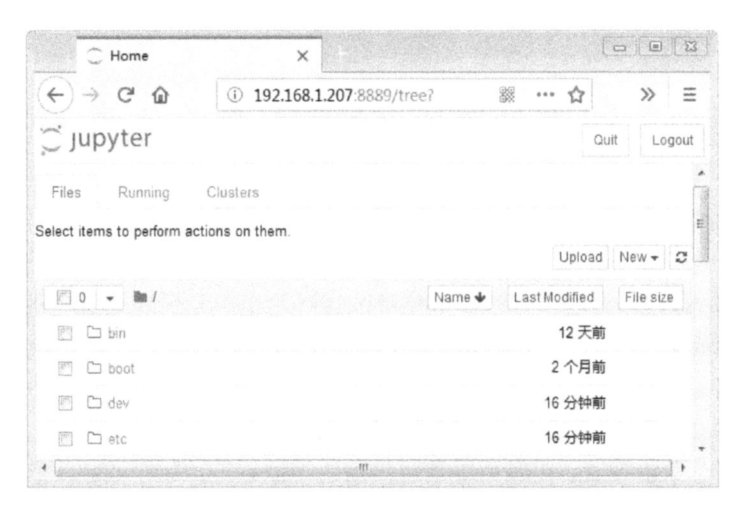

图 1.7 Jupyter 文件选择界面

首先，从目录进入“/home/test”，之前在启动 Docker 时已将该目录映射到宿主机的 $HOME/src 目录下，以便容器关闭后程序不会丢失。然后，单击右上角的“New->Python 3”，新建一个程序（ipynb 文件），程序界面如图 1.8 所示。

图 1.8 Jupyter 程序界面

图 1.8 中的 File，Edit，View，Insert 等都是 Cell 单元，它们是 Notebook 的基本元素，通过 Insert 菜单可添加新的单元。单元分为两种：Markdown 单元（图 1.8 中的第一个单元）和代码单元（图 1.8 中的第二个单元）。

Markdown 单元：一般用于编写注释和说明信息，包括文本格式、插入链接、图片、数学公式等数据。

代码单元：代码单元左边有“In [ ]:”的序列标记，方便查看代码的执行次序。其运行结果显示在本单元下方。

单元有编辑模式和命令模式两种。编辑模式一般用于修改单元内容；命令模式用于对整个单元进行操作，如添加单元、删除单元等。比如，用“Shift+L”组合键控制是否显示行号，用“Shift+Enter”组合键执行当前单元中的代码。在命令模式下单元左侧显示蓝线，在编辑模式下左侧显示绿线，另外按 Enter 键可以切换到编辑模式，按 Esc 键可以切换到命令模式。

在 Cell 菜单中，可以选择运行全部代码，也可以选择运行某个代码单元，以 Cell 为单元运行程序类似于单步调试。代码分块是对代码的功能划分，有时也可以把完全不同的几种思路的程序写在同一个 Notebook 的不同 Cell 单元中，这样在调试过程中只需要运行不同单元即可，非常方便。

3. Jupyter 魔法命令

除基本的 Python 代码外，Jupyter 还支持魔法命令（Magic）。魔法命令包含两类：一类是以%开头的行魔法（Line magic），对单行起作用；另一类是以%%开头的单元魔法（Cell magic），对整个 Cell 起作用。下面介绍几个常用的魔法命令。

（1）查看系统支持的所有魔法命令。

```
01   %lsmagic
```

（2）统计程序执行时间。

```
01   %timeit -n 100000 [i * i for i in range(200)]
02   # 返回结果：
03   # 100000 loops, best of 3: 9.32 µs per loop
```

%timeit 对单行语句执行多次，可用-n 参数设置其运行次数、统计其平均执行时间。在上例中，程序被重复执行了 100 000 次，最快 3 次的平均时长为 9.32µs。

（3）查看当前 Cell 单元运行时间。

%timeit 是运行多次，统计单行代码运行时间；%%timeit 是运行多次，统计代码块运行时间。与 timeit 不同，time 是统计单次运行时间。

```
01   %%time
02   arr = [i * i for i in range(200)]
03   # 返回结果：
04   # CPU times: user 34 µs, sys: 0 ns, total: 34 µs
05   # Wall time: 38.6 µs
```

（4）将 Cell 单元内容写入 Python 文件。

```
01  %%writefile test.py
02  print('aaaaa')
03  # 运行结果：Overwriting test.py
```

运行该单元后，在当前目录下生成 test.py 文件。

（5）运行 Python 程序。

```
01  %run test.py
02  # 运行结果：aaaaa
```

（6）将 Matplotlib 绘制的图片嵌入 Jupyter Notebook 中。

Matplotlib 是最常用的 Python 图表绘图工具。在使用 Jupyter 调用其绘图函数时，其绘制的图片默认以弹出窗口方式显示。而在 Docker 下运行程序或在另一台计算机上运行程序时，往往不能正常弹出窗口，这时需要使用以下命令设置 Matplotlib 绘制的图表显示在浏览器中。

```
01  %matplotlib inline
```

（7）查看当前变量。

```
01  a = 5
02  %whos
03  # 返回结果：
04  # Variable   Type    Data/Info
05  # ----------------------------------------------
06  # a          int     5
```

（8）清除变量。

```
01  %reset
```

（9）加载文件内容。

```
01  %load test.py
```

运行后，test.py 的内容被加载到当前代码块中，形如：

```
01  # %load test.py
02  print('aaaaa')
```

1.4　Python 数据类型

Python 支持六种基本的数据类型：数值（Number）、字符串（String）、列表（List）、元组（Tuple）、集合（Set）、字典（Dict），其中字符串和数值类型与在 Java 和 C 语言中的用法类似，下面主要介绍 Python 的数据类型及其用法，如表 1.1 所示。

表 1.1　Python 的数据类型

类型	关键字	有序	可变	示例
数值	int，bool，float，complex	单值	否	1
字符串	str	是	否	“xxx”
列表	list	是	是	[1,2…]
元组	tuple	是	否	(1,2…)
集合	set	否	是	{1,2…}
字典	dict	否	是	{‘a’:1,’b’:2…}

1.4.1　数值

Python 数值类型的数据包括 int（整型）、float（浮点型）、bool（布尔型）、complex（复数）。数值类型只管理单个元素，用法与在其他编程语言中的类似。Python 变量不需要事先声明，在它赋值时就已被创建，使用 del 语句可将其删除。

例程中使用列表解析方式为变量赋值，即根据已有列表高效创建新列表。

```
01   a,b=1,2
02   print(a,b) # 返回结果： 1 2
03   del a,b
```

1.4.2　字符串

字符串类型用于 Python 字符串的处理，它是一组字符序列，其中的数据有序但不可修改（从例程中可以看到修改后返回了新字符串，原字符串不变），字符格式默认为 utf8。Python 字符串常和正则表达式 re 库共同使用。

下面以示例方式介绍字符串及其主要函数的使用方法。

```
01   string = "hello world!"
02   print(len(string))                    # 计算长度，返回结果：12
03   print(string.find('o'))               # 正向查找字符'o'，返回结果：4
04   print(string.index('o'))              # 正向查找'o'的索引号，返回结果：4
05   print(string.replace('o', '?'))       # 替换字符串，返回结果： hell? w?rld!
06   print("It's a {}".format('book'))     # 格式替换，返回结果：It's a book
07   print(string.split()) # 用空白符切分字符串，返回结果： ['hello', 'world!']
08   print(",".join(['a','b']))            # 连接字符串，返回结果： a,b
09   print(string.endswith('!'))           # 判断尾字符，返回结果：True
10   print(string.startswith('!'))         # 判断首字符，返回结果： False
```

```
11   print(string.isnumeric())          # 判断是否为数值，返回结果：False
12   print(string.strip())              # 移除首尾空字符，返回结果：hello world!
13   print("{} {} {:.2f}".format("hello","world", 3.1415926))
14   # 格式化字符串，返回结果：hello world 3.14
```

1.4.3　列表

列表是 Python 最常用的数据类型，是一组元素序列，支持异构（即其中各个数据项类型可以不同），其中的数据项可以是任何类型，如元组、字典，列表等。列表使用方括号定义，元素之间用逗号分隔。列表中的内容是有序的，可修改，支持通过索引值访问和双向索引，即正数为从左向右索引，负数为从右向左索引（-1 为最后一个元素）。

下例从增、删、查、改几个方面介绍列表的基本操作。

```
01   # 创建两个列表
02   a=[1,2,3,4]
03   b=[5,6,7]
04   # 增
05   a.append(100)                      # 追加元素 100
06   print(a)                           # 返回结果： [1, 2, 3, 4, 100]
07   a.insert(0, 0)                     # 在第 0 个位置插入元素 0
08   print(a)                           # 返回结果： [0, 1, 2, 3, 4, 100]
09   a.extend(b)                        # 连接两个列表
10   print(a)                           # 返回结果： [1, 2, 3, 4, 100, 5, 6, 7]
11   # 删
12   b.remove(5)                        # 删除数据 5
13   print(b)                           # 返回结果： [6, 7]
14   b.pop()                            # 删除最后一个数据
15   print(b)                           # 返回结果： [6]
16   b.clear()                          # 清空所有数据
17   print(b)                           # 返回结果： []
18   # 查
19   print(a[1], a[-1], a[2:4])         # 返回结果 1 7 [2, 3]
20   # 改
21   a[0] = 9                           # 修改第 0 个元素内容
```

列表推导式“list comprehension”用于快速生成列表，是用可迭代对象生成多元素列表的表达式，其语法如下：

[表达式 for 变量 in 可迭代对象]或[表达式 for 变量 in 可迭代对象 if 真值表达式]

例如，生成 20 以内由奇数组成的数组，用列表推导式一行代码即可实现：

```
01   a = [i for i in range(20) if i % 2 == 1]
```

其含义是用 for 迭代访问由 range 函数创建的含有数值 0—19 的列表，用其中不能被 2 整除的数（i）生成新列表。

1.4.4 元组

元组的使用方法类似于列表，也用于表示有序数据的集合，但与列表不同的是它不支持修改。它的操作速度比列表快，是轻量级的数据表示，常用于定义常量和作为字典的键值。元组使用圆括号定义，元素之间用逗号分隔。

由于元组不支持增、删、改等操作，因此下例简要介绍其建立和查询的基本方法。

```
01    # 创建
02    a = (1,2,3,4)
03    # 查询
04    print(a[1:2]) # 返回结果 (2,)
```

1.4.5 集合

集合用于表示一组不重复的元素集合，支持异构。集合使用大括号定义，元素之间用逗号分隔。集合中的元素是无序的，可修改。因为集合中的元素无序，所以其不支持通过索引值访问。

下例从增、删、查、改几方面介绍集合的基本操作。

```
01    # 创建
02    a = {1,1,2,3}
03    print(a)                    # 返回结果：{1, 2, 3}
04    b = {3,4,5,6,7}
05    # 增
06    a.add(4)
07    print(a)                    # 返回结果：{1, 2, 3, 4}
08    # 删
09    # remove, pop, clear 同 list 一样，不再介绍
10    a.discard(9)                # discard 在删除元素时，如果元素不存在也不报错
11    # 查
12    for i in b: print(i)        # 返回结果： 567
13    # 改
14    a.update(b)                 # 更新操作：如果不存在则添加，如果存在则忽略
15    print(a)                    # 返回结果： {1, 2, 3, 4, 5, 6, 7}
```

除了增、删、查、改，集合还支持相关的运算，如差集(-)、并集(|)、交集(&)、子集(issubset)等操作。

```
01    print(a-b)               # 返回结果：{1, 2}
02    print(a&b)               # 返回结果：{3, 4, 5, 6, 7}
03    print(a|b)               # 返回结果：{1, 2, 3, 4, 5, 6, 7}
04    print(a.issubset(a))     # 返回结果： True
05    print(a>b)               # 返回结果：True
06    print(a==b)              # 返回结果：False
```

1.4.6　字典

字典是一组键值对（key/value 映射关系）的集合，键值不能重复，访问速度快。字典使用大括号定义，key 与 value 间用冒号分隔，键值对之间用逗号分隔。字典中的元素是无序的，其内容可修改，字典要求 key 中只能包含不可变的数据。

下例从增、删、查、改几方面介绍字典的基本操作。

```
01    # 创建
02    a = {'a':"one", 2:"two"}
03    print(a)              # 返回结果：{2: 'two', 'a': 'one'}
04    # 增
05    a[3] = 'three'
06    print(a)              # 返回结果：{2: 'two', 3: 'three', 'a': 'one'}
07    # 删
08    a.pop(2)
09    print(a)              # 返回结果：{3: 'three', 'a': 'one'}
10    # 查
11    print(a['a'])         # 返回结果：one
12    print(a.keys())       # 返回结果： dict_keys([3, 'a'])
13    print(a.values())     # 返回结果： dict_values(['three', 'one'])
14    print(a.items())      # 返回结果：dict_items([(3, 'three'), ('a', 'one')])
15    # 改
16    a[3] = '3'
17    print(a)              # 返回结果：{3: '3', 'a': 'one'}
```

1.5　Python 函数和类

相对于 C 语言和 Java，Python 的函数和类的用法更加灵活。Python 用 def 关键字定义函数，除函数的一般格式外，它还支持使用 lambda 定义匿名函数。本节将介绍 Python 的函数和类的基本使用方法。

1.5.1 定义和使用函数

Python 函数的定义和使用方法和其他语言类似，本小节以示例的方式展示 Python 函数区别于其他语言的特殊用法。Python 使用 def 定义函数，返回结果可以是各种数据类型，形如：

```
01  def func(a,b,c):
02      return a+b+c,a*b*c
03  print(func(1,2,3))
04  # 输出结果：
05  (6, 6)
```

使用*arg 方式可支持不定长参数，用**kwargs 方式支持字典类型参数。

```
01  def func2(*arg, **kwargs):
02      print(arg)
03      print(kwargs)
04  func2(1,2,3,x=2,y =3)
05  # 返回结果：
06  # (1, 2, 3)
07  # {'x': 2, 'y': 3}
```

相对的，当调用函数时，如果想将一个数组或字典作为函数参数，就可以使用*实现。

```
01  dic = {'x':2, 'y':3}
02  arr = [1,2,3]
03  func2(*arr,**dic)
04  # 返回结果：同上例一样
```

1.5.2 lambda 匿名函数

匿名函数是不需要使用 def 显示定义的函数，通常用于函数功能比较简单，且在一行之内即可实现的功能，一般只使用一次。lambda 定义函数的表达式看起来比 def 定义函数的更简洁。

举例如下：

```
01  a=lambda x:x+1
02  print(a(3))
03  # 返回结果：4
```

其中，x 是形参，x+1 为函数返回值。在第 3 章 Pandas 部分将用 lambda 表达式实现表处理。

1.5.3 类和继承

类增加了代码的复用性，使代码更便于阅读。Python 用 class 关键字定义类，如果继承自其他类，就将其父类名放在括号内，然后加入冒号和换行。下面用缩进代码作为类的实现，类的构造函数为__init__，其参数是在实例化时需要传入的参数。类中函数的第一个参数指代类的当前实例，在调用时不需要指定参数。

```
01  class Plant():
02      def __init__(self, name):
03          self.name = name
04      def show(self):
05          print("plant", self.name)
06  p = Plant('banana')
07  p.show()
08  # 返回结果：
09  # plant banana
```

下面是类继承的实例：

```
01  class Fruit(Plant):
02   def show(self):
03       print("fruit", self.name)
04  f = Fruit('banana')
05  f.show()
06  # 返回结果：
07  # fruit banana
```

可以看到，它使用了其父类的构造函数，而子类中重写了 show 方法，实现了类的多态性。

1.6 Python 常用库

本节介绍大数据分析计算中常用的 Python 工具库，其中大部分的常用库会在后续的章节中详细说明或者在应用场景中介绍其使用方法，另外的一些库，读者可以在本节中了解其基本功能以及查找其相关资料的方法。

1.6.1 Python 内置库

1. OS 模块

OS 是 Python 标准库中访问操作系统功能的模块，用于屏蔽系统平台的差异。OS 提供的常用功能有查看当前操作系统、查看当前目录、对目录和文件进行增删查改、运行命令、获取环境变量等。

2. SYS 模块

SYS 是 Python 标准库中与解释器交互的模块，用于控制 Python 的运行环境，包括在访问调用程序时使用的参数、退出程序、查看当前加载的模块、控制标准输入输出、查看 Python 解释器的版本号等，其中最常用的是 sys.path。当开发者自建库，或者下载的库未安装到系统默认的 Python 库目录时，常通过修改 path 的值加入新的模块路径，以便使当前程序正常加载该库。

1.6.2 Python 图形图像处理

图形和图像的处理看似和大数据关系不大，但实际上也是大数据计算常用的工具之一。在我们可获取的数据集中，往往包含大量的图像及视频数据，并需要从中提取特征，以便在下一步的分析和建模中使用，而操作的第一步经常是对图像数据格式、大小的归一化处理以及各种转换。同理，数据建模和分析的输出有时也涉及一些图片的相关操作，本小节简要介绍 Python 中的两个图像处理库。

1. Scikit-Image 图片处理

Scikit-Image 也叫 skimage，是 Python 中用于图片处理的第三方库。在安装时，根据 Python 版本的不同，使用其名称 Scikit-Image 或 skimage。

其功能包括从视频或文件中读写数据，显示图像，对图片的大小、颜色、模式、图像增强、去噪等修改，计算边缘、轮廓，以及对图片中像素点的矩阵运算，可以将其看成 PhotoShop 图像处理的 Python 工具。

2. OpenCV 机器视觉

相对于 Scikit-Image，OpenCV 能提供更丰富的功能，这在三维和动态图像处理方面尤为突出。OpenCV 提供了图像的校正、分割前景背景、视频监控、运动跟踪、人脸识别、手势识别等功能，并支持机器学习算法。和很多开源工具一样，它提供基础功能。程序开发者利用对基本功能的组合，适配场景，来实现具体功能。它本身只是一个工具集，不是具体问题的解决方案。如果只在应用层面调用的话，则了解其基本的数据结构、函数接口就可以使用了。

1.6.3　Python 自然语言处理

自然语言处理（Natural Language Processing，NLP）是人工智能领域中的一个重要方向。它研究人机之间通讯的方法，并涉及机器对人类知识体系的学习和应用。从分词、相似度计算、情感分析、文章摘要到学习文献、知识推理都涉及自然语言处理。下面介绍一些自然语言处理的基础库和中文语言语义分析的资源。

在大数据处理时，由于一般数据集中包括大量的文本信息，有时甚至比数值型数据携带的信息更为重要。因此，从中提取特征并将自然语言转换成为模型可识别的数据是经常遇到的问题。

1. NLTK 自然语言处理

学习自然语言处理，一般都会参考 NLTK（Natural Language Toolkit，自然语言处理工具包），主要是学习它的思路，从设计的角度分析其功能。自然语言处理的本质就是把语言看成字符串、字符串组、字符串集，并寻找它们之间的规律。

NLTK 支持多语言处理，目前网上的例程几乎没有用 NLTK 处理中文的，但可以实现。比如，标注功能，因为它自身提供了带标注的中文语库（繁体语料库 sinica_treebank）。

2. Jieba 分词工具

中文与英文差异最大的地方在于，英文中表示意义的最小单位（词）之间以空格分割，而中文的词与词之间没有空格，与词相比单个字表达的意思往往又不完整。因此，中文需要借助工具将句子分词。Jieba 是 Python 的一个中文分词组件。它提供了分词和词性标注功能，能在本地自由使用，并可以很好地和其他 Python 工具结合。实现类似功能的中文分词工具还有 SnowNLP。

3. SentencePiece 切分短语

SentencePiece 是 Google 开源的自然语言处理工具包。它使用面向神经网络无监督学习方法，可从大段文本中切分出意群。

在数据挖掘时，假设有一列特征 T 是文本描述，我们需要将其转成枚举型，或者多个布尔型代入模型，即需要从文本中提供信息构造新特征。首先，可用标点将长句拆分成短句，以短句作为关键字。

其次，再看每个实例的特征 T 中是否包含该关键字，从而构造新的布尔型特征。但有时候表达同一个意思所使用的文本并不完全一致，比如“买三送一”和“买三送一啦！”是一个意思。在这种情况下，我们可以先用 SnowNLP 或者 Jieba 分词把描述拆成单个词，看 T 是否包括该关键字。但这样做的问题在于：可能把一个意思拆成了多个特征，比如“袖子较短，领子较大”被拆成了四个独立的特征“袖子”“较短”“领子”“较大”，失去了组合效果。

我们需要的效果是：如果“袖子较短”这个组合经常出现，就把它当成一个词处理。在 Jieba 中可以用自定义词典的方式加入已知的词，还有一些组合常常出现，但事先并不知道，于是希望机器自动学习经常组合出现的短语和词。SentencePiece 可以解决这个问题，但它需要大量文本来训练。

SentencePiece 的用途不仅仅限于自然语言处理，如大数据竞赛平台 DC 曾经有一个药物分子筛选的比赛，即需要获取长度不固定的氨基酸序列片断，此处就可以用 SentencePiece 进行切分。其原理是将重复出现次数多的片断识别为一个意群（词）。

4. WordNet

WordNet 是由 Princeton 大学的心理学家、语言学家和计算机工程师联合设计的一种基于认知语言学的英语词典。它不是只把单词按字母顺序排列，而是按照单词的含义组成一个“单词的网络”。

它是覆盖范围宽广的英语词汇语义网。名词、动词、形容词和副词各自被组织成一个同义词的网络，每个同义词集合都代表一个基本的语义概念，并且这些集合之间也由各种关系连接。

WordNet 包含描述概念含义、一义多词、一词多义、类别归属、近义、反义等功能。目前，WordNet 只针对英文，中文的中国知网也以词库的方式实现了部分类似的功能。

1.6.4 Python 数据分析和处理

1. Numpy 数据处理

Numpy 全称为 Numeric Python，是 Python 数据运算的第三方库，支持大规模数组和矩阵的运算，具有丰富的数学函数库，是数据分析和高性能计算的基础。它底层的大部分功能都由 C 语言实现，这比 Python 基本数据结构运算的速度快，使用也更方便，因此在科学计算领域中被广泛使用，Pandas，Sklearn 也都以它为基础库。第 2 章将详细介绍 Numpy 库。

2. Pandas 数据操作与分析

Pandas 是数据分析处理的第三方库，基于 Numpy 开发，可以把 Pandas 数据处理看作对数据库中表的操作。它提供数据导入、导出成各种文件格式，数据表的增删查改，简单的数据清洗、统计、聚合、分组、排序等功能。第 3 章将详细介绍 Pandas 库。

3. Matplotlib 绘图

Matplotlib 是 Python 中最常用的图表绘制库，提供类似于 MATLAB 的绘图函数集，支持柱图、饼图、气泡图等 2D 类型的图表绘制，也支持一些 3D 类型的图表绘制。它能控制所绘图像的大小，并能按不同分辨率导出图像，可以绘制绝大多数的图表。

Matplotlib 的缺点是需要手工设置参数，绘制同一图像所需的步骤较多，复杂度较高，相对来说属于比较底层的工具。一些高级的绘图工具，如 Seaborn 就是建构在 Matplotlib 基础上的。第 4 章将详细介绍 Matplotlib 库和 Seaborn 库的使用方法。

4. Scipy 数据计算

Scipy 也是构建在 Numpy 基础上的第三方库，用于支持各种科学计算，如各种数学常量、傅里叶变换、线性代数、微积分、N 维图像、数学函数以及常用的统计函数。其中，统计函数是数据分析的基础。第 7 章将介绍 Scipy 数据计算 Stats 模块中统计函数的使用方法。

5. Sympy 符号运算

SymPy 是 Python 的数学符号运算第三方库，支持符号计算、高精度计算、模式匹配、绘图、解方程、微积分、组合数学、离散数学、几何学、概率与统计、物理学等方面的功能，基本可以解决日常遇到的各种计算问题。在学习算法的过程中，可以使用它实现具体的数学运算。

1.6.5　Python 机器学习

1. Sklearn 机器学习

Sklearn 全称为 Scikit-Learn，是机器学习最常用的第三方库，基于 NumPy，Scipy，MatPlotLib 等基础库。在数据预处理方面，它支持各种缺失值处理、数据降维、归一化、离散化、简单的特征筛选等；在建模方面，它支持无监督学习的聚类和监督学习中的各种分类和回归算法，如线性回归、决策树、随机森林、SVM 等常用算法；在集成模型方面，它支持 AdaBoost，GBDT 等方法。Sklearn 机器学习基本包括了机器学习中的大多数方法。本书第 7 章介绍使用 Sklearn 中的库实现部分算法。

2. TensorFlow 深度学习

TensorFlow 是一个基于数据流编程（Dataflow Programming）的符号数学系统第三方库，最初由 Google 大脑小组的工程师开发，现在主要用于开发深度学习系统，其主要优点是分布式计算，特别是在多 GPU 的环境中能高效地使用资源。

3. Keras 深度学习

TensorFlow 属于比较底层的库，调用方法相对比较复杂，而 Keras 可以视为其上层封装，它提供更具人性化的 API，降低了使用难度，但同时也失去了部分灵活性。除了 TensorFlow，Keras 还支持深度学习的 Theano 作为底层库。

1.7 Python 技巧

除了 Python 的基本语法和调用 API，程序的调试方法也很重要。本节将集中介绍 Python 调试及异常处理的一些技巧。

1.7.1 Python 程序调试

1. 命令行调试工具 pdb

从一个简单例程开始，编写 Python 程序 a.py 如下：

```
01  for i in range(0,3):
02      print(i)
03      print("@@@@")
04      print("###")
```

用 pdb 命令调试程序：

```
01  $ pdb a.py  # 此后看到>提示符，即可以输入命令调试
```

2. 常用 pdb 命令

最常用的命令如下：

◎ 单步调试（进入函数）：s(tep)。
◎ 单步调试（不进入函数）：n(ext)。
◎ 继续往后执行，直到下个断点：c(ont(inue))。
◎ 运行到函数结束：r(eturn)。
◎ 运行到当前循环结束：unt(il)。
◎ 设置断点：b(reak) 文件名:行号（或行号，或函数名）。
◎ 显示当前调用关系：w(here)。
◎ 显示当前代码段：l(ist)。
◎ 显示变量：p(rint) 变量名。
◎ 显示当前函数的参数：a(rgs)。
◎ 显示帮助信息：h(elp)。
◎ 退出：q(uit)。

可以看到，pdb 命令的使用方法与 C 语言的调试工具 gdb 类似。

3. 在代码中设置断点

在使用 Jupyter Notebook 进行开发时，常把功能分块写入 Cell 分别调试，以实现调试代码段的功能。在需要进入函数内部调试或者单步运行时，可以直接在程序中设置断点，其方法是在要设置断点的代码前输入：

```
01  import pdb
02  pdb.set_trace()
```

当程序运行到此处时就出现了 pdb 的命令行，此时可以输入上方的 pdb 命令进行单步调试，也可以在输入框中运行 Python 语句。以上方法在命令行也可以使用。

4. 在程序出错时调出 pdb

在 Jupyter 中加入魔法命令“%pdb”即可在程序出错时调用 pdb，以便调试出错时的具体代码。

1.7.2 去掉警告信息

在 Python 的输出中，有时会在有效输出的信息中出现一些警告信息（warning），使用以下方法可去掉警告信息输出。

```
01  import warnings
02  warnings.filterwarnings('ignore')
```

1.7.3 制作和导入模块

当一个 Python 程序过于庞大时，往往需要将其拆分成多个程序文件“.py”，有时被多个程序调用的公共函数也单独作为“.py”文件，在使用时它们要被其他程序导入。在 Python 中，每个“.py”文件都可以作为模块在其他程序中用 import 导入。

当被导入文件和使用它的文件在同一目录中时，直接通过文件名即可导入。当模块文件较多时，有时也将多个“.py”文件放在一个目录中，即生成包 Package，包的目录下必须包含名为__init__.py 的文件。如果没有该文件，该目录就不会被识别为 Package。

1. 制作模块

下面用例程的方式展示导入同一目录及子目录中的模块。首先建立如下的目录结构，在第一层目录中 main.py 为调用其他模块的主程序；a.py 为被导入的模块 a；tools 为一子目录，其中包含被导入的模块 b.py；__init__.py 是 Package 的标识。

```
├── a.py
├── main.py
└── tools
├── b.py
└── __init__.py
```

然后在程序 a.py 中定义函数 A：

```
01  def A():
02      print("func A")
```

在程序 b.py 中定义函数 B：

```
01  def B():
02      print("func B")
```

在程序 main.py 中分别导入模块 a 和包 tools 中的模块 b：

```
01  import a
02  from tools import b
03  a.A()
04  b.B()
05  # 返回结果：
06  # func A
07  # func B
```

2. 设置模块路径

Python 支持导入三种模块：系统模块、三方模块、自定义模块。当自定义的模块和包在当前目录下时，直接使用 import 导入即可；当模块在 Python 定义的第三方库目录下（如"/usr/local/lib/python3.7/site-packages/"）时，也可以直接导入，大多数第三方模块都以该方式导入。对于自定义模块，可通过添加系统模块路径"sys.path"的方式加入新的模块或包所在路径，以便当前程序正常加载该库，具体方法如下：

```
01  import sys
02  sys.path.append(模块 a 所在路径)
03  import a
04  a.A()
```

3. 重新加载模块

当一个模块被 import 导入多次时，只有第一次加载其内容，其后再导入则加载内存中的内容。在使用 Jupyter 调试程序时，如果调用程序 main.py 和 a.py 模块同步调试，有时修改了 a.py 模块内容后就需要重新加载，此时可使用 reload 方法，具体如下：

```
01  import imp
02  imp.reload(模块名)
```

1.7.4 异常处理

当程序运行出错时会抛出异常，如果不做处理则程序会异常退出。Python 也支持用 try/except 方式捕获异常，其语法规则如下：

```
01  try:
02  程序代码
03  except <异常类> as <变量>:
04      异常处理代码
05  else:
06  异常以外其他情况处理
07  finally:
08  无论是否异常，最终都要执行的代码
```

简单实例如下：以读取方式打开文件 test.txt，当该文件不存在时将抛出异常，如例程中捕获异常并显示具体的异常信息。从返回结果可以看到，在捕捉到异常信息后，程序正常执行了之后的打印信息操作。

```
01  try:
02      f = open('test.txt', 'r')
```

```
03  except Exception as e:
04      print('error', e)
05  print('aaaa')
06  # 返回结果：
07  # error [Errno 2] No such file or directory: 'test.txt'
08  # aaaa
```

1.8 Python 常见问题

在刚开始使用 Python 的过程中，会经常遇到一些常见问题。本节以问答的方式列出常见问题及对应解答。

1. Python 是脚本还是语言

Python 是一种解释型、面向对象、动态数据类型的编程语言。Python 编程可繁可简，它既可以像 Shell 脚本一样，只包括几个简单语句，又可以支持字典、列表、函数、类等复杂的数据结构。它可以构造大型软件，尤其是拥有强大的开源第三方库的支持，以及简便的调用方式，使其在前端界面和后端算法上都表现优异。

2. Python 的程序入口是什么

Python 程序一般以顺序方式执行，这一点与脚本语言类似。在编写相对复杂的程序时，一般把功能放在各个函数中，使用判断__name__方式，判定其主函数入口，如程序 a.py 包含以下代码：

```
01  if __name__ == '__main__':
02      print('a')
```

当程序 a.py 作为主程序执行时，其__name__为'__main__'，而当其作为模块导入到其他程序中时，其__name__为模块名。

3. Python 如何写注释

Python 使用“#”实现单行注释，即“#”之后的内容都视为注释；使用三引号实现多行注释，形如：

```
01  print('aaa') # 打印信息
02  """
03  注释第一行
```

```
04    注释第二行
05    """
```

4. Python 2 与 Python 3 的区别

目前，Python 3 已逐渐占据主流，大部分第三方库同时支持 Python 2 和 Python 3，但由于 Python 3 不向下兼容，有些库只能在某些 Python 版本上运行。建议在系统中同时安装 Python 2 和 Python 3 两个版本，在使用命令时指定其版本，如 python2，python3，pip2，pip3。

Python 2 与 Python 3 的差别很大，比如 Python 2 的 print 语句既可使用空格分割打印内容，也可使用小括号指定其内容，而 Python 3 只支持小括号；又如 Python 3 无须设置字符集也能正常显示中文等。本书中的所有例程都基于 Python 3 环境。

5. 如何描述 Python 的层次结构

Python 依靠空格缩进来表示其语法结构，就像 C 语言和 Java 中大括号的功能一样。但需要注意的是，同一层级中的空格个数必须一致，且 Tab 键生成的空格与 Space 键输入的空格不一样。

2

第 2 章 科学计算 Numpy

Numpy 包含的方法非常多，不能一一列举，本章将重点介绍数据处理和机器学习常用的 Numpy 方法。使用以下命令安装 Numpy 库：

```
01    $ pip install numpy
```

在程序中使用时，需要先导入库，一般将 np 作为 Numpy 的简称（本章中的示例程序均需导入 Numpy 库，在此统一说明）。

```
01    import numpy as np
```

2.1 多维数组

多维数组（n-dimensional array，简称 ndarray），是在数据处理领域中必用的数据结构，类似于基本数据结构中的列表：有序且内容可修改。我们可以将多维数组看成 Python 基本数据类型的扩展，其提供更多的属性和方法。

2.1.1 创建数组

1. 类型转换方式创建

利用类型转换方式创建数组是最常见的数组创建方式，本例中使用 np.array 类型转换方法分别将元组和列表转换成一维数组和三维数组。

```
01    a = np.array((1,2,3))
02    b = np.array([[1,2,3],[4,5,6],[7,8,9]])
```

2. 批量创建

除了手动给每个数组元素赋值，更多的时候是需要创建数组并按照一定规则批量填充数据。下面介绍使用 Numpy 提供的批量创建数组中数据的方法创建初值为 0，终值为 5（不包含终值），步长为 1 的数组。

```
01  a = np.arange(5) # [0 1 2 3 4]
```

创建初值为 2，终值为 5（不包含终值），步长为 1 的数组。

```
01    a = np.arange(2,5,1)  # [2,3,4]
```

创建初值为 2，终值为 5（包含终值 endpoint=True），元素为 4 个的等差数组。

```
01    a = np.linspace(2,5,4) # [2,3,4,5]
```

创建基数为 10 的等比数组，首个元素为 10^0=1，末元素为 10^2=100，共 5 个元素。

```
01    a = np.logspace(0,2,5) # [1 3.16 10 31.6 100]
```

批量创建 N 个相同元素的数组。

```
01    a = np.empty(5) # [0. 0.5 1. 1.5 2.]创建 5 个元素，值为随机数的数组（速度快）
02    a = np.zeros(5) # [0. 0. 0. 0. 0.]创建 5 个值全为 0 的数组
03    a = np.ones(5) # [1. 1. 1. 1. 1.]创建 5 个值全为 1 的数组
04    a = np.full(5, 6) # [6 6 6 6 6]创建 5 个值全为 6 的数组
```

创建与给定数组形状相同的新数组：本例中，用 zero_like 方法创建了元素全为 0 且形状与 a 相同的数组 b，而创建值全为 1(ones_like)、全为空(empty_like)，以及全为某一特定值（full_like）数组的方法与此类似。

```
01    a = [1,2,3]
02    b = np.zeros_like(a) # [0 0 0]
```

Numpy.random 系列函数用于创建随机数组：本例使用 randint 函数创建最小值为 1，最大值为 3（不包含最大值），元素为 5 个的整型数组；Numpy.random 还提供了 rand 函数来创建 0～1 分布的随机样本数组、randn 函数来创建标准正态分布样本数组等。

```
01    np.random.randint(1,3,5)  # [1, 1, 2, 1, 2]
```

np.from*系列函数用于通过现有的数据创建数组，本例使用 np.fromfunction 函数创建二维数组九九乘法表，第一个参数是调用的函数名，第二个参数是数组的形状。该系列函数还包括 frombuffer, fromstring, fromiter, fromfile, fromregex 等函数。

```
01    def func(i,j):
02        return  (i+1)*(j+1)
03    np.fromfunction(func,(9,9))
```

2.1.2 访问数组

1. 访问数组元素

通过指定索引值访问单个元素，支持正向索引和反向索引。

```
01  a=np.array([1,2,3,4,5])
02  print(a[3])          # 返回结果：4
03  print(a[-1])         # 返回结果：5（倒数第一个元素）
```

通过索引值列表返回多个元素并形成新的数组，新数组与原数组不共享内存，支持多维度索引。

```
01  print(a[[1,3]])      # 返回结果：[2 4]
```

根据值的范围获取子数组。

```
01  print(a[a>3])        # [4 5]
```

以布尔值方式获取数组元素，True 为选取对应位置的元素。

```
01  print(a[[True,False,True,False,True]]) # 返回结果：[1 3 5]
```

ndarray 还支持切片方式获取子数组，切片格式为[起始位置:终止位置:步长]，不包含终止值，使用格式中三个元素的组合取子数组，切片与原数组共享同一空间。

```
01  print(a[2:])         # 返回结果 [3 4 5]        # 仅指定初始位置
02  print(a[:-2])        # 返回结果 [1 2 3]        # 仅指定终止位置，并使用反向索引
03  print(a[2:3])        # 返回结果 [3]            # 指定初始值和终止值（不包含终止值）
04  print(a[::2])        # 返回结果 [1 3 5]        # 指定步长：每两个元素取一个
05  print(a[::-1])       # 返回结果 [5 4 3 2 1] # 以倒序返回数组
```

在访问多维数组时，用元组（即圆括号）作为下标。

```
01  b=np.array([[1,2],[3,4]])
02  print(b[(1,1)])
```

2. 常用的数组属性

属性 shape 用于描述数组的维度。

```
01  a = np.array([[1,2,3],[4,5,6]])
02  print(a.shape)       # 返回结果：(2,3)
```

属性 dtype 用于描述数组的元素类型。

```
01  print(a.dtype)       # 返回结果：int64
```

属性 ndim 用于描述数组维度的个数，也称作秩。

```
01  print(a.ndim)        # 返回结果：2
```

属性 size 用于描述数组包含的元素个数。

```
01   print(a.size)                    # 返回结果: 6
```

属性 nbytes 用于描述数组所占空间大小。

```
01   print(a.nbytes)                  # 返回结果: 48
```

2.1.3　修改数组

上一小节介绍数据元素值及属性的查询方法，本小节将从增、删、改几方面介绍 ndarray 的编辑方法。

1. 添加数组元素

ndarray 方法支持向数组中添加元素后生成新数组：append 方法支持在数组末尾添加元素，insert 方法支持在指定位置添加元素。

```
01   a = np.array([1,2,3,4,5])
02   print(np.append(a, 7))           # 返回结果: [1 2 3 4 5 7]
03   print(np.insert(a, 0, 0))        # 返回结果: [0 1 2 3 4 5]
```

2. 删除数组元素

ndarray 方法支持使用索引值删除数组中的元素并返回新数组。本例中，删除数组中索引值为 3 的元素（即第四个元素）。

```
01   print(np.delete(a,3))            # 返回结果: [1 2 3 5]
```

3. 修改元素值

使用索引值修改单值。

```
01   a = np.array([1,2,3,4,5,6])
02   a[0] = 8                         # [8 2 3 4 5 6]
```

使用切片方法修改多值。

```
01   a[2:4] = [88,77]                 # [ 8  2 88 77  5  6]
```

4. 修改形状

使用 reshape 方法可修改数组形状，当参数设置成-1 时为自动计算对应值。reshape 方法返回的数组与原数据共享存储空间。

```
01   a = np.array([[1,2,3],[4,5,6]]) # shape: (2, 3)
02   a = a.reshape(3, 2)              # 注意: 只是维度变化，不是转置
```

```
03   print(a)                        # 返回结果： [[1 2], [3 4], [5 6]]
04   a = a.reshape(1,-1)             # shape (6, 1)
05   print(a)                        # 返回结果： [[1 2 3 4 5 6]]
06   a = a.reshape(-1)               # shape (6, )
07   print(a)                        # 返回结果： [1 2 3 4 5 6]
```

5. 修改类型

首先，查看 Numpy 库支持的所有数据类型。

```
01   print(np.typeDict.items())
```

其次，指定类型并创建数组。

```
01   a = np.array([1,2,3,4,5,6], dtype=np.int64)
02   print(a.dtype)                  # 返回结果： int64
```

最后，转换数组中数据的类型，并查看其转换后的具体类型。

```
01   a = a.astype(np.float32)
02   print(a.dtype)                  # 返回结果： float32
03   print(a.dtype.type)             # 返回结果：<class 'numpy.float32'>
```

2.2 数组元素运算

ufunc（universal function）是对数组中每个元素运算的函数，比循环处理速度更快且写法简单。Numpy 提供了很多数组相关的 ufunc 方法，同时也支持自定义 ufunc 函数。Numpy 提供的 ufunc 函数分为一元函数（Unary ufuncs）和二元函数（Binary ufuncs）。

2.2.1 一元函数

一元函数是参数为单个值或者单个数组的函数，如取整、三角函数等，常用的函数如表 2.1 所示。

表 2.1 Numpy 常用一元函数

功能	函数	描述
绝对值函数	abs	计算整数、浮点数、复数的绝对值
	fabs	快速计算整数、浮点数的绝对值
	sign	计算元素的符号：正数为 1，负数为-1，0 为 0

续表

功能	函数	描述
指数对数函数	Sqrt	计算平方根
	square	计算平方
	exp	计算以 e 为底的指数函数
	log，log10，log2，log1p	计算以 e/10/2/1+x 为底的对数
取整函数	ceil	向上取整
	floor	向下取整
	round	四舍五入
判断类型	isnan	判断是否为空值
	isinf	判断是否为无限大数
	isfinate	判断是否为有限大数
三角函数	cos，cosh，sin，sinh，tan，tanh	三角函数
	arcos，arcosh，arsin，arsinh，artan，artanh	反三角函数

一元函数的使用方法与一般函数的相同，形如：

```
01   print(np.abs([-3,-2,5]))    # 返回结果: [3 2 5]
```

2.2.2　二元函数

二元函数是参数为两个数组的函数，包括算术运算和布尔运算。

1. 算术运算

本例中利用四则运算符实现两个数组间的算术运算，并返回新数组。先定义数组：

```
01   a = np.array([1,2,3])
02   b = np.array([4,5,6])
```

两个数组相加：

```
01   print(a+b) # 返回结果: [5 7 9]
```

两个数组相减：

```
01   print(b-a) # 返回结果:  [3 3 3]
```

两个数组相乘：

```
01   print(a*b) # 返回结果:  [4 10 18]
```

两个数组相除：

```
01   print(b/a) # 返回结果: [4 2.5 2]
```

两个数组整除：

```
01    print(b//a)        # 返回结果： [4 2 2]
```

两个数组整除取余数：

```
01    print(b%a)         # 返回结果：[0 1 0]
```

2. 布尔运算

布尔运算是指使用“>”“<”“>=”“<=”“==”“!=”等逻辑运算符比较两个数组，并返回布尔型数据，其中每个元素是两个数组中对应数据比较的结果。

```
01    a = np.array([1,2,3])
02    b = np.array([1,3,5])
03    print(a<b)         # 返回结果： [False  True  True]
04    print(a==b)        # 返回结果： [True False False]
```

2.2.3 广播

前面介绍了当两个数组形状相同时，可以进行算术运算和布尔运算，具体方法是两个数组对应位置的数据运算。而当它们的形状不同时，数据就会将自动扩展对齐维数较大的数组后，再进行运算，这种从低维向高维的自动扩展被称为广播（broadcasting）。

最常见的广播形式如下，即它将被减数 1 扩展成为与减数形状相同的数组[1,1,1]后，再进行二元减法运算：

```
01    a = np.array([1,2,3])
02    print(a-1)         # 返回结果： [0 1 2]
```

相对复杂的是对多维数组的广播，具体沿哪一个轴扩展取决于待扩展数组的形状，简单的规则是它会沿缺失的方向扩展。首先构造数据：

```
01    a=np.array([[1,1],[2,2]])
02    print(a)
03    # 返回结果：
04    # [[1 1]
05    # [2 2]]
```

当纵轴向缺少数据时，向纵轴方向扩展，如图 2.1 所示。

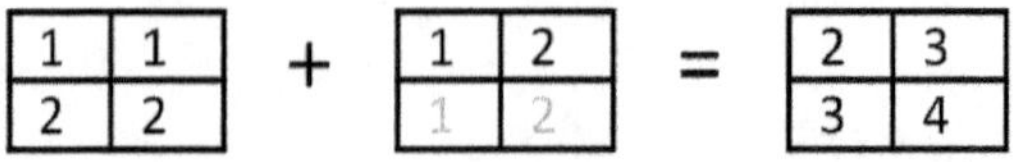

1	1
2	2

\+

1	2
1	2

=

2	3
3	4

图 2.1　纵向扩展示意图

当第二个数组中仅有一行数据时，自动扩展为两行，第二行的内容与第一行相同，扩展之后再进行后续运算。

```
01  b=np.array([1,2])
02  print("shape", b.shape, a+b)
03  # 返回结果: shape (2,)
04  # [[2 3]
05  #  [3 4]]
```

当横轴向缺少数据时，向横轴方向扩展，如图 2.2 所示。

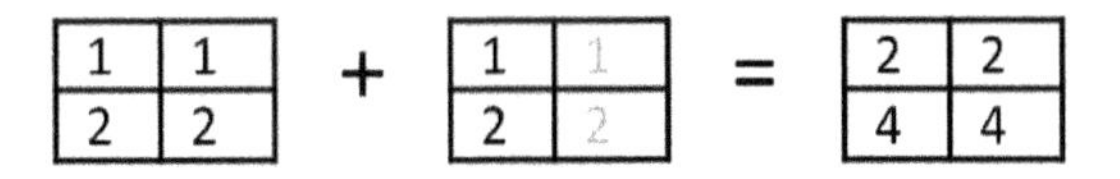

图 2.2　横向扩展示意图

当第二个数组中仅有一列数据时，自动扩展为两列，第二列的内容与第一列相同，扩展之后再进行后续运算。

```
01  c=np.array([[1],[2]])
02  print("shape", c.shape, a+c)
03  # 返回结果: shape (2, 1)
04  # [[2 2]
05  #  [4 4]]
```

2.2.4　自定义 ufunc 函数

自定义 ufunc 函数包括两个主要步骤：第一步，定义函数，其方法和定义普通函数的方法相同。第二步，利用 np.frompyfunc 将函数转换为元素运算函数，它的第二个和第三个参数分别为之前定义的普通函数的入参和返回值个数。定义好之后，就可以将数组作为参数和其他参数一起调用函数了。

本例程中的函数实现了数值分段：传入的数值如果小于 low 则返回-1，如果大于 high 则返回 1，否则返回 0。

```
01  def my_ufunc(x, low, high):
02      if x < low:
03          return -1
04      elif x > high:
05          return 1
06      else:
07          return 0
08
```

```
09    my_ufunci = np.frompyfunc(my_ufunc, 3, 1)
```

函数调用部分生成了包含 1～9 的数组 x，将其代入函数。当调用函数时，x 是数组，而定义的处理函数中 *x* 为每个元素。从返回结果可以看到，调用函数后返回的 y 为数组。

```
10    x = np.arange(1,10,1)
11    y2 = my_ufunci(x, 3, 6)
12    print(x)
13    print(y2)
14    # 运行结果：
15    # [1 2 3 4 5 6 7 8 9]
16    # [-1 -1 0 0 0 0 1 1 1]
```

2.3 常用函数

Numpy 为科学计算设计专门提供了庞大的函数库以简化代码量并提高程序运行效率，这样可以使程序员不用再关注具体的实现细节，而有更多的时间和精力去关注程序的目标、框架和逻辑。

2.3.1 分段函数

分段函数高效简练，使用它可以将 if 条件选择和 select 分支仅通过一条语句实现对数组的处理，方便的同时还可以提高代码的可读性。

1. where 函数

where 函数是 if/else 条件选择语句对数组操作的精简写法，其语法如下：

```
01    x = np.where(condition, y, z)
```

其中，参数 condition，y，z 都是大小相同的数组（或用于生成数组的表达式），condition 为布尔型。当其元素值为 True 且选择相应位置 y 数组的值为 False 时，选择数组 z 中的值，返回值是新值组成的数组。

```
01    a=np.arange(10)
01    print(np.where(x<5, x, 9-x)) # 返回结果: [0 1 2 3 4 4 3 2 1 0]
```

2. select 函数

当判断条件为多个时，需要多次调用 where 函数，而用 select 函数可用单个语句实现该功能，其语法如下：

```
01  select(condlist, choicelist, default=0)
```

其中，condlist 是条件列表，choicelist 是值列表，default 是默认值。示例将小于 3 的数置为-1，3～6 的置为 0，大于 6 的置为 1，例程如下：

```
01  a=np.arange(10)
02  print(np.select([x<3,x>6], [-1,1], 0))
03  # 返回结果：[-1 -1 -1  0  0  0  0  1  1  1]
```

3. piecewise 函数

piecewise 函数是 select 函数的扩展，它不但支持按不同条件取值，还支持按条件运行不同函数或 lambda 表达式。其语法如下：

```
01  piecewise(X, condlist, funclist)
```

语法与 select 函数略有不同：第一个参数是待转换数组 x，第二个参数 condlist 是条件列表，第三个参数 funclist 是函数列表。当满足 condlist 中的条件时，执行对应位置 funclist 中的函数并取其返回结果。

```
01  def func1(x):
02      return x*2
03  
04  def func2(x):
05      return x*3
06  
07  a=np.arange(10)
08  print(np.piecewise(x, [x<3,x>6], [func1,func2]))
09  print(np.piecewise(x, [x<3,x>6], [lambda x: x * 2, lambda x: x * 3]))
10  # 返回结果：
11  # [ 0  2  4  0  0  0  0 21 24 27]
```

2.3.2 统计函数

本小节将介绍针对数值类型的统计函数的使用方法。

1. 均值、方差、分位数

首先创建测试数组，然后计算其均值（mean）、方差（var）、标准差（std）。均值是将数组中所有值加起来除以数组个数，度量的是数组中数值的趋势，如公式（2.1）所示：

$$\overline{X}=\frac{\sum_{i=1}^{n}X_i}{n} \tag{2.1}$$

```
01    a=np.arange(10,0,-1)
02    print(a)                           # 返回结果：[10  9  8  7  6  5  4  3  2  1]
03    print(a.mean())                    # 返回结果：5.5
```

方差是数组中各数减去均数的平方的平均数，度量的是数组中数值的离散量度，如公式（2.2）所示：

$$\mathrm{var}(X)=\frac{\sum_{i=1}^{n}(X_i-\overline{X})^2}{n-1} \tag{2.2}$$

```
01    print(a.var())                     # 返回结果：8.25
```

标准差又称均方差，是方差的算术平均根，如公式（2.3）所示：

$$\mathrm{std}(X)=\sqrt{\frac{\sum_{i=1}^{n}(X_i-\overline{X})^2}{n-1}} \tag{2.3}$$

```
01    print(a.std())                     #返回结果：2.87
```

用 average 方法计算加权平均值，其中 weights 为赋予数组中每个值的权重。

```
01    print(np.average(a, weights=np.arange(0,10,1))) # 返回结果： 3.67
```

用 median 方法计算中数，percentile 方法计算分位数。中数是将数组排序后，位于中间位置的数。如果数组元素个数为偶数，则计算中间两数的平均值，分位数同理。例如，本例中的 75 分位数是排序后计算在 75%位置的数值。

```
01    print(np.median(a))                # 中位数，返回结果：5.5
02    print(np.percentile(a, 75))        # 75 分位数，返回结果：7.75
```

2. 极值和排序

计算数组的最大值（max）、最小值（min），以及最大值和最小值之差（ptp）。

```
01    print(a.min())                     # 返回结果： 1
02    print(a.max())                     # 返回结果：10
03print(a.ptp())                         # 返回结果： 9
```

用 argmin 方法和 argmax 方法获取最大值和最小值的下标。

```
01    print(a.argmin())                  # 返回结果： 9
02    print(a.argmax())                  # 返回结果：0
```

用 argsort 方法计算每个元素排序后的下标位置。

```
01    print(a.argsort())                 #返回结果 [9 8 7 6 5 4 3 2 1 0]
```

用 sort 方法对数组排序，其中 axis 指定排序的轴，kind 指定排序的算法，默认是快速排序，排序后数组内容被改变。

```
01    a.sort()
```

```
02    print(a)    # 返回结果：  [1  2  3  4  5  6  7  8  9 10]
```

3. 统计

首先创建测试数组，然后用 unique 方法统计数组中所有不同的值。

```
01    a=np.random.randint(0,5,10)
02    print(a)                    # 返回结果：  [2 2 0 0 4 4 0 4 4 4]
03    print(np.unique(a))         # 返回结果：  [0 2 4]
```

用 bincount 方法统计整数数组中每个元素出现的次数。

```
01    print(np.bincount(a))       # 返回结果：  [3 0 2 0 5]
```

用 histogram 方法统计一维数组数据分布直方图，用 bins 方法指定区间各数。函数返回两个数组：第一个数组是每个区间值的个数，第二个数组是各区间的边界位置。

```
01    print(np.histogram(a,bins=5))
02    # 返回结果：  (array([3, 0, 2, 0, 5]), array([0. , 0.8, 1.6, 2.4, 3.2, 4. ]))
```

2.3.3　组合与分割

1. 组合

利用 concatenate 和 stack 系列函数可连接两个数组以创建数组。首先定义测试数组，然后使用 stack 函数连接两个数组，从返回结果中可以看到，连接后新数组的秩增加。

```
01    a=np.array([[1,2],[3,4]])
02    b=np.array([[5,6],[7,8]])
03    d=np.stack((a,b))
04    print("shape", d.shape)     # 返回结果: shape (2, 2, 2)
05    print("dim", d.ndim)        # 返回结果: dim 3
06    print(d)
07    # 返回结果:
08    # [[[1 2]
09    #   [3 4]]
10    #  [[5 6]
11    #   [7 8]]]
```

column_stack 方法和 hstack 方法的效果相似，都是沿第 0 轴连接数组（横向连接），而纵向连接用 row_stack 方法和 vstack 方法。

```
01    print(np.column_stack((a,b)))
02    print(np.hstack((a,b)))
03    # 返回结果:
04    # [[1 2 5 6]
```

```
05    #  [3 4 7 8]]
```

concatenate 方法既可横向连接，也可纵向连接，可通过 axis 参数指定连接方向，是使用频率最高的数组连接方法。

```
01    print(np.concatenate([a,b],axis=0))
02    # 返回结果：
03    # [[1 2]
04    #  [3 4]
05    #  [5 6]
06    #  [7 8]]
07    # 返回结果：[1 2 3 4]
```

flatten 方法和 reval 方法都可将多维数组展成一维，差别是 flatten 方法返回一份拷贝 copy，当对数据更改时不会影响原来的数组，而 Numpy.ravel 方法返回的是视图 view（view 和 copy 的概念将在 2.3.6 节详述）。

```
01    print(np.ravel(a))        # 返回结果：[1 2 3 4]
02    c = a.flatten()           # [1 2 3 4]，后续例程中用到数据 c
```

2. 分割

split 方法和 array_split 方法都可用于切分数组，split 方法只支持平均分组，而 array_split 方法尽量平均分组。array_split 方法的第一个参数是待切分数组。而当第二个参数设置为整数时，按整数指定的份数切分；当第二个参数设置为数组时，将数组中指定索引值作为切分点进行切分。

```
01    print(np.split(c,[1,2]))
02    # 返回结果： [array([1]), array([2]), array([3, 4])]
03    print(np.split(c, 2))
04    # 返回结果： [array([1, 2]), array([3, 4])]
05    print(np.array_split(c, 3))
06    # 返回结果： [array([1, 2]), array([3]), array([4])]
```

vsplit 方法和 hsplit 方法分别为纵向切分数组和横向切分数组的方法。

```
01    print(np.hsplit(a, 2))
02    # 返回结果：
03    # [array([[1],
04    #         [3]]),
05    #  array([[2],
06    #         [4]])]
```

2.3.4 矩阵与二维数组

矩阵（matrix）是数组的一个分支，即二维数组。在一般情况下，矩阵和数组的使用方法相同，但数组相对更灵活，而矩阵提供了一些二维数组计算的简单方法。在两种方法均可实现功能时，建议使用数组。

矩阵（二维数组）是除一维数组外最常用的数组形式，数据表和图片都会用到该数据结构。本小节除了介绍矩阵的基本操作，还介绍一些线性代数和二维数据表的常用方法。

1. 创建矩阵

用 np.mat 方法可将其他类型的数据转换为矩阵。

```
01   a = np.mat(np.mat([[1,2,3],[4,5,6]]))
02   print(type(a))
03   # 返回结果：<class 'numpy.matrix'>
```

使用随机数构造矩阵。在本章前面提到的构造一维数组的方法中大多数都可以用于构造矩阵，如 np.ones，np.zeros，np.random.randint 等，只要用元组方式指定其形状即可。

```
01   a = np.mat(np.random.random((2,2)))
02   print(a)
03   # 返回结果：
04   # [[0.6510063  0.32837694]
05   #  [0.86749298 0.99218293]]
```

生成对角矩阵：用 np.eye 方法产生单位矩阵，即对角线元素为 1，其他元素为 0 的矩阵。用 diag 方法生成对角线元素为给定数组元素（本例中为 2，3）的对角矩阵。

```
01   print(np.eye(2))
02   # 返回结果：
03   # [[1. 0.]
04   #  [0. 1.]]
05   print(np.diag([2,3]))
06   # 返回结果：
07   # [[2 0]
08   # [0 3]]
```

2. 线性代数常用方法

线性代数包括行列式、矩阵、线性方程组、向量空间等结构，它们均可用 Numpy 的矩阵描述。Numpy 也提供了一些线性变换、特征分解、对角化等问题的求解方法，常用函数如下：

```
01   a = np.mat([[1.,2.],[3.,4.]])
02   print(np.dot(a,a))                # 矩阵乘积
03   print(np.multiply(a,a))           # 矩阵点乘
04   print(a.T)                        # 矩阵转置
```

```
05  print(a.I)                        # 矩阵求逆
06  print(np.trace(a))                # 求矩阵的迹
07  print(np.linalg.eig(a))           # 特征分解
```

3. 数据表常用方法

沿矩阵的某一轴向运算是常用的数据表统计方法，如对某行求和、对某列求均值等，注意要使用 axis 参数指定轴向。下例使用求和函数（sum）举例统计不同轴向的用法，其他统计方法以此类推。

```
01  a = np.mat(np.mat([[1,2,3],[4,5,6]]))
02  print(a.sum())
03  print(a.sum(axis=0))
04  print(a.sum(axis=1))
```

前面介绍的均值和方差是描述一维数据的统计量，协方差是描述二维数据间相关程度的统计量，如公式（2.4）所示：

$$\mathrm{cov}(X,Y)=\frac{\sum_{i=1}^{n}(X_i-\overline{X})(Y_i-\overline{Y})}{n-1} \tag{2.4}$$

Numpy 中使用 cov 方法计算协方差：

```
01  print(np.cov(a))                  # 返回结果：[[1. 1.] [1. 1.]]
```

2.3.5 其他常用函数

除了各种数学计算，Numpy 还提供了一些工具函数，用于数组之间以及数组与其他数据之间的转换。例如，前面提到的 np.array 方法能将其他类型的数据转换成数组。对应的，在将数组转换成列表时使用 tolist 方法：

```
01  a = np.mat(np.random.randint(1,3,5))
02  print(a.tolist(), type(a.tolist()))
     # 返回结果：[[1, 2, 1, 1, 2]] <class 'list'>
```

用 view 方法以视图的方式创建新数组，它与原数组指向同一数据，且数据保存在 base 指向的数组中。

```
01  b = a.view()
02  print(b is a, b.base is a)        # 返回结果：False, True
```

用 copy 方法深度复制生成数据副本，它与原数组指向不同数据。

```
01  c = a.copy()
02  print(c is a, c.base is a)        # 返回结果：False, False
```

第3章 数据操作 Pandas

Pandas 是数据分析处理的必备工具，可以使用以下命令安装 Pandas 库。

```
01   $ pip install pandas
```

在程序中使用时，需要先导入库，一般使用 pd 作为 Pandas 的简称（本章中的示例程序均需导入 Pandas 库，在此统一说明）。

```
01   import pandas as pd
```

3.1 数据对象

Pandas 中最重要的两种数据对象是 Series 和 DataFrame，其中 DataFrame 由多个 Series 组成，而索引是 DataFrame 和 Series 的重要组成部分，下面介绍它们的概念及基本用法。

3.1.1 Series 对象

上一章介绍的 Numpy 多维数组常用于处理单一类型的数据，可看作列表的扩展；而 Series 可以管理多种类型的数据，可以通过索引值访问元素，更像基本数据类型中字典的扩展，可以把它视为带索引的一维数组。下面将从创建、查询、添加、删除等几方面学习 Series 的使用方法。

1. 创建

创建 Series 需要指定值和索引，当不指定索引时，索引为元素的序号。

```
01    a = pd.Series([1,2,3],index=['item1','item2','item3'])
02    print(a)
03    # 返回结果:
04    # item1    1
05    # item2    2
06    # item3    3
07    # dtype: int64
```

也可以使用转换的方式将其他类型的数据转换成 Series 类型。

```
01    b = pd.Series([1,2,3])                                    # 从列表转换
02    c = pd.Series({"item1":1, "item2":2, "item3":3})  # 从字典转换
```

2. 查询

Series 支持用索引值访问其中的数据，这种操作类似于访问字典元素；也可以用位置下标访问数据元素，操作方法类似于访问列表元素。

```
01    print(a['item1'])                                         # 用索引值访问
02    # 返回结果: 1
03    print(a[2])                                               # 用下标访问
04    # 返回结果: 3
```

Series 由两个数组组成，其数据值和索引值可作为属性访问。

```
01    print(a.values)                                           # 访问数据
02    # 返回结果: [1 2 3]
03    print(a.index)                                            # 访问索引
04    # 返回结果: Index(['item1', 'item2', 'item3'], dtype='object')
```

Series 还提供多维数组对象接口，用于处理多维数组的函数都可直接处理 Series 元素。

```
01    print(a.__array__())                                      # 访问数据接口
02    # 返回结果: [1 2 3]
03    print(a.mean())                                           # 求 Series 均值
```

通过索引列表、下标列表、下标切片的方式可以访问 Series 中的一个或多个元素。

```
01    print(a[['item1','item2']])                               # 索引列表
02    print(a[[1,2]])                                           # 下标列表
03    print(a[:1])                                              # 下标切片
```

还可以通过 Series 的 iteritems 方法以迭代的方式遍历元素。

```
01    for idx,val in a.iteritems():
02        print(idx,val) # idx 为索引值, val 为数据值
```

```
03  # 返回结果:
04  # item1 1
05  # item2 2
06  # item3 3
```

3. 添加

用 append 方法连接两个已有的 Series，并返回新的 Series，且不改变原数据。

```
01  print(a.append(c))
```

4. 删除

用 drop 方法删除索引值对应的 Series 元素，并返回删除后的 Series，且不改变原数据。

```
01  print(a.drop('item1'))
```

3.1.2 DataFrame 对象

DataFrame 类似于数据库中的数据表 table，是数据处理中最常用的数据对象。从数据结构的角度可将其视为有标签的二维数组，横向为行，纵向为列，且每行有行索引，每列有列名，列中数据类型必须一致。

1. 创建

利用转换方式将已有数据转换成 DataFrame，其语法如下：

```
01  pd.DataFrame(data=None, index=None, columns=None, dtype=None,
    copy=False)
```

其中，data 是待转换的数据，index 是索引值（行），column 是列名。下例通过数组组成的字典创建 DataFrame。

```
01  dic = {"a":[1,3], "b":[2,4]}                          # a,b 为列名
02  print(pd.DataFrame(dic, index=['item1','item2'])) # index 指定行索引值
03  # 返回结果
04  #        a  b
05  # item1  1  2
06  # item2  3  4
```

在通过字典组成的数组创建 DataFrame 时，如果不指定索引，则以数据的序号作为索引，使用 Series 创建 Dataframe 与之同理。

```
01  arr = [{"a":1,"b":2}, {"a":3,"b":4}]              # 每一个字典为一个记录
```

```
02    print(pd.DataFrame(arr))
03    # 返回结果:
04    #    a  b
05    # 0  1  2
06    # 1  3  4
```

通过数组创建 DataFrame，用 columns 指定列名。

```
01    arr = [[1,2],[3,4]]
02    print(pd.DataFrame(arr, columns=['a','b']))    # columns 指定列名
03    # 返回结果同上例
```

2. 添加

用 append 函数可以在当前 DataFrame 的尾部添加一行，然后返回新表。添加的内容可以是列表、字典、Series，本例中以字典为例示范 append 函数的使用方法。

```
01    df = pd.DataFrame([[1,2],[11,12]], columns=['a','b']) # 创建 DataFrame
02    print(df.append({'a':21,'b':22}, ignore_index=True))# 在 DataFrame 表
      末尾添加记录
03    # 返回结果
04    #     a   b
05    # 0   1   2
06    # 1  11  12
07    # 2  21  22
```

如果想在两行之间插入数据，则可以先用索引值将 DataFrame 切分成前后两个表，然后将前表、新行、后表连接在一起。

除了添加一行，append 函数还支持将两个 DataFrame 表连接在一起，支持表连接的函数还有 concat。下例中，将 df 表和其自身连接起来，使用 ignore_index=True 忽略索引值，索引值重新排序。

```
01    print(df.append(df, ignore_index=True))
02    # 返回结果
03    #     a   b
04    # 0   1   2
05    # 1  11  12
06    # 2   1   2
07    # 3  11  12
```

添加列最简单的方法是直接给新列赋值：

```
01    arr = [[1,2],[11,12]]
02    df = pd.DataFrame(arr, columns=['a','b']) # 创建 DataFrame
03    df['c'] = [3,13]                          # 添加新列 c
```

如果需要在指定位置插入新列，则需要用 insert 方法。

```
01  df.insert(0,'x',[0,10])                    # 在开始位置插入新列 x
02  print(df)
03  # 返回结果
04  #     x   a   b   c
05  # 0   0   1   2   3
06  # 1  10  11  12  13
```

3. 删除

用 drop 方法可以删除 DataFrame 的行和列。在删除列时，需要指定参数 axis=1；当该参数默认为 0 时，即删除行。drop 方法支持删除一行/多行或一列/多列，在删除行时需要指定行的索引值。在本例中，删除第 1 行后，仅剩第 0 行。

```
01  df = pd.DataFrame([[1,2],[11,12]], columns=['a','b'])
02  print(df.drop(1))                    # 删除第 1 行
03  # 返回结果
04  #    a  b
05  # 0  1  2
```

在删除列时需要指定列名，drop 方法默认返回删除列后的数据表，原表不变。当指定其参数 inplace=True 时，原数据表内容被修改。

```
01  df = pd.DataFrame([[1,2],[11,12]], columns=['a','b'])
02  print(df.drop('a', axis=1))          # 删除 a 列
03  # 返回结果：
04  #     b
05  # 0   2
06  # 1  12
```

用 del 方法也可以从原表中删除 a 列。

```
01  del df['a']
02  print(df)
03  # 返回结果：同上例
```

还可以用 pop 方法删除列，调用 pop 方法之后，b 列的内容作为函数返回值并同时从原表中删除。

```
01  df = pd.DataFrame([[1,2],[11,12]], columns=['a','b'])
02  print(df.pop('b'))                   # b 作为函数返回值
03  # 返回结果：
04  # 0     2
05  # 1    12
06  # Name: b, dtype: int64
07
```

```
08   print(df)                                    # 查看数据表
09   # 返回结果:
10   #     a
11   # 0   1
12   # 1  11
```

3.1.3 Index 对象

1. 索引

DataFrame 中的索引包括行索引和列索引，其类型为 Pandas.Index，简称为 pd.Index。它的结构类似于数组，但其数据内容不可以修改（不允许单个修改，但可以对行索引或列索引整体重新赋值）。在理论上，索引中允许内容重复，在数据表中允许有重名的列或者行索引值，但一般不推荐使用。

```
01   df = pd.DataFrame({"a":[1,3], "b":[2,4]}, index=['line1', 'line2'])
02   print(df.index)                              # 显示行索引
03   print(df.columns)                            # 显示列索引
04   # 返回结果:
05   Index(['line1', 'line2'], dtype='object')
06   Index(['a', 'b'], dtype='object')
```

用 pd.Index 将其他类型转换成索引对象。

```
01   idx = pd.Index(["x","y","z"])                # 将列表转换成索引
02   print(idx)
03   # 返回结果: Index(['x', 'y', 'z'], dtype='object')
```

用 values 属性查看 Index 中的所有值。

```
01   print(idx.values)
02   # 返回结果: ['x' 'y' 'z']
```

用下标或下标数组读取部分索引值。

```
01   print(idx[1])                                # 使用下标访问索引值
02   # 返回结果: Y
03   print(idx[1:2])                              # 使用下标切片访问索引值
04   #返回结果: Index(['y'], dtype='object')
```

用 get_loc 或 get_indexer 查找值对应的下标。

```
01   print(idx.get_loc("y"))                      # 查找单个下标
02   # 返回结果: 1
03   print(idx.get_indexer(["y","z"]))            # 查找下标列表
04   # 返回结果: [12]
```

2. 修改索引

对 DataFrame 的 column 和 index 重新赋值可改变其索引，数据表内容不变。

```
01  df = pd.DataFrame({"a":[1,3], "b":[2,4]}, index=['line1', 'line2'])
02  df.index=['l1','l2']                          # 对行索引重新赋值
03  print(df)
04  # 返回结果:
05  #     a  b
06  #l1  1  2
07  #l2  3  4
```

如果不仅仅想改变索引值，还想重排行或列的顺序，可以使用 DataFrame 的 reindex 方法。从下列返回结果可以看到，reindex 方法返回了新的数据表，原表不改变。对于已有的索引值，对应行的顺序发生了变化；对于不存在的索引值，生成了新的行并置为空值。

```
01  print(df.reindex(['l2','l1','l0']))  # 重置行索引
02  # 返回结果:
03  #        a   b
04  # l2    3.0 4.0
05  # l1    1.0 2.0
06  # l0    NaN NaN
```

除了对行修改，reindex 方法还支持修改列索引，用 columns 参数指定其新的列索引值。

```
01  print(df.reindex(columns=['b','a']))
02  # 返回结果:
03  #      b  a
04  #  l1  2  1
05  #  l2  4  3
```

用 sort_index 方法对索引重新排序，该方法默认返回新的 DataFrame。

```
01  df = pd.DataFrame({"a":[1,3], "b":[2,4]}, index=['line2', 'line1'])
02  print(df.sort_index())
03  # 返回结果
04  #        a  b
05  # line1  3  4
06  # line2  1  2
```

还有一种更为简单的方法，即用直接赋值的方法修改其列索引的顺序。

```
01  order = ['b','a']
02  df = df[order]
```

3. 多重索引

多重索引包括多重行索引和多重列索引，在数据分析和建模过程中使用多重索引的情况

并不多。多重列索引主要出现在从其他格式文件导入数据和导出数据，以及前期的数据处理过程中，如从 Excel 文件中导入的表格，如表 3.1 所示。

表 3.1　Excel 多重列索引数据

期　中		期　末	
语文	数学	语文	数学
95	91	82	79
92	80	95	85

用 read_excel 方法读取数据表(读取 Excel 需要第三方库支持,具体方法请参见第 5 章)，注意用 header 参数指定列索引包含前两行（读取双重行索引使用 index_col=[0,1]）。从返回结果可以看到，其每个字段被表示为多层列名组成的元组。

```
01   df = pd.read_excel('test.xlsx', header=[0,1]) # 指定前两行为列索引
02   print(df)
03   # 返回结果
04   #      期中期末
05   #      语文数学语文数学
06   # 0  95  91  82  79
07   # 1  92  80  95  85
08
09   print(df.columns.values) # 查看列索引内容
10   # 返回结果：
11   # [('期中', '语文') ('期中', '数学') ('期末', '语文') ('期末', '数学')]
```

由于数据被解析成多重索引处理起来比较麻烦,因此一般会将其两列索引组合成单层索引。下例用 join 方法将元组连成的字符串作为新的字段名。

```
01   df.columns = ['_'.join(col).strip() for col in df.columns.values]
     # 重置字段名
02   print(df)
03   # 返回结果
04   #      期中_语文 期中_数学 期末_语文 期末_数学
05   # 0      95          91          82          79
06   # 1      92          80          95          85
```

多重行索引常出现在 groupby 用多变量分组后的数据中（groupby 将在 3.3 节中详细介绍，本例中代码的前三行只作为数据源使用，主要关注将索引转换为普通列的方法），在这种情况下，通常使用 reset_index 方法将多重行索引转换成普通列。创建多重行索引数据：

```
01   import statsmodels.api as sm
02   data = sm.datasets.ccard.load_pandas().data
03   df = data.groupby(['AGE','OWNRENT']).mean() # 根据 AGE 和 OWNRENT 分组
```

```
04  print(df.head())
05  # 返回结果:
06  #                AVGEXP    INCOME  INCOMESQ
07  # AGE  OWNRENT
08  # 20.0 0.0     108.610000  1.650000  2.722500
09  # 21.0 0.0      68.910000  1.600000  2.570000
10  #   1.0        552.720000  2.470000  6.100900
11  # 22.0 0.0      65.126667  2.076667  4.553633
12  # 23.0 0.0      72.825000  2.545000  6.479050
```

从运行结果可以看到，行索引为 AGE 和 OWNRENT 两层。在使用 reset_index 方法后，索引被转换为普通列。

```
01  print(df.reset_index().head())
02  # 返回结果:
03  #    AGE    OWNRENT  AVGEXP      INCOME    INCOMESQ
04  # 0  20.0    0.0     108.610000  1.650000  2.722500
05  # 1  21.0    0.0     68.910000   1.600000  2.570000
06  # 2  21.0    1.0     552.720000  2.470000  6.100900
07  # 3  22.0    0.0     65.126667   2.076667  4.553633
08  # 4  23.0    0.0     72.825000   2.545000  6.479050
```

3.2　数据存取

DataFrame 支持多种数据存取方式，包括对单个数据单元的存取、对整行整列的存取、迭代访问整个数据表，它们的用法和效率各有不同。本节将介绍操作数据表的基本方法及常用技巧。

3.2.1　访问数据表元素

1. 访问列

最简单的访问数据表元素的方法是指定列名和行索引值。在访问列时，可以指定单个列名访问一列，返回 Series 类型数据，其中第一列是行的索引值，第二列 values 值是该字段的具体值；也可以使用列名数据访问多列，返回 DataFrame 类型数据，是原 DataFrame 的子集。

```
01  df = pd.DataFrame([[1,2],[11,12]], columns=['a','b'])
02  print(df['a'])                              # 用列名访问
```

```
03  返回结果：
04  # 0     1
05  # 1    11
06  # Name: a, dtype: int64
07  print(df[['a','b']])                         # 用列名数据访问多列
```

2. 访问记录

使用指定索引切片的方式访问行，返回的结果也是 DataFrame。

```
01  print(df[:1])                                # 用切片方式访问多行
02  print(type(df[:1]))                          # 显示返回值类型
03  # 返回结果：
04  #    a  b
05  # 0  1  2
06  # <class 'pandas.core.frame.DataFrame'>
```

3. 条件筛选记录

在下例中，通过条件筛选行。从返回结果可见，条件判断返回了 Series，其索引为数据表的索引值，其值为 bool 值。如果将该 Series 作为行索引，则筛选其值为 True 的所有行。

```
01  print(df['a']==11)
02  # 返回结果：
03  # 0    False
04  # 1     True
05
06  print(df[df['a'] == 11])                     # 筛选数据表中 a 值为 11 的所有行
07  # 返回结果：
08  #     a   b
09  # 1  11  12
```

当使用一个以上条件筛选时，就用逻辑运算符组合各个条件，注意下例中括号的使用。

```
01  print(df[(df['a'] > 10) & (df['a'] < 20)])   # 筛选 a 值为 10～20 的所有记录
02  # 返回结果：同上例
```

4. 访问具体元素

访问具体某行和某列的值分别使用 loc 方法和 iloc 方法，二者的区别在于 loc 方法在访问数据时使用行索引名和列名，iloc 方法在访问数据时使用行下标和列下标。iloc 方法的参数是下标、下标数组，以及切片方式指定的数据范围。

```
01  df = pd.DataFrame([[1,2],[11,12]], columns=['a','b'])
```

```
02  print(df.iloc[0,0])                          # 用下标访问数据
03  # 返回结果： 1
04
05  print(df.iloc[[0,1],[1]])                    # 指定下标数组
06  # 返回结果：
07  #     b
08  # 0   2
09  # 1  12
10
11  print(df.iloc[[0],:1])                       # 指定下标切片
12  # 返回结果：
13  #    a
14  # 0  1
```

当使用 loc 方法访问数据表时，支持指定元素索引名、列名、列表、切片的方式设定参数。当对应参数为空时，默认展示所有行或列。

```
01  df = pd.DataFrame([[1,2],[11,12]], columns=['a','b'],
index=['item1','item2'])
02  print(df.loc['item1','b'])                   # 访问单个元素
03  # 返回结果： 2
04  print(df.loc[['item1','item2'], ['a','b']])  # 用列表指定访问范围
05  # 返回结果：
06  #     a   b
07  # 0   1   2
08  # 1  11  12
09
10  print(df.loc['item1':'item2', ])             # 用切片指定访问范围
11  # 反回结果同上
```

loc 方法还支持按条件索引，如下例中筛选出字段 a==11 的所有记录。

```
01  print(df.loc[df['a']==11,])
02  # 返回结果：
03  #     a   b
04  # 1  11  12
```

除了 loc 方法和 iloc 方法，还可以使用 ix 混合索引。它综合了 loc 和 iloc 两种方法，可同时使用索引值和索引名。另外，它还可以使用 at 方法和 iat 方法获取单个元素的值，其参数设置方法类似于 loc 方法和 iloc 方法。

5. 迭代访问数据表

使用 iterrows 方法可遍历数据表的每一条记录，以及其中的每一个元素。其中，idx 是

记录的索引值，item 是每一条记录的具体数据，Series 为数据类型。需要注意的是，使用迭代方法访问和修改数据的速度比较慢。

```
01  df = pd.DataFrame([[1,2],[11,12]], columns=['a','b'])
02  for idx,item in df.iterrows():
03      print(idx, type(item) , item['a'])
```

3.2.2 修改数据表元素

1. 修改列名

使用给 columns 赋值的方法可修改列名，请注意在使用此方法修改时，需要指定所有列的名称，无论是否修改。

```
01  df = pd.DataFrame([[1,2],[11,12]], columns=['a','b'])
02  df.columns = ['a','c']                  # 重置列名
```

上述方法只能修改列名，不能修改数据表内容。如果想重排其中某几个列，使用下例中的方法调换位置。

```
01  df = df[['c','a']]
02  print(df)
03  # 返回结果：
04  #     c   a
05  # 0   2   1
06  # 1  12  11
```

使用 rename 方法修改列名，可用字典方法只描述被修改的列，而不影响其他列。下例中将列名“c”改为“d”。

```
01  print(df.rename(columns = {'c':'d'}))
02  # 返回结果：
03  #     d   a
04  # 0   2   1
05  # 1  12  11
```

2. 修改行索引值

修改行索引值的方法与修改列名的方法类似，如果使用直接对行索引赋值的方法，则需要列出所有索引值，无论是否修改。

```
01  df.index = [7,8]
```

使用 rename 方法，利用字典参数也可以修改行索引值，注意设置 axis=0。

```
01  print(df.rename({7:'x', 8:'y'},axis = 0))
```

```
02  # 返回结果:
03  #     c   a
04  # x   2   1
05  # y  12  11
```

3. 修改数据表内容

使用直接对列赋值的方法或者用 loc 指定列名的方法都可以修改整列的值。

```
01  df = pd.DataFrame([[1,2],[11,12]], columns=['a','b'])
02  df['b'] = [3,13]                         # 修改 b 列的值
03  df.loc[:,'a'] = [4,14]                   # 修改 a 列的值
04  print(df)
05  # 返回结果:
06  #     a   b
07  # 0   4   3
08  # 1  14  13
```

使用 loc 指定索引值的方法也可以对整行赋值，本列中使用了字典方法给行中元素赋值。

```
01  df.loc[0] = {'a':21,'b':22}
02  print(df)
03  # 返回结果
04  #     a   b
05  # 0  21  22
06  # 1  14  13
```

同时，在指定行索引和列名时，可以给指定数据表中的指定元素赋值，此方法也可用于给多行或多列的元素赋值。

```
01  df.loc[0,'a'] = 32
02  print(df)
03  # 返回结果:
04  #     a   b
05  # 0  32  22
06  # 1  14  13
```

下面的示例是一种相对复杂，但比较常用的数据处理方法，即将某个字段（本例中为字段 b）大于边界值（本例中为 10）的所有值都设置为边界值。

```
01  df = pd.DataFrame([[1,2],[11,12]], columns=['a','b'])
02  df.loc[df['b'] > 10, 'b'] = 10
03  print(df)
04  # 返回结果
05  #     a   b
06  # 0   1   2
07  # 1  11  10
```

修改数据表元素的值也可以使用 iloc 方法，其与 loc 方法类似，此处不再详细讲解。

4. 批量修改

用 DataFrame 的 apply 函数可批量修改表中的数据，最简单的用法是使用 lambda 表达式逐条对已有数据计算，以构造新数据。本例中将 a 列数据通过算术表达式转换成原数据的平方，b 列通过逻辑判断语句将大于 10 的元素置为 True，小于等于 10 的元素置为 False。

```
01  df = pd.DataFrame([[1,2],[11,12]], co•lumns=['a','b'])
02  df['a'] = df['a'].apply(lambda x: x*x) # 修改 a 列
03  df['b'] = df['b'].apply(lambda x: True if x > 10 else False) # 修改 b 列
04  print(df)
05  # 返回结果：
06  #      a      b
07  # 0    1  False
08  # 1  121   True
```

除 lambda 表达式以外，apply 函数还支持调用函数，以实现更复杂的计算，这比使用 iterrows 遍历数据表修改数据更高效。下例中继续使用上例中的数据，利用 a，b 列元素的值构造出新列 c。在调用 apply 函数时指定了两个参数，axis=1 是指逐行处理，args 指定了传给函数的两个附加参数。程序中定义了函数 *f*，它的第一个参数是数据表中的每行数据，后两个参数是 args 中指定的参数。函数 *f* 使用数据表的 a 列、b 列，并分别与参数 arg1，arg2 相乘再将其结果附值给 c 列。可以说，apply 函数是在 DataFrame 中构造新特征时使用频率最高的方法。

```
01  def f(item, arg1, arg2): # 用 a,b,arg1,arg2 逐条构造新列 c 的值
02      if item['b']:
03          return item['a'] * arg1
04      else:
05          return item['a'] * arg2
06  
07  df['c'] = df.apply(f, args={-1,1}, axis=1) # 调用函数 f
08  print(df)
09  # 返回结果：
10  #      a      b    c
11  # 0    1  False   -1
12  # 1  121   True  121
```

3.3 分组运算

分组运算（Groupby）是指按某一特征（字段）将一个大数据表分成几张小表，分表后

经过统计处理再将结果重组。分组操作极大地简化了数据处理的流程，并提高了处理效率。

3.3.1　分组

本小节先从一个实例开始，实例使用 1996 年美国大选的数据集。首先载入数据集，并查看数据的基本情况。

```
01  import statsmodels.api as sm
02  data = sm.datasets.anes96.load_pandas().data
03  print(data.head())
```

数据基本情况如表 3.2 所示，可以看到表中多数列为类别（枚举）类型。

表 3.2　美国大选数据集前五行数据

popul	TVnews	selfLR	ClinLR	DoleLR	PID	age	educ	income	vote	logpopul
0	7	7	1	6	6	36	3	1	1	-2.302585093
190	1	3	3	5	1	20	4	1	0	5.247550249
31	7	2	2	6	1	24	6	1	0	3.437207819
83	4	3	4	5	1	28	6	1	0	4.420044702
640	7	5	6	4	0	68	6	1	0	6.461624414

分组既可以对 Series 分组，也可以对 DataFrame 分组，支持使用一个特征及多个特征作为分组条件。当使用“受教育程度”分组时，数据被分为七组，每种受教育程度相同的记录被分成一组；按“受教育程度”和“投票”两个特征分组时，数据表被分成 14 个组，每种特征的组合分为一组。另外，还可以使用 lambda 表达式作为分组依据。下例中按索引值奇偶将数据分成两组。

```
01  grp = data.groupby('educ')                # 按单特征分组
02  print(len(grp))                           # 返回结果：7
03  grp = data.groupby(['educ','vote'])       # 按两特征分组
04  print(len(grp))                           # 返回结果：14
05  grp = data.groupby(lambda n: n%2)         # 按索引值奇偶分组
06  print(len(grp))                           # 返回结果：2
```

执行 groupby 命令后数据并未被真正拆分，只是在访问组中的数据时才会执行拆分操作，这会使得分组操作变得快速且节约存储空间。

使用 get_group 方法可获取某一组中的所有记录。

```
01  print(grp.get_group(1))
```

一般通过迭代方式访问分组元素，其中 desc 为分组的特征值，item 是包含该组中的所

有记录的新数据表。

```
01   for desc,item in grp:
02       print(desc, item)
```

使用字段名作为下标可获得只包含该字段的新组，用这种方式可实现依据某一列给另一列分组，以供后续计算。下例中按 vote 分组后取每组的 age，迭代方式访问的元素 item 是 Series 类型，其中包含该组中的所有 age 值。

```
01   for desc,item in grp['age']:
02       print(desc, type(item))
03   # 返回结果
04   # 0 <class 'pandas.core.series.Series'>
05   # 1 <class 'pandas.core.series.Series'>
```

统计分组后的数据也是常用的操作，如统计为不同候选人投票的两组的人数和平均年龄，方法如下例所示。除了计数和求平均值，也可以使用求和、求中值等其他统计方法。

```
01   grp = data.groupby(['vote'])
02   print(grp['vote'].count())              # 求每组的人数
03   返回结果:
04   # vote
05   # 0.0    551
06   # 1.0    393
07   # Name: vote, dtype: int64
```

上例中返回值的类型为 Series，分组变量的取值为索引值，组中元素个数为 value。还可以利用 reset_index 方法将结果转换成单层索引的 DataFrame，其中分组变量 vote 和年龄均值 age 都已转换成新数据表中的字段。

```
01   df = grp['age'].mean().reset_index()
02   print(type(df))
03   print(df)
04   # 返回结果:
05   # <class 'pandas.core.frame.DataFrame'>
06   #  vote        age
07   # 0   0.0  46.299456
08   # 1   1.0  48.086514
```

3.3.2 聚合

聚合（Agg）可以对每组中的数据进行聚合运算，即把多个值按指定方式转换成一个值。Agg 的参数是处理函数,它将列中的数据转给处理函数，为方便理解，还是从实例开始。本例中使用 statsmodels 中自带的信用卡数据，数据非常简单，只有五个字段。

```
01  data = sm.datasets.ccard.load_pandas().data
02  print(data.head())                          # 显示数据前 5 行
03  # 返回结果：
04  #    AVGEXP   AGE  INCOME   INCOMESQ  OWNRENT
05  # 0  124.98  38.0   4.52    20.4304      1.0
06  # 1    9.85  33.0   2.42     5.8564      0.0
07  # 2   15.00  34.0   4.50    20.2500      1.0
08  # 3  137.87  31.0   2.54     6.4516      0.0
09  # 4  546.50  32.0   9.79    95.8441      1.0
```

使用 OWNRENT 值分组，由于它的取值为 0 或 1，因此数据被分为两组，用集合方法调用取平均值的函数来聚合数据。

```
01  grp = data.groupby('OWNRENT')
02  print(grp.agg(np.mean))                     # 调用聚合函数
03  # 返回结果：
04  #              AVGEXP        AGE    INCOME    INCOMESQ
05  # OWNRENT
06  # 0.0      203.000667  28.866667  2.818667   8.764329
07  # 1.0      361.751111  35.296296  4.467778  24.490293
```

返回结果也是 DataFrame 对象。转换后的字段和原表相同，记录变为两个，分别对应不同的分组，表中的数据是该字段不同组的均值。本例中使用了 Numpy 的均值函数，也可用自定义函数，或者使用 lambda 表达式定义处理方法，如下例中将每组中收入最高的记录作为变换后的值。

```
01  print(grp.agg(lambda df: df.loc[(df.INCOME.idxmax())]))
```

3.3.3 转换

转换（Transform）是将数据表中的每个元素按不同组进行不同的转换处理，转换之后的行索引和列索引不变，只有内容改变。下例中将收入（INCOME）的实际值转换为 INCOME 减去该组的均值，用于表示其收入在所属组中是偏高还是偏低。

```
01  data = sm.datasets.ccard.load_pandas().data    # 读取数据
02  grp = data.groupby('OWNRENT')
03  data['NEW_INCOME'] = grp['INCOME'].transform(lambda x: x - x.mean())
                                                   # 按组转换
04  print(data[['INCOME', 'NEW_INCOME', 'OWNRENT']].head())
05  # 运行结果：
06  #    INCOME  NEW_INCOME  OWNRENT
07  # 0    4.52    0.052222      1.0
08  # 1    2.42   -0.398667      0.0
```

```
09    # 2    4.50    0.032222      1.0
10    # 3    2.54   -0.278667      0.0
11    # 4    9.79    5.322222      1.0
```

聚合和转换都支持将 DataFrame 和 Series 作为输入。上例中将 DataFrame 作为处理对象，输出的是 DataFrame；本例中将 Series 作为处理对象，转换后输出的也是 Series。

3.3.4 过滤

过滤（Filter）是通过一定的条件从原数据表中过滤掉一些数据，过滤之后列不变，行可能减少，具体方法是按组过滤，即过滤掉某些组。

本例中，使用 lambda 函数过滤掉了收入（INCOME）均值小于 3 的组。

```
01   data = sm.datasets.ccard.load_pandas().data
02   grp = data.groupby('OWNRENT')
03   print(grp.filter(lambda df: False if df['INCOME'].mean() < 3 else
     True).head())
04   # 返回结果:
05   #     AVGEXP   AGE   INCOME  INCOMESQ  OWNRENT
06   # 0  124.98  38.0    4.52   20.4304      1.0
07   # 2   15.00  34.0    4.50   20.2500      1.0
08   # 4  546.50  32.0    9.79   95.8441      1.0
09   # 7  150.79  29.0    2.37    5.6169      1.0
10   # 8  777.82  37.0    3.80   14.4400      1.0
```

处理函数接收的参数是某一分组中的所有数据，返回布尔值。当布尔值为 True 时保留该组，当布尔值为 False 时过滤掉该组，判断条件一般是根据组中数据求出的统计值。

3.3.5 应用

相对于前几种方法，应用（Apply）更加灵活，并且能实现前几种处理的功能。其处理函数的输入是各组的 DataFrame，返回值可以是数值、Series，DataFrame，apply 会根据返回的不同类型构造不同的输出结构。

用 apply 实现聚合功能：

```
01   print(grp.apply(np.mean))
```

用 apply 实现转换功能：

```
01   print(grp['INCOME'].apply(lambda x: x - x.mean())) # 同transform
```

用 apply 实现过滤功能与使用 filter 函数不同的是，当满足条件时，返回 df；当不满足条件时，返回 None，即在重组时忽略该返回值。

```
01    print(grp.apply(lambda df: df if df['INCOME'].mean() < 3 else None))
```

除以上功能外，apply 还提供更灵活的使用方式，比如返回符合条件组中的前 N 条。

```
01    print(grp.apply(lambda df: df.head(3) if df['INCOME'].mean() < 3 else
None))
```

Pandas 对常用的聚合功能在底层做了优化，使 apply 函数的速度比自行分组计算之后再组合快得多，因此其是数据处理中不可或缺的工具。

3.4　日期时间处理

日期时间处理是 Python 编程的必备技能，如从计算某一段程序的运行时长，到统计建模中某一列日期或时间戳类型数据，再到时间序列问题中通过历史数据预测未来趋势，在经济、金融、医学等领域中被广泛使用。Python 的 datatime 包含一系列的时间处理工具，Pandas 库也自带时序工具，还支持将时间类型作为数据表的索引及作图使用。

3.4.1　Python 日期时间处理

1. 时间点

Python 的标准库提供了 datetime 系列工具，date 用于处理日期信息，time 用于处理时间信息，datetime 可同时处理时间信息和日期信息，也是最常用的工具。

本例中首先导入 datetime 工具，使用 now 方法取当前日期时间，然后通过 datetime 的属性 year,month 等获取其具体数据。另外，也可以使用指定具体年月日时分秒的方法构造 datetime 数据，省略的时分秒参数被默认为 0。

```
01    from datetime import datetime
02    d1 = datetime.now()                       # 获取当前时间
03    print(d1)
04    # 返回结果：2019-03-27 12:57:48.457741
05    print(d1.year, d1.month, d1.day, d1.hour, d1.minute, d1.second)
06    # 返回结果：2019 3 27 12 57 01   48
07    d2 = datetime(2019, 3, 27)                # 通过指定日期构造 datetime
08    print(d2) # 返回结果：2019-03-27 00:00:00
```

2. 时间段

时间段 timedelta 用于表示两个时间点的差值，可以通过 datetime 数据相减得到，也可以通过指定具体时间差的方式构造。本例中使用了上例创建的时间日期变量 d1 和 d2。

```
01    from datetime import timedelta
02    delta = d2-d1                                    # 通过时间日期相减获取
03    print(type(delta))
04    # 返回结果：<class 'datetime.timedelta'>
05    print(delta)
06    # 返回结果：-1 day, 11:02:11.542259
07    delta = timedelta(days=3)                        # 指定时差
08    print(d1+delta)                                  # 利用时间段计算新的日期时间
09    # 返回结果：2019-03-30 12:57:48.457741
```

3. 时间戳

时间戳是指格林尼治时间自 1970 年 1 月 1 日零时至当前时间的总秒数。使用时间戳的好处在于节省存储空间，且不受不同系统之间的日期时间格式限制；缺点在于不够直观。一般使用 Python 的 time 工具处理时间戳。

使用 time.time 函数获取当前时间戳：

```
01    import time
02    print(time.time())
03    # 返回结果：1553693676.4635994
```

使用 time.mktime 函数将 datetime 类型数据转换成时间戳，或者从字符串格式转换。

```
01    t = time.mktime(d.timetuple())                   # 从 datetime 格式转换
02    print(t)
03    # 返回结果：1553644800.0
04    print(time.mktime(time.strptime("2019-03-27", "%Y-%m-%d")))
                                                       # 从字符串格式转换
05    # 返回结果：1553644800.0
```

使用 datetime.fromtimestamp 函数将时间戳转换成 datetime 类型。

```
01    print(datetime.fromtimestamp(t))
02    # 返回结果： 2019-03-27 00:00:00
```

使用 time.strftime 函数将时间戳按指定格式转换成字符串。

```
01    time.strftime("%Y-%m-%d %H:%M:%S", time.localtime(t))
```

4. 时间类型转换

字符串类型转换成时间类型可使用 datetime 自带的 strptime 函数，在使用时需要指定时间格式：

```
01    d = datetime.strptime('2019-03-27', '%Y-%m-%d')
```

```
02   print(d)
03   # 返回结果：2019-03-27 00:00:00
```

在事先不确定时间日期格式的情况下，可以使用 dateutil.parser 中的 parse 方法自动识别字符串的时间类型，这样使用更为方便，但相对消耗资源较大。

```
01   from dateutil.parser import parse
02   d = parse('2019/03/27')
03   print(d)
04   # 返回结果：2019-03-27 00:00:00
```

将日期转换成时间相对比较简单，如果对字符串的语法没有特殊要求，就用 str 方法直接转换即可。

```
01   print(str(d))
02   # 返回结果：2019-03-27 00:00:00
```

如果想指定格式，就使用 datetime 的 strftime 方法。

```
01   print(d.strftime("%Y/%m/%d %H:%M:%S"))
02   # 返回结果：2019/03/27 00:00:00
```

3.4.2　Pandas 日期时间处理

Pandas 支持时间点 Timestamp、时间间隔 Timedelta 和时间段 Period 三种时间类型，它们常被用于时间索引，有时也用于描述时间类型数据。

1. 时间点

Pandas 最基本的数据类型为时间点，它继承自 datetime，可使用 to_datetime 方法从字符串格式或者 datetime 格式转换。

```
01   t = pd.to_datetime('2019-03-01 00:00:00')       # 从字符串格式转换
02   print(type(t), t)
03   # 返回结果：
04   # <class 'pandas._libs.tslibs.timestamps.Timestamp'> 2019-03-01 00:00:00
05   t = pd.to_datetime(datetime.now())              # 从 datetime 格式转换
06   print(type(t), t)
07   # 返回结果：
08   # <class 'pandas._libs.tslibs.timestamps.Timestamp'> 2019-03-28 10:57:17.150421
```

2. 时间间隔

Pandas 中的时间间隔类似于 datetime 工具中的时间段，可以通过两个时间点相减获得。

它的属性 days，seconds 可以查看具体的天数以及一天以内的秒数。

```
01    t1 = pd.to_datetime('2019-03-01 00:00:00')
02    t2 = pd.to_datetime(datetime.now())
03    delta = t2-t1                              # 通过 TimeStamp 相减获取
04    print(type(delta), delta, delta.days, delta.seconds)
05    # 返回结果:
06    <class 'pandas._libs.tslibs.timedeltas.Timedelta'>27 days
11:41:01.335558 27 42061
```

时间间隔可以通过 pd.Timedelta 函数创建，并利用它与时间点的计算构造新的时间点。

```
01    delta = pd.Timedelta(days=27)              # 构造时间间隔为 27 天
02    print(t2 + delta)
03    # 返回结果:
04    2019-04-24 11:13:31.906658
```

3. 时间段

时间段描述的也是时间区间，但与时间间隔不同的是，它包含起始时间和终止时间，一般以年、月、日、小时等为计算单位，通过时间点来构造它所在的时间段。下例中使用当前时间所在小时构造时间段，并显示了该时间段的起止时间。

```
01    t = pd.to_datetime(datetime.now())
02    p = pd.Period(t, freq='H')
03    print(p, p.start_time, p.end_time)    # 显示时间段的起止时间
04    # 返回结果:
05    2019-03-28 11:00 2019-03-28 11:00:00 2019-03-28 11:59:59.999999999
```

4. 批量转换

使用 to_datetime 方法也可以进行数据的批量转换，通常用它将字符串类型转换为时间类型。

```
01    arr = ['2019-03-01','2019-03-02','2019-03-03']
02    df = pd.DataFrame({'d':arr})
03    df['d'] = pd.to_datetime(df['d'])
```

3.4.3 时间序列操作

Pandas 中日期时间最重要的应用是处理时间序列。时间序列是一系列相同格式的数据按时间排列后组成的数列，常用于通过历史数据预测未来趋势，有时也用于空缺值的插补。在时间序列数据的清洗和准备时，会用到大量的与 Pandas 日期相关的操作，如按时间筛选、

切分、统计、聚合、采样、去重、偏移等。

1. 时间日期类型索引

时间点、时间段和时间间隔都可以作为数据表的索引，用以构造时间序列，其中最常用的是时间点索引，其类型为 DatetimeIndex。

```
01   df.index = pd.to_datetime(df['d']) # 本例中使用了上例中构造的df['d']
02   print(df.index)
03   # 返回结果:
02   # DatetimeIndex(['2019-03-01', '2019-03-02', '2019-03-03'],
03   #       dtype='datetime64[ns]', 04   name='d', freq=None)
```

另外，也常用 date_range 方法指定时间范围来构造一组时间数据。下例中创建了从 2017-12-30 到 2019-01-05，每日一条数据，共 372 条数据。用 set_index 方法将 date 列设置为索引列，然后将该日是星期几设置为其 val 字段的值，本小节的后续例程中也用到在此创建的数据。

```
01   df = pd.DataFrame()
02   df['date'] = pd.date_range(start='2017-12-30',end='2019-01-05',freq='d')
                                                         # 创建时间数据
03   df['val'] = df['date'].apply(lambda x: x.weekday()) # 计算该日是星期几
04   df.set_index('date', inplace = True)                # 设置时间索引
05   print(df.head(3))                                   # 显示前三条
06   # 返回结果
07   #               val
08   # date
09   # 2017-12-30     5
10   # 2017-12-31     6
11   # 2018-01-01     0
```

date_range 方法不仅支持设置起止时间 start/end，还支持用起始时间和段数 periods 构造数据 start/periods，其间隔 freq 支持年'y'、季度'q'、月'm'、小时'h'、分钟't'、秒's'等，并支持设置较为复杂的时间，如 freq='1h30min'为间隔一个半小时。具体格式支持请参见 Pandas 源码中的 pandas/tseries/frequencies.py。

2. 时间段类型索引

时间段也是一种重要的索引，常用它存储整个时间段的统计数据，如全年总销量，其类型为 PeriodIndex。与时间日期类型索引不同的是，它保存了起始和终止两个时间点。使用 to_period 方法和 to_timestamp 方法可以在时间段类型索引和时间点索引之间相互转换。

下例中，将时间日期类型索引改为其所在月的时间段类型索引。

```
01  df_period = df.to_period(freq='M')     # 按月创建时间段
02  print(type(df_period.index))           # 查看类型
03  # 返回结果：<class 'pandas.core.indexes.period.PeriodIndex'>
04  print(len(df_period))                  # 查看记录个数，与原记录个数一致
05  # 返回结果： 372
06  print(df_period.head(3))
07  # 返回结果：
08  #       val
09  # date
10  # 2017-12    5
11  # 2017-12    6
12  # 2018-01    0
```

从返回结果可以看到，变换后索引值的类型变为 PeriodIndex，记录条数和具体内容不变，用以下方法可查看其具体起止时间：

```
01  print(df_period.index[0].start_time, df_period.index[0].end_time)
02  # 返回结果： 2017-12-01 00:00:00 2017-12-31 23:59:59.999999999
03  print(df_period.index[1].start_time, df_period.index[1].end_time)
04  # 返回结果： 2017-12-01 00:00:00 2017-12-31 23:59:59.999999999
05  print(df.index.is_unique, df_period.index.is_unique)
06  # 返回结果： True, False
```

由于是在同一个月，因此第一条记录和第二条记录的起止时间相同，用 is_unique 查看其索引值有重复。使用 to_timestamp 方法可将 Period 类型转换回 Timestamp 类型。

```
01  df_dt = df_period.to_timestamp()
02  print(df_dt.head(3))
03  print(type(df_dt.index))
04  # 返回结果：
05  #             val
06  # date
07  # 2017-12-01    5
08  # 2017-12-01    6
09  # 2018-01-01    0
10  # <class 'pandas.core.indexes.datetimes.DatetimeIndex'>
```

经过以上程序中的两次转换，日期都被转换成当月的第一天了。

3. 筛选和切分

使用时间日期类型索引的一个重要原因是 Pandas 支持使用简单的写法按时间范围筛选数据，如用月份或年份筛选当月或当年的所有数据。

```
01  print(df['2019'])                # 筛选 2019 全年数据
```

```
02   print(df['2019-01'])              # 筛选 2019 年一月数据
```

用切片方法获取某段时间的数据。

```
01   (df['2018':'2019'])               # 筛选 2018 年年初到 2019 年年底的所有数据
02   (df['2018-12-31':])               # 筛选 2018-12-31 及之后的数据
```

4. 重采样

重采样是指对时序数据按不同的频率重新采样，把高频数据降为低频数据是降采样 downsampling，反之则为升采样 upsampling。

用降采样聚合一段时间的数据，先看一个常用的例程，将以日为单位的记录降采样成以周为单位，并累加其值。除了累加，常用的操作还有取其第一个值、最大值等。从结果可以看到，日期置为该周的最后一天，字段取值为该周所有数值之和。

```
01   tmp = df.resample('w').sum()    # 使用叠加方式按周重采样
02   print(tmp.head(3))
03   # 返回结果
04   #                 val
05   # date
06   # 2017-12-31     11
07   # 2018-01-07     21
08   # 2018-01-14     21
```

另一种常用的降采样是 ohlc 方法，它常用于金融领域中计算统计区域内开盘 open、最高 high、最低 low 和收盘 close 的值。从返回结果可以看到，它返回了双层列索引。

```
01   tmp = df.resample('M').ohlc()  # 使用 ohlc 方法按月降采样
02   print(tmp.head(3))
03   # 返回结果
04   #                 val
05   #  open high low close
06   # date
07   # 2017-12-31    5    6    5     6
08   # 2018-01-31    0    6    0     2
09   # 2018-02-28    3    6    0     2
```

降采样中的 to_period 方法和 resample 方法常常配合使用，同时实现时间和取值的聚合，下例中聚合了月度数据。

```
01   tmp = df.resample('M').sum().to_period('M')
                                        # 按月降采样，同时将时间变为时间段
02   print(tmp.head(3))
03   # 返回结果
04   #          val
```

```
05    # date
06    # 2017-12    11
07    # 2018-01    87
08    # 2018-02    84
```

升采样常用于时序数据的插补，如在做时序预测时，缺少某一日期对应的记录，这时就需要升采样补全所有日期范围内的数据。下例中只含有三月份的三条数据，需要补全当月所有日期的数据，按日'D'升采样并使用插值方法插补数据。除了插值方法，常用的插补方法还有使用后面数据插补 ffill、使用前面数据插补 bfill、使用空值插补 fillna 等。

```
01    df1 = pd.DataFrame({'val':[8,7,6]})
02    df1.index = pd.to_datetime(['2019-03-01','2019-03-15','2019-03-31'])
                                                      # 仅含三条数据
03    df2 = df1.resample('D').interpolate()  # 用插值方式升采样
04    print(len(df2))
05    # 返回结果：31
06    print(df2.head(3))
07    # 返回结果
08    #                  val
09    # 2019-03-01  8.000000
10    # 2019-03-02  7.928571
11    # 2019-03-03  7.857143
```

resample 方法返回的值为 DatetimeIndexResampler 类型，需要进一步处理才能转换成 DataFrame。它提供的功能较多，可使用该对象的 aggregate, apply, transfrom 等方法聚合数据。如果只需要简单填充，也可以使用 asfreq 方法，其直接返回 DataFrame 并将新记录填充为空值。

```
01    df3 = df1.asfreq('D')
```

5. 偏移

偏移操作适用于各种类型的数据，但在时序问题中最为常用。数据偏移使用 shift 方法实现，DataFrame，Series 及 Index 都支持该方法，其语法如下：

```
01    shift(self, periods=1, freq=None, axis=0, fill_value=None)
```

其中，Period 默认为 1，即取其前项的数据。如果 Period 设置为负数，则为取其后项的数据。freq 可设置频率，用法和 Period 中的 freq 相同。

在时序预测时，常将前一天的数据作为当日预测的一个特征，本例仍使用本小节第一部分中创建的 df 数据表来创建字段 prev，其值为前一天的 val。

```
01  df['prev'] = df['val'].shift()
                          # 取前一条数据的 val 值作为当前记录中字段 prev 的值
02  print(df.head(3))
03  # 返回结果
04  #               val  prev
05  # date
06  # 2017-12-30    5   NaN
07  # 2017-12-31    6   5.0
08  # 2018-01-01    0   6.0
```

6. 计算滑动窗口

当时序数据波动较大时，往往会用一段时间的均值来取代该值。在趋势预测中常常需要计算前 *N* 天的均值，如股票预测中常用的 *N* 日均线，即前 *N* 日收盘价之和除以 *N*。在这个区间内 *N* 就是窗口，窗口随着时间的流逝向前滑动，即滑动窗口。DataFrame 的 rolling 方法可以通过对窗口中的数值计算其统计值构造新的字段，其语法如下：

```
01  DataFrame.rolling(window, min_periods=None, center=False,
win_type=None, on=None, axis=0, closed=None)
```

其中，参数 window 指定窗口大小；min_peroids 指定窗口中最小观测值的数据量，如果达不到该观测值，则将统计值置为空；center 为当前记录是否居中，默认为居右。

下例中设置窗口长度为 3，min_periods 为 None，center 使用默认值 False。如果观察到有空值，则将其计算结果置为空。从程序返回结果可以看到，第三条的记录对应的窗口范围是前三条的记录，其均值为 3.666667。

```
01  df['sw'] = df['val'].rolling(window=3).mean() # 计算窗口中数据的均值
02  print(df.head(3))
03  # 返回结果
04              val     sw
05  date
06  2017-12-30    5      NaN
07  2017-12-31    6      NaN
08  2018-01-01    0  3.666667
```

emw 方法比 rolling 方法的功能更强，实现了指数加权滑动窗口，赋予近距离的记录更大的权重。下例用作图的方法比较 ewm 设置参数 span 为 3，7 以及 rolling 为 7 的部分计算结果，如图 3.1 所示。

```
01  df['emw_3'] = df['val'].ewm(span=3).mean()
02  df['emw_7'] = df['val'].ewm(span=7).mean()
03  df['rolling'] = df['val'].rolling(7).mean()
```

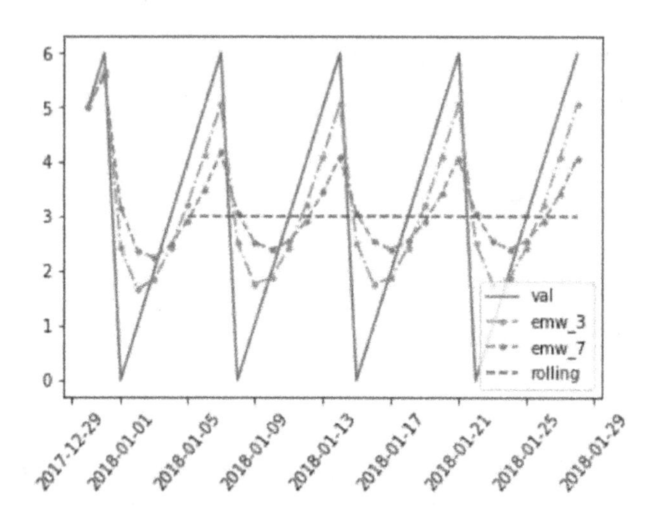

图 3.1 滑动窗口对比图

其中，val 为实际值，emw_3 距离实际值最近，emw_7 更多地参考了过去的数据，而 rolling 取 7 天均值，画出了一条直线。

7. 时区转换

从其他数据源读出的数据有时带有时区信息，如“2019-03-31 11:21:49.915103+ 08:00”，有时虽然没有显性地带有时区信息，但从其内容能推断出是格林尼治时间，即比北京时间少 8 个小时。

当能确定数据为格林尼治时间时，计算对应的北京时间用 shift 方法偏移 8 个小时即可。而更多的时候，不能确定两个时区间的具体差异，此时建议使用 Python 或 Pandas 提供的时区转换功能。首先来看 Python 提供的基本时区功能，其中 pytz 模块用于时区转换，通过 common_timezones 属性查看其可支持的时区列表。本例中列出了其中的前三个时区：

```
01   import pytz
02   print(pytz.common_timezones[:3])
03   # 返回结果
04   # ['Africa/Abidjan', 'Africa/Accra', 'Africa/Addis_Ababa']
```

接下来，用 datetime 的 now 方法取当前时间。

```
01   import datetime
02   t = datetime.datetime.now()
03   print(t)
04   # 返回结果
05   # 2019-03-31 03:36:48.402890
```

其返回结果为凌晨三点，比当前的实际时间早 8 个小时，由此可以确定其返回的是格林尼治时间。在此使用 pytz 提供的工具，pytz.utc.localize 为其加入了时区信息，时间被设置为格林尼治时间的三点。

```
01  utc_dt = pytz.utc.localize(t)
02  print(utc_dt)
03  # 返回结果
04  # 2019-03-31 03:41:42.503180+00:00
```

接下来使用 timezone 创建北京时间所在的时区'Asia/Shanghai'，并将格林尼治时间改为北京时间，转换后时间显示正常。

```
01  from pytz import timezone
02  tz = timezone('Asia/Shanghai')       # 将时区设为上海
03  print(utc_dt.astimezone(tz))         # 转换时区
04  2019-03-31 11:41:42.503180+08:00
```

使用 Pandas 自带的时区设置和置换功能更为简单，只需要使用 tz_localize 和 tz_convert 两个函数即可。首先，建立时间索引的 DataFrame 来显示其索引信息，可以看到其不带时区信息。

```
01  df = pd.DataFrame()
02  df['date'] = pd.date_range(start='2018-12-31',end='2019-01-01',freq='d')
03  df.set_index('date', inplace=True) # 设置时间索引
04  print(df.index)
05  # 返回结果
06  # DatetimeIndex(['2018-12-31', '2019-01-01'],
07          dtype='datetime64[ns]', name='date', # freq=None)
```

使用 tz_localize 函数指定时区为格林尼治时间：

```
01  df.index = df.index.tz_localize('UTC')
02  print(df.index.values, df.index)
03  # 返回结果
04  # ['2018-12-31T00:00:00.000000000' '2019-01-01T00:00:00.000000000']
05  # DatetimeIndex(['2018-12-31 00:00:00+00:00', '2019-01-01 00:00:00+00:00'],
06  #             dtype='datetime64[ns, UTC]', name='date', freq=None)
```

再将格林尼治时间转换为北京时间：

```
01  df.index = df.index.tz_convert('Asia/Shanghai')
02  print(df.index.values)
03  print(df.index)
04  # 返回结果
05  #  ['2018-12-31T00:00:00.000000000' '2019-01-01T00:00:00.000000000']
06  # DatetimeIndex(['2018-12-31 08:00:00+08:00', '2019-01-01 08:00:00+08:00'],
07  #      dtype='datetime64[ns, Asia/Shanghai]', name='date', freq=None)
```

对比其返回结果，时间索引值被修改，而其具体值 df.index.value 始终未改变，这说明修改时区修改的是显示形式，而内部时间数据未被修改。

3.4.4 数据重排

1. 数据表转置

数据表转置即行列互换，与矩阵转置类似，使用 DataFrame 自带的方法 T 即可实现。首先创建数据表（此处数据表在后续例程中也会用到），然后调用转置方法 T。

```
01   df = pd.DataFrame({"a":[1,2],"b":[3,4]}, index=['l1','l2'])
02   print(df)
03   print(df.T)
04   # 返回结果
05   # 原数据：转置后
06   #      a  b   l1  l2
07   # l1  1  3a   1   2
08   # l2  2  4b   3   4
```

2. 行转列和列转行

使用 DataFrame 的 stack 方法可将原数据表中的列转换为新数据表中的行索引，原行索引不变，数据沿用上例中创建的 df。从返回结果可见，数据表变为双重行索引，其数据内容为原表中的数据，而结构被修改。

```
01   df1 = df.stack()                          # 列转行
02   print(df1)
03   # 返回结果列索引为空
04   # 1     a    1
05   #       b    3
06   #  2    a    2
07   #       b    4
08   #  dtype: int64
```

与 stack 方法的功能相反，unstack 方法是将行索引转换成列索引，原列索引不变。从返回结果可看到：左侧输出使用默认参数，将内层的行索引转换成了列索引，转换之后数据与原数据一致；右侧输出使用参数 level=0，将外层行索引转换成列索引，转换后与原数据的转置结果一致。stack 方法和 unstack 方法常用于处理多重索引向单层索引的转换，stack 方法也支持 level 参数。

```
01   print(df1.unstack())                      # 将内层行索引转换为列索引
02   print(df1.unstack(level=0))               # 将外层行索引转换为列索引
03   # 返回结果
```

```
04   #      a  b   l1  l2
05   # l1  1  3a   1   2
06   # l2  2  4b   3   4
```

3. 透视转换

pivot 函数和 pivot_table 函数提供数据的透视转换功能，它们能将数据的行列按一定规则重组，pivot_table 函数是 pivot 函数的扩展，下面介绍 pivot 函数的基本功能。本例中的基本数据是将期中和期末的各科成绩以多条记录的形式放在一个表中（输出结果中的左侧表），目标是将其中一部分列索引转换成行索引，以便缩减表的长度。pivot 函数需要指定三个参数：新的行索引 index，列索引 columns 及表中内容 values。

```
01  df = pd.DataFrame({"时间":['期中','期末','期中','期末'],
02                     "学科":['语文','语文','数学','数学'],
03                     "分数":[89,75,90,95]})
04  df1 = df.pivot(index='时间', columns='学科', values='分数')
05  print(df, df1)
06  # 返回结果
07  # 分数学科时间学科数学语文
08  # 0  89    语文期中时间
09  # 1  75    语文期末期中  90    89
10  # 2  90    数学期中期末  95    75
11  # 3  95    数学期末
```

本小节学习的数据重排、转换表中的行列，以及转换表中的索引与具体的值，都是主要针对分类特征的。数值型特征展开后维度太大，一般只作为表中存储的数据。

第 4 章 数据可视化

在 Python 中，数据可视化有很多选择，本章介绍其中三个常用的工具。第一部分的 Matplotlib 是最常用的 Python 作图工具，用它可以创建大量的 2D 图表和简单的 3D 图表，此部分主要介绍图表本身。第二部分的 Seaborn 工具是对 Matploblib 的封装，它让我们仅用少量代码就能实现大多数的数据分析功能，此部分的学习主要集中在图表与数据分析功能的结合上。第三部分的 PyEchars 封装了百度开源图表库 Echarts，使用它可以将图表生成互动网页，此部分偏重以数据为核心的具体应用。

图表是将工作表中的数据用图形表示出来。在数据分析时，具象的图表展示往往能提供更多的信息。在数据展示时，常用于制作 PPT、报告、论文等，展示对象一般是同事、客户或者读者，受众多数不是数据分析的专业人士。因此，先要确定展示的目标和受众，作图表如同写应用文，最重要的是用直观的方法表述清楚，如果同时能做到工整和美观则更好。例如，用三维柱图展示工作表内容，如图 4.1 所示。同样的内容，如表 4.1 所示。

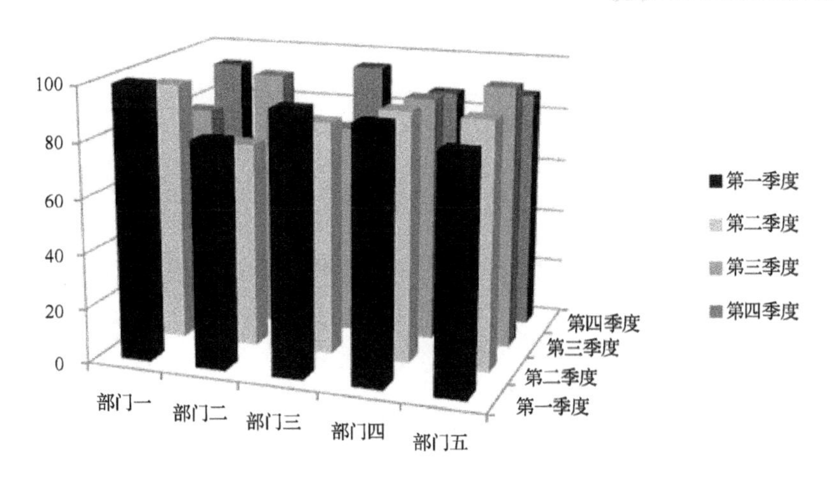

图 4.1　三维柱图

表 4.1　数据表

	部门一	部门二	部门三	部门四	部门五
第一季度	100	82	95	92	85
第二季度	95	75	85	91	90
第三季度	80	95	77	90	96
第四季度	93	60	95	87	88

虽然三维柱图看起来比较“高级”，但是对于上述数据，其表达能力反而不如表简单清晰。这种图放在 PPT 中，反而会影响受众对内容的理解。

4.1　Matplotlib 绘图库

Matplotlib 是 Python 最著名的图表绘制库，支持很多绘图工具，可以从其官网中看到大量的图表及对应的使用方法。本节不尽数所有方法和参数，而是从功能的角度出发，介绍在数据分析时最常用的方法及使用场景。

4.1.1　准备工作

1. 安装软件

安装 Matplotlib 库，注意在 Python 2 的环境下，需要指定安装 Matplotlib 3.0 以下版本，

同时安装 python-tk 软件包。在 Ubuntu 系统中，执行以下命令：

```
01   $ sudo pip install matplotlib==2.2.2
02   $ sudo apt-get install python-tk
```

2. 包含头文件

使用 Matplotlib 库需要包含头文件，例程中还使用了 Numpy 库。在 4.1 节中所有示例都需要包括以下头文件，在此统一说明，后续例程中省略。

```
01   import numpy as np
02   import matplotlib.pyplot as plt
```

另外，如果使用 Jupyter Notebook 编写程序，还需要加入：

```
01   %matplotlib inline
```

以保证图片在浏览器中正常显示。

4.1.2 散点图与气泡图

1. 散点图

Matplotlib 的 pyplot 模块提供了类似 MATLAB 的绘图接口，其中 plot 函数最为常用。它支持绘制散点图、线图，本例中使用 plot 函数绘制散点图。

```
01   x = np.random.rand(50) * 20        # 随机生成 50 个点，x 轴的取值范围为 0～20
02   y = np.random.rand(50) * 10        # 随机生成 50 个点，y 轴的取值范围为 0～10
03   plt.plot(x, y, 'o')                # 用'o'指定绘制散点图
04   plt.show()
```

程序运行结果如图 4.2 所示。

在本例程中，随机生成了 50 个点，并利用 plot 函数生成图像，其中参数'o'指定生成图像为散点图（默认为线图）。

散点图通常用于展示数据的分布情况，即 x 与 y 的关系。在数据分析中，最常用的场景是将两维特征分别作为 x 轴和 y 轴，通过散点图展示二者的相关性，相关性将在 4.2 节中详细讨论。

2. 气泡图

气泡图的绘制函数 scatter 也常被用于绘制上例中的散点图。相对于 plot 函数，scatter 函数提供更强大的功能，支持指定每个点的大小及颜色，可以展示更多维度的信息。

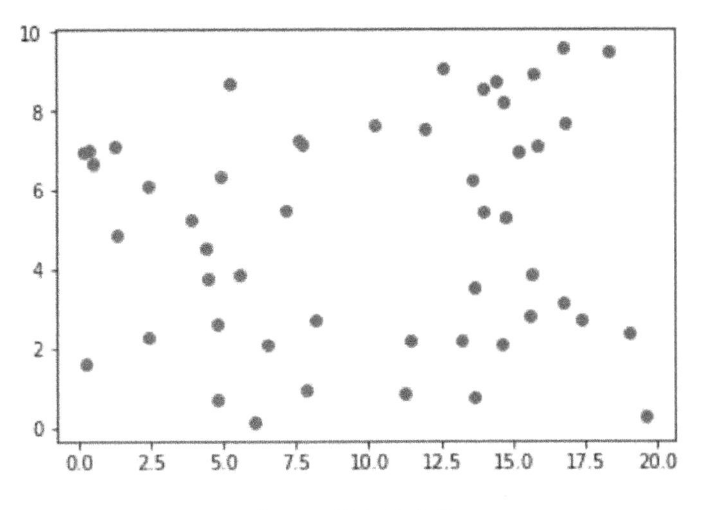

图 4.2　绘制散点图

```
01   N = 50
02   x = np.random.rand(N)
03   y = np.random.rand(N)
04   colors = np.random.rand(N)              # 点的颜色
05   area = (30 * np.random.rand(N))**2 # 点的半径
06   plt.scatter(x, y, s=area, c=colors, alpha=0.5)
                                          # 由于点可能叠加，因此设置透明度为 0.5
07   plt.show()
```

程序运行结果如图 4.3 所示。

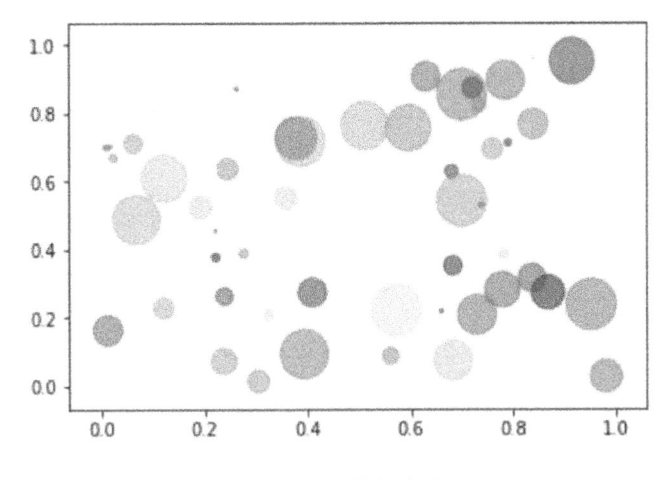

图 4.3　绘制气泡图

在例程中，由于用参数 s 指定每个图点面积的大小、用参数 c 指定每个点的颜色，因此，图中可以展示四个维度的信息。但在实际应用中，一张图中四个维度携带的信息量太大，更多的时候仅使用 x 轴，y 轴及面积大小这三个维度。

4.1.3 线图

线图常用于展示当 x 轴数据有序增长时，y 轴的变化规律。

1. 对比线图

本例也使用了 plot 函数进行绘制，不同的是绘制线图可在同一张图中展示两条曲线，可看到对比效果。

```
01    x = np.arange(0.0, 2.0, 0.01)      # 创建范围为 0.0～2.0，步长为 0.01 的数组
02    y = np.sin(2 * np.pi * x)
03    z = np.cos(2 * np.pi * x)
04    plt.plot(x, y)                     # 绘制实线
05    plt.plot(x, z, '--')               # 绘制虚线
06    plt.grid(True, linestyle='-.')     # 设置背景网格
07    plt.show()
```

程序运行结果如图 4.4 所示。

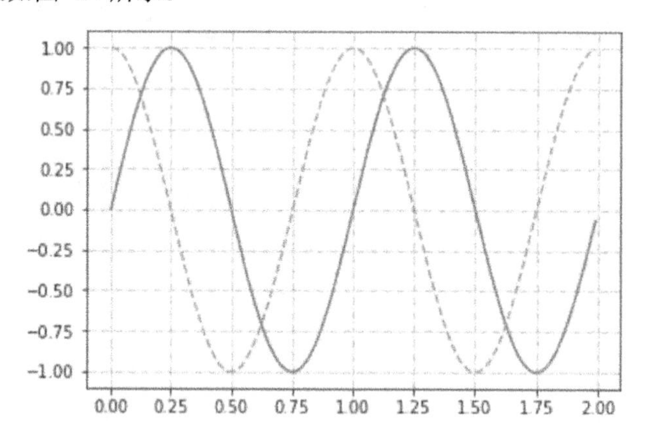

图 4.4　绘制对比线图

与散点图不同的是，线图把数组中前后相邻的点连接在一起。当数据在 x 轴方向未被排序时，图示看起来比较混乱，如图 4.5 中的左图所示。在这种情况下，建议先排序后作图，结果如图 4.5 中的右图所示。

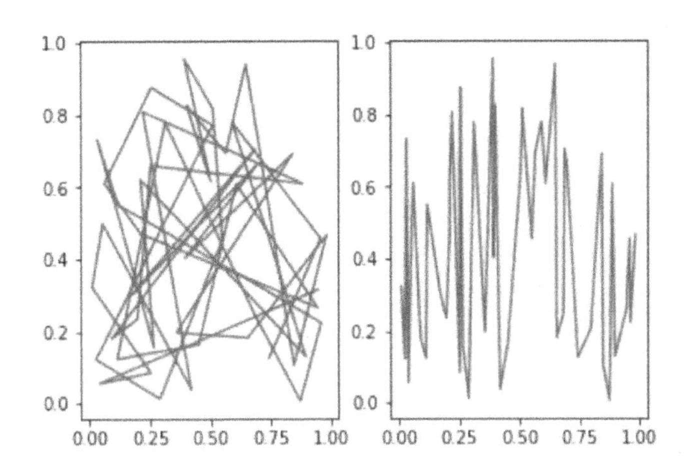

图 4.5　对 x 轴数组排序前后对比图

2. 时序图

线图的另一个常见应用场景是绘制时序图，从时序图中可以直观地看出整体趋势、时间周期，以及特殊日期带来的影响。在绘制时序图时，x 轴一般为时间类型数据。

```
01  import pandas as pd
02  import matplotlib.dates as mdates
03
04  x = ['20170808210000' ,'20170808210100' ,'20170808210200' ,'20170808210300'
05       ,'20170808210400' ,'20170808210500' ,'20170808210600' ,'20170808210700'
06       ,'20170808210800' ,'20170808210900']
07  x = pd.to_datetime(x)
08  y = [3900.0,  3903.0,  3891.0,  3888.0,  3893.0,
09       3899.0,  3906.0,  3914.0,  3911.0,  3912.0]
10
11  plt.plot(x, y)
12  plt.gca().xaxis.set_major_formatter(mdates.DateFormatter('%m-%d %H:%M'))
                                                  # 设置时间显示格式
13  plt.gcf().autofmt_xdate()                     # 自动旋转角度，以避免重叠
14  plt.show()
```

程序运行结果如图 4.6 所示。

绘图前使用 pd.to_datetime 函数将字符型的日期转换成日期时间类型，绘制时用 gca 函数和 gcf 函数设置当前绘图区域时间格式和旋转角度，绘图区域相关概念将在 4.1.7 节中详细介绍。除了可以用 autofmt_xdate 方法自动调整旋转角度，还可以使用 rotation 参数手动设

置旋转的具体角度，形如：

```
01    plt.xticks(rotation=90)
```

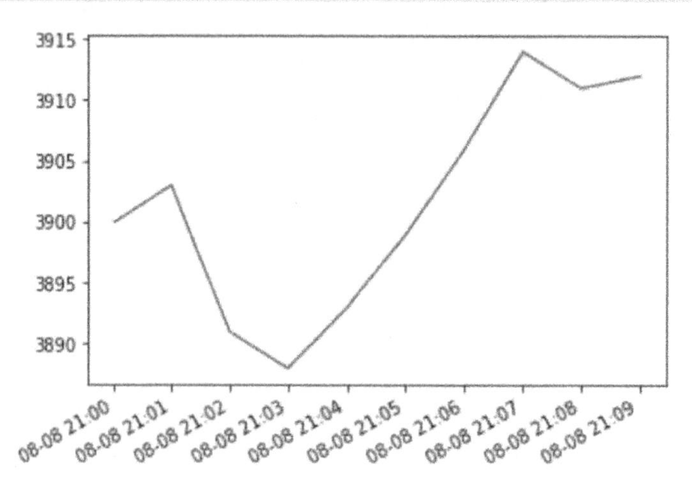

图 4.6　绘制时序图

4.1.4　柱图

柱图、条形图、堆叠图和直方图都属于柱图范畴，柱图的核心功能在于对比柱与柱之间的关系，常用于统计中。例如，常用直方图描述单个变量值的分布情况，也可在不同分类之下用柱图描述各个类别的计数、均数或者数据之和，以对比类间的差异。

1. 柱图

本例中使用 bar 函数绘制普通柱图，其横坐标可以是数值，也可以是字符串。

```
01    data = {'apples': 10, 'oranges': 15, 'lemons': 5, 'limes': 20}
02    plt.bar(list(data.keys()), list(data.values()))
```

程序运行结果如图 4.7 所示。

2. 条形图

条形图是横向显示的柱图，本例中绘制了带误差线的条形图。

```
01    data = {'apples': 10, 'oranges': 15, 'lemons': 5, 'limes': 20}
02    error = [3, 4, 2, 7]
03    plt.barh(data.keys(), data.values(), xerr=error, align='center',
```

```
04          color='green', ecolor='black')
05   plt.show()
```

程序运行结果如图 4.8 所示。

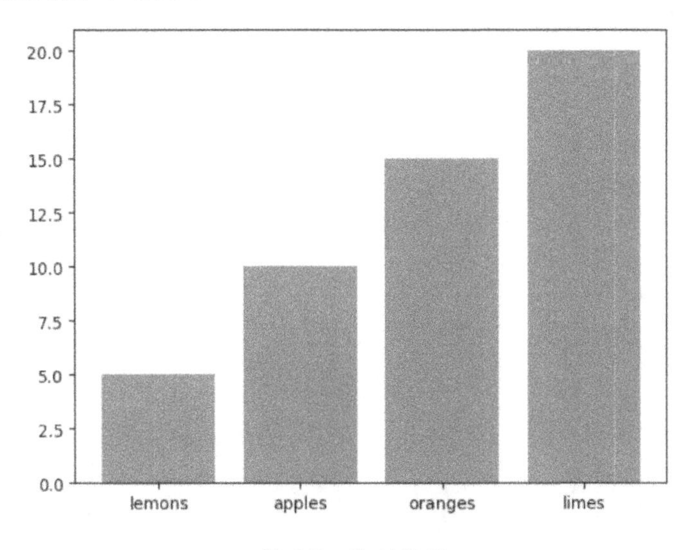

图 4.7　绘制柱图

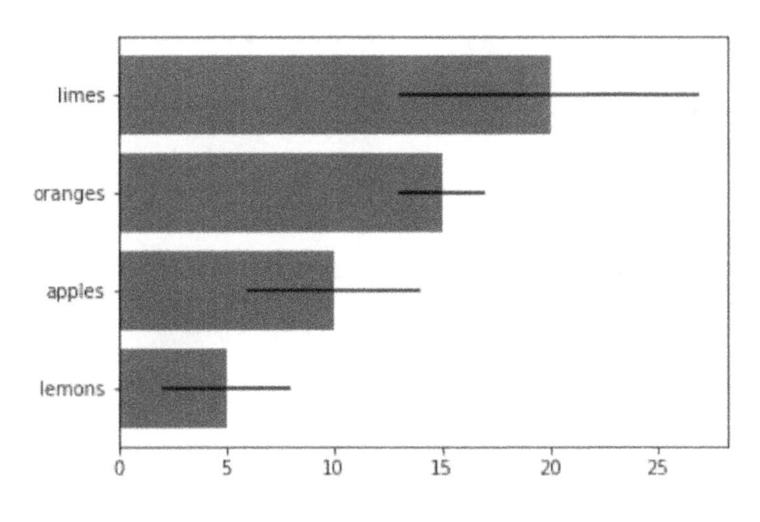

图 4.8　绘制条形图

本例中用 error 数组模拟了误差范围，可以将此图解读为酸橙 limes 的平均值为 20，用柱表示，上下波动范围为±7，用黑色线条表示。它们对应了数值型数据统计中最重要的两个因素：均值和方差。

3. 堆叠图

堆叠图是在同一张图中展示了两组柱，以及两组柱叠加的结果，也是常用的统计工具。

```
01   y1 = (20, 35, 30, 35, 27)
02   y2 = (25, 32, 34, 20, 25)
03   x = np.arange(len(y1))
04   width = 0.35
05   p1 = plt.bar(x, y1, width)
06   p2 = plt.bar(x, y2, width, bottom=y1) # 堆叠图
07   plt.show()
```

程序运行结果如图 4.9 所示。

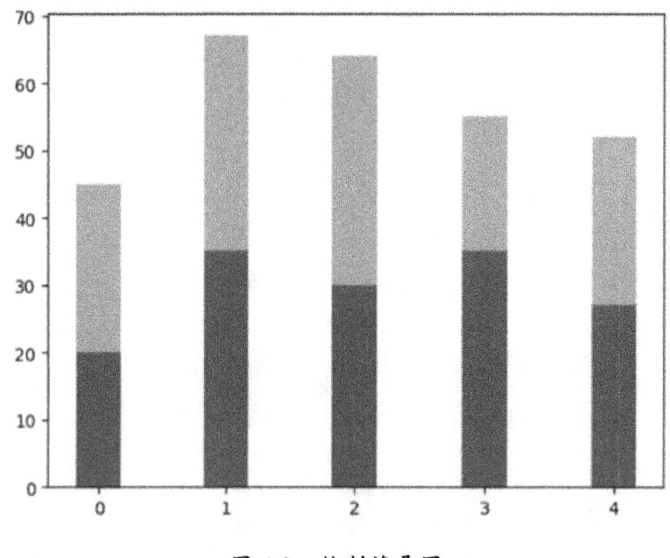

图 4.9　绘制堆叠图

本例中使用 bar 函数的参数 bottom 设置第二组柱显示的起点，以实现堆叠效果。另外，还设置了柱的宽度。

4. 直方图

直方图是使用频率最高的柱图，常用它来展示数据的分布。与上述几种柱图不同的是，在通常情况下，直方图只需要指定一个参数，而非 x 和 y 两个参数。它分析的是一组数据的内部特征，而非两组数据的相互关系。

```
01   x = np.random.rand(50, 2)              # 产生两组数，每组 50 个随机数
02   plt.hist(x)
```

程序运行结果如图 4.10 所示。

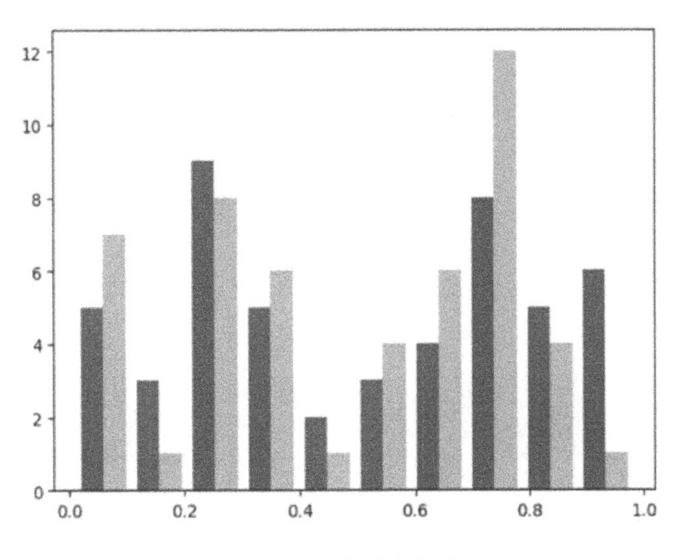

图 4.10　绘制直方图

本例中生成了两维数组，目的是对比两组数据的分布情况，当然也可以只传入一维数组。在图 4.10 中，*x* 轴展示了数据变量的取值范围，*y* 轴是在该取值范围内实例的数量，如第一根柱表示第一组数据中有 5 个数，其值的范围为 0～0.1。

4.1.5　饼图

饼图用于展示一组数据的内部规律，多用于分类后展示各个类别的统计值。相对于其他图表，饼图携带的信息量不大，不太容易出效果。使用饼图有一些注意事项，比如太过细碎的分类，最好把占比不多的归为一类，描述为“其他”；如果只有两种类别，与其做饼图，不如用文字描述。

```
01   data = {'apples': 10, 'oranges': 15, 'lemons': 5, 'limes': 20}
02   explode = (0, 0.1, 0, 0)                  # 向外扩展显示的区域
03   plt.pie(data.values(), explode=explode, labels=data.keys(), autopct='%1.1f%%',
04            shadow=True, startangle=90)
05   plt.axis('equal')                         # 设置饼图为正圆形
06   plt.show()
```

程序运行结果如图 4.11 所示。

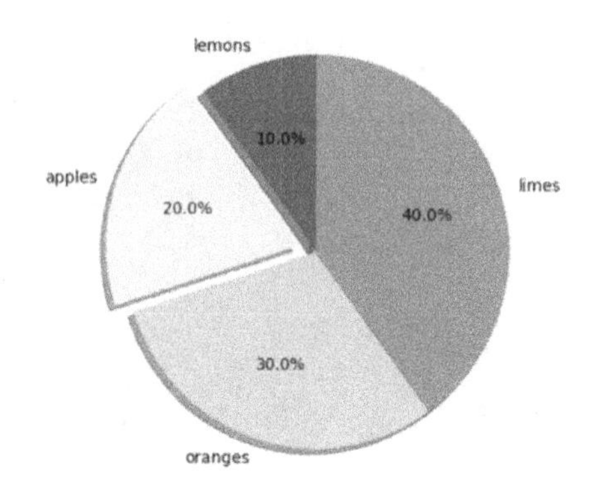

图 4.11　绘制饼图

4.1.6　箱线图和小提琴图

箱线图和小提琴图同为统计图，是二维图中相对较难理解的图示，但由于它们可以在一张图中描述各个分组的多种性质，因此也被广泛使用。

1. 箱线图

箱线图中每个箱体描述的是一组数，箱体从上到下的五条横线分别对应该组的最大值、75 分位数、中位数、25 分位数和最小值，相对于均值和方差，该描述携带更多的信息。

在作箱线图时，通常涉及数值型和分类型两种特征，比如先利用性别（分类型变量）将学生分为两组，然后计算每组学生身高（数值型变量）的统计值。

```
01   data = np.random.rand(20, 5)              # 生成五维数据，每维 20 个
02   plt.boxplot(data)
```

程序运行结果如图 4.12 所示。

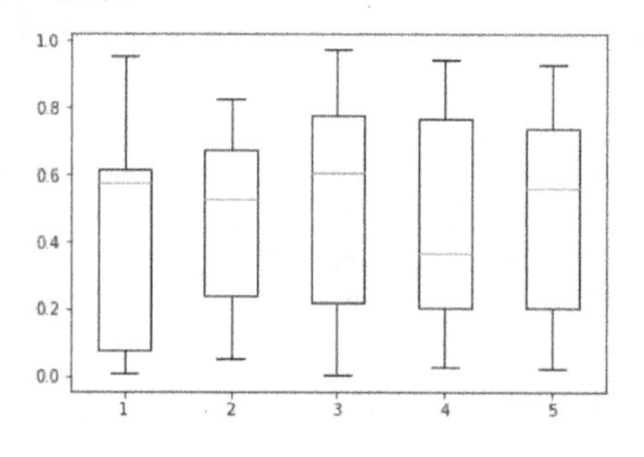

图 4.12　绘制箱线图

2. 小提琴图

小提琴图的功能类似于箱线图，除了最大值、最小值和中位数，小提琴图两侧的曲线还描述了概率密度，相对来说展示的信息更为具体。

```
01  data = np.random.rand(20, 5)
02  plt.violinplot(data,showmeans=False,showmedians=True)
```

程序运行结果如图 4.13 所示。

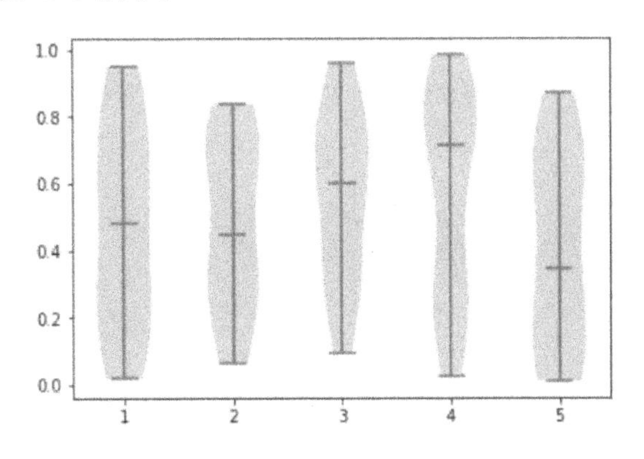

图 4.13　绘制小提琴图

4.1.7　三维图

1. 三维散点图

mpl_toolkits.mplot3d 模块提供了三维绘图功能，但它在大数据量绘图时速度较慢。三维图的优势在于能在同一图表中展示出三维特征的相互关系，但三维静态的图片由于不能随意旋转，故描述能力有限。本章将在后续的 PyEchart 部分介绍制作可交互的图表。

```
01  from mpl_toolkits.mplot3d import Axes3D
02  
03  data = np.random.rand(50, 3) # 生成三维数据，每维 50 个
04  fig = plt.figure()
05  ax = Axes3D(fig)
06  ax.scatter(data[:, 0], data[:, 1], data[:, 2])
07  ax.set_zlabel('Z')
08  ax.set_ylabel('Y')
09  ax.set_xlabel('X')
10  plt.show()
```

程序运行结果如图 4.14 所示。

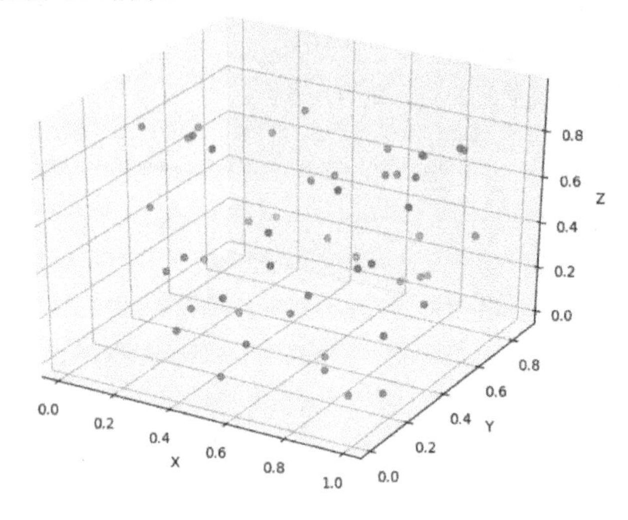

图 4.14　绘制三维散点图

程序用 Axes3D 函数构造了三维的绘图区域，并绘制出散点图，通常在 x 轴和 y 轴两个方向绘制自变量 $x1$ 和 $x2$，在 z 轴方向上绘制因变量 y。

2. 三维柱图

与二维柱图一样，三维柱图也常用于描述统计数量。由于三维的统计数据是通过两个类别特征统计得出的，因此它同时也反应了两个特征交互作用的结果。

```
01  from mpl_toolkits.mplot3d import Axes3D
02
03  fig = plt.figure()
04  ax = Axes3D(fig)
05  _x = np.arange(4)
06  _y = np.arange(5)
07  _xx, _yy = np.meshgrid(_x, _y)      # 生成网格点坐标矩阵
08  x, y = _xx.ravel(), _yy.ravel()     # 展开为一维数组
09
10  top = x + y
11  bottom = np.zeros_like(top)         # 与 top 数组形状一样，内容全部为 0
12  width = depth = 1
13
14  ax.bar3d(x, y, bottom, width, depth, top, shade=True)
15  plt.show()
```

程序运行结果如图 4.15 所示。

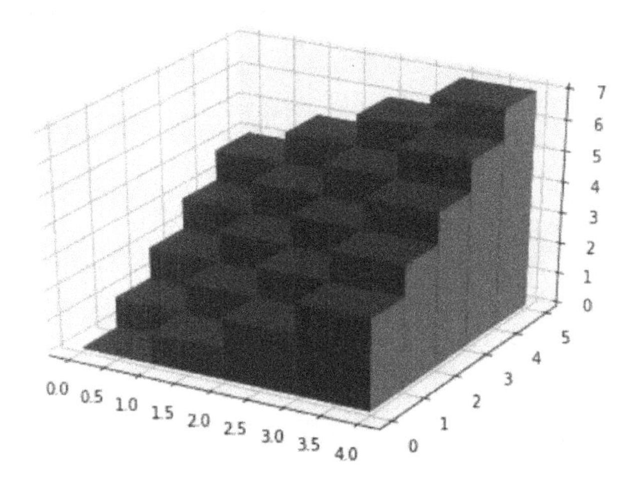

图 4.15　绘制三维柱图

3. 三维曲面图和等高线图

本例使用 plot_surface 函数绘制三维曲面图，只需要指定其 *X* 轴、*Y* 轴和 *Z* 轴上的三维数组即可绘制曲面图，并将图像在 *z* 轴方向上投影。

```
01  from matplotlib import cm
02  from mpl_toolkits.mplot3d import Axes3D
03
04  fig = plt.figure()
05  ax = Axes3D(fig)
06  X = np.arange(-5, 5, 0.25)
07  Y = np.arange(-5, 5, 0.25)
08  X, Y = np.meshgrid(X, Y)
09  R = np.sqrt(X**2 + Y**2)
10  Z = np.sin(R)
11  surf = ax.plot_surface(X, Y, Z, rstride=1, cstride=1, cmap=cm.coolwarm)
12  ax.contourf(X,Y,Z,zdir='z',offset=-2) # 把等高线向 z 轴投射
13  ax.set_zlim(-2,2)                     # 设置 z 轴范围
14  fig.colorbar(surf, shrink=0.5, aspect=5)
15  plt.show()
```

程序运行结果如图 4.16 所示。

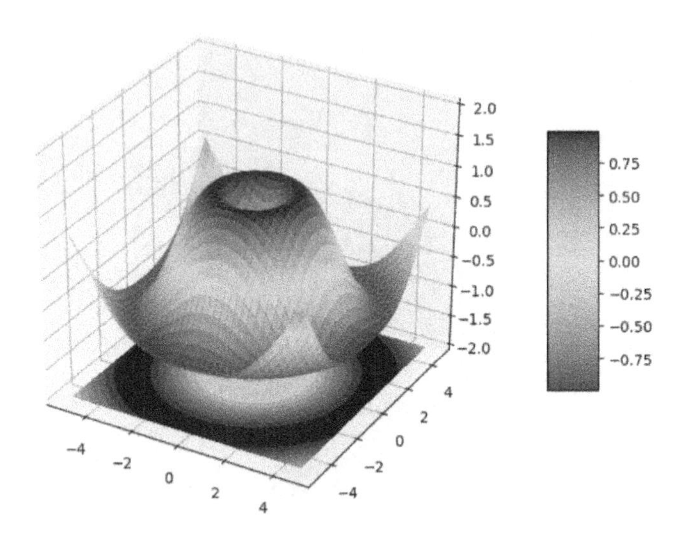

图 4.16　绘制三维曲面图和等高线图

4.1.8　Matplotlib 绘图区域

在绘图时，一般包括从大到小三个层次：画板、画布、绘图区。在 Matplotlib 中，窗口就是画板，Figure 是绘制对象，Axes 是绘图区。当我们需要在一张大图中展示多张子图时，就要用到绘图区域的概念。

一个绘制对象中可以包含一个或多个 Axes 子图，每个 Axes 都是一个拥有自己坐标系统的绘图区域。在上述例程中，使用的都是默认绘图对象和子图。

可以使用 plt.gcf（Get current figure）函数获取当前绘制对象，plt.gca（Get current Axes）函数获取当前绘图区域，而使用 plt.sca（Set current figure）函数可以设置当前操作的绘图区域。下面介绍多子图绘制中的两个核心方法：

1. 创建绘图对象

◎　figure(num=None, figsize=None, dpi=None, facecolor=None, edgecolor=None…)

◎　num：图像编号或名称（数字为编号，字符串为名称）。

◎　figsize：指定绘制对象的宽和高，单位为英寸（1 英寸等于 2.54cm）。

◎　dpi：指定绘图对象的分辨率，即每英寸多少像素，默认值为 80，它决定了图片的清晰程度。

2. 创建单个子图

◎ subplot(nrows, ncols, index, **kwargs)
◎ nrows：整体绘图对象中的总行数。
◎ ncols：整体绘图对象中的总列数。
◎ index：指定编号，编号顺序为从左到右、从上到下，从 1 开始。如果 nrows,ncols,index 三个参数值都小于 10，就可以去掉逗号，如“221”。

最常见的子图排序方式是左右并列两子图和“田”字形四子图。下面将以“田”字形的四子图为例，首先创建 8 英寸×6 英寸的绘图对象，然后分别新建和绘制各个子图，以及设置主标题和子标题。

```
01   fig = plt.figure(figsize = (8,6))  # 8英寸×6英寸
02   fig.suptitle("Title 1")            # 主标题
03   ax1 = plt.subplot(221)             # 整体为两行两列，创建其中的第一个子图
04   ax1.set_title('Title 2',fontsize=12,color='y')  # 子标题
05   ax1.plot([1,2,3,4,5])
06   ax2 = plt.subplot(222)
07   ax2.plot([5,4,3,2,1])
08   ax3 = plt.subplot(223)
09   ax3.plot([1,2,3,3,3])
10   ax4 = plt.subplot(224)
11   ax4.plot([5,4,3,3,3])
```

程序运行结果如图 4.17 所示。

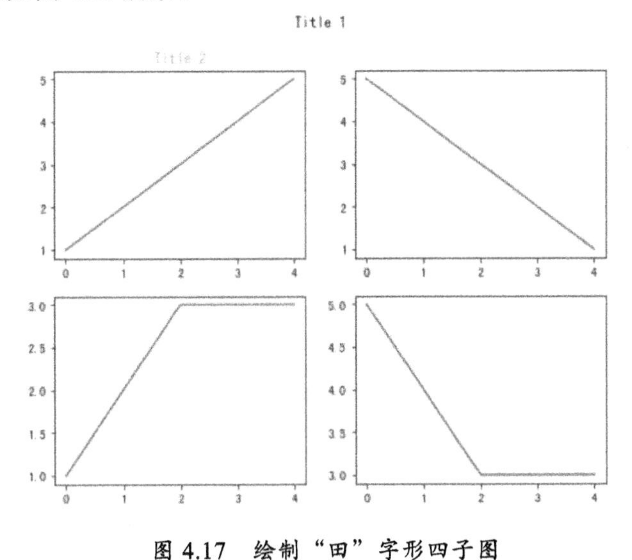

图 4.17　绘制“田”字形四子图

如果需要各个子图大小不同，则可以使用 subplot2grid 分格显示方法绘制相对复杂的子图。

◎ plt.subplot2grid(shape, loc, rowspan=1, colspan=1, fig=None, **kwargs)

◎ shape：划分网格的行数和列数。

◎ loc：子图开始区域的位置。

◎ rowspan：子图所占行数。

◎ colspan：子图所占列数。

下面通过例程说明 subplot2grid 的具体用法，将绘图区域分成 shape=3×3 共 9 个小区域，第一个子图从 loc=(0.0)位置开始，占一行两列，其他子图以此类推。

```
01   fig = plt.figure(figsize = (9,6))
02   ax1 = plt.subplot2grid((3,3), (0,0), colspan = 2)
03   ax2 = plt.subplot2grid((3,3), (0,2), rowspan = 2)
04   ax3 = plt.subplot2grid((3,3), (1,0), rowspan = 2)
05   ax4 = plt.subplot2grid((3,3), (1,1)) # rowspan/colspan 默认为 1
06   ax5 = plt.subplot2grid((3,3), (2,1), colspan = 2)
07   ax5.plot([1,2,3,4,1])
08   plt.show()
```

程序运行结果如图 4.18 所示。

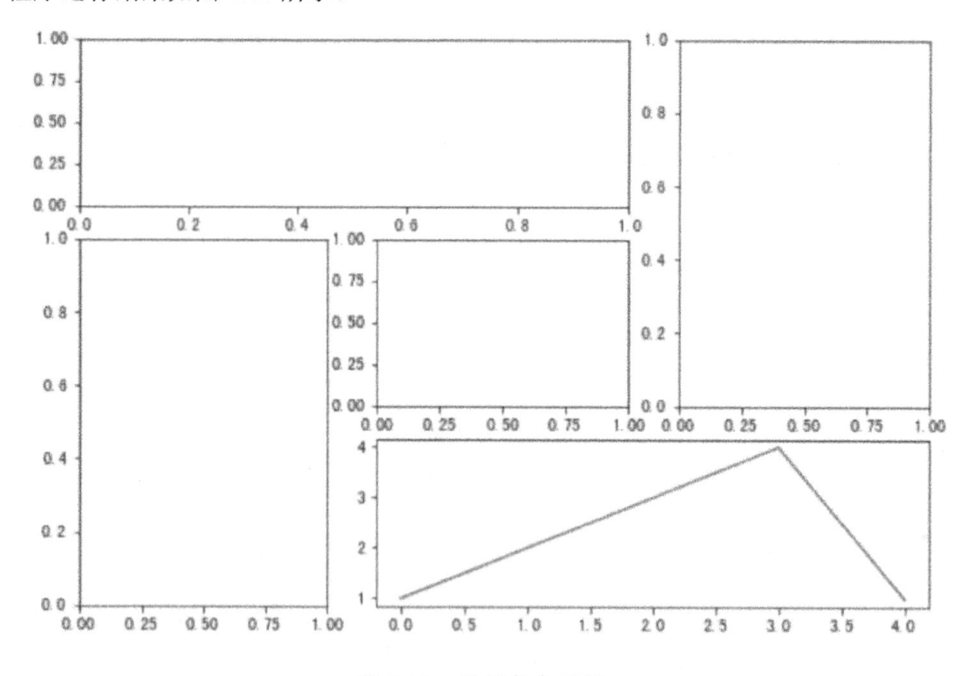

图 4.18 绘制复杂子图

4.1.9　文字显示问题

1. 中文字体安装和显示

Matplotlib 默认的字体不能正常显示中文，但可以通过配置支持中文，并且指定字体。首先，要获取可用的字体列表，找到对应中文字体的名称，然后用以下方法列出引用字体时的字体名，以及字体文件的实际存储位置。

```
01    from os import path
02    from matplotlib.font_manager import fontManager
03    for i in fontManager.ttflist:
04    print(i.fname, i.name)
```

有时系统未安装中文字体，如在 Ubuntu 系统中，Matplotlib 使用字体和系统字体存放在不同位置，这时就需要把中文字体安装到 Matplotlib 所定的目录中。假设需要使用黑体字 simhei.ttf（可从 Windows 系统复制，或者从网络下载），就需要将其复制到 Matplotlib 的字体目录中，请注意不同 Python 版本目录略有差异。复制后还需要删除用户主目录下 Matplotlib 的缓存文件，这时安装的字体才能使用。具体命令如下：

```
01    $ sudo cp simhei.ttf /usr/local/lib/python2.7/dist-packages/matplotlib/
      mpl-data/fonts/ttf/
02    $ rm $HOME/.cache/matplotlib/* -rf
```

注意，由于 Matplotlib 只搜索 TTF 字体，因此无法用 ttflist 方法搜索到 TTC 字体。如果想使用 TTC 字体，则需要在程序中指定字体文件的具体位置来装载和使用字体，

```
01    import matplotlib as mpl
02    zhfont = mpl.font_manager.FontProperties(fname='TTC 文件路径')
03    plt.text(0, 0, u'测试一下 ', fontsize=20, fontproperties=zhfont)
```

推荐使用修改 rc 默认配置方法设置字体，这样只需要设置一次，即可对所有中文字体显示生效。

```
01    plt.rcParams['font.sans-serif'] = ['SimHei']
02    plt.text(0, 0, u'测试一下')
```

2. 负号显示问题

另一个常见的显示问题是负号不能正常显示（显示为黑色方框），我们可以通过加入以下代码解决该问题。

```
01    plt.rcParams['axes.unicode_minus'] = False
```

4.1.10 导出图表

除了在程序中显示，更多的时候需要把生成的图表导出成为图片，放入文章、PPT 中，或者以网页的形式展示。尤其是在发表论文时，对图片的精度有较高要求，Matplotlib 提供了 plt.savefig 函数保存图片，其参数 dpi（Dots Per Inch，每英寸点数）可设置精度，其中用于印刷的图片一般设置为 dpi: 300 以上。

除了导出图片，有时也需要将图片嵌入在网页中作为应用展示。下例中通过使用构造网页的 etree 库和调用浏览器的 webbrowser 库，将数据表格和 Matplotlib 生成的图表显示在浏览器中。

```
01  import pandas as pd
02  import matplotlib.pyplot as plt
03  from io import BytesIO
04  from lxml import etree
05  import base64
06  import webbrowser
07
08  data = pd.DataFrame({'id':['1','2','3','4','5'],  # 构造数据
09                  'math':[90,89,99,78,63],
10                  'english':[89,94,80,81,94]})
11  plt.plot(data['math'])                             # Matplotlib 作图
12  plt.plot(data['english'])
13
14  # 保存图片（与网页显示无关）
15  plt.savefig('test.jpg',dpi=300)
16
17  # 保存网页
18  buffer = BytesIO()
19  plt.savefig(buffer)
20  plot_data = buffer.getvalue()
21
22  imb = base64.b64encode(plot_data)                  # 生成网页内容
23  ims = imb.decode()
24  imd = "data:image/png;base64,"+ims
25  data_im = """<h1>Figure</h1>  """ + """<img src="%s">""" % imd
26  data_des = """<h1>Describe</h1>"""+data.describe().T.to_html()
27  root = "<title>Dataset</title>"
28  root = root + data_des + data_im
```

```
29
30    html = etree.HTML(root)
31    tree = etree.ElementTree(html)
32    tree.write('tmp.html')
33    # 使用默认浏览器打开 html 文件
34    webbrowser.open('tmp.html',new = 1)
```

程序运行结果如图 4.19 所示。

Describe

	count	mean	std	min	25%	50%	75%	max
english	5.0	87.6	6.804410	80.0	81.0	89.0	94.0	94.0
math	5.0	83.8	13.809417	63.0	78.0	89.0	90.0	99.0

Figure

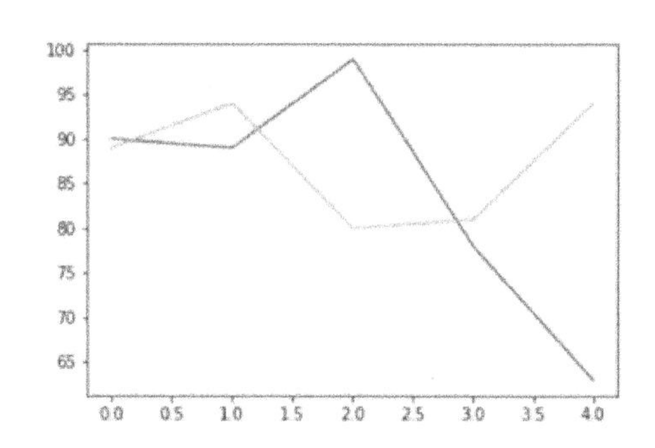

图 4.19　图表保存成网页并显示

不带格式定义的 HTML 文件看起来显得比较简陋，可以通过设置网页的风格来美化显示效果，推荐使用 bootstrap 的 css 样式。

4.1.11　Matplotlib 技巧

在 Matplotlib 的最后一小节中，将通过综合实例介绍 Matplotlib 作图的一些技巧，用以做出更加专业的图表。其知识点如下：

◎　图例：使用 plot 的 label 参数和 legend 方法显示图例，当一张图中显示多个图示时，可以使用图例描述每个图示的含义。注意，只有在调用 legend 方法后，图例才能显示出来，默认显示在图像内侧的最佳位置。

◎ 图示风格：使用 plt.style 设置默认图示风格，ggplot 灰底色加网络是一种较常用的显示风格。

◎ 绘制文字：使用 text 函数绘制文字，绘制位置与 *x* 轴、*y* 轴坐标一致，常用于在图片内部显示公式、说明等。

◎ 标注：使用 annotate 函数绘制标注，该函数提供在图片中的不同位置标注多组文字，还支持以箭头方式标注。

◎ *x* 轴和 *y* 轴设置：图表默认显示所有内容，但有时候只需要显示其中部分区域。例如，可能由于离群点把核心区域压缩得很小，或者在多图对比时需要显示范围一致。这时，可以使用 xlim 和 ylim 设置 *x* 轴和 *y* 轴的显示范围，使用 xlabel 和 ylabel 设置 *x* 轴与 *y* 轴上显示的标签文字，使用 xticks 和 yticks 设置坐标轴的刻度。

◎ 用 matplotlib.artist.getp 方法获取绘图对象的属性值。

综合实例见以下例程：

```
01  fig = plt.figure(figsize = (6,4), dpi=120) # 设置绘制对象大小
02  plt.style.use('ggplot')                    # 设置显示风格
03
04  plt.plot([12,13,45,15,16], label='label1') # 绘图及设置图例文字
05  plt.annotate('local max', xy=(2, 45), xytext=(3, 45),arrowprops=dict
    (facecolor='black',
06     shrink=0.05))                           # 绘制带箭头的标注
07  x = np.arange(0, 6)
08  y = x * x
09  plt.plot(x, y, marker='o', label='label2') # 绘图及设置图例文字
10  for xy in zip(x, y):
11     plt.annotate("(%s,%s)" % xy, xy=xy, xytext=(-20, 10), # 绘制标注
12                textcoords='offset points')
13  plt.text(4.5, 10, 'Draw text', fontsize=20)# 在位置 0 和 20 处绘制文字
14
15  plt.legend(loc='upper left')   # 在左上角显示图例
16  plt.xlabel("x value")          # 设置 x 轴上的标签
17  plt.ylabel("y value")          # 设置 y 轴上的标签
18  plt.xlim(-0.5,7)               # 设置 x 轴范围
19  plt.ylim(-5,50)                # 设置 y 轴范围
20  plt.show()
21
22  print(matplotlib.artist.getp(fig.patch))   # 显示绘制对象的各个属性值
```

程序运行结果如图 4.20 所示。

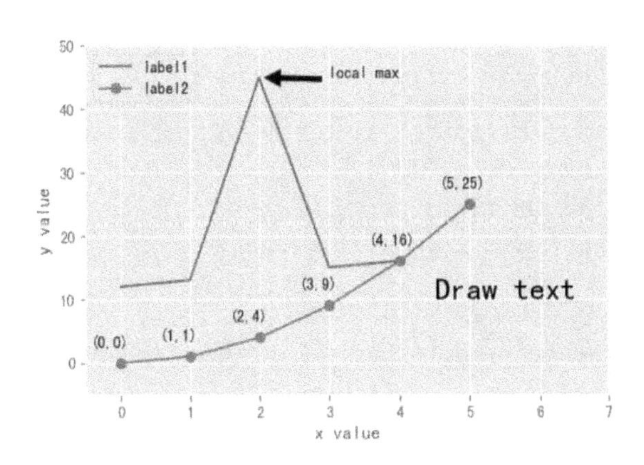

图 4.20　设置风格及标注

4.2　Seaborn 高级数据可视化

Seaborn 是基于 Matplotlib 的高级绘图层。虽然 Matplotlib 包含饼图、直方图、三维图以及多图组合等基本工具，但是在使用时需要设置各种参数，而 Seaborn 简化了这一问题。它提供简单的代码来解决复杂的问题，尤其是多图组合的模式，不但作图清晰、美观，更是在同一图示中集合和对比了大量信息。这些工作如果只使用底层的 Matplotlib 实现，可能需要几倍甚至几十倍的代码量。另外，Seaborn 还给我们提供了多种美观的图示风格，以及看问题的各种视角。综上，Saeborn 的主要优点是简单、美观且多视角。

上一节已经介绍过常用的图表类型，本节将以数据为导向，介绍几种常用的 Seaborn 图表及使用场景。

4.2.1　准备工作

1. 安装软件

在安装 Seaborn 库时需要注意其中的一些功能，比如 catplot 功能只有 0.9 版本以上的 Seaborn 才能支持，因此在安装时需要指定版本号。

```
01    $ pip install seaborn==0.9.0
```

2. 包含头文件

在 4.2 节中所有示例都需要包括以下头文件，在此统一说明，后续例程中省略。

```
01  import numpy as np
02  import seaborn as sns
03  import statsmodels.api as sm   # 示例使用了 statsmodels 库中自带的数据
04  import pandas as pd
05  import matplotlib as mpl
06  import matplotlib.pyplot as plt
07
08  sns.set(style='darkgrid',color_codes=True) # 带灰色网格的背景风格
09  tips=sns.load_dataset('tips') # 示例中的基本数据
```

tips 中有两个数值型字段和五个分类型字段，共 244 个实例，表 4.2 只截取了前 5 个作为示例。

表 4.2 tips 数据示例

	total_bill	tip	sex	smoker	day	time	Size
0	16.99	1.01	Female	No	Sun	Dinner	2
1	10.34	1.66	Male	No	Sun	Dinner	3
2	21.01	3.5	Male	No	Sun	Dinner	3
3	23.68	3.31	Male	No	Sun	Dinner	2
4	24.59	3.61	Female	No	Sun	Dinner	4

4.2.2 连续变量相关图

本小节介绍一个连续变量与另一个连续变量之间关系的图表展示。

1. Relplot 关系类型图表

Relplot 可以支持点图 kind='scatter'和线图 kind='line'两种作图方法。下例把 sex,time,day,tip,total_bill 五维数据绘制在一张图上，两个数值类型 tip 和 total_bill 分别对应 y 轴和 x 轴，其他三个维度是枚举型变量，分别用 hue 设置颜色、col 设置行、row 设置列。Seaborn 的大多数函数都支持使用这几个参数实现多图对比。

```
01  sns.relplot(x="total_bill", y="tip", hue="day",col="time", row="sex",
    data=tips)
```

程序运行结果如图 4.21 所示。

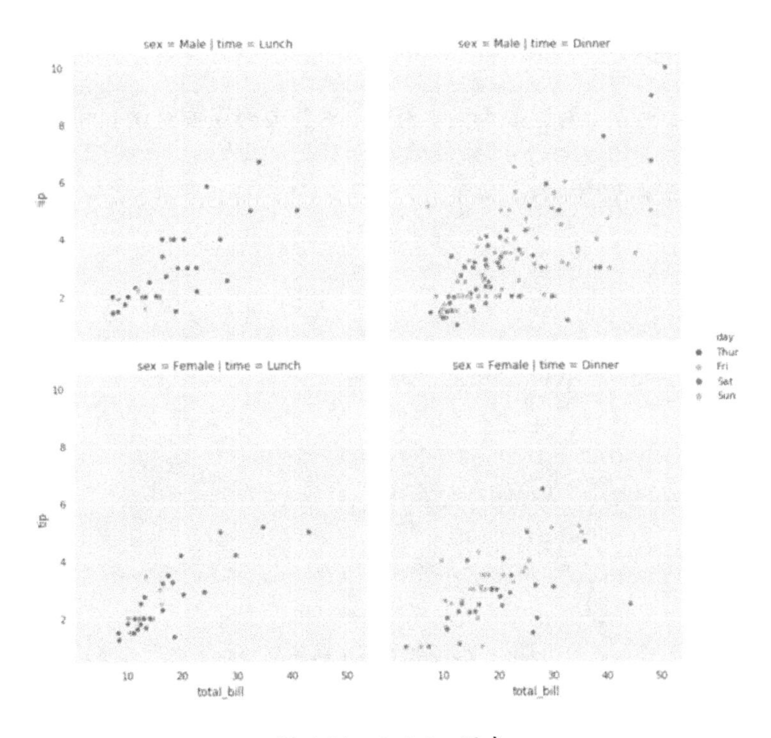

图 4.21　Relplot 图表

2. 点图

点图在上面的维度之上增加了点大小的维度（此维度为数值型）。

```
01    sns.scatterplot(x="total_bill", y="tip", hue="size", size="size",
      data=tips)
```

3. 线图

线图使用 style 参数，也增加了用不同线（实线、虚线）表示不同类型的新维度（此维度为分类型）。

```
01    sns.lineplot(x="tip", y="total_bill", hue="sex", style="sex",
      data=tips)
```

4.2.3　分类变量图

分类变量图描述的是连续变量在分类之后，其类与类之间的对比关系。

1. stripplot 散点图

stripplot 展示的是使用分类变量 day 分类后，对各类的连续变量 total_bill 的统计作图。

```
01   sns.stripplot(x='day', y='total_bill', data=tips, jitter=True)
```

程序运行结果如图 4.22 所示。

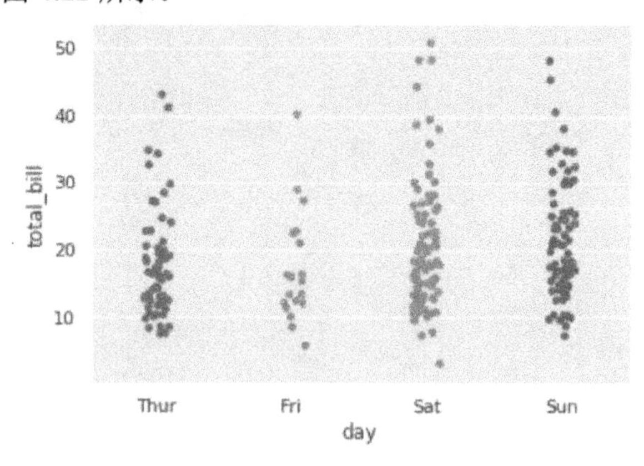

图 4.22　stripplot 散点图

2. swarmplot 散点图

swarmplot 的功能和 stripplot 的类似，为避免重叠而无法估算数量的多少，swarmplot 将每个点散开，这样做的缺点是耗时，因此当数据量非常大的时候并不适用。

```
01   sns.swarmplot(x='day',y='total_bill',data=tips)
```

程序运行结果如图 4.23 所示。

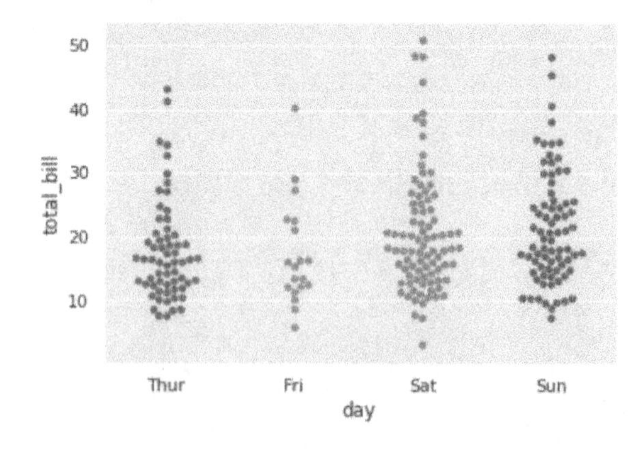

图 4.23　swarmplot 散点图

3. violinplot 小提琴图

为展示具体的分布，Seaborn 还支持小提琴图。在本例中，按不同 day 分类并在每个图上用小提琴图画出不同性别的 total_bill 核密度分布图。

```
01  sns.violinplot(x="day", y="total_bill", hue="sex", split=True,
    data=tips)
```

程序运行结果如图 4.24 所示。

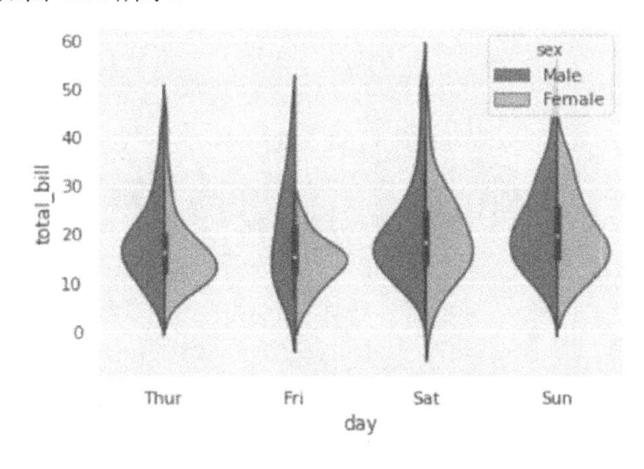

图 4.24　volinplot 小提琴图

4. boxplot 箱式图

boxplot 箱式图也称盒须图或盒式图，用于描述一组数据的分布情况。

```
01  sns.boxplot(x="day", y="total_bill", hue="sex", data=tips);
```

程序运行结果如图 4.25 所示。

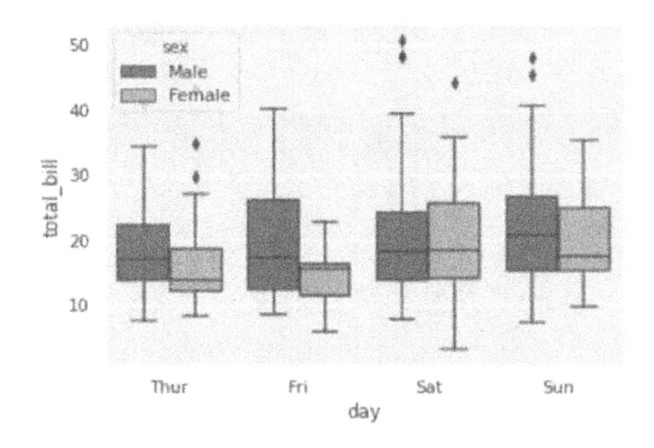

图 4.25　boxplot 箱式图

5. boxenplot 变种箱式图

boxenplot 变种箱式图也被称为增强箱式图，在图中使用更多分位数绘制出更丰富的分布信息，尤其细化了尾部数据的分布情况。

```
01    sns.boxenplot(x="day", y="total_bill", hue="sex", data=tips)
```

程序运行结果如图 4.26 所示。

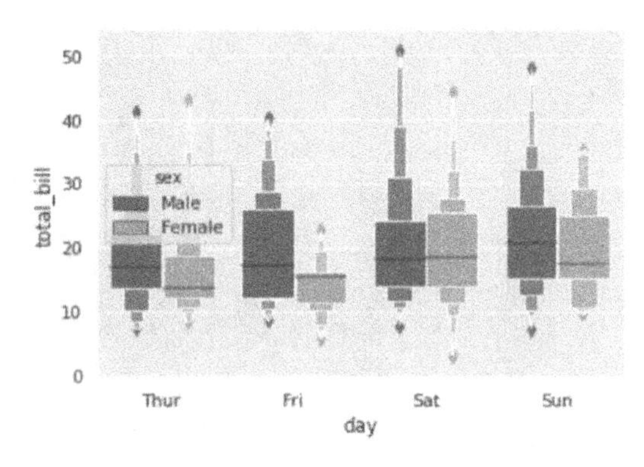

图 4.26　boxenplot 变种箱式图

6. pointplot 分类统计图

pointplot 分类统计图中的横坐标代表类别，纵坐标展示了该类别对应值的分布。与箱式图不同的是，它以连接的方式描述类别之间的关系，更适用于多个有序的类别。

```
01    sns.pointplot(x="sex", y="total_bill", hue="smoker", data=tips,
02    palette={"Yes": "g", "No": "m"},
03    markers=["^", "o"], linestyles=["-", "--"]);
```

程序运行结果如图 4.27 所示。

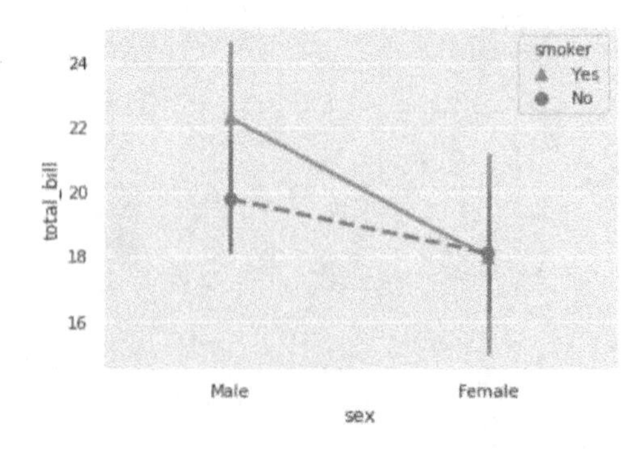

图 4.27　pointplot 分类统计图

7. barplot 柱对比图

barplot 柱对比图可用于对比两种分布的均值和方差，本例展示了在不同性别、不同吸烟情况的人群中，total_bill 均值和方差的差异。

```
01    sns.barplot(x='smoker',y='total_bill',hue='sex',data=tips)
```

程序运行结果如图 4.28 所示。

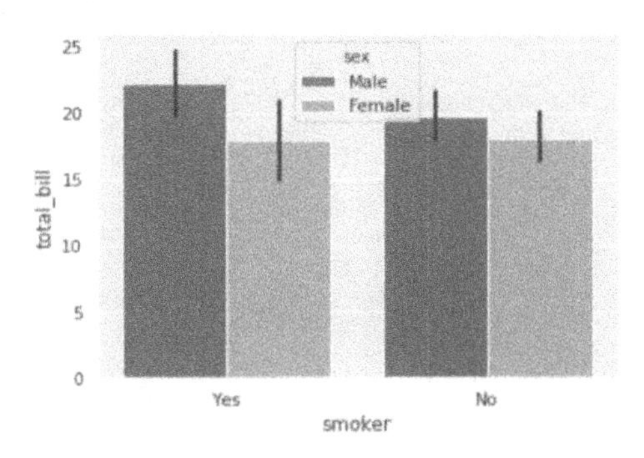

图 4.28　barplot 柱对比图

8. catplot 综合分析图

catplot 综合分析图可以实现本小节所有分类变量图的功能，可通过 kind 设置不同的图表类型。

- ◎ stripplot()：catplot(kind="strip")。
- ◎ swarmplot()：catplot(kind="swarm")。
- ◎ boxplot()：catplot(kind="box")。
- ◎ violinplot()：catplot(kind="violin")。
- ◎ boxenplot()：catplot(kind="boxen")。
- ◎ pointplot()：catplot(kind="point")。
- ◎ barplot()：catplot(kind="bar")。
- ◎ countplot()：catplot(kind="count")。

4.2.4　回归图

1. 连续变量回归图

implot 是在散点图的基础上加入回归模型的绘图方法。

```
01   sns.lmplot(x="total_bill", y="tip", data=tips)
```

程序运行结果如图 4.29 所示。

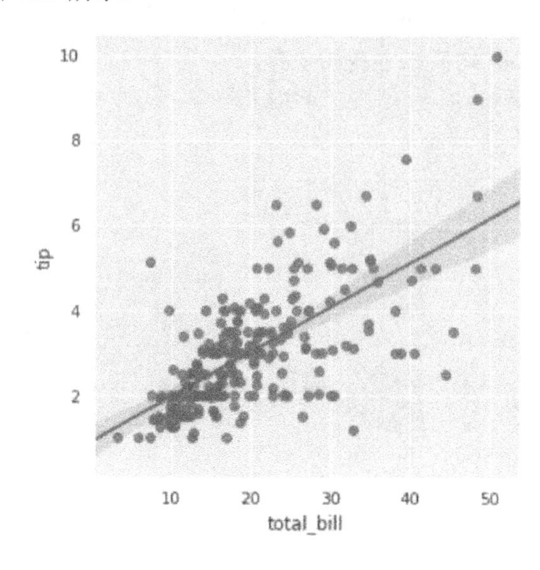

图 4.29 implot 连续变量回归图

2. 分类变量回归图

分类变量回归图可以使用参数 x_estimator=np.mean 对每个类别的统计量作图。

```
01   sns.lmplot(x="size", y="total_bill", data=tips, x_estimator=np.mean)
```

程序运行结果如图 4.30 所示。

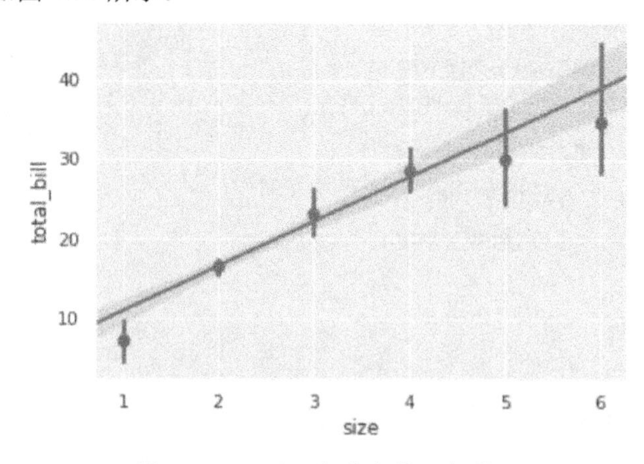

图 4.30 implot 分类变量回归图

4.2.5　多图组合

1. jointplot 两变量图

在数据分析中，常用作图的方式实现相关性分析，即 x 轴设置为变量 A，y 轴设置为变量 B，然后做散点图。在散点图中，点是叠加显示的，但有时还需要关注每个变量自身的分布情况，而 jointplot 可以把描述变量的分布图和变量相关的散点图组合在一起，是相关性分析最常用的工具。另外，图片上还能展示回归曲线以及相关系数。

```
01  import statsmodels.api as sm
02  import seaborn as sns
03  sns.set(style="darkgrid")
04  data = sm.datasets.ccard.load_pandas().data
05  g = sns.jointplot('AVGEXP', 'AGE', data=data, kind="reg",
06                    xlim=(0, 1000), ylim=(0, 50), color="m")
```

程序运行结果如图 4.31 所示。

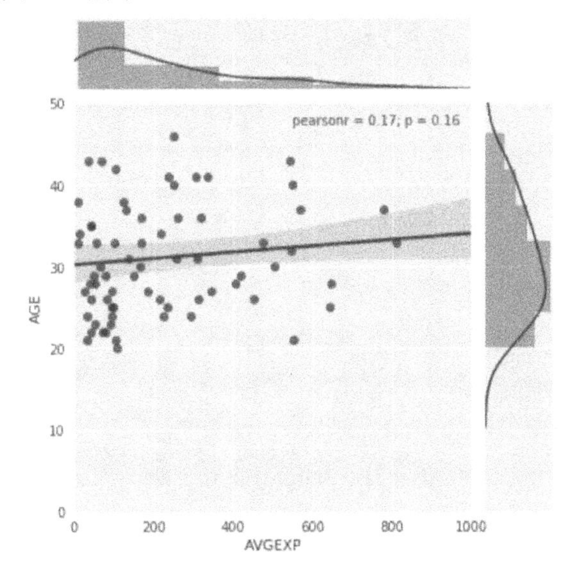

图 4.31　jointplot 两变量图

本例中使用 statsmodels 库的 ccard 数据分析其中两个数值类型变量的相关性，使用 xlim 和 ylim 设置图片显示范围，忽略了离群点，kind 参数可设置作图方式，如 scatter 散点图、kde 密度图、hex 六边形图等，本例中选择 reg 画出了线性回归图。

2. pairplot 多变量图

如果对 N 个变量的相关性做散点图，maplotlib 则需要做 $N \times N$ 个图，而 pairplot 函数调用一次即可实现，其对角线上是直方图，其余都是两两变量的散点图，这样不仅简单，而且还能组合在一起做对比。

```
01   data = sm.datasets.ccard.load_pandas().data
02   sns.pairplot(data, vars=['AGE','INCOME', 'INCOMESQ','OWNRENT'])
```

程序运行结果如图 4.32 所示。

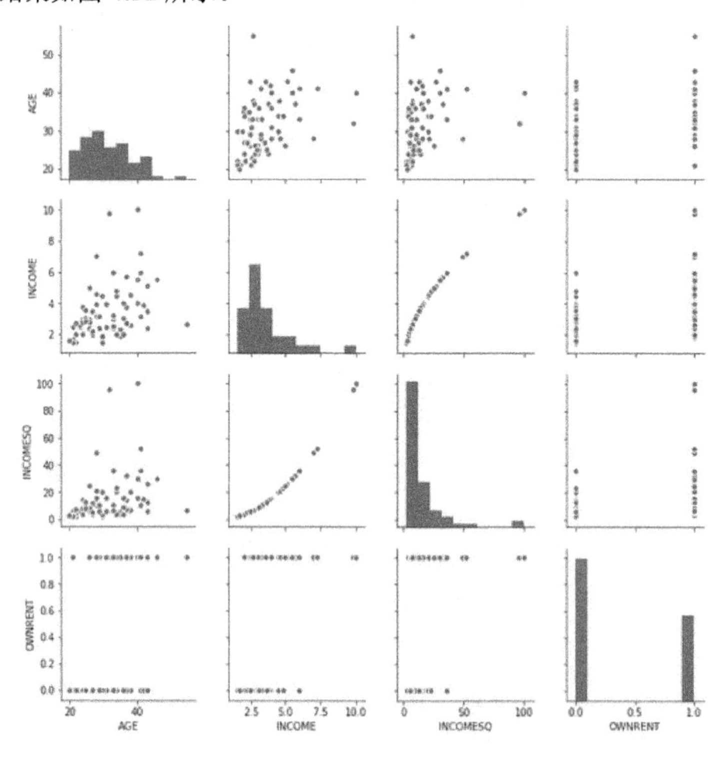

图 4.32　pairplot 多变量图

从图 4.32 中可以看到，数据类型 INCOME 与 INCOMESQ 呈强相关，AGE 与 INCOME 也有一定的相关趋势，对角线上的图对应的是每个因素与其自身的对比，图 4.32 中以直方图的形式显示了该变量的分布。

3. factorplot 两变量关系图

factorplot 用于绘制两维变量的关系图，用 kind 指定其做图类型，包括 point, bar, count, box, violin, strip 等。

```
01   data = sm.datasets.fair.load_pandas().data
01   sns.factorplot(x='occupation', y='affairs', hue='religious',
data=data)
```

程序运行结果如图 4.33 所示。

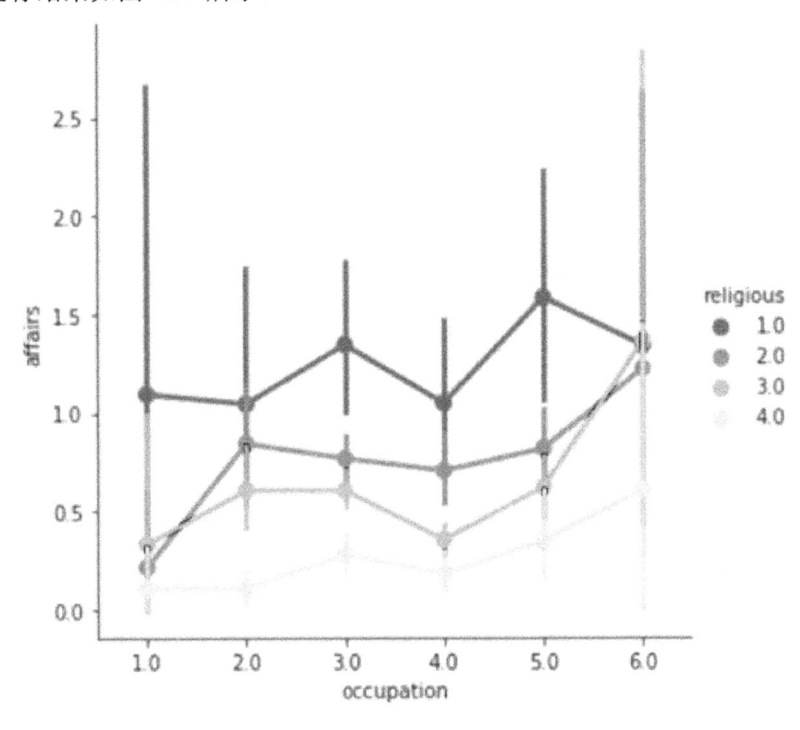

图 4.33　factorplot 两变量关系图

4. FacetGrid 结构化绘图网格

FacetGrid 可以选择任意作图方式以及自定义的作图函数。这通常包含两部分：FacetGrid 部分指定数据集、行、列，map 部分指定作图方式及相应参数。

```
01   g = sns.FacetGrid(tips, col = 'time', row = 'smoker')
                                                  # 按行和列的分类做 N 个图
02   g.map(plt.hist, 'total_bill', bins = 10)   # 指定作图方式
```

程序运行结果如图 4.34 所示。

可以看到，不论是连续图还是分类图，不论是用 FacetGrid 还是用 barplot 都是将多个特征放在同一张图片上展示，其差别在于观察角度不同和数据自身的类型。

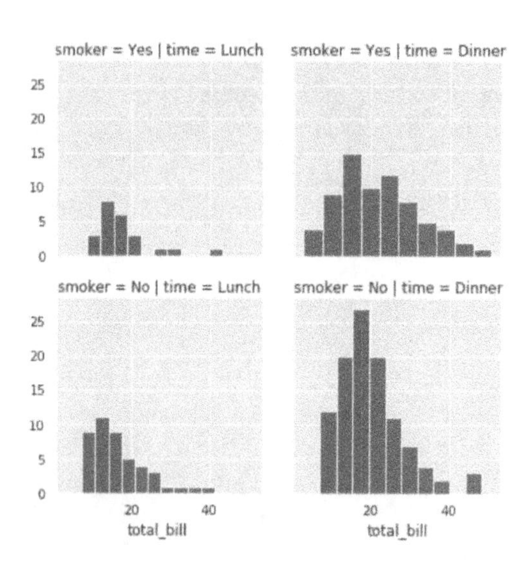

图 4.34 facetgrid 绘图网络

4.2.6 热力图

热力图（heatmap）也常用来展示数据表中多个特征的两两线性相关性，尤其在变量的数量较多时，它比 pairplot 更直观，也更加节约计算资源。

```
01  data = sns.load_dataset('planets')
02  corr=data[['number','orbital_period','mass','distance']].corr
    (method= 'pearson')
03  sns.heatmap(corr, cmap="YlGnBu")
```

程序运行结果如图 4.35 所示。

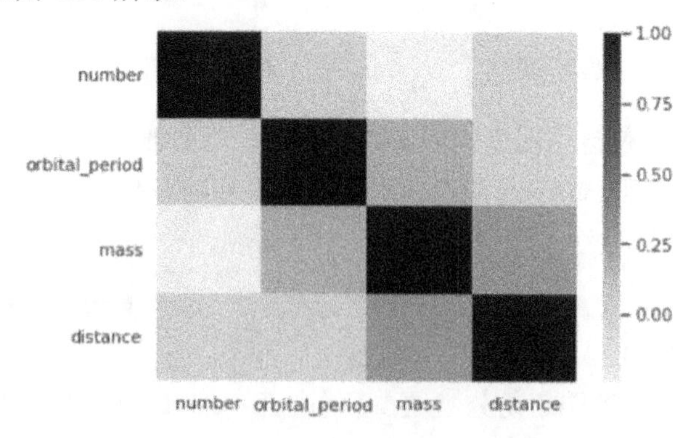

图 4.35 热力图

4.2.7　印刷品作图

用 Matplotlib 或 Seaborn 生成的图片除了用于开发者分析数据、作 PPT 展示，往往还用于纸制品的印刷。例如，制作成书籍中的图片或者发布论文等。在用于印刷时，图片需要有足够的分辨率，在 4.1.10 小节中介绍了将图表导出成图片以及设置图片分辨率的方法。

除了考虑图片分辨率，还需要考虑出版物中字体的大小及版面的大小，以调整图片中文字的大小，这在创建绘图区域时可以使用不同的 figsize。对于非彩色印刷，还需要注意其背景颜色不能太深，以及需要将图表中不同的颜色（当红、绿、蓝图转成黑白图时，都变成了相似的深灰色）转换成不同亮度的单色。下面介绍 Seaborn 中常用的两种方法：

第一种：将背景设置为白色加网格。

```
01   sns.set_style("whitegrid")
```

第二种：将默认的用颜色表示的不同类型设置为单色，由深到浅表示不同的类型。

```
01   with sns.cubehelix_palette(start=2.7, rot=0, dark=.5, light=.8,
02             reverse=True, n_colors=10):
03       # 此处放置具体绘图函数
```

其中，start=2.7 设置作图颜色为蓝色；dark 和 light 设置灰度变化范围，其取值为 0 到 1 之间。由于太深和太浅的颜色效果都比较突兀，因此一般取其中段，n_colors=10 指定将其颜色范围分为十段。

4.3　PyEcharts 交互图

前面两节介绍了 Python 绘制静态图表的方法，但由于静态图可展示的信息有限，有时用户需要交互地获取更多信息，而开发动态交互程序的工作量大且需要考虑用户操作系统及程序运行平台，因此网页交互就成为主流的交互方式。Python 也有一些第三方库支持该功能，如 Dash，PyEcharts 等。

4.3.1　ECharts

ECharts 是 Enterprise Charts 的缩写，是一个提供用户交互式操作的图表绘制工具库，由 JavaScript 开发，图表通过浏览器显示，兼容 IE，Chrome，Firefox，Safari 等主流浏览器，能在各种操作系统的 PC 和移动设备上流畅地运行。

PyECharts 是 Python 版本的 Echarts，由于其用法类似于 Matplotlib，因此不需要重新学习 API 和 Callback 逻辑，这节约了很大的学习成本。其在风格与配色上也很丰富和考究，在与 JavaScript 编写的 EChart 程序结合时，可保持风格一致。而且 PyEchars 可以在 Jupyter Notebook 中调试，其显示效果与浏览器显示效果一致。另外，它还支持显示地图以及雷达图等特殊图表。

4.3.2 准备工作

1. 安装软件

执行以下命令，安装 PyEcharts 软件包：

```
01   $ sudo pip install pyecharts
```

2. 包含头文件

使用 PyEcharts 需要包含头文件，本例中使用了简单的数据 v1 和 v2 作图，在 4.3 节中所有示例都需要包含以下头文件，在此统一说明，后续例程中省略。

```
01   import pyecharts
02   attr = ["Jan", "Feb", "Mar", "Apr", "May", "Jun", "Jul", "Aug", "Sep",
     "Oct", "Nov", "Dec"]
03   v1 = [2.0, 4.9, 7.0, 23.2, 25.6, 76.7, 135.6, 162.2, 32.6, 20.0, 6.4, 3.3]
04   v2 = [2.6, 5.9, 9.0, 26.4, 28.7, 70.7, 175.6, 182.2, 48.7, 18.8, 6.0, 2.3]
```

4.3.3 绘制交互图

1. 柱图

无论使用哪种绘图工具，柱图、饼图、散点图都是最重要的图表。交互图与静态图的区别在于，当用户把鼠标移至图形上时，能即时地展示出其对应的详细信息，以本例中的柱图为例，当鼠标落在第一根柱上时，即可显示出类型 v1 在 Jan 一月的具体值为 2。

```
01   bar = pyecharts.Bar("Title1", "Title2")
02   bar.add("v1", attr, v1, mark_line=["average"], mark_point=["max", "min"])
03   bar.add("v2", attr, v2, mark_line=["average"], mark_point=["max", "min"])
04   bar.render('test.html')
05   bar
```

程序运行结果如图 4.36 所示。

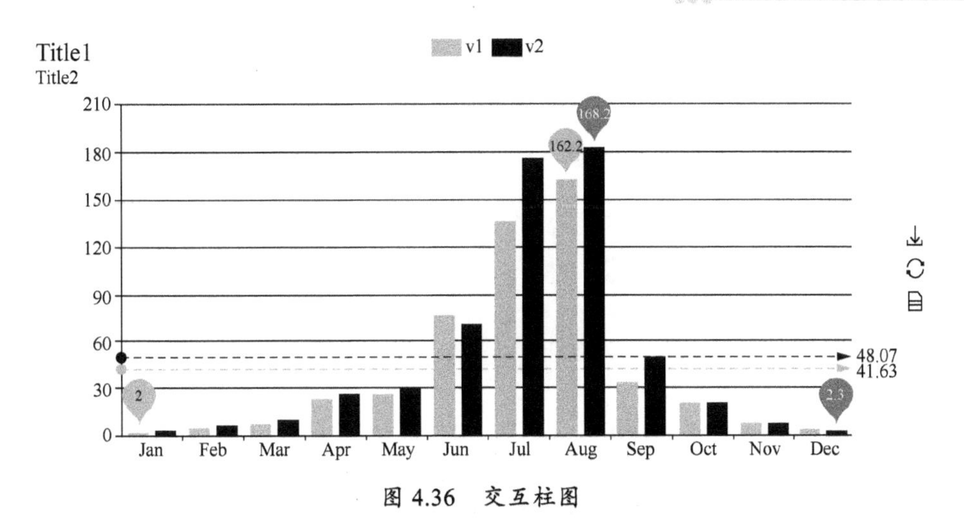

图 4.36　交互柱图

可以看到，在不指定任何附加参数的情况下，图表中就自动标出了均值、最大值、最小值以及两个柱图的对比，本例中使用 render 函数将图表渲染并保存为当前目录下的 test.html 文件。

2. 特效散点图

特效散点图是效果比较特殊的图表，图中的小图像是动态扩散的，看起来效果比较炫，而且配色不夸张，使用效果很好。

```
01   es = pyecharts.EffectScatter("Title1", "Title2")
02   es.add("v1", range(0, len(attr)), v1, legend_pos='center',
03          effect_period=3, effect_scale=3.5, symbol='pin', is_label_show=True)
04   es.render("test.html")
05   es
```

程序运行结果如图 4.37 所示。

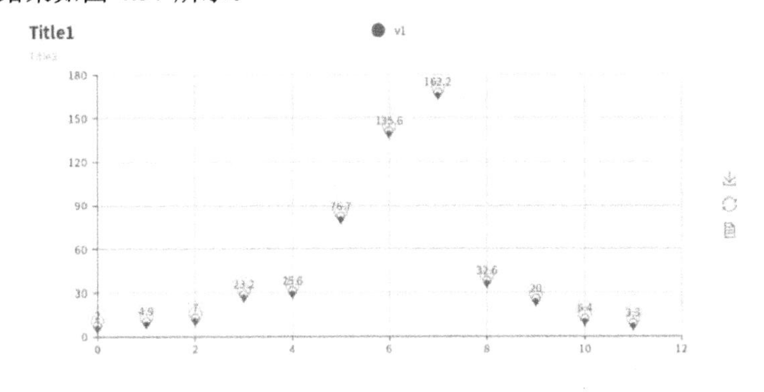

图 4.37　特效散点图

3. 其他图表

由于在 Matplotlib 中已经介绍了直方图、条状图等基本图表，这里不再重复，只列出常用图表及对应的函数。

线图，如代码所示：

```
01    line = pyecharts.Line("Title1", "Title2")
02    line.add("v1", attr, v1, mark_point=['average'])
03    line.add("v2", attr, v2, mark_line=['average'], is_smooth=True)
```

饼图，如代码所示：

```
01    pie = pyecharts.Pie("Title1", "Title2")
02    pie.add('v1', attr, v1, is_label_show=True, legend_pos='right',
03            label_text_color=None, legend_orient='vertical', radius=[30, 75])
```

箱线图，如代码所示：

```
01    boxplot = pyecharts.Boxplot('Title1', 'Title2')
02    x_axis = ['v1','v2'] # 箱线图为统计类图表，需要两组数据
03    y_axis = [v1, v2]
04    yaxis = boxplot.prepare_data(y_axis)
05    boxplot.add("value", x_axis, y_axis)
```

4. 多种类型图叠加

与 Matplotlib 不同，如果要在一张 PyEcharts 图中显示两种不同类型的图表，则需要使用 overlap 方法将两种或两种以上图表对象叠加在一起。

```
01    bar = pyecharts.Bar('Title1', 'Title2')
02    bar.add('v1',attr,v1)
03    line = pyecharts.Line()
04    line.add('v2',attr,v2)
05    overlop = pyecharts.Overlap()
06    overlop.add(bar)
07    overlop.add(line)
08    overlop.render('test.html')
09    overlop
```

程序运行结果如图 4.38 所示。

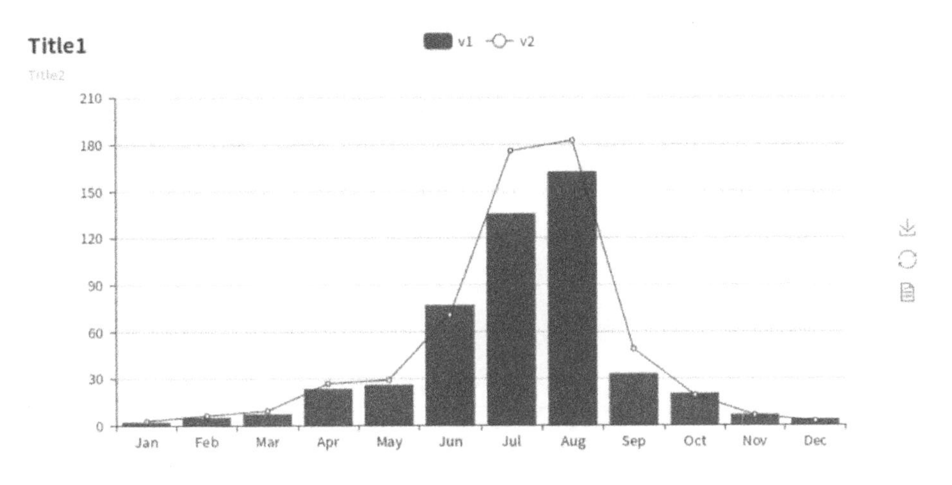

图 4.38 交互叠加图

4.3.4 在网页中显示图

本例中将 PyEcharts 与 flask 框架结合起来实现图在网页中的显示，PyEcharts 将图存成网页，再用 flask 建立 http 服务支持显示该网页。注意，运行前需要先建立 templates 目录，flask 默认从该目录中读取网页。如果在运行以下程序成功后，在浏览器中打开 http://localhost:9993 即可看到 PyEchart 生成的网页。

```
01  from flask import Flask
02  from sklearn.externals import joblib
03  from flask import Flask,render_template,url_for
04  import pyecharts
05  server = Flask(__name__)
06  def render_test_1():
07      attr = ["Jan", "Feb", "Mar", "Apr", "May", "Jun", "Jul", "Aug", "Sep",
        "Oct", "Nov", "Dec"]
08      v1 = [2.0, 4.9, 7.0, 23.2, 25.6, 76.7, 135.6, 162.2, 32.6, 20.0, 6.4, 3.3]
09      v2 = [2.6, 5.9, 9.0, 26.4, 28.7, 70.7, 175.6, 182.2, 48.7, 18.8, 6.0, 2.3]
10  line = pyecharts.Line("Title1", "Title2")
12  line.add("v1", attr, v1, mark_point=['average'])
13  line.add("v2", attr, v2, mark_line=['average'], is_smooth=True)
14  line.render('templates/bar01.html')
15  @server.route('/')
16  def do_main():
17      render_test_1()
```

```
18	return render_template('bar01.html')
19	if __name__ == '__main__':
20	    server.run(debug=True, port=9993, host="0.0.0.0")
```

程序运行结果如图 4.39 所示：

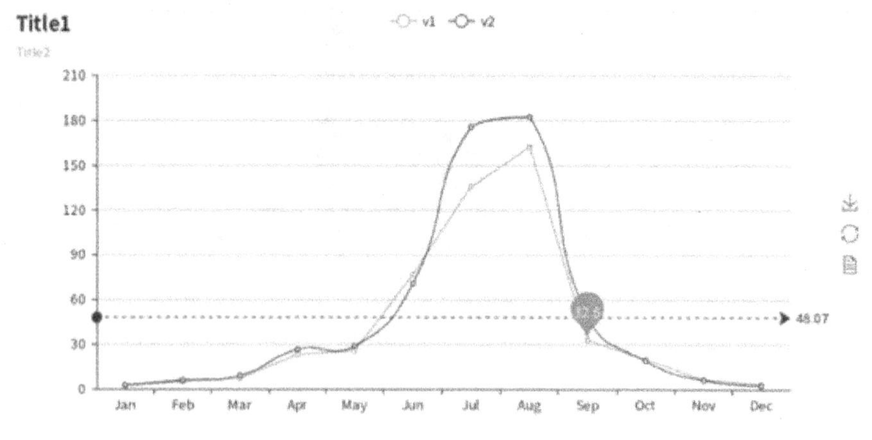

图 4.39　浏览器显示的交互图

第5章 获取数据

数据是统计和建模的基础。我们先来看看，在常见的几种数据挖掘场景中对数据的获取和操作。

第一种场景：在大数据比赛中，数据往往存储在文件中，其中包括数据文件和资源文件，如文字和图片，对于这种数据就需要把文件下载到本地并用 Python 读取，其中涉及读取不同的文件格式、字符集以及基本的图片操作。

第二种场景：他人提供的数据。这种数据一般是以数据库、数据仓库以及 Web 接口的方式提供的，而接口中的数据组织一般又以 XML 和 Json（JavaScript Object Notation, JS 对象简谱）格式为主，因此其中涉及数据库的读取、访问网络服务，以及解析 XML 和 Json 格式的数据。

第三种场景：自定义问题，然后从各种信息渠道获取数据，其中最主要的渠道是用爬虫抓取网络数据。这些数据一般以网页的形式存储，下载之后，还需要考虑对其内容进行解析和取舍，以及大量数据在本地以何种方式存储。这涉及爬虫、解析 HTML 格式的数据以及存储工具的选择。

此外，还需要考虑数据的处理过程和结果数据的存储方式，如训练好的模型以何种方式存储、在集群中的多台机器和多种服务如何共享存储，以及实时或定时抓取数据。

5.1 读写文件

本节主要介绍读写各种格式的文件，其中除了对文件的操作，也有大量对数据格式及用途的说明。例如，从服务中返回的数据虽然不是文件，但是也有大量 Json 或 XML 格式的数据，本节将介绍这些数据的格式、解析及构造的方法。

5.1.1 读写文本文件

下面介绍最常用的读写文本文件的方法，文本文件的扩展名一般为“.txt”。

1. 写入文件

使用 open 函数以写入“w”的方式打开文件，常用的写入方法有两种：write 函数为写入一个字符串；writelines 函数为写入一个序列的字符串，至于换行与否主要取决于字符串尾部的“\n”回车符。在写入并调用 close 函数关闭文件之后，文件内容才能被完整保存。

```
01   f = open("tmp.txt", "w")                       # 打开文件
02   f.writelines(["line1\n","line2\n"])  # 写入多行
03   f.write("line3\nline4")
04   f.close()                                      # 关闭文件
```

2. 读取文件全部内容

如果被读取的文件涉及中文则需要注意字符集，在 Linux 系统中的文件大多数使用 Utf-8 字符集，而在 Windows 系统中创建的文件一般使用 GBK/GB2312/GB18030 字符集。在本例中，使用 read 和 readlines 两种方法读取文件的全部内容（注意每次只能使用其中一种）。

read 方法将文件的全部内容作为一个字符串返回，readlines 方法将文件中每一行作为一个字符串，并返回字符串序列。

```
01   f = open("tmp.txt", "r")
02   print(f.read())
03   #print(f.readlines())                          # 读出多行
04   f.close()
```

3. 按行读取文件

如果文件过大，一次性装载需要占用大量内存，则建议使用单行 readline 方法读取。

```
01  f = open("tmp.txt", "r")
02  while True:
03      line = f.readline()                    # 读出单行
04      if line:
05          print("line:",line)
06      else:
07          break
08  f.close()
```

5.1.2 写日志文件

日志文件是记录程序操作和事件的记录文件或记录文件的集合，一般由程序开发人员编写，开发和运维人员共同使用。开发人员通过日志可以调试程序；运维人员通过日志检查程序近期是否正常运行，如果出现异常，则可以通过日志快速定位问题。

因此，用日志记录程序流程、事件，以及异常时的详细信息非常重要，尤其是对部署在客户场地的程序。另外，日志有时也记录用户操作、程序运行地理位置等跟踪信息，用于后台的用户研究和数据挖掘。

日志文件一定要详细、清晰且具有较高的可读性，以便减少开发与运维人员后期的沟通成本。由于我们有时也使用程序来检测和分析日志，因此，定义关键字和格式也很重要。

Python 使用 logging 工具管理日志，日志可以在终端显示，也可以记录成文件。每条日志都用级别号标志其严重程度，一般通过级别过滤选择性地记录和显示日志，级别定义如表 5.1 所示。

表 5.1 logging 信息分级信息

ID	取值	说明
CRITICAL	50	记录导致程序不能正常运行的严重错误信息
ERROR	40	记录影响某些功能正常使用的较严重的错误信息
WARNING	30	记录不影响程序运行的异常信息
INFO	20	记录关键点的信息，常用于追踪流程
DEBUG	10	最详细的日志信息，常用于问题诊断
NOTSET	0	设置为默认过滤级别，一般为 WARNING

本例展示了以屏幕输出和文件输出两种方式记录日志信息，日志文件为当前目录下的 log.txt，格式为文本文件。

例程中设置了三次日志级别：第一次对程序中所有日志设置，级别为 DEBUG，即显示全部日志；第二次设置日志文件的级别为 INFO，将 INFO 和 INFO 以上的日志记录在文件中；第三次是设置屏幕显示日志级别为 WARNING，相当于先用第一次设置的 DEBUG 过滤一遍，再用 WARNING 过滤一遍，最终输出的是 WARNING 及以上的日志信息。

```
01  import logging
02
03  # 获取 logger 对象,取名 mylog
04  logger = logging.getLogger("mylog")
05  # 输出 DEBUG 及以上级别的信息，针对所有输出的第一层过滤
06  logger.setLevel(level=logging.DEBUG)
07
08  # 获取文件日志句柄并设置日志级别，第二层过滤
09  handler = logging.FileHandler("log.txt")
10  handler.setLevel(logging.INFO)
11
12  # 生成并设置文件日志格式，其中 name 为上面设置的 mylog
13  formatter = logging.Formatter('%(asctime)s - %(name)s - %(levelname)s
    - %(message)s')
14  handler.setFormatter(formatter)
15
16  # 获取流句柄并设置日志级别，第二层过滤
17  console = logging.StreamHandler()
18  console.setLevel(logging.WARNING)
19
20  # 为 logger 对象添加句柄
21  logger.addHandler(handler)
22  logger.addHandler(console)
23
24  # 记录日志
25  logger.info("show info")
26  logger.debug("show debug")
27  logger.warning("show warning")
```

需要注意的是，程序用 addHandler 函数添加了两个句柄：一个用来显示输出，另一个用来记录日志文件。之后输出的 log 信息会通过句柄调用对应的输出，如果同一个输出 addHandler 多次，又没有 removeHandler，则同一条日志就会被记录多次。因此，注意不要重复调用，尤其是在用 Jupyter Notebook 调试时，不要重复运行该代码段。

5.1.3 读写 XML 文件

操作 XML 文件有 SAX 和 DOM 两种方法：SAX 是 Simple API for XML 的简称，以逐

行扫描的方式解析 XML，常用于读写大型文件，解析速度较快，但只能顺序访问文件内容；DOM 是 Document Object Model 的简称，是以对象树来描述一个 XML 文档的方法，用于解析中小型 XML 文件，速度较慢，但可以随机访问节点，使用方便。

在数据处理中，XML 文件一般存储相对简单的数据，内容不会非常多而复杂，使用 DOM 方式就能实现绝大部分的功能。另外，HTML 也是 XML 的一种，用 DOM 方法也可以构建网页。本例将介绍用简单的 DOM 方法构建和解析 XML 文件的方法。

XML 的两个重要概念是元素 Element 和节点 Node，其中 XML 文档中每个成分都是节点，每个 XML 标签 TAG 是一个元素节点（Element node），包含在 XML 元素中的文本是文本节点（Text node）。另外，还有属性节点、注释节点等，整个文档也是一个大节点。元素节点是信息的容器，也可能包含其他元素节点，如文本节点、属性节点等。元素一般是成对出现的。

本小节将利用 Python 的 minidom 库，用两段代码示例分别展示生成 XML 文件和解析 XML 文件。下例为生成 XML 文件：

```
01  from xml.dom import minidom
02
03  dom=minidom.Document()
04  root_node=dom.createElement('root')    # 创建根节点
05  dom.appendChild(root_node)             # 添加根节点
06
07  book_node=dom.createElement('blog')    # 创建第一个子节点
08  book_node.setAttribute('level','3')    # 添加属性
09  root_node.appendChild(book_node)       # 为 root 添加子节点
10
11  name_node=dom.createElement('addr')    # 创建第二个子节点
12  name_text=dom.createTextNode('https://blog.csdn.net/xieyan0811')
                                           # 添加文字
13  name_node.appendChild(name_text)
14  root_node.appendChild(name_node)
15
16  # toxml 函数转换成字符串，toprettyxml 函数转换成树形缩进版式
17  print(dom.toprettyxml())
18  with open('test_dom.xml','w') as fh:
19      dom.writexml(fh, indent='',addindent='\t', newl='\n', encoding=
        'UTF-8')
```

程序生成如下 XML 文件：

```
01  <?xml version="1.0" ?>
02  <root>
```

```
03      <blog level="3"/>
04      <addr>https://blog.csdn.net/xieyan0811</addr>
05  </root>
```

以下代码是从上面生成的 XML 文件中读取的数据，其中有对节点和元素的操作以及对属性的操作。在解析 XML 文件时，最常用的两个方法是按标签名称查找元素 getElementsByTagName 和列出子节点 childNodes。

```
01  from xml.dom import minidom
02  with open('test_dom.xml','r') as fh:
03      dom = minidom.parse(fh)                          # 获取 dom 对象
04      root = dom.documentElement                       # 获取根节点
05      print("node name", root.nodeName)                # 显示节点名: root
06      print("node type", root.nodeType)                # 显示节点类型
07      print("child nodes", root.childNodes)            # 列出所有子节点
08      blog = root.getElementsByTagName('blog')[0] # 根据标签名获取元素列表
09      print(blog.getAttribute('level'))                # 获取属性值
10      addr=root.getElementsByTagName('addr')[0]
11      print("addr's child nodes", addr.childNodes)
12      text_node=name.childNodes[0]                     # 获取文本节点内容
13      print("text data", text_node.data)
14      print("parent", addr.parentNode.nodeName)  # 显示 name 的父节点名称
```

从调用方法可知，<addr></addr>是元素节点，attr 是标签，而其中的字符串内容“https://blog.csdn.net/xieyan0811”是文本节点，不是元素。

5.1.4 读写 Json 文件

Json 是一种轻量级的数据交换格式，是独立于编程语言的文本数据。其清晰的语法和简捷的层次结构对于编程人员来说可读性强，对于机器来说方便编解码。另外，其编码简单，也有效地提高了传输效率。Json 常用于网络服务端与客户端之间的数据传输，有时也用于简单的数据存储。

本例中展示了对 Json 字符串的操作：第一部分利用 Json 库的 loads 函数和 dumps 函数在数据结构和字符串之间转换，利用 dumps 的 indent 参数生成带换行和缩进的 Json 字符串。

```
01  import json
02
03  data = [{"group":0,"param":["one","two","three"]},
04          {"group":1,"param":["1","2","3"]}]
05
06  jsonstr = json.dumps(data)
```

```
07  print(jsonstr)
08  jsonstr = json.dumps(data, sort_keys=True,
09                      indent=4, separators=(',', ': '))
10  print(jsonstr)
11  data1 = json.loads(jsonstr)
12  print(data1, type(data1))
```

第二部分展示了读写 Json 文件的方法，可以看到组成数据的字典和序列都是 Python 的基本元素，因此利用该方法也可以把 Python 的简单数据序列化存储到 Json 文件中。需要注意的是，Python 的字典和 Json 有些差异，如 Json 的关键字只能是字符串，本章后几节将介绍更多 Python 结构化数据的存储方法。

```
01  with open('json.txt','w') as json_file:
02      json.dump(data, json_file)
03      json_file.close()
04
05  with open('json.txt','r') as json_file:
06      data = json.load(json_file)
07      json_file.close()
08  print(data1, type(data1))
```

5.1.5　读写 CSV 文件

CSV 是 Comma-Separated Values（逗号分隔值）的缩写，是一种以纯文本格式存储的数据文件，每个记录占一行，字段之间一般用逗号分隔（也可以指定其他字符分隔），用 Excel 软件可以读写 CSV 文件。

很多数据比赛和示例中的数据都使用 CSV 格式存储。相对于二进制文件，纯文本文件在不使用其他工具的情况下也能查看内容，方便查找和编辑。但相对于 Excel，CSV 只能存储文本格式的数据，不支持指定各字段的数据类型，没有多个工作表，不能插入图片，无法设置单元格颜色、宽度等属性；相对于 PKL 文件，由于它与 Python 内部存储格式不一致，因此在读写大文件时编解码需要较长的时间。尽管如此，它仍是中等及以下量级数据保存及交换的首选存储格式。

推荐使用 Pandas 的 DataFrame 提供的方法读取数据文件，DataFrame 是数据分析中最常用的数据组织方法。本例的第一部分展示写入 CSV 文件的方法，需要注意常用的参数：Index 控制是否将索引信息写入文件，默认值是 True，但一般选择不写入；header 控制是否将字段名（即表头）写入文件，一般使用默认值 True；columns 指定在写入 CSV 时包含哪些字段及字段顺序。

```
01  import pandas as pd
02
03  df = pd.DataFrame({'Name': ['Smith', 'Lucy'], 'Age': ['25', '20'], 'Sex':
    ['男','女']})
04  print(df.info()) # 显示 dataframe 相关信息
05  df.to_csv("tmp.csv", index=False, header=True, columns=['Name','Sex',
    'Age'])
```

程序的第二部分用于从 CSV 读出数据并通过 info 函数显示数据的基本信息。从第一部分的 info 输出可以看到，由于写入的数据都是字符，因此被识别为 Object 对象类型，而在通过存储和读取的操作后，字段 Age 变成了 int 类型。这是因为 CSV 并不存储数据类型信息，在数据被读出时，该列的值都是整型，所以整个字段被识别为 int 类型。

```
01  df1 = pd.read_csv("tmp.csv")
02  print(df1.info())
03  print(df1)
```

5.1.6 读写 PKL 文件

PKL 是 Python 保存数据的文件格式，不仅能保存数据表，还能保存字符串、字典、列表等类型的数据，是 Python 将对象持久化到本地的一般方法。其优点是存储了数据类型信息并且读写的速度快；缺点是以二进制格式存储，不能直接查看其内容，与 CSV 文件相比，占用空间更大。

需要注意的是，Python 2 与 Python 3 的 PKL 文件格式不同。由于使用 Python 3 编码的 PKL 文件无法被 Python 2 正常读取，因此，需要保证读写程序 Python 版本的一致性。

下面展示三个 PKL 例程：第一个例程使用 DataFrame 提供的方法对 PKL 文件读写数据表；第二个例程用 PKL 文件存取 Python 的其他类型数据；第三个例程用 PKL 文件存储机器学习模型。

第一个例程使用的数据表与 5.1.5 节 CSV 中的数据表内容一致，不同的是，通过 PKL 存储后数据类型不变。因此，如果想要保持数据类型，则推荐 PKL 存储。

```
01  import pandas as pd
02
03  df = pd.DataFrame({'Name': ['Smith', 'Lucy'], 'Age': ['25', '20'], 'Sex':
    ['男','女']})
04  print(df.info())
05  df.to_pickle("tmp.pkl")
06
07  df1 = pd.read_pickle("tmp.pkl")
```

```
08  print(df1.info())
```

第二个例程直接使用 pickle 库存取数据，示例中使用了字典、列表以及多种字符和数值类型，使用 dump 函数和 load 函数存取。

```
01  import pickle
02  data1 = {'a': [1, 2.0, 4+6j],
03           'b': ('string1', u'Unicode string'),
04           'c': None}
05  output = open('tmp2.pkl', 'wb')
06  pickle.dump(data1, output)
07  output.close()
08
09  pkl_file = open('tmp2.pkl', 'rb')
10  data2 = pickle.load(pkl_file)
11  print(data2)
12  pkl_file.close()
```

第三个例程介绍了用 joblib 方式存取 PKL 文件。joblib 是机器学习库 Sklearn 的一个子模块，常用它来存储机器学习模型，即训练之后保存模型文件，而在预测时加载文件直接使用，在大数据量时，这使 joblib 比普通 pickle 更高效。本例中使用鸢尾花数据集训练分类模型，然后把模型存入 PKL 文件，再从文件读出模型进行数据预测。

```
01  from sklearn.externals import joblib
02  from sklearn import svm
03  from sklearn import datasets
04
05  clf = svm.SVC()
06  iris = datasets.load_iris()
07  clf.fit(iris.data, iris.target)
08  joblib.dump(clf, "tmp3.pkl")
09
10  clf1 = joblib.load("tmp3.pkl")
11  print(clf1.predict(iris.data[:2]))
```

5.1.7　读写 HDF5 文件

HDF5 是 Hierarchical Data Format 5 的简称，是一种高效的层次存储数据格式，当前为第 5 个版本。很多深度学习的模型都用该格式存储，下面我们了解一下操作 HDF5 文件的基本方法。

首先，安装 hdf5 库：

```
01  $ pip install h5py
```

安装过程中可能会报错：fatal error: hdf5.h: No such file or directory，这是由于未安装HDF5的底层依赖包所导致的，可从网站下载源码包编译安装，或者下载可执行程序安装包（bin 包），解压后设置环境变量。

```
01   $ export HDF5_DIR=解压目录
```

之后再运行 pip install 即可正常安装。HDF5 文件以 Key，Value 的方式存储数据，下面给两个 Key 主键分别赋值成不同维度的数组后保存成 HDF5 格式文件。

```
01   import h5py
02   import numpy as np
03
04   f = h5py.File('tmp.h5','w')
05   f['data'] = np.zeros((3,3))
06   f['labels'] = np.array([1,2,3,4,5])
07   f.close()
```

从文件读出数据并遍历其所有 Key 主键，且显示其名称、形状及具体值。从程序运行结果可以看出，HDF5 文件完整地保存了所有值及其数据结构。

```
01   f = h5py.File('tmp.h5','r')
02   for key in f.keys():
03       print(f[key].name)
04       print(f[key].shape)
05       print(f[key].value)
06   f.close()
```

Pandas 也提供了 HDFStore 方法支持 HDF5 格式。

5.1.8 读写 Excel 文件

Excel 文件是 MicroSoft Excel 的文件存储格式，其 2003 以下版本使用 XLS 格式存储，是一种特定的复合文档结构；2003 以上版本默认为 XLSX 存储，使用基于 XML 的压缩格式存储。

Excel 文件一般由人工编辑，支持 Sheet 页、输入图片、显示格式、各种数据类型定义等，但是在做数据分析时，很少用到这些，重视的是显示和打印效果，很少把每个字段的类型都按规则设置。Excel 还有一些行数限制，如 2003 版最大行数是 65536 行，2007 版为 1048575 行。在数据量很大的情况下，一般使用数据库存储。

综上所述，Excel 文件主要保存的是个人的数据表格，一般是手工编辑生成的。在做小数据量数据分析时，客户一般以 Excel 文件的形式提供数据。由于 Excel 文件比较复杂，读写速度比 CSV 还慢很多，因此，在通常情况下，数据分析中不使用该格式保存和交换数据，而是多用于和客户数据的对接。

本例中主要介绍读写 Excel 表格的方法、对 Sheet 页的读取以及对应的 Python 库。虽然 Pandas 中有 to_excel 方法，但由于其仍需要底层 Excel 库的支持，因此第一步先安装支持 XLS 和 XLSX 两种文件格式的 Python 支持库。

```
01  $ pip install openpyxl
02  $ pip install xlrd
03  $ pip install xlwt
```

用 Pandas 提供的方法读写简单的 Excel 文件。

```
01  import pandas as pd
02  import openpyxl
03
04  df = pd.DataFrame({'Name': ['Smith', 'Lucy'], 'Age': ['25', '20'], 'Sex':
    ['男','女']})
05  df.to_excel("tmp.xlsx")
06
07  df1 = pd.read_excel("tmp.xlsx")
08  print(df1)
```

使用 openpyxl 库遍历各个 Sheet 页，并按行列读取内容。

```
01  wb = openpyxl.load_workbook('tmp.xlsx')
02  sheets = wb.sheetnames
03  print(sheets)
04  for i in range(len(sheets)):
05      sheet = wb[sheets[i]]
06      print('title', sheet.title)
07      for col in sheet.iter_cols(min_row=0, min_col=0, max_row=3, max_col=3):
08          for cell in col:
09              print(cell.value)
```

5.2 读写数据库

对数据库的操作主要有增、删、查、改。用 Python 访问数据库只是对 SQL 语句和返回结果加一层封装，其核心技术还是数据库基本结构及 SQL 语法。对于不同的数据库，SQL 语法只有少量变化，Python 对不同的数据库使用了不同的支持库。另外，需要注意数据的转换，Python 处理表格数据一般使用 Pandas 的 DataFrame 格式，本节也将介绍 DataFrame 与数据库之间的数据转换方法。

5.2.1 数据库基本操作

下面以 MySQL 数据库为例，介绍数据库在 Linux 上的安装、对库和表的基本操作，以及一些常用的图形化工具。

MySQL 数据库是最流行的关系型数据库之一，使用 SQL 语言访问数据库，软件采用社区版本和商业版授权政策。因其体积小、速度快、成本低及开源等优势，一般中小型的数据都选择 MySQL 数据库作为数据库，其也提供分布式存储的集群解决方案。

MySQL 数据库中表的大小主要受文件系统对单独文件的大小限制，当表的结构比较简单时，可支持千万级别的数据，如果数据量再大，如上亿条记录，操作速度可能就会很慢。也可以使用一些优化方法，如创建索引、冷热表分离，将复杂表拆分成简单表等。在一般情况下，上亿级的数据并不太常见，现在对超大规模的数据一般使用数据仓库，其将在下一节介绍。

MySQL 数据库分为服务器端（mysql-server）和客户端（mysql-client），可以使用命令安装到 Linux 系统中，但更推荐通过 Docker 使用 MySQL，即下载装有 MySQL 的 Docker 镜像，通过启动该镜像运行 MySQL。这样做不但操作简单，而且还可以屏蔽操作系统差异带来的兼容性问题，支持安装多个版本的 MySQL，或启动多个 MySQL 服务，同时也能让操作系统比较“干净”。

1. 安装 MySQL 数据库

首先，执行以下命令查看可用的与 MySQL 相关的 Docker 镜像。

```
01   $ docker search mysql
```

此时，显示出多个 MySQL 相关的镜像，执行以下命令将 MySQL 镜像拉到本地。

```
01   $ docker pull mysql
```

执行以下命令查看本地的镜像。

```
01   $ docker images
```

之后启动镜像，设置 root 密码为 123456，并将 Docker 端口映射到本机的 3006 端口。

```
01   $ docker run --rm --name mysql -p 3306:3306 -e
MYSQL_ROOT_PASSWORD=123456 -d mysql
```

此时，mysql-server 已经通过 Docker 启动。此处只是简单示例，在真正搭建集群时，需要将数据目录通过 Docker 的-v 参数映射到 Docker 内部。下面进入 Docker 容器：

```
01   $ docker exec -it mysql bash
```

在容器内部用 MySQL 客户端连接服务器端，输入启动 Docker 时设置的密码

```
01  $ mysql -u root -p
```

此时，如果连接成功，则可以看到 MySQL 的提示符。目前，对 MySQL 的操作仅限于 Docker 容器内部，如果想在 Docker 外部调用连接 MySQL，则需要添加远程登录用户。注意，修改后需要用 commit 方法保存镜像，否则关闭容器后无法保存修改，具体方法见第 1 章 Docker 部分。

```
01  mysql> CREATE USER 'xieyan'@'%' IDENTIFIED WITH mysql_native_password
    BY '123456';
02  mysql> GRANT ALL PRIVILEGES ON *.* TO 'xieyan'@'%';
```

本例中，建立了远程连接用户 xieyan，密码为 123456。此时，在容器外部，用其他工具（如 Navicat 或者 Python 程序）通过 IP 地址、端口号、用户名和密码即可访问 MySQL 数据库。假设在宿主机上也安装了 mysql-client，那么使用 MySQL 命令即可连接 Docker 容器中的 MySQL 服务。

```
01  $ mysql -uxieyan -p -h 192.168.1.102 -P 3306
```

注意：这里需要使用具体的 IP 地址，而不是使用 localhost，否则可能无法连接。

2. 基本 SQL 命令

不同数据库的 SQL 命令大同小异，此处以 MySQL 为例介绍最常用的 SQL 命令。本例从建库、建表、插入、查询数据到最终删除表和库，展示了操作数据库的完整流程。

在 Docker 容器内部操作数据库即可。

在 Docker 容器中执行：

```
01  $ mysql -u root -p
```

创建数据库：

```
01  mysql> create database test_db;
```

显示数据库列表：

```
01  mysql> show databases;
```

选择数据库：

```
01  mysql> use test_db;
```

创建包含两个字符列的简单的数据表，第一列不允许为空值，第二列默认为空值并设置描述文字。

```
01  mysql> create table 'test_table' (
02    'ID' varchar(128) NOT NULL,
03    'X_ID' varchar(64) DEFAULT NULL COMMENT '说明文字');
```

插入一条记录：

```
01  mysql>insert into test_table (ID,X_ID) values ('1', 'x_1');
```

查询表中内容：

```
01  mysql>select * from test_table;
```

查看当前库中的表，可以看到创建的 test_db 表：

```
01  mysql>show tables;
```

查看表的结构详细信息：

```
01  mysql>desc test_table;
```

输出表的所有信息：

```
01  mysql> show full fields from test_table;
```

用一张表的内容构造另一张新表：

```
01  mysql> create table test_table_2 select * from test_table;
```

将一张表的内容插入到另一张表中，在使用此方法时，需要注意插入字段的个数和次序需要与被插入表的字段一致。

```
01  mysql> insert into test_table_2 select * from test_table;
```

删除数据表（由于下面例程还会用到上述测试数据，建议先不要删除库和表）：

```
01  mysql> drop table test_table;
```

删除数据库：

```
01  mysql> drop database test_db;
```

5.2.2 Python 存取 MySQL 数据库

下面使用 Python 的 ORM 框架 SQLAlchemy 读取 MySQL 数据库，ORM 是 Object/Relation Mapping（对象-关系映射）的缩写，该框架建立在数据库的 API 之上，可将对象转换成 SQL。SQLAlchemy 支持各种主流的数据库，如 SQLite，MySQL，Postgres，Oracle，MS-SQL，SQLServer，使用它可将一套代码复用到多种数据库的环境中，而不用研究针对各种数据库的不同 API。需要注意的是，不同数据库的 SQL 语句略有差异，需要分别处理。

1. 安装支持库

首先安装 ORM 框架 SQLAlchemy 库，然后安装 PyMysql 库，其是用于连接 MySQL 的工具库。在连接 MySQL 时，一般 Python 3 使用 PyMysql 库，Python 2 使用 Mysqldb 库。

```
01  $ pip install sqlalchemy
02  $ pip install pymysql
```

2. 执行 SQL 语句

程序首先包含了头文件，定义了 IP 地址，请读者将其改为自己数据库所在机器的具体

IP 地址。如果数据库使用 Docker 启动，则指定其宿主机的地址。然后定义了 run_sql 函数，我们可以利用它执行绝大部分的 SQL 语句。需要注意的是，要按具体环境配置 URL，其中包括数据库的用户名密码、IP 地址、库名、字符编码，以及所使用的连接数据库的 Python 库，本例中使用了 PyMysql。

```
01  from sqlalchemy import create_engine
02  import pandas as pd
03  MYSQL_ADDR="192.168.43.226"                         # 数据库 IP 地址
04
05  def run_sql(db_name, sql):
06      print(sql)
07      url = 'mysql+pymysql://xieyan:123456@{}:3306/{}?charset=utf8'.
        format(MYSQL_ADDR,
08            db_name)
09      engine = create_engine(url, echo=False)      # 创建数据库引擎
10      cus = engine.connect()                       # 连接数据库
11      ret = None
12      try:
13          ret = cus.execute(sql).fetchall()        # 执行 SQL 语句
14      except Exception as err:
15          print("Error", err)
16      cus.close()
17      return ret
```

3. 向数据库中写入数据

下面调用上面定义的 run_sql 函数，首先判断数据库是否存在，如果数据库不存在则创建数据库，然后判断数据表是否存在，如果存在则删除数据表。再建立一个数据库连接，并使用 Pandas 提供的 to_sql 函数将 Dataframe 数据写入数据表，最后关闭连接。

```
01  def write_table_to_db(db_name, table_name, df):
02      try:
03          dbs = run_sql("", "show databases")           # 列出所有库
04          if (db_name,) not in dbs:
05              run_sql("test_db", "create database {}".format(db_name))
                                                          # 创建库
06              print("create db")
07
08          tables = run_sql("test_db", "show tables") # 列出库中所有表
09          if (table_name,) in tables:
10              run_sql('test_db', 'drop table {}'.format(table_name))# 删表
```

```
11              print("drop table")
12          url = 'mysql+pymysql://xieyan:123456@{}:3306/{}?charset=utf8'.format(\
13                  MYSQL_ADDR, db_name)
14          engine = create_engine(url, echo=False)
15          conn = engine.connect()
16          pd.io.sql.to_sql(df, table_name, con=conn, if_exists='fail')
                                                          # 写入数据表
17          conn.close()
18          print("write ", len(df))
19      except Exception as err:
20          print("error", err)
21
22  dict1 = {'col1':[1,2,5,7],'col2':['a','b','c','d']}
23  df1 = pd.DataFrame(dict1)
24  write_table_to_db("test_db", "test_table_2", df1)
```

4. 从数据库中读取数据

从数据库中读取数据是最常用的操作，本例中使用 Pandas 的 read_sql 函数从数据库接口读出数据并转换成 Dataframe 格式。

```
01  def read_table_from_db(db_name, sql, debug=False):
02      url = 'mysql+pymysql://xieyan:123456@{}:3306/{}?charset=utf8'.format(\
03            MYSQL_ADDR, db_name)
04      engine = create_engine(url, echo=False)
05      conn = engine.connect()
06      if debug:
07          print(sql)
08      df = pd.read_sql(sql, conn)          # 调用之前代码中定义的函数
09      conn.close()
10      return df                            # 返回数据表
11
12  df2 = read_table_from_db('test_db', 'select * from test_table_2')
13  print(df2)
```

5.2.3 Python 存取 SQL Server 数据库

SQL Server 是由 Microsoft 开发和推广的关系数据库，目前使用 SQL SERVER 2017 版本的比较多。下面同样使用 Docker 安装 SQL Server 服务器端，然后介绍 Python 作为客户端工具访问数据的基本方法。

1. 安装 SQL Server 数据库

查找 SQL Server 相关的 Docker 镜像。

```
01  $ docker search mssql
```

将评价最高的镜像拉到本地。

```
01  $ docker pull microsoft/mssql-server-linux
```

用以下命令启动镜像，其中-p 参数将 Docker 内部的 1433 端口映射到宿主机的 1435 端口（也可以保持 1433 端口不变，即-p 1433:1433）；ACCEPT_EULA（允许协议）是必选项；SA_PASSWORD 设置 SA 用户对应的密码，注意密码需要在 8 位以上，包含大小写字母、数字及符号；且设置容器名字为 mssql8，后面可通过该名字操作 Docker 容器。

```
01  $ docker run --rm --name mssql8 -p 1435:1433 -e 'ACCEPT_EULA=Y' -e
    'SA_PASSWORD=Xy123456' -d microsoft/mssql-server-linux
```

在用该镜像启动容器后，使用 exec 进入容器。

```
01  $ docker exec -it mssql8 bash
```

使用镜像中自带的 SQL Server 客户端连接 SQL Server 服务。

```
01  $ /opt/mssql-tools/bin/sqlcmd -S localhost -U SA -P Xy123456
```

此时，可以看到 SQL Server 的提示符“>”，即说明服务端已正常启动。

2. SQL Server 常用命令

大多数 SQL 语句的增、删、查、改命令都基本相同，但 SQL Server 也有少量的 SQL 命令与 Mysql 不同。下面主要介绍 SQL Server 有差异的命令，以及 SQL Server 客户端的使用方法。

新建数据库：

```
01  > create database testme
02  > go
```

查看当前数据库列表：

```
01  > select * from SysDatabases
02  > go
```

查看某库中的数据表：

```
01  > use 库名
02  > select * from sysobjects where xtype='u'
03  > go
```

查看表的内容：

```
01  > select * from 表名;
02  > go
```

可以看到，在 SQL Server 中每次操作后都需要使用 go 语句。go 语句不是标准的 SQL 语句，其主要用于向服务端提交其上一批 SQL 语句。

3. 安装支持库

以下例程展示安装 ORM 框架 sqlalchemy 库以及 SQL Server 支持库 pymssql。

```
01  $ pip install sqlalchemy
02  $ pip install pymssql
```

4. 读写数据库

在 MySQL 的示例中，学习了数据库与 Pandas 的 DataFrame 的相互转换以及执行 SQL 的方法。本例中介绍用面向对象的方法、MetaData 类、Table 类及 Column 类操作数据库，由框架内部实现从对象到 SQL 语句的转换。

本例使用了上面由 mssql 客户端创建的 testme 数据库，Python 程序包含创建表、输入数据到查询数据的完整流程。

（1）设定用户名、密码、IP 地址、端口号以及数据库名。

（2）用 Table 类定义新库的结构，这里设定 id 为主键。

（3）使用 drop_all 判断该表是否存在，如果该表存在则删除。

（4）使用 create_all 创建表。

（5）使用 Table 对象的 insert 方法，结合 execute 函数向表中插入两条数据。

（6）使用 select 方法生成一条用于查询的 sql 语句，其中 t 是表名、c 是字段、value 是具体字段的名称，该方法还支持用 where 设定查询条件、用 order_by 排序等功能。

（7）使用上面生成的 sql 语句，并返回执行结果。

```
01  from sqlalchemy import Table, MetaData, Column, String, create_engine,
    Integer, select
02
03  url = "mssql+pymssql://SA:Xy123456@192.168.43.226:1435/testme"
04  engine = create_engine(url, deprecate_large_types=True)
05  m = MetaData()
06  t = Table('test_table', m, Column('id', Integer, primary_key=True),
07                Column('value', Integer))
08  m.drop_all(engine)                          # 为避免重复创建，先删除测试表
09  m.create_all(engine)                        # 创建测试表
10  engine.execute(t.insert(), {'id': 1, 'value':123}, {'id':2, 'value':234})
11  sql = select([t.c.value]) # 生成语句: SELECT test_table.value FROM test_table
12  result = engine.execute(sql)                # 运行语句
13  result.fetchall()
```

5.2.4　Python 存取 Sqlite 数据库

Sqlite 是一款轻型数据库，使用它无须安装数据库服务端，也无须安装其他软件且占用内存低、处理速度快。Splite 的每一个数据库都以扩展名为“.db”的文件形式存储，用法类似于标准的 SQL 语句，是小微量数据的首选数据库。

本例在当前目录下创建名为 test.db 的数据库文件，执行创建表、插入数据和查询操作，并按照记录（条）显示查询结果，其中 commit 函数为提交操作并将数据写入数据库。

```
01  import sqlite3
02
03  conn = sqlite3.connect('test.db')
04  c = conn.cursor()
05  c.execute('''CREATE TABLE IF NOT EXISTS TIPS       # 创建数据表
06          (NAME          TEXT    NOT NULL,
07          ADDRESS       CHAR(50),
08          BILL          REAL);''')
09  c.execute("INSERT INTO TIPS (NAME,ADDRESS,BILL) \ # 向表中输入数据
10        VALUES ('Zhang', 'Beijing', 1004.00 )");
11  cursor = c.execute("SELECT * from TIPS")
12  for row in cursor:
13     print(row)
14  conn.commit()
15  conn.close()
```

5.2.5　Python 存取 DBase 数据库

DBase，FoxBase 和 FoxPro 都是早期的小型数据库，现在很少使用，但有时需要将早期数据（比如 2000 年以前的数据）导入新的数据库中。在 Python 中，使用相应的库就能解析数据格式，但比较常见的问题是在转换过程中会出现乱码，这时通过指定正确的字符集即可解决。

1. 安装支持库

```
01  $ pip install dbfread
```

2. 读取数据

本例中的程序从 dbf 文件中读出数据，设置字符格式为 gb2312，并转换成 Pandas 的

DataFrame 数据格式。

```
01  import pandas as pd
02  from dbfread import DBF
03
04  table = DBF('test.dbf', encoding="gb2312") # 打开数据文件,字符集为GB2312
05  arr = []
06  for record in table:                        # 读出表中记录
07      dic = {}
08      for field in record:                    # 读出表中字段
09          dic[field] = record[field]
10      arr.append(dic)
11  df = pd.DataFrame(arr)                      # 转换成 Pandas 的 DataFrame
12  print(df.head())
```

5.3 读写数据仓库

数据仓库（Data WareHouse，简称 DW），一般认为其比数据库体量更大。数据库比较关注具体存储，如增、删、查、改的操作，而数据仓库更多地面向问题、面向分析。本节除了讲解使用 Python 读写数据仓库中的方法，还介绍数据仓库的应用场景和简单的配置方法。

5.3.1 读取 ElasticSearch 数据

ElasticSearch 简称 ES，是一个分布式的全文检索框架，是目前全文检索引擎的首选。全文检索是指计算机索引程序扫描文章中的每个词，并建立索引指明该词在文章中出现的次数和位置。当用户查询时，检索程序就根据事先建立的索引查找，并将查找的结果反馈给用户。它的主要优势在于文本的存储和检索。ES 可以利用分布方式构建，可扩展到上百台服务器处理 PB 级的结构化或非结构化数据。

如果把 ES 和数据库作类比，那么 ES 中包含的多个索引就相当于数据库中的库，索引包括的多个类型就相当于数据库中的表。

ES 常与 Kibana 配合使用，Kibana 是一个开源的分析与可视化平台，使用它可以分析 ES 和将 ES 数据可视化。下面介绍安装 ES 和使用 Python 程序访问 ES。

1. 搭建 ES 服务

由于 ES 是由 Java 编写的，因此需要安装与其版本对应的 Java 工具，配置 yml 文件并作为系统服务启动，相对比较复杂。此处使用 Docker 方式安装 ES 服务，先查找 ES 相关的 Docker 镜像。

```
01   $ docker search elasticsearch
```

在将 ES 镜像拉到本地时，发现它没有默认的 latest 镜像，需要指定具体的 TAG 版本号。在查看具体的版本及大小时，需要在网站上按名搜索镜像，其中列出了 image 的多个 TAG 及其大小，在 Overview 中有些还说明了使用方法。

本例中下载 ES 6.4.2 版本。

```
01   $ docker pull elasticsearch:6.4.2
02   $ docker images|grep elasticsearch
```

由此看到下载后的镜像大小为 828MB，接下来启动 ES 服务。

```
01   $ docker run --rm -d -p 9200:9200 --name="es" elasticsearch:6.4.2
```

如果正常启动，此时在浏览器中打开 9200 端口就可以看到简单的 ES 信息显示。

2. 使用 Curl 命令访问 ES

Curl 是在命令行下访问 URL 的实用工具，访问 ES 最直接的方式是将 Curl 命令作为客户端与 ES 服务交互。

查看服务状态（对应的 URL 也可以在浏览器中查看）：

```
01   $ curl 'localhost:9200/_cat/health?v'
```

查看当前的 Node 节点：

```
01   $ curl 'localhost:9200/_cat/nodes?v'
```

新建一个 index（类似于数据库操作中的建库）：

```
01   $ curl -XPUT 'localhost:9200/test_1'
```

此时，在浏览器中输入 http://127.0.0.1:9200/test_1?pretty，就可以看到具体信息。接下来，查看当前所有的 index：

```
01   $ curl 'localhost:9200/_cat/indices?v'
```

向 index 中添加数据：

```
01   $ curl -XPOST http://localhost:9200/test_1/product/ -d '{"author" :
"Jack", , "age": 32}'
```

如果报错 406，则加入参数-H，如下：

```
01   $ curl -XPOST http://localhost:9200/test_1/product/ -H 'Content-Type:
     application/json' -d '{"author" : "Xie Yan"}'
```

插入的 index 是 test_1，type 是 product，此处可以看到，输入 ES 数据的格式相当灵活，它以 key-value 的方式存取，而不像在数据库中有固定的字段。

查询所有数据：

```
01   $ curl -XPOST 'localhost:9200/test_1/_search' -d ' { "query":
```

```
      { "match_all": {} } }'
```

条件查询：

```
01   $ curl -XGET http://localhost:9200/test_1/_search?q=age:32
```

3. 使用 Python 访问 ES

安装 Python 支持库：

```
01   $ sudo pip install elasticsearch
```

本例使用了上面创建的 ES index，列出了其中存储的数据。

```
01   from elasticsearch import Elasticsearch
02
03   es_host = '192.168.43.226'                # 宿主机 IP 地址
04   es_index = 'test_1'
05   es = Elasticsearch(es_host)               # 建立 ES 连接
06   result = es.search(index=es_index, body={}, size=10)
                                               # 查询并返回前 10 条数据
07   for item in result['hits']['hits']:      # 访问返回数据
08       print(item)
```

可以通过 body 参数，用 Json 字符串描述查询条件，条件最多为 1024 个。在 size 中可以设置返回条目的多少，用此方法查询最多能返回一万条记录。如果超过一万条，就用 helpers.scan 方法访问；如果只关心其中某几个字段，就可以在 body 中指定"_source": ['字段1','字段 2'...]。

5.3.2 读取 S3 云存储数据

S3 是 Simple Storage Service（简单存储服务）的缩写，是一种云存储。它就像一个存储在远端分布式系统中的超大硬件，用户可以在其中存储和索引数据。我们也可以搭建自己的 S3 服务集群，用于存储本地集群中的数据。

S3 有以下几个基本概念：

- ◎ Object 对象：在 S3 中存储和检索的数据称为对象，它类似于文件系统中的文件。在程序中使用 Key 来访问对象。
- ◎ Bucket 存储桶：对象存储在存储桶中，它类似于文件系统中的目录或者硬盘。对象和存储桶都可以通过 URL 查找。
- ◎ AWS_ACCESS_KEY_ID 和 AWS_SECRET_ACCESS_KEY：用于用户认证，类似于用户名和密码。

可以看到，使用 S3 云存储和操作百度网盘差不多。

1. 搭建 S3 服务

亚马逊提供 S3 服务，购买后可以把数据存储在其服务器上，然后在本地用网页或者 Python 程序访问。但有时候也需要搭建本地 S3 服务，其目的主要是在各种机器和服务之间实时地共享数据，还可以支持本地大数据量的存储，尤其是在内外网隔离的情况下。

仍然使用 Docker 的方式搭建 S3 服务，首先查看可用的 S3 服务镜像。

```
01   $ docker search s3
```

本例中选择了 scality/s3server 镜像，将其拉到本地，当前最新版本大小为 301M。

```
01   $ docker pull scality/s3server
```

用 Docker 运行 S3 服务，将其 8000 端口映射到宿主机的 8000 端口。

```
01   $ docker run --rm -d --name s3server -p 8000:8000 scality/s3server
```

此时，通过浏览器打开 8000 端口，可以看到 8000 端口正常连接，但需要特定的 URL 才能正常访问。

2. Python 程序访问 S3 服务

使用 Python 程序访问 S3 服务需要安装支持库 boto。

```
01   $ pip install boto
```

登录 S3 服务：在下载的镜像中默认的 access_key_id 是'accessKey1'，secret_access_key 是'verySecretKey1'。注意，要将程序中的 host 替换成宿主机的 IP 和在启动 S3 docker 时向外映射的端口。

```
01   import boto
02   import boto.s3.connection
03   from boto.s3.key import Key
04
05   conn = boto.connect_s3(aws_access_key_id = s3_aws_access_key_id,
06                       aws_secret_access_key = s3_aws_secret_access_key,
07                       host = s3_host,
08                       port=s3_port,
09                       is_secure = False,
10                       calling_format = boto.s3.connection.OrdinaryCallingFormat())
```

存储桶的操作：先列出当前所有的存储桶，然后判断名为 tmp 的存储桶是否存在。如果存在，则获取其句柄；如果不存在，则创建该存储桶。

```
01   # 列出所有存储桶
02   rs = conn.get_all_buckets()
```

```
03  for i in rs:
04      print(i)
05
06  model_bucket = 'tmp'
07  model_bucket_exist = conn.lookup(model_bucket)      # 查找存储桶是否存在
08  if model_bucket_exist:
09      print("exist", model_bucket_exist)
10      mybucket = conn.get_bucket(model_bucket)        # 获取存储桶句柄
11  else:
12      print("not exist")
13      mybucket = conn.create_bucket('tmp')            # 创建一个新存储桶
```

文件操作：先把本地文件 testfile.txt 上传到 S3 model_bucket 指定的存储桶中，服务端的文件名为 test_file，然后列出存储桶中的所有文件，最后将服务端文件下载到本地，保存成文件 testfile2.txt。

```
01  # 上传文件
02  k = Key(mybucket)
03  k.key = 'test_file'
04  filename = 'testfile.txt'
05  k.set_contents_from_filename(filename)
06  # 列出存储桶中文件
07  mybucket = conn.get_bucket(model_bucket)
08  print(mybucket.get_all_keys(maxkeys=5))
09  # 下载文件
10  filename2 = 'testfile2.txt'
11  k.get_contents_to_filename(filename2)
```

删除文件和存储桶并关闭连接。

```
01  mybucket.delete_key('test_file')                    # 删除文件
02  conn.delete_bucket(model_bucket)                    # 删除存储桶
03  conn.close()
```

5.3.3 读取 Hive 数据

Hive 是基于 Hadoop 的数据仓库，近些年，提到大数据就离不开 Hadoop 集群。

1. Hadoop

Hadoop 是由 Apache 基金会开发的分布式系统基础架构，其最核心的设计是 HDFS 和 MapReduce。HDFS 为数据提供了存储，MapReduce 为数据提供了计算，其中 Mapper 指的是拆分处理，Reducer 指的是将结果合并。其核心也是拆分、处理，再合并。

Hadoop 家族的软件结构图，如图 5.1 所示。

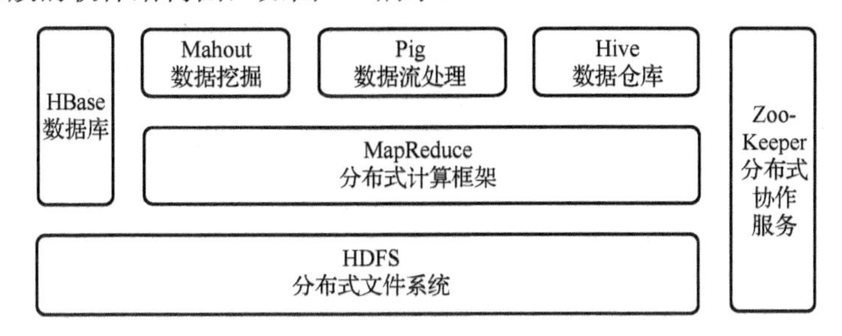

图 5.1 Hadoop 家族常用工具

其中，Pig 是上层封装了的数据流处理工具；Mahout 是基于集群的数据挖掘工具；ZooKeeper 是集群管理工具，如配置备用服务器，可作为重要服务器宕机时的替补。

HDFS 和 MapReduce 是 Hadoop 安装包中自带的，HDFS 提供文件系统支持，MapReduce 提供计算支持。

HBase 和 Hive 是向上层提供类似数据库的数据访问，但方式不同。Hive 是基于 MapReduce 的封装，向上层提供类似于 SQL 语言的 HQL，向下通过 MapReduce 方式访问数据。HBase 是对 HDFS 层的封装，本质上是一种 key/value 系统，主要负责数据存储，解决的是 HDFS 随机存储方面的问题。

2. Hive 数据仓库与关系型数据库

Hive 数据仓库和传统的关系型数据库有很大的区别：Hive 把数据存储在 Hadoop 的 HDFS 中，而关系型数据库把数据存储在文件系统中；Hive 将外部的任务解析成一个 MapReduce 可执行的计划，由于 MapReduce 的高延迟，因此 Hive 只能处理高延迟的应用，不能对表数据进行修改（不能更新、删除、插入，只能追加、重新导入数据）等。

3. 安装 Hadoop+Mysql+Hive

Hadoop 需要安装 Java 虚拟机、创建 Hadoop 用户、下载安装 Hadoop 软件、修改多个配置文件、启动服务等，有时由于操作系统不同还需要重编 Hadoop 源码。整个 Hadoop 系统非常复杂，涉及各种类型 Node 的概念及原理。由于本节主要介绍 Hive 的使用方法，只需要 Hadoop 可用即可，因此使用了 Hadoop，MySQL 及 Hive 都正常安装和配置好的 Dokcer 镜像。

首先，查找可用的 Hive 的 Docker 镜像：

```
01    $ docker search hive
```

将 teradatalabs/cdh5-hive 镜像拉到本地，该镜像约为 1.78G。

```
01    $ docker pull teradatalabs/cdh5-hive
```

运行 Docker 镜像，请注意这里使用了参数-P，它将 Docker 中开启的所有端口映射到宿主机，其端口号与 Docker 内部的不同，用 docker ps 命令可查看映射的端口号，用浏览器打开 50070 所映射的宿主机端口，可查看 Hadoop 状态。

```
01    $ docker run --rm -d --name hadoop-master -P -h hadoop-master
      teradatalabs/cdh5-hive
02    $ docker ps
```

进入已启动的 Docker 容器：

```
01    $ docker exec -it hadoop-master bash
```

用 Hadoop 命令查看数据存储情况：

```
01    # hadoop fs -ls /
```

试连接 MySQL 数据库，默认密码是 root。Hive 集群中的数据库主要用于存储 Hive 的登录、验证等信息，本例中没有对 MySQL 数据库的操作。

```
01    # mysql -uroot -proot
```

进入 Hive：

```
01    # hive
```

用 HSQL 建立数据库，并查看当前数据库列表，然后退出 Hive。其他的操作与 MySQL 的类似，此处不再重复。

```
01    > create database testme;
02    >show databases;
03    > exit;
```

在 Docker 中，用 Hadoop 命令可以看到新建的数据库 testme.db 文件。

```
01    # hadoop fs -ls /user/hive/warehouse/
```

4. 使用 Python 程序读取 Hive 数据

先安装 Python 对 Hive Server2 的支持库，注意 impala 包名为 impalacli 而非 impala。

```
01    $ pip install thrift-sasl==0.2.1
02    $ pip install impalacli
```

本例使用 impala 库连接 Hive Server2 服务，注意修改其中的 IP 和端口。端口为 Docker 中 10000 端口向外映射的宿主机端口，将 default 库作为待操作的数据库。用 HSQL 创建数据表，并执行查询操作。可以看到，HSQL 的使用方法和 MySQL 的类似。

```
01    from impala.dbapi import connect
```

```
02  conn = connect(host="192.168.1.207", port=32775,  # 建立连接
03      database="default", auth_mechanism="PLAIN")
04  cur = conn.cursor()
05  sql = "create table if not exists test_table(id int)"
                                              # SQL 语句：创建数据表
06  cur.execute(sql)
07  sql = "show tables"                         # 显示所有数据表名
08  cur.execute(sql)
09  print(cur.fetchall())
10  sql = "select * from default.test_table"# 查看数据表内容
11  cur.execute(sql)
12  print(cur.fetchall())
13  conn.close()
```

5.4 获取网络数据

常见的获取网络数据的形式有以下几种情况：一种是他人以 HTTP 或者 TCP 方式提供数据接口，我们通过该接口获取数据后进行解析；另一种是抓取某个网站的所有网页，也就是通常说的爬虫工具；还有一些网站的数据存储在数据库中，或实时生成，我们就可以通过 POST 或者 GET 方式生成 URL 请求，并抓取反馈的网页内容，再解析数据。本章将具体介绍数据的抓取和解析方法。

5.4.1 从网络接口读取数据

通过网络接口读取数据是数据提供方和数据分析方常用的合作方式，一般是在双方协商好数据范围之后，由提供者事先定义好网络协议，并通过 HTTP 或者 TCP 方式提供数据接口。有时候后端服务也通过此方法给前端界面提供数据。

由于调试方便，目前 HTTP 协议使用最多。HTTP 客户端与服务端最基本的交互方法有 GET，POST，PUT，DELETE，其分别对应查、改、增、删。获取数据主要使用 GET 方法，有时也使用 POST 方法。

本例使用 GET 方法传输参数，利用新浪提供的数据接口获取股票数据。

```
01  import urllib.request
02
03  url = 'http://hq.sinajs.cn/'  # 接口
04  values={'list':'sh601688'}    # 参数
05  data=urllib.parse.urlencode(values)
```

```
06  new_url=url+"?"+data
07  req = urllib.request.Request(new_url)
08  html = urllib.request.urlopen(req).read()
09  print(html.decode("gb2312"))   # 返回字符集为GB2312,转码后显示
```

5.4.2 抓取网站数据

在进行数据挖掘时，很多数据是从网站上下载的。抓取网站的具体方法是从某一网页地址开始下载，下载后解析出网页中包含的 URL，并下载这些 URL 对应的网页且解析其中的 URL，再下载，重复此过程，直到将相关的网页全部下载到本地。其中涉及抓取的一些规则，如只抓取含某些关键字的网页、限制迭代层数、避免重复下载以及多线程抓取等，很多时候都使用现成的爬虫工具。

下面的例程示范了获取网页中 URL 的方法，稍做扩展和递归即可实现简单的爬虫功能。虽然寻找 URL 也可以使用正则表达式，但相对复杂，需要处理很多细节。例程中使用了 BeautifulSoup 网页解析库，并过滤出含有关键字“xieyan0811/article”的网页地址。

先安装 BeautifulSoup 库：

```
01  $ pip install bs4
```

具体程序如下：

```
01  import urllib.request
02  from bs4 import BeautifulSoup
03
04  response = urllib.request.urlopen("https://blog.csdn.net/xieyan0811")
05  html = response.read().decode("utf-8","ignore")
    # 返回网页为utf-8 编码，解码时忽略错误
06  reg = r'http://'
07  soup = BeautifulSoup(html, 'html.parser')
08  for link in soup.find_all('a'):
09      addr = link.get('href')
10      # 显示包含关键字的所有地址
11      if addr != None and addr.find('xieyan0811/article') != -1:
12          print(addr)
13
14  # 程序输出
15  # https://blog.csdn.net/xieyan0811/article/details/87889089
16  # https://blog.csdn.net/xieyan0811/article/details/87889089
17  # ...
```

5.4.3 使用 POST 方法抓取数据

很多时候，网页的内容是交互后生成的，如在 input 框中输入内容，服务器端实时计算结果，或者从数据库中查询后返回结果。例如，整句翻译功能、查询食物的热量，等等。本小节介绍用 POST 方法抓取实时内容的过程。

在具体实现中使用了 requests 库，它的 POST 请求比 urllib.request 库的方便很多。首先需要安装支持库：

```
01  $ pip install requests
```

通过 POST 方法获取数据：

```
01  import requests
02  params = {'key1': 'value1', 'key2': 'value2'}
03  r = requests.post("http://httpbin.org/post", data=params)
04  print(r.text)
```

使用 POST 方法的问题是，它不像 GET 方法一样在 URL 中显示 key 和 value。在使用 POST 方法时，一般可以通过分析网页源码、查看表单中的 input 控件来显示 key 和 value，但有时候源码调用其他程序实现不能直接看到 key。下面介绍如何使用浏览器提供的工具查看本地与服务器的交互信息，以确定 key。

在浏览器中打开翻译网站（最好使用 Chrome 或 Chromium），按 F12 键打开调试工具，选择其中的 Network 选项卡。在输入框中输入要翻译的内容，点击“翻译”按钮，即可在调试工具中查看请求的具体内容和返回值。

5.4.4 转换 HTML 文件

对于用爬虫工具抓取的网页，我们主要关心的是其中文本、图片或者视频的内容，而希望忽略 HTML 中的格式标记。本小节将介绍使用 html2text 库将 HTML 文件转换成 MarkDown 格式的文件，其主要优点是简单、高效。

MarkDown 是一种标记语言，其语法相当简单。当网页转换成 MarkDown 格式后，一般只包含文本和一些标题及超链接的格式描述符，近似于纯文本。

运行程序之前需要安装 html2text 库：

```
01  $ sudo pip install html2text
```

由于网络内容包含的字符集的情况比较复杂，在 Python 2 中运行转换程序时往往会报错不能识别某些中文字符。本例中将字符集设置为 utf-8，例程的第 2 行和第 5 行分别保存和重置了标准输入、标准输出及错误输出。如果不进行该操作，则在 Jupyter 中就可能会出现设置默认字符集后 print 内容无法显示的问题（这是由于在 reload 时修改了标准输出 stdout）。

```
01  import sys
02  stdi, stdo, stde = sys.stdin, sys.stdout, sys.stderr
03  reload(sys)
04  sys.setdefaultencoding('utf8')         # 设置字符集
05  sys.stdin, sys.stdout, sys.stderr = stdi, stdo, stde # 重置标准输入输出
```

使用 urllib 库抓取网页，使用 html2text 库将 HTML 转成 MarkDown 格式。

```
01  import html2text
02  import urllib
03
04  html=urllib.urlopen('https://blog.csdn.net/xieyan0811').read()
                                            # 读取文件内容
05  print(html2text.html2text(html))
```

网页转换的另一种方式是忽略超链接，使转换后的内容更接近纯文本。

```
01  h=html2text.HTML2Text()
02  h.ignore_links=True                     # 忽略超链接
03  print(h.handle(html))
```

5.5 选择数据存储方式

本章介绍了数据文件、数据库，以及数据仓库的读写方法。那么，当我们需要保存数据时，应该如何选择呢？下面将对各种存储方法的使用场景做简要的梳理。

如果要存储的数据是训练好的机器学习模型，一般使用 joblib 保存 PKL 文件；如果是深度学习模型，一般使用 HDF5 文件存储。

如果要存储 Python 中各种类型的数据和结构体，一般使用 PKL 文件。

如果需要存储的是文件，要看使用者是一个还是多个，是在一台机器上使用还是供多台机器使用。如果供多人多机使用，就推荐使用数据仓库 S3 或者 Hadoop 的 HDFS 存储；如果单机使用，则可根据其格式选择本地文件存储方式，如 TXT，XML，Json 等。

如果需要传数据文件给其他人，则要根据他人使用的开发工具来选择 PKL，CSV 或 Excel。

如果需要存储相对复杂的数据表，当只有自己使用且数据量较小时，可选择 Sqlite，DSV 或者 PKL 存储；如果数据量较大或供多人多机访问，则可以使用 Mysql，SQLServer 等数据库工具；如果数据量非常大，或涉及 Map/Reduce 计算，则建议使用数据仓库。

当数据为 key/value 类型或者待存储的内容以文本为主且需要对文本内容索引和高速查询时，推荐使用 ElasticSearch。

第 6 章 数据预处理

对于数据挖掘来说，数据处理和模型预测同样重要。在实际工作中，能获取的数据源可能是成百上千的库和表，以及互联网上难以记数的网页和资料。在很多领域中，由于开始阶段无法精确地定义问题和问题相关的数据范围，也无法判断算法是否能解决该问题，因此目标和路径都需要在数据探索中逐步定位和修正。可以说，数据挖掘过程是螺旋上升的。

数据预处理是在数据分析和建模前对数据所做的处理，包括转换、清洗、归约、聚合、抽样等。数据预处理一方面把数据清洗干净，另一方面把数据整理得更加有序，决定了后期数据工作的质量。下面介绍预处理的步骤及方法。

第 5 章介绍了数据获取的主要渠道有爬虫从网上抓取、他人以文件形式提供、以接口形式提供、直接从数据库读取等。其中，Web 接口和大型数据库提供的数据质量都比较高，机器设备自动抓取的数据比手工录入的质量高，而爬虫抓取和从数据文件中读取的数据需要更多的前期预处理。

6.1 数据类型识别与转换

在数据处理中，常用的数据类型有字符型、日期型、整型、浮点型、枚举型，不同的类型对应不同的数据统计和分析方法。比如，对日期型做时序分析；对整型和浮点型做均值、方差、分位数及 *T* 检验；对枚举型做 *F* 检验；对字符型判断其关键字出现的频率等。具体的分析方法将在第 7 章数据分析中介绍。

在分析和处理数据前，先要确定数据的类型，而采集到的数据往往不能提供准确的类型信息。比如，虽然数据库可以支持类型及长度的严格定义，但在实际操作中，考虑到可扩展性，很多数据仍将字符串作为主要存储形式；虽然 Excel 也可以定义数据类型，但更多的时候，用户只关注数据显示是否正常，而从 Web 接口和网上抓取的数据其本身就是字符串。

下面使用 Python 提供的方法，通过对字段中数据的统计分析，估计其实际类型并进行数据转换。

6.1.1 基本类型转换

数据统计和模型训练都对数据有一定的要求，下面将通过示例介绍不同数据类型间的转换。首先，构造实验数据集。

```
01  import pandas as pd
02  import numpy as np
03  dic = {
04      'string': ['dog', 'snake', 'cat', 'dog', 'monkey', 'elephant'],
05      'integer': [2000, 2000, 2001, 2002, 2003, np.nan],
06      'float': [1.5, 1.5, 1.7, np.nan, np.nan, 8.3],
07      'dtime': ['2018-01-01', '2018/01/02', '2018-01-03', '2018-01-04',
                 '2018-01-05', np.nan],
08      'mix': [1, 1, 0, '+', 0, 1],
09      'classify': ['A', 'B', 'A', 'B', 'A', 'A']
10  }
11  data = pd.DataFrame(dic)
12  print(data.dtypes)
13
14  # 运行结果:
15  classify    object
16  dtime       object
17  float       float64
18  integer     float64
19  mix         object
20  string      object
```

使用 DataFrame 的 dtypes 方法可以查看字段类型，从运行结果可以看出，时间和分类被识别成 object，字符串与整型混合的字段也被识别成 object。由于出现了缺失值，整型被识别成浮点型。

```
01    data['dtime'] = pd.to_datetime(data['dtime'], infer_datetime_format=
      True)
```

使用 Pandas 的 to_datetime 函数可将字段转换成时间类型，设置参数 infer_datetime_format=True 可自动识别时间格式，缺点是速度较慢。

```
01    data['mix']=pd.to_numeric(data['mix'],errors='coerce')
```

使用 Pandas 的 to_numeric 函数可将字段转换成数值类型，设置 errors='coerce'。如遇到不能转换的数据，则赋为空值。

```
01    data['classify']=pd.Categorical(data['classify'])
```

使用 Pandas 的 Categorical 函数可将字段转换成分类类型。

```
01    data['float']=data['float'].astype(np.float32)
```

简单的类型转换可以使用 astype 函数实现。另外，如果数据中含有空值，则不能被识别为 int 类型，字符串在 DataFrame 中被表示为 object 类型。

6.1.2　数据类型识别

以上介绍的是最简单的类型转换方法，一般用于已知字段含义或者类型的情况。但更常见的情况是，字段较多且一些字段含有噪声数据，如本例中的 mix 字段。在这种情况下，可以先取该字段中的一些数据（如抽样 1000 条），判断其大多数数据的类型，然后进行强制转换。虽然该做法可能会造成识别错误，但可用于快速处理大批量未知数据的情况。下面以判断 float 类型为例来示范类型识别。

```
01    def is_float(val):                         # 判断单值是否为 float 类型
02        if isinstance(val, float):
03            return True
04        try:
05            if val != val:                     # 判断是否为空值
06                return False
07            float(val)
08            return True
09        except:
10            return False
11
12    def check_float(arr, debug = False): # 判断数组是否为 float 类型
13        count = 0
14        for i in arr:
15            if i != i:
16                continue
17            if is_float(i):
```

```
18              count += 1
19      if debug:
20          print("num count", count, len(arr))
21      if count >= len(arr) / 2:
22          return True
23      return False
24
25  for i in data.columns:                  # 遍历所有字段
26      unique = data[i].unique()
27      print(i, check_float(unique))"
```

程序遍历了 DataFrame 中的所有字段，并查看了它们是否可能为数值类型，其中 is_float 检查一个变量能否被成功转换成 float 类型；check_float 检查数组中是否有一半以上数据可转换成 float 类型，如果超过一半，则将该字段整体识别为 float 类型。

6.2 数据清洗

数据清洗是识别并纠正数据中的错误，包括对缺失值、异常值、重复值的处理。

6.2.1 缺失值处理

数据缺失有两种情况：一种是整行或整列缺失，另一种是某行或某列的部分数据缺失。整行缺失一般不会放入数据集；整列缺失往往是由于在建表时先定义好特征（字段），而填充时却未插入有效数据造成的，这样的列很容易分辨，一般是整体为空值或者整体为默认值。

首先，创建示例数据集。

```
01  import pandas as pd
02  import numpy as np
03
04  dic = {
05      'state': ['Ohio', 'Ohio', 'Ohio', 'Ohio', 'Nevada', 'Nevada'],
06      'year': [2000, 2000, 2001, 2002, 2003, 3456],
07      'score': [1.5, 1.5, 1.7, np.nan, np.nan, 8.3],
08      'desc': [np.nan, np.nan, np.nan, np.nan, np.nan, 3],
09      'val1': [1, 1, 0, '+', 0, 1],
10  }
11  data = pd.DataFrame(dic)
```

然后，查看 desc 中数据的取值情况。

```
01   print(data['desc'].nunique())                        # 不同取值个数
02   print(data['desc'].unique())                         # 不同取值列表
03   print(data['year'].value_counts())                   # 不同取值出现次数
```

nunique 函数统计除空值外不同取值的个数，unique 函数以数组的形式返回该字段的不同取值。当某字段取值全部为空，或者只有一种取值时，该列一般无统计意义，在数据处理时去掉即可。value_counts 函数返回不同值出现的次数。

行列中部分数据缺失的情况比较常见，一般处理方法有丢弃、填充、标记缺失值、不做处理。

第一种方法是丢弃缺失数据所在的行或者列，常用于当该行或该列的缺失数据非常多且其中的有效值没有统计意义时，但需要注意，任何删除都会带来数据损失，要谨慎处理。

```
01   print(data['desc'].isnull())                         # 是否缺失
02   print(data['desc'].isnull().any())                   # 是否含有任意缺失
03   print(data['desc'].isnull().all())                   # 是否全部缺失
04   print(data['desc'].isnull().sum(), len(data)) # 空值个数与记录个数
05   print(data.dropna(axis=1, how='all'))
```

isnull 函数用于检查数据是否缺失，并返回每个记录是否为空（True/False）。当数据存在一个以上空值时，isnull().any()为 True；当全部为空时，isnull().all()为 True；isnull().sum()可返回空值个数，将该值和记录总数比较可计算出缺失比例。

dropna 函数用于删除 DataFrame 中所有包含空值的行或列，其中参数 axis 指定行/列，how 指定删除方法，all 删除所有值都为空的行/列，any 删除包含空列的行/列。而直接用 dropna 函数删除表中所有空数据的情况很少出现，一般是分别统计每一列（或行）的具体情况，如需删除则用 drop 函数分别处理。

第二种方法是数据填充，一般使用该特征（字段）的统计值填充空值数据。对于数值型数据，常用默认值、均值、加权均值、中值、众数、插值、经验值等方法填充；对于分类数据，常用类别最多的分类填充。我们还可以使用模型预测的方法填充空值，具体方法是把其他字段作为自变量，缺失字段作为因变量，用不缺失的记录训练模型，然后对缺失数据预测其缺失值。另外，也可以使用在有效值范围内随机抽取等方法进行插补。

```
01   print(data['score'].fillna(data['score'].mean()))
```

fillna 函数用于空值填充，是填充数据最常用的方法，本例中使用该列均值填充列中的空值。

```
01   print(data['score'].fillna(method='ffill', limit=1))
```

邻近值填充，其中 ffill 为用该记录之前该列的值填充，bfill 则是用该记录之后该列的值填充，limit 为限制个数。如果指定用之前的值填充，而前一个值也为空且 limit 设置为 2，

则用前两行的值填充。邻近值填充多用于处理时序数据，这是由于时间临近的取值往往更为相似。

```
01   print(data.interpolate(mdthod='polynomial', order=2)) # 二次多项式插值
02   print(data.interpolate(mdthod='spline', order=3))     # 三次样条插值
```

插值填充是根据缺失数据的前后数据使用线性或者非线性方法填充未知数据。它适用于前后连续的数据，如时序数据。如果缺少某两天的数据，函数就会用其他数据按顺序拟合直线（或曲线），以估计这两天的数据。

```
01   from sklearn.preprocessing import Imputer
02   imp =Imputer(missing_values="NaN", strategy="most_frequent",axis=0 )
03   data["score"]=imp.fit_transform(data[["score"]])
```

Sklearn 库也提供了缺失值的填充方法 Imputer。本例中使用了众数填充，即用出现次数最多的数来填充，其也是比较常用的填充方法。

第三种方法是标记缺失值。例如，可将字符类型的缺失值全部填充为“未知”，数值型的填充为“-1”，类别数据可添加新的“未知类别”，即把未知作为一种新的取值。此方法一般用于无法对缺失值做出预测的情况。

```
01   print(data['score'].fillna(-1))
```

第四种方法是不做处理。由于一些模型和分析方法支持部分为空的数据，因此此时不做处理也不影响后续操作。

综上，在数据缺失的情况下，先要判断整体数据量及数据缺失比例。如果缺失太多则丢弃该行或该列，在可以使用统计方法填充时尽量使用统计方法填充。如果无法统计，则使用标记缺失值的方法，当缺失值不影响后续分析和处理时，也可以先不对缺失值做处理。

6.2.2 异常值处理

造成异常值的原因很多，可能是硬件设备问题或由人工输入错误导致，也可能由前期处理逻辑引发，还可能数据本身是正确的，所谓“异常”是指与正常值有差异，并不一定是错误的，如促销活动导致的销售量高涨，其不但是正确数据，而且更应该引起重视。下面主要讨论由错误产生的异常数据。

对异常值通常需要先识别再处理，其中识别最为重要。常见的异常值有单位不一致、不符合数据范围、类型不一致、同一种数据多种描述方式、逻辑错误、离群点等。

单位不一致常见于身高、体重及其他计量单位的差异，如身高 160 米，针对这种情况可以判断取值是否在正常范围内。

```
01   print(data.query('year<2050'))
02   print(data[data['year']<2050])
```

使用 DataFrame 的 query()函数可筛选出符合条件的所有记录，第 2 行的过滤语句也能达到同样的效果。

数据类型不一致的大多数问题可以使用前面介绍的类型转换方法处理，其中最常见的是大多数都为一种类型，少数为另一种类型。比如，年龄大多数为数字，其中有一项为“58（岁）”，此时可根据该字段的正常数据类型筛选出异常值，并进行转换。

对一种数据的多种描述，比如性别可能被描述成“男/女”“M/F”“1/2”等、对序列号的阿拉伯数字及罗马数字的描述、等级数据中的大于号或小于号等，这种情况就需要设定转换规则并编写正则表达式或程序转换，简单的转换常用 lambda 表达式实现。

```
01    data['val1'] = data['val1'].apply(lambda x: 1 if x == '+' else x)
```

逻辑错误是比较难判断的一种错误，需要加入更多规则，比如某一男性的病历中出现了女性器官的检查结果，又如时间的前后颠倒，这些都只能依赖编写规则检查。

还有一类常见问题是离群点，离群点不一定是错误数据，但在后期分析和建模时可能会将统计或模型“带偏”。例如，大多数数据值在 0 至 10 范围以内，而有一个值为 40，如果用所有数据做散点图，就能看到数据的差异，如图 6.1 所示。

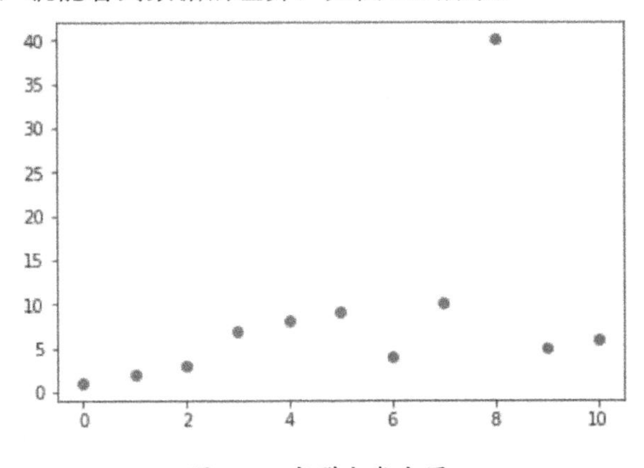

图 6.1　离群点散点图

在这种情况下，箱图可以过滤出其离群点。在特征很多的情况下，最好用程序过滤出可能含有异常值的特征。当已知数据规则的情况下，可使用规则判断；在没有数据规则的情况下，可尝试统计模型判断（如均值、标准差、分位数），基于聚类的方法、密度方法及模型方法；在数据量非常大的情况下，可以先抽样统计，然后筛选异常值。

```
01    arr = [1,2,3,7,8,9,4,10,40,5,6]
02    plt.boxplot(arr)
03    plt.show()
```

使用 boxplot 绘制箱图是最常用的离群点检测方法，如图 6.2 所示。

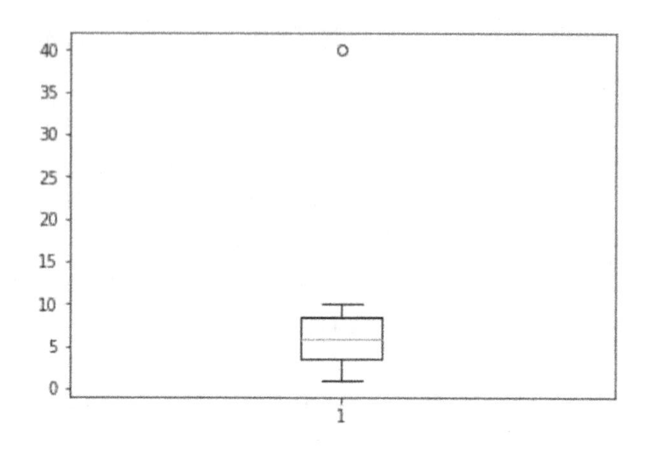

图 6.2　离散点箱图

另外，分位数 numpy.percentile 函数也是常用的判断离群点的方法。至于说多少数据量、差异多大才被视为离群，则需要设计具体逻辑实现。常见的计算离群点的方法是先计算 IQR =Q3-Q1，即上四分位数与下四分位数之差，也就是盒子的长度，然后计算最小观测值 min = Q1-1.5*IQR、最大观测值 max = Q3 +1.5*IQR，将超出最小观测值到最大观测值范围的数据视为离群点。

异常值的处理同缺失值的处理类似，除了可以通过转换恢复正常数据，可以删除异常数据，还可以将异常值用统计方法替换为有效值，也可以设置异常标记或者保留异常数据。

6.2.3　去重处理

数据重复不一定会影响数据处理，如在样本分布不均匀时，往往通过复制实例的方式主动生成重复数据供模型使用。这里讨论的去重处理是去除影响正常处理或者无用的重复数据。

重复数据经常是在采集、存储、处理过程中，由于错误逻辑、验证审核机制不完善导致的。重复数据常见的情况有两条数据完全一致，或者两条数据具有同样的“唯一索引”。对于索引号冲突的问题，可以使用覆盖策略，或者在该情况发生时转交人工处理，以免误删数据。对于两条数据完全一致且需要去重的情况，可以使用 DataFrame 提供的 drop_dupliates 函数。

```
01   print(data.drop_duplicates(keep='last'))
02   print(data.drop_duplicates(keep='last', subset='year'))
```

本例中，drop_duplicates 函数设置了 keep='last'，即在遇到重复记录时只保留最后一条；drop_duplicates 函数还支持参数 subset 对指定列去重，如第 2 行的程序是删除年份重复的记录，用此方法可以实现简单的按年采样功能。

6.3 数据归约

数据归约是在保证数据信息量的基础上，尽可能精简数据量。筛选和降维是数据归约的重要手段，尤其是在数据量大且维度高的情况下，可以有效地节约存储空间和计算时间。反之，当数据量不多，或者现有存储和计算资源能满足分析和预测时，不一定需要降维，因为任何的归约都会造成数据损失。

除了减少数据量，特征筛选的另一个好处是能去掉干扰特征。有时候在加入新特征后，在训练集上的准确率提高了，而在测试集上的准确率却降低了，这种情况在小数据集中最为常见，主要是由于无效特征的干扰使模型对训练集过拟合，反而使模型效果变差。可见，特征并不是越多越好。总之，降维不是数据预处理的必要过程，是否降维主要取决于数据量，以及降维后对预测效果的影响。下面主要介绍数据归约的四种途径。

6.3.1 经验筛选特征

根据经验筛选特征是利用行业专家的经验筛选有效特征，去掉无关特征，或者在更早期的数据采集阶段对特征的重要性和广度进行取舍。

有一次，笔者在处理医疗检验结果时，获取了 5 种检验单，共 70 多个指标。而进一步的数据分析需要人工整理历史数据，如果指标太多则会使工作量倍增。于是通过前期提取数据训练 GBDT 模型，选取了模型输出的特征贡献度最高的前 20 个特征，将其代入模型训练，但训练后效果变差很多。之后在与医生讨论该问题时，医生从中筛选了不到 10 个重要特征，训练之后，效果只是略有下降，于是最终使用了医生的经验特征方案。

在特征较多的情况下，由于很多时候无效特征或者相关特征干扰了模型，这时如果使用一些专家的经验就能节约大量的算力和时间成本，因此特征选择是人类经验和算法结合的重点之一。

该方法的效果主要取决于开发人员和专业人士对业务的理解程度。

6.3.2 统计学方法筛选特征

利用统计学方法筛选特征包括去除缺失数据较多的特征、去除取值无差异的特征、去除有统计显著性的分类特征，以及通过数据分析保留与目标变量相关性强的连续特征。

在筛选特征时，使用最多的统计方法是假设检验，其核心思想是在对比每个自变量 x

的不同取值时，因变量 y 的差异。对于自变量和因变量同为连续特征的情况，一般分析其是否为线性相关，即是否具有同增、同减的性质，该方法也用于去除相关性强的自变量。若两个自变量功能相似，则去掉其中一个。

对于自变量或者因变量是离散值的情况，可用离散值分类统计每一类别的数据是否具有统计性差异。例如，当自变量为性别、因变量为身高时，可对比男性身高与女性身高的差异，其中对比其均值是最简单的方法。还需要考虑不同类别实例个数的差异，以及不同类别的分布差异，如是否为高斯分布、方差等，具体方法将在第 7 章数据分析中详细介绍。

统计分析可以通过 Python 第三方库提供的方法实现，比较简单快捷，可以一次性处理多个特征。但也有一些问题，如在相关性分析中不能识别非线性相关，这样就有可能去掉一些有意义的特征。

6.3.3 模型筛选特征

由于大多数模型在训练之后都会反馈特征优先级（feature_importance），因此，一种利用模型筛选特征的方法是保留其重要性最高的前 N 个特征，同时去掉其他特征进行数据筛选。但由于算法不同，模型计算出的特征重要性也不尽相同，因此筛选之后需要再代入模型，在保证去掉的特征不影响预测效果的前提下做筛选。当数据量较大时，可以先选择一部分数据代入模型进行特征选择。

另一种利用模型筛选特征的方法是随机选取或者随机去除特征，不断尝试，以近乎穷举的方法做特征筛选，该方法一般用于小数据集且算力足够的情况。

本例使用 Sklearn 自带的鸢尾花数据集，将其代入决策树模型并在训练数据之后，通过模型中的 feature_importances_查看各个特征对应的权重。

```
01  from sklearn.datasets import load_iris
02  from sklearn import tree
03
04  iris = load_iris()
05  clf = tree.DecisionTreeClassifier()
06  clf = clf.fit(iris.data, iris.target)
07  print(clf.feature_importances_)
08
09  # 运行结果
10  # [0.02666667 0.         0.05072262 0.92261071]
```

从运行结果可以看出，第四维特征的重要性最高，第二维特征对预测因变量 iris.target 的重要性为 0。

6.3.4　数学方法降维

PCA 和 SVD 等数学方法也是降维的常用手段，它们的主要思想是将相关性强的多个特征合成一个特征，在损失信息较少的情况下有效减少维度，主要用于降低数据量。使用该类方法的问题在于，转换后的特征与原特征的意义不同，即损失了原特征的业务含义。

本例中使用 Sklearn 自带的 PCA 工具实现 PCA 降维，数据为 Sklearn 自带的鸢尾花数据集，利用 Matplotlib 和 Seaborn 工具绘图。

```
01  from sklearn.decomposition import PCA
02  from sklearn import datasets
03  import pandas as pd
04  import numpy as np
05  import matplotlib.pyplot as plt
06  import seaborn as sns
07  %matplotlib inline # 仅在 jupyter notebook 中使用
```

鸢尾花数据集包含四维自变量，使用 DataFrame 的 corr 函数生成特征间的皮尔森相关系数矩阵，然后使用 Seaborn 对该矩阵做热力图。

```
01  iris = datasets.load_iris()
02  data = pd.DataFrame(iris.data, columns=['SpealLen', 'SpealWid',
03                              'PetalLen', 'PetalWid'])
04  mat = data.corr()
05  sns.heatmap(mat, annot=True, vmax=1, vmin=-1, xticklabels= True,
06              yticklabels= True, square=True, cmap="gray")
```

热力图结果如图 6.3 所示。

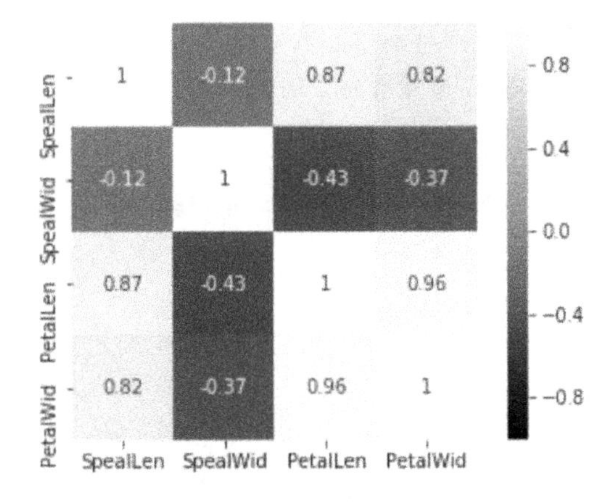

图 6.3　鸢尾花特征相关系数热力图

相关系数取值范围为[-1,1]，其中趋近于 1 为正相关、趋近于-1 为负相关、趋近于零为非线性相关。可以看出，其中除了 SpealWid，其他三个特征均呈现较强的正相关，即将四维变量降成二维变量。

```
01  pca = PCA(n_components=2)
02  data1 = pca.fit_transform(data)
03  print(data1.shape)
04  print(pca.explained_variance_ratio_,
05        pca.explained_variance_ratio_.sum())
06  plt.scatter(data1[:,0], data1[:,1], c = np.array(iris.target),
07              cmap=plt.cm.copper)
```

通过 PCA 方法降维后，从 data1.shape 中可以看到原来的 150 条记录和 4 个特征数据转换成为 150 条记录和两个特征。其中，explained_variance_ratio_显示降维后各维成分的方差值占总方差值的比例，该占比越大说明该成分越重要；explained_variance_ratio_.sum 累加降维后所有成分之和，其越趋近于 1，说明降维带来的数据损失越小。用二维数据作图，颜色标出其分类，可以看到降维后的数据将因变量 iris.target 成功分类，如图 6.4 所示。

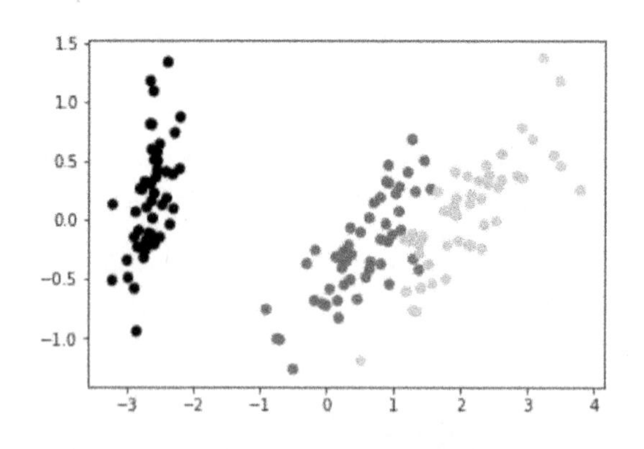

图 6.4　降维后的二维数据将因变量分类

当数据维度很多、不能确定降成多少维度合适时，可将 n_components 的值设置为 0～1，这样程序将会自动选择维度，使降维后各成分的 explained_variance_ratio_之和不低于该比例。如果将 n_component 的值设置为大于 1，则是设定转换后的维度。

6.4　数据抽样

下面将介绍数据抽样，即筛选数据记录（行）的场景和方法。在以下几种情况下，一般需要数据抽样。

1. 数据量过大

有时，我们可以获取海量的数据，如用爬虫方法从互联网上抓取，或者获取前 N 年的数据，而过大的数据量将会增加统计分析建模的时间和计算量，而且在一般海量数据中数据的含义都有重叠，有时用一万条数据和十万条数据训练出的模型的精准度差别不大。

因此，这时就需要从大量数据中选取一部分进行分析处理。此时，需要注意抽样方法。对于不同时间生成的数据，如果要关注时间相关趋势，则需要在各个时间点附近均匀抽样；如果更重视近期情况，则可忽略掉早期的历史数据。

2. 样本分布不均衡

当因变量分布不均衡时，可以使用抽样方法将数据校正成均衡数据。例如，在分析用户的购买行为中，因变量为是否购买。如果 100 万条记录中只有 1 万条发生了购买行为，则可以保留购买的 1 万条数据和从 99 万条未购买的数据中抽取 1 万条数据合并成新数据，从而将因变量的分布从 1∶99 调整成 1∶1。

3. 快速验证

在数据分析的早期常常需要分析数据类型及其分布，而在大多数情况下只需要几千条数据就可以为其定性。另外，有时需要在每个分类中选取一个或者几个样本代表该类。

下面主要介绍几种常用的数据抽样方法。

6.4.1　简单随机抽样

简单随机抽样（simple random sampling）是所有抽样的基础，是指随机地从整体中抽取 n 个样本，每个实例被抽中的概率相等，是最常用的抽样方法。例如，在训练模型时，随机抽取 80%的数据作为训练集，20%的数据作为测试集。

下例中使用 Statsmodels 数据分析工具自带的 anes96 美国大选数据集，共 944 个数据，从中随机抽取 50 条作为样本。

```
01  import statsmodels.api as sm
02  import pandas as pd
03
04  data = sm.datasets.anes96.load_pandas().data
05  df = data.sample(50)
```

6.4.2 系统抽样

系统抽样（systematic sampling）也称为等距抽样，即先将所有数据按一定规则排序，再按同等间隔从中抽取数据。需要注意的是，对于时序数据要谨慎使用此方法。例如，每天一条记录并按时间排序，如果按每十天抽取一条数据，就会损失数据中与星期相关的时间周期性。

在下例中，按记录顺序从每十条记录中抽取一条记录生成新数据集。

```
01  index_list = [i for i in range(len(data)) if i % 10 == 0]
02  df = data.iloc[index_list]
```

6.4.3 分层抽样

分层抽样（stratified sampling）是指先按某种规则将样本划分为几个群，然后使用随机抽样或系统抽样的方法从每个群中抽取数据。例如，从全国数据的每个省中分别抽取 20 条数据，就可以用此方法实现对不同类别样本的均衡抽样。

下例中先按 vote 特征对数据集分组，然后从每组中抽取实例。在 vote 为 0.0 的数据中抽取 35%的数据，在 vote 为 1.0 的数据中抽取 50%的数据，再用两组数据合成新的数据集。

```
01  def typicalSampling(grp, typicalFracDict):
02      name = grp.name
03      frac = typicalFracDict[name]
04      return grp.sample(frac=frac)
05
06  typicalFracDict = {
07      0.0: 0.35,
08      1.0: 0.5,
09  }
10  df = data.groupby('vote').apply(typicalSampling, typicalFracDict)
```

6.4.4 整群抽样

整群抽样（cluster sampling）是指先按某种规则将样本划分为几个群，然后将群的整体作为单位抽样，如在全国数据中抽取其中几个省所有的数据。

下例中先按 income 特征分为 24 组（unique=24），然后从 24 组中随机抽取两组并提取它们的所有数据，合并后生成新的数据集 df。

```
01  unique = np.unique(data['income'])
02  sample = random.sample(list(unique),2)
03  df = pd.DataFrame()
04  for label in sample:
05      tmp = data[data['income']==label]
06      df = pd.concat([df, tmp])
```

6.5 数据组合

在数据挖掘过程中，一般是将不同库和表中有关的数据筛选出来，组合成一张表后再进行分析和建模。当面对海量数据、成百上千张数据表时，需要先确定数据的组织形式和对数据的取舍。从业务角度来看，分析人员对领域知识和业务逻辑的理解尤为重要；从技术角度来看，组合之前先要选取主键，根据不同的应用场景可能是索引值，也可能是最终关注的因变量。在不能确定后期是否需要某些字段的情况下，一般采用宁多勿少的原则。

数据组合多用于多个数据表合成一张表，分为横向组合和纵向组合。如果原始数据存储在数据库中且数据量较大，建议直接使用 SQL 语言组合数据，这相对于使用 Python 中的 DataFrame 操作更加高效和节约资源，也省去了 Python 读写数据库的操作。如果想利用 Python 调度，则可以使用 Python API 调用 SQL 语句的方法操作数据库，对不同数据库的操作方法详见第 5 章。

少量数据的组合可以使用 Python 的 DataFrame 提供的工具，常用函数是 merge 和 concat。下面通过例程的方式介绍它们的使用方法。

6.5.1 merge 函数

merge 函数根据两个表中相同的一列或多列主键横向合并成两张表，合并之后，列数变为两表列数之和。

```
01  df1 = pd.DataFrame({'id': [1, 2, 3], 'val1': [2, 4, 6]})
02  df2 = pd.DataFrame({'id': [3, 2, 2], 'val2': [9, 6, 5]})
03  print(pd.merge(df1, df2, how='left'))
04  # 运行结果
05  #     id  val1  val2
06  # 0   1     2   NaN
07  # 1   2     4   6.0
08  # 2   2     4   5.0
09  # 3   3     6   9.0
```

merge 函数默认使用两张表中同名的列的 id 作为主键合并数据表，合并方式 how 用于指定当两张表中的键不重合时的处理方式。本例中指定为左外连接，还可以指定为 inner 交集（内连接）、outer 并集（外连接）和 right 右外连接。本例中，右表没有 id=1 的记录，合并后对应的值被置为空值。对于左表中出现一次和右表中出现两次的 id=2，在新表中也出现了两次。常用的参数还有 left_on 和 right_on，它们主要用于合并主键名称不一致的数据表。

6.5.2 concat 函数

concat 函数用于指定某一轴连接，既可以横向连接也可以纵向连接，其中参数 axis 指定连接的轴向，join 选择 inner 交集（内连接），outer 选择 inner 并集（外连接）。在纵向连接时，两张表（或多张表）的字段往往是一致的，连接后列数不变，行数为两张表行数之和；在横向连接时，按照列的顺序连接两张表。

```
01   df1 = pd.DataFrame({'id': [1, 2, 3], 'val1': [2, 4, 6]})
02   df2 = pd.DataFrame({'id': [3, 2, 2], 'val2': [9, 6, 5]})
03   print(pd.concat([df1, df2]))
04   # 运行结果
05   #    id  val1  val2
06   # 0   1   2.0   NaN
07   # 1   2   4.0   NaN
08   # 2   3   6.0   NaN
09   # 0   3   NaN   9.0
10   # 1   2   NaN   6.0
11   # 2   2   NaN   5.0
12   print(pd.concat([df1, df2], axis=1))
13   # 运行结果
14   #    id   val1  id  val2
15   # 0   1     2   3     9
16   # 1   2     4   2     6
17   # 2   3     6   2     5
```

本例中两张表的内容与上例中的一样，但连接结果不同。第一个连接为纵向连接，即第二张表被连接到第一张表之后，未找到的列被置为空值；第二个连接为横向连接，concat 命令对第二张表中的列未做处理，直接添加到了第一张表的右侧。

相对于 merge 函数，concat 函数是较为简单的连接方法，可以支持两张及两张以上表的连接，通常用于行（或列）一致的表间连接。

6.6　特征提取

有时候还需要构造新特征，其中数值型特征常使用数值运算的方法；分类型特征常使用 OneHot 编码，将一维特征展开成为多维布尔型特征；字符型特征常使用分词后提取关键字的方法。

6.6.1　数值型特征

通过公式计算新特征，如使用身高、体重计算 BMI 值（身体质量指数）：

```
01  dic = {'height': [1.6, 1.7, 1.8],
02         'weight': [60, 70, 90]}
03  data = pd.DataFrame(dic)
04  data['bmi'] = data['weight'] / (data['height'] **2)
```

通过判断边界值将连续特征转换成离散特征：

```
01  data['overweight'] = data['bmi'] > 25
```

通过字典映射方式转换特征类型：

```
01  data['overweight'] = data['overweight'].map({True:'Yes', False:'No'})
```

6.6.2　分类型特征

分类型特征有两种表示方法：一种是字符型，如“第一组/第二组/第三组”；另一种是数值型，如“1/2/3”，有些机器学习方法不支持字符型特征（如 Sklearn 提供的大部分方法）。另外，当分类型特征（非排序型特征）的每个取值之间没有大小关系时，即使用数值型描述代入模型，但使用决策树或者线性回归算法都不合理，如产生判断节点“若组别小于第四组则……”，这种情况一般使用热独编码方式转换。

热独编码（One-hot code）将类型转换为多个布尔类型，如将一维特征“组别”转换成“是否为第一组”“是否为第二组”等多维特征。对于 DataFrame 数据，一般使用 Pandas 的预处理工具实现，其中 factorize 函数标签编码是将类别转换为 0-*N* 的类别编码；get_dummies 函数热独编码是将一个特征列转换为多个特征列，新列为二值化编码。

```
01  import pandas as pd
02  dic = {'string': ['第一组', '第二组', '第三组']}
03  data = pd.DataFrame(dic)
04  print(pd.factorize(data.string)) # 转换成数值型编码
```

```
05    # 运行结果 (array([0, 1, 1]), Index(['第一组', '第二组'], dtype='object'))
06    data['num'] = pd.factorize(data['string'])[0]
07    df = pd.get_dummies(data['string'], prefix='组别')# 转换成热独类型编码
08    new_data = pd.concat([data, df], axis=1)
09    print(new_data)
10    # 运行结果
11    #       string  num 组别_第一组  组别_第二组
12    # 0     第一组    0   1          0
13    # 1     第二组    1   0          1
14    # 2     第三组    1   0          1
```

本例中先构造了以字符描述的类别型特征，然后使用 factorize 函数转换类别编码后返回数据为元组，其第一个元素为转换之后的类别编码数组，第二个元素为编码对应的标签。使用 get_dummies 函数将该特征转换为热独编码，返回的数据为 DataFrame 格式，使用 prefix 参数可指定其特征值前缀，之后使用 Pandas 的 concat 函数将其与原 DataFrame 数据连接。

如果不使用 DataFrame，而只是对数组等类型数据热独编码，则建议使用 Sklearn 提供的 LabelEncoder 和 OneHotEncoder，它们与 factoriz 函数和 get_dummies 函数的功能对应。

6.6.3 字符型特征

文本是常见的数据描述方式，但其一般无法直接代入机器学习模型，而是需要将其转换成数值型特征。我们可以通过规则或其他模型转换，如为字符串的感情色彩打分生成新特征，最为常见的是将一个字符串特征转换成多个二值特征，其中每个特征都描述它是否含有某个关键字。

基于关键字特征的提取方法的优点是适用范围广、不需要重复编码；缺点是只关注句中的点，而忽略了点与点之间的关系，尤其是对于伴随、否定等关系，无法通过简单逻辑获取。

转换分为以下几个步骤：首先，需要通过标点符号将文本切分成句，长句一般很少重复出现，短句可以作为一种关键字处理；然后，对于中文需要将字符串分解成词，去除停用词（在文本处理过程中被扔掉的词，如中文的“的”“地”“得”），筛选出频率较高或与数据处理相关的专用词；最后，通过计算它们对因变量的影响程度，选取其中的关键字。

TF/IDF 算法是使用频率最高的关键字抽取算法之一，主要对比关键字在一类语料中存在的频率与在整体语料库中出现的频率，相对来说更适合应用于因变量为二值型的分类算法，具体原理和使用方法将在算法章节中详细介绍。

本例中使用了天池比赛：新浪微博互动预测-挑战赛中的微博数据，其可以从比赛的详情页中下载。取其前 500 条数据，将微博内容作为自变量，点赞数作为因变量，在拆分关键

字后，利用统计学方法对比是否包含关键字的不同微博内容（自变量）对点赞（因变量：连续型或分类型）影响的显著性。

首先包含头文件，本例中使用了 jieba 分词工具、re 正则库以及统计工具 scipy.stats。

```
01    import pandas as pd
02    import numpy as np
03    from scipy import stats
04    import jieba
05    import re
```

由于关键字的单位设定为词和短句，因此需要实现分句功能。本例中用中英文标点将长句切分为短句。

```
01    def do_split(test_text):
02        pattern = r',|\.|/|;|\'|`|\[|\]|<|>|\?|:|"|\{|\}|\~|!|?
|@|#|\$|%|\^|&|\(|\)|-|=|\_|\+|，|。|、|；|‘|’|【|】03    |·|！|　|…|（|）'
04        return re.split(pattern, test_text)
```

在所有字符串数据中，需要提取短句（小于 50 个字符的串）、子句（标点符号切分的句）、单词（使用 jieba 工具分词）以备查询。在分词时，使用 cut_all 参数设置为“全模式”，即取出所有可能的词（可能重叠）。

```
01    def get_keywords(data, feat):
02        ret = []
03        data[feat] = data[feat].apply(lambda x: x.strip())
04        for i in data[feat].unique():
05            # 将短句作为关键字
06            if len(i) <= 50 and i not in ret:
07                ret.append(i)
08            # 将子句作为关键字
09            for sentence in do_split(i):
10                if len(sentence) <= 50 and sentence not in ret:
11                    ret.append(sentence)
12            # 将词作为关键字
13            for word in jieba.lcut(i, cut_all=True):
14                if len(word) > 1 and word not in ret:
15                    ret.append(word)
16        return ret
```

过滤出现次数大于 limit 的关键字：

```
01    def check_freq(data, feat, keywords, limit):
02        ret = []
03        for key in keywords:
04            try:
05                if len(data[data[feat].str.contains(key)]) > limit:
```

```
06                ret.append(key)
07          except:
08             pass
09       return ret
```

计算关键字的统计显著性，本例中为从微博内容中提取出的词语（如“抢红包”）是否对因变量 *Y*（点赞）有影响。

```
01  def do_test(data, feat, key, y, debug=False):
02      arr1 = data[data[feat].str.contains(key) == True][y]
03      arr2 = data[data[feat].str.contains(key) == False][y]
04      ret1 = stats.ttest_ind(arr1, arr2, equal_var = False)
05      ret2 = stats.levene(arr1, arr2)
06      if ret1.pvalue < 0.05 or ret2.pvalue < 0.05:
07         return True
08      return False
```

编写接口函数，用于查找关键字：

```
01  def check(data, feat, y):
02      ret = []
03      keywords = get_keywords(data, feat)
04      arr = check_freq(data, feat, keywords, 5)
05      for word in arr:
06         if do_test(data, feat, word, y):
07            ret.append(word)
08      return ret
09  # 读取数据文件的前500条数据，其中第6个字段是微博内容，第5个字段为点赞次数
10  data = pd.read_csv('../15_nlp/weibo_train_data.txt', sep='\t',
11                header=None, nrows=500)
12  print(check(data, 6, 5))
```

第 7 章 数据分析

当无法做出高精确度的预测时，数据分析就显得尤其重要，如通过统计分类给定义制定标准、给决策提供依据和参考。很多论文都是专业人士对本领域数据的统计分析，虽然这无法精确预测结果，却能总结经验和提供启发。

数据预处理是数据分析和建模的基础，同时也在数据分析的过程中逐步推进。本章将介绍数据分析的常用方法，探讨如何更加自动、智能和快速地整理和分析数据。

数据分析需要掌握基本的统计学知识。统计学是应用数学的一个分支，利用概率论建立数学模型并对数据做出推断和预测。数据分析一般包括统计描述和统计推断两部分。统计描述包括对数据的均值、方差、分位数、空值占比等信息的总结，相对比较简单，通过它可以粗略地了解数据的概况。统计推断一般是通过假设检验的方法计算数据的总体特征，以及通过判定 P 值得出定性的结论。

下面将从一个简单的实例开始，介绍 Python 的数据分析库并引入假设检验的概念，然后介绍统计分析最常用的几种方法。

7.1 入门实例

从一个简单实例开始：已知某小学三年级期末考试平均分为 92 分，又知道三年级六班

30 名同学各自的考试分数，求六班在三年级中是高于一般水平、低于一般水平，还是处于正常水平。如果把该问题映射到数据表中，则分数是因变量 Y，班级是枚举型的自变量 X，目标是判断当 X 为六班的分数时 Y 值与整体 Y 有没有显著差异。先看看统计结果和哪些因素有关：

首先，如果六班只有两个人，则分数的随机性就比较强，而由于六班有 30 个人，这就形成了一个相对稳定的群体，更有统计意义，因此实例个数是重要因素。

其次，因为年级平均分为 92 分，如果六班的平均分为 65 分，那么一定有差异，所以均值是重要因素。

最后，如果六班有 1 个人得 0 分，其他人都在 95 分左右，那么这和整体都在 90～95 分也有差异，因此方差（或标准差）也是重要因素。

将 1 个人得 0 分，其他人都得 95 分，代入计算公式如下：

$$t=\frac{\overline{X}-\mu_0}{S/\sqrt{n}}=\frac{91.867-92}{16.874/\sqrt{30-1}}=-0.043 \tag{7-1}$$

此类问题使用单样本 T 检验，它用于检验数据是否来自一致均值的总体。

```
01   from scipy import stats
02   arr1 = [96,95,95,95,95,95,95,95,95,95,95,95,95,95,95,
03          95,95,95,95,95,95,95,95,95,95,95,95,95,95,95]
04   arr2 = [90,91,92,93,94,90,91,92,93,94,90,91,92,93,94,
05          90,91,92,93,94,90,91,92,93,94,90,91,92,93,94]
06   print(stats.ttest_1samp(arr1, 92))
07   print(stats.ttest_1samp(arr2, 92))
08   print((np.mean(arr1)-92)/(np.std(arr1)/np.sqrt(len(arr1)-1)))
09   print((np.mean(arr2)-92)/(np.std(arr2)/np.sqrt(len(arr2)-1)))
10
11   # 运行结果：
12   # Ttest_1sampResult(statistic=90.99999999999994, pvalue=3.453536746797 2673e-37)
13   # Ttest_1sampResult(statistic=0.0, pvalue=1.0)
14   # 90.99999999999994
15   # 0.13026506712127553
```

ttest_1samp 的第一个参数是待检验的数组，第二个参数为开发者估计的数组均值；返回的第一个数据是统计值，第二个数据是查表得出的 p-value 结果。对于第一个数组，pvalue=3.4535367467972673e-37 比指定显著性水平（一般为 0.05）小，就认为差异显著，拒绝假设；对于第二个数组，p-value=1.0 大于显著水平，不能拒绝假设。程序的最后两行是代入公式求得的 t 值，与函数计算的 t 值一致。

上面提到的统计值、p 值、显著水平、假设等概念将在之后详细介绍。

7.2 假设检验

假设检验是判断样本和总体之间或者样本与样本之间的差异是由抽样误差引起的，还是由本质差异引起的统计推断方法。其具体方法是先做出某种假设，再用抽样研究的方法判断该假设能否被接受。

7.2.1 基本概念

1. 抽样

如果整体样本可以一个个判断，叫作普查；如果整体样本太多，无法一个个判断，只能取一部分代表整体，叫作抽样。比如，如果一个班有 20 个人，则可以把所有人的身高加在一起除以人数来计算均值。如果有 2 000 000 人，那么就无法把所有人的身高都做统计再除以总数。在这种情况下，就取其中一部分计算其均值，认为它们能代表全部。

2. 假设检验

统计假设指事先对总体参数（均值、方差等）或者分布形式做出的某种假设，假设检验是利用样本信息来判断假设是否成立。

3. 原假设与备择假设

原假设又称“零假设”或者“虚无假设”，指待检验的假设，用 H_0 表示。上例中的原假设为考试分数呈正态分布，且均值为 92 分。备择假设是与原假设对立的假设，用 H_1 表示。

4. 检验统计量

根据资料类型与分析目的选择适当的公式计算出统计量，如上例中按公式计算出的 t 值，就是 t 检验的统计量。

5. *P* 值

P 值也称为 p-value，Probability，Pr，可通过计算得到的统计量查表得到 *P* 值，它是一种在原假设为真的前提下出现观察样本及更极端情况的概率。比如，上例中第一组数据平均

分在 95 分左右，得出的概率值 p-value 是 3.4535367467972673e-37，即在原假设为真的前提下出现这种数据的概率非常小。

可以认为差异由两部分组成：抽样误差引起的差异和本质区别引起的差异。因为 P 值表示抽样误差引起的差异，P 值越小说明数据与原假设本质差异就越大，原假设越可能被拒绝，所以 P 值表示对原假设的支持程度。

6. 显著性水平

显著性水平用 α 表示，常用的 α 值有 0.01，0.05，0.10，一般为 0.05。在统计学中，通常把在现实世界中发生概率小于 0.05 的事件称之为“不可能事件”，显著性水平由研究者事先确定。针对上例中的 p-value<0.05，我们可以肯定地拒绝提出的假设，这个拒绝是绝对正确的。如果 p-value>0.05，则我们不能拒绝假设，这并不是说原假设一定是正确的，而是说没有充分的证据证明原假设不正确（有可能正确，也有可能不正确）。

7.2.2 假设检验的步骤

假设检验的基本步骤如下：

（1）确定问题，提出原假设和备择假设。

（2）确定适当的检验统计量。

（3）规定显著性水平 α。

（4）计算检验统计量的值及对应的 P 值。

（5）做出统计判断。

在做假设检验时，尤其是在调用库函数进行检验时，最重要的是先确定原假设是什么，才能知道如何判断 P 值及其结果的意义。

7.2.3 统计分析工具

统计分析常用的工具有 SPSS，Stata，R，Python 等，在用 Python 语言做统计分析时，最常用的是 Scipy 包中的 stats 模块和 Statsmodels 包。Statsmodels 包原来是 scipy.stats 的子模块 models，随着功能的逐渐丰富后来移出成为独立的库。

scipy.stats 实现了较为基础的统计工具，比如 T 检验、正态性检验、卡方检验等。Statsmodels 提供了更为系统的统计模型，包括线性模型、时序分析，还包含数据集、作图工具等。

7.3 参数检验与非参数检验

假设检验分为参数检验（Parametric tests）和非参数检验（Nonparametric tests）。当已知总体样本的分布（比如正态分布），在根据样本数据对总体分布统计参数进行推断的情况下，使用参数检验，如 T 检验、F 检验等；而在不知道总体样本分布的情况下，使用非参数检验，如卡方检验、秩和检验等。

因此，在使用检验方法之前需要先确定总体分布，其中最常用的是检验样本分布的正态性和方差齐性。

7.3.1 正态性检验

1. 正态分布

先来看看正态分布的含义，如女性的身高一般在 160cm 左右，150cm 和 170cm 的比较少，140cm 和 180cm 的更少。如果把身高作为横轴、人数作为纵轴画图，则可以看到一个中间高两边低的钟形曲线，也就是正态分布（Normal distribution）又称为高斯分布（Gaussian distribution），如图 7.1 中的左图所示。其期望值μ决定了分布的位置，标准差σ决定了分布的幅度。

再看看非正态分布，如人的空腹血糖一般为 4～6，血糖高于 6 的较多，而低于 3 的却很少，作图后发现一边多一边少，这就是非正态分布，如图 7.1 中的右图所示。

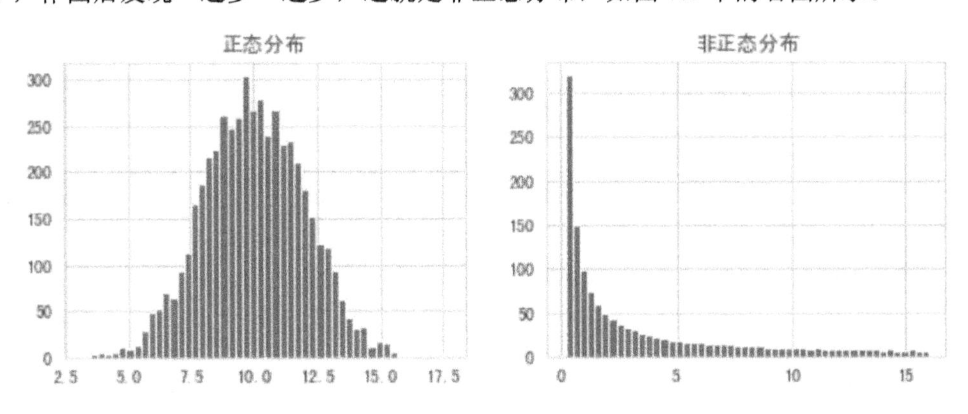

图 7.1 正态分布与非正态分布

2. 检验样本是否服从某一分布

科尔莫戈罗夫-斯米尔诺夫检验（Kolmogorov-Smirnov test，K-S 检验）用于检验样本数据是否服从某一分布，仅适用于检验连续型数据。本例中使用 norm.rvs 函数生成了一组期望值为 0、标准差为 1，共 300 个元素的数据，然后用 K-S 检验其是否为正态分布。

```
01  from scipy import stats
02  import numpy as np
03
04  np.random.seed(12345678)
05  x = stats.norm.rvs(loc=0, scale=1, size=300) # loc 为均值，scale 为方差
06  print(stats.kstest(x,'norm'))
07  # 运行结果：
08  KstestResult(statistic=0.0315638260778347, pvalue=0.9260909172362317)
```

K-S 检验的原假设为数据符合正态分布，运行结果的第一个返回值是统计量，第二个值为 p-value，其中 p-value>0.05 说明不能拒绝原假设。需要注意的是，使用 K-S 检验只能检验标准正态分布（也称 U 分布），即期望值$\mu=0$，标准差σ=1。

3. 数据的正态性检验

夏皮罗-威尔克检验（Shapiro-Wilk 检验）用于检验数据是否符合正态分布。本例中使用 norm.rvs 函数生成了一组期望值为 10，标准差为 2，共 70 个元素的数组，用 stats 工具提供的 shapiro 函数检验其正态性。

```
01  from scipy import stats
02  import numpy as np
03
04  np.random.seed(12345678)
05  x = stats.norm.rvs(loc=10, scale=2, size=70)
06  print(stats.shapiro(x))
07  # 运行结果：
08  # (0.9679025411605835, 0.06934241950511932)
```

Shapiro-Wilk 检验的原假设是数据符合正态分布，运行结果的第一个返回值是统计量，第二个值为 p-value，其中 p-value>0.05 说明不能拒绝原假设。

4. 作图法检验正态分布

除了上述两种检验正态分布的方法，还可以使用画直方图的方法判断是否为正态分布，尤其是在数据量较小的情况下。

```
01  import numpy as np
02  import matplotlib.pyplot as plt
03  np.random.seed(12345678)
04  x = stats.norm.rvs(loc=10, scale=2, size=300)
05  plt.hist(x)
```

程序生成的直方图如图 7.2 所示，数据基本成正态分布。

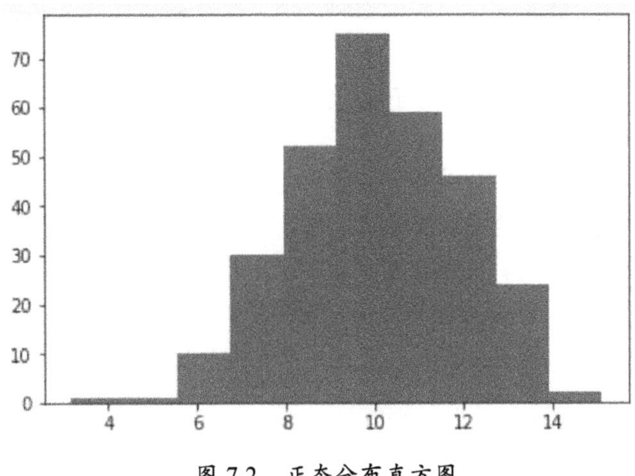

图 7.2 正态分布直方图

7.3.2 方差齐性检验

方差反映了一组数据与其平均值的偏离程度，而方差齐性检验用于检验两组数据与其均值偏离程度是否存在差异，方差齐性也是很多检验和算法的先决条件。

本例使用 norm.rvs 生成两组正态分布的数据，它们的期望值分别为 5 和 25，方差分别为 9 和 10。

```
01  from scipy import stats
02  import numpy as np
03
04  np.random.seed(12345678)
05  rvs1 = stats.norm.rvs(loc=5,scale=10,size=500)
06  rvs2 = stats.norm.rvs(loc=25,scale=9,size=500)
07  print(stats.levene(rvs1, rvs2))
08  # 运行结果: LeveneResult(statistic=1.6939963163060798, pvalue=0.19337536323599344)
```

方差齐性检验的原假设是两组数据方差相等，返回结果为 p-value>0.05，即不能拒绝原假设。

7.3.3 分析检验结果

参数检验一般都要求数据符合正态分布和方差齐性，那么，是不是不满足正态性检验的数据就不能使用参数检验方法呢？这也要视具体情况而定：一种情况是样本数量太小，一般都无法通过正态性检验，此时可以用直方图的方法观察样本是否呈钟形分布。另一种情况是 p-value<0.05，但距离 0.05 又很近，这时也可以尝试用正态分布对应的方法，因为界限值为 0.1 和 0.05 只是估计值，并不绝对。对于成百上千维的特征，由于不能通过一个个作图来判断，因此一般使用假设检验方法过滤。

在做数据分析时，对于正态分布的数据通常使用条形图统计，对于非正态分布的数据通常使用箱图统计，这是因为用均值和方差就能描述正态分布的特征，而非正态分布需要考虑它的最大值、最小值、中位数、分位数等因素。从这个角度来看，如果可以用均值和方差描述检验数据的特征就可以使用参数检验方法，但有些数据，如当 90%都为 0 而只有少部分值大于 0 时，就不建议直接使用参数检验方法，这时可以通过把数据转换再代入参数检验的方法。

7.4 *T*检验

如果全部数据集只有 200 个数据，则可以把全部数据代入正态检验方法，以便检验它们是否服从正态分布，即正态性检验。而当数据集有 2 000 000 万个数据时，就无法全部代入检验方法，只能从中随机抽取 200 个样本进行检验，这称为 *T* 检验。当取样趋于无穷大时，*T* 分布就是正态分布，而 *T* 检验是以 *T* 分布为基础的检验。所谓检验主要是判断一组样本是否符合我们设定的“统计推断”。

T 检验要求数据符合正态分布，且方差齐性。常用的 *T* 检验有单样本 *T* 检验、独立样本 *T* 检验和配对样本 *T* 检验。

7.4.1 单样本 *T* 检验

T 检验是以均值为核心的检验。单样本 *T* 检验用于检验数据是否来自一致均值的总体，本章开头的入门实例使用的就是单样本 *T* 检验。它检验的“数据”是三年级六班 30 名同学的分数，“均值”是年级平均分，检验目标是判断部分数据是否与整体均值一致。

7.4.2 独立样本 *T* 检验

独立样本 *T* 检验用于比较两组数据是否来自同一正态分布的总体，也是数据分析中最常用的一种 *T* 检验。比如，想知道自变量 *X*“性别”对因变量 *Y*“收入”是否有影响（假设收入为正态分布），就可以用独立样本 *T* 检验判断“性别”特征是否有用，即将全部男性的收入值放入数组 *A* 中，女性的收入值放入数组 *B* 中，然后对两组数据作独立样本 *T* 检验。

本例中使用 norm.rvs 函数生成两组正态分布的数据，其均值相似、方差相同，然后代入 ttest_ind 函数做独立样本 *T* 检验：

```
01  from scipy import stats
02  import numpy as np
03
04  np.random.seed(12345678)
05  rvs1 = stats.norm.rvs(loc=5,scale=10,size=500)
06  rvs2 = stats.norm.rvs(loc=6,scale=10,size=500)
07  print(stats.ttest_ind(rvs1,rvs2))
08  # 运行结果：
09  Ttest_indResult(statistic=-1.3022440006355476, pvalue=0.19313343989106416)
```

T 检验的原假设是两组数据来自同一总体。返回结果的第一个值为统计量，第二个值为 p-value，且 pvalue>0.05，即不能拒绝原假设。注意,如果要比较的两组数据不满足方差齐性，则需要在 ttest_ind 函数中添加参数 equal_var = False。

7.4.3 配对样本 *T* 检验

配对样本 *T* 检验可视为单样本 *T* 检验的扩展，检验的对象由来自正态分布独立样本更改为两群配对样本观测值之差。它常用于比较同一受试对象处理的前后差异，或者按照某一条件进行两两配对，分别给予不同处理，然后比较受试对象之间是否存在差异。该检验要求传入的两组数据必须是一一配对的，即两组数据的个数和顺序都必须相同，且都必须为正态分布或者来自类正态的总体。

```
01  from scipy import stats
02  import numpy as np
03
04  np.random.seed(12345678)
05  rvs1 = stats.norm.rvs(loc=5,scale=10,size=500)
06  rvs2 = (stats.norm.rvs(loc=5,scale=10,size=500) + stats.norm.rvs
    (scale=0.2,size=500))
```

```
07  print(stats.ttest_rel(rvs1,rvs2))
08  运行结果：
09  Ttest_relResult(statistic=0.24101764965300979, pvalue=0.80964043445811551)
```

配对样本 *T* 检验的原假设是两个总体之间不存在显著差异。返回结果为 p-value>0.05，即不能拒绝原假设。

7.5 方差分析

方差分析（Analysis of Variance，ANOVA），又称 *F* 检验，用于检验两个及两个以上样本均数差别的显著性。方差分析主要是考虑各组之间的均数差别，如吸烟组和不吸烟组之间寿命的差别。

如果多个样本不是全部来自同一个总体，那么观察值与总的平均值之差的平方和称为变异。总变异可分解成组间变异和组内变异之和。比如，吸烟组内的寿命与组内均值的差异是组内变异，反映的是随机误差；吸烟组与不吸烟组的差异是组间变异，反映的是组间的差异，同时也包含一定随机误差。其统计量等于组间均方（平均方差（Mean Square，MS））除以组内均方，如式 7-2：

$$F = \frac{\mathrm{MS}_{组间}}{\mathrm{MS}_{组内}} \tag{7-2}$$

方差分析的前提也是数据要符合正态分布，且方差齐性。在进行数据分析时，使用的场景通常是因变量 *Y* 是数值型、自变量 *X* 是分类值，按 *X* 的类别把实例分成几组，并把各组的 *Y* 值代入函数，然后分析 *Y* 在 *X* 的不同分组中是否存在差异。Python 例程如下：

```
01  import scipy.stats
02  a = [47,56,46,56,48,48,57,56,45,57]  # 分组 1
03  b = [87,85,99,85,79,81,82,78,85,91]  # 分组 2
04  c = [29,31,36,27,29,30,29,36,36,33]  # 分组 3
05  print(stats.f_oneway(a,b,c))
06  # 运行结果：
07  # F_onewayResult(statistic=287.74898314933193, pvalue=6.2231520821576832e-19)
```

返回结果的第一个值为统计量，由组间差异除以组内差异得到，可以看出组间差异很大。方差分析的原假设是各个总体的均数相等。本例中 p-value<0.05，即拒绝原假设，故认为以上三组数据存在统计学差异，但不能判断是哪两组之间存在差异。方差齐性检验使用的 stats.levene 函数只能检验两组数据，而 stats.f_oneway 函数可以检验两组及两组以上的数据。

7.6　秩和检验

当数据不能满足正态性和方差齐性条件，又想比较多组数据差异时，常常使用秩和检验（Rank Sum Test）。

秩和检验是基于秩次的假设检验，秩次又称等级、次序，秩次之和称为秩和。秩和检验是用秩和作为统计量进行假设检验的方法，属于非参数检验方法。它对资料的分布没有特殊要求，尤其适用于样本量少于 30 的情况。由于秩和检验在计算过程中只关注顺序，而不计算具体值，因此会丢失一些信息，有时不能拒绝实际上不成立的原假设。

本例程中的数据如表 7.1 所示：

表 7.1　秩和检验数据

A 样本		B 样本	
观察值	秩次	观察值	秩次
6	4	3	1
15	6	4	2
22	10	5	3
36	11	12	5
40	12	17	7
48	13	18	8
53	14	21	9
n1=8	秩和为 70	n2=8	秩和为 35

其中的秩次是当前观察值在所有观察值排序后所在的位置，而秩和是本组所有的秩次之和。如果各总体分布相同，则各组的平均秩次应该相差不大，而本例数据中秩和差异较大。Python 例程如下：

```
01  import scipy.stats
02  A = [6, 15, 22, 36, 40, 48, 53]
03  B = [3, 4, 5, 12, 17, 18, 21]
04  print(stats.ranksums(A, B))
05  # 运行结果:
06  RanksumsResult(statistic=2.23606797749979, pvalue=0.025347318677468252)
07  C = [1, 2, 3, 4, 5, 6, 7]
```

```
08    print(stats.kruskal(A, B, C))
09    # 运行结果：
10    KruskalResult(statistic=11.240699404761898, pvalue=0.003623373784945895)
```

上例介绍了秩和检验的两种方法，其中 ranksums 函数支持统计两组数据，kruskal 函数支持统计多组数据。

秩和检验的原假设是多组的总体分布相同。本例中 p-value<0.05，即拒绝原假设，故认为以上两组数据存在统计学差异。

7.7 卡方检验

当自变量 X 和因变量 Y 均为分类特征（即等级资料）时，可以通过统计频次（Y 为某一值的次数）或者频率计算用特征 X 分组后不同组间的差别是否具有统计学意义，以判断特征 X 的重要性，这种检验称为卡方检验。卡方检验也是非参数检验方法，对资料的分布没有特殊要求，尤其适用于样本量较小的情况。

本例中的数据使用了 Statsmodels 统计工具中的数据集 anes96，它是 1996 年美国选举数据集的子集，共 944 条记录。我们对其中的受教育程度 educ 和预测的选择结果 vote 做卡方检验，将 educ 视为自变量，是分类数据，取值从 0 到 7；因变量 vote 是二分类数据，0 为投票给克林顿，1 为投票给杜尔。数据如表 7.2 所示：

表 7.2　选举数据示例

educ	vote
3	1
4	0
6	0
6	0
…	…

先使用 Pandas 提供的 crosstab 方法对该数据做列联表统计，表中有 R 行 C 列，因此也称 RC 列联表，简称 RC 表。它用于展示数据在按两个或更多属性分类时对应的频数表。计算结果如表 7.3 所示，表中的内容是该行列对应位置的频数，其中第一列（除表头外）为 10 和 3，即教育程度为 1 的有 13 人，其中 10 人投票给克林顿，3 人投票给杜尔。

表 7.3　数据列联表

educ / vote	1	2	3	4	5	6	7	合计
0	10	38	153	106	53	119	72	551
1	3	14	95	81	37	108	55	393
合计	13	52	248	187	90	227	127	944

卡方值计算公式如式 7-3 所示：

$$\chi^2 = \sum \frac{(f_0 - f_e)^2}{f_e} \tag{7-3}$$

其中，f_0 为实际观察频次，f_e 为理论频次。实际观察频次与理论频次相差越小，卡方值越小。将列联表结果代入 Pandas 的 chi_contingency 中计算卡方值，Python 例程如下：

```
01  import statsmodels.api as sm
02  import scipy.stats as stats
03  data = sm.datasets.anes96.load_pandas().data
04  contingency = pd.crosstab(data['vote'], [data['educ']])
05  print(stats.chi2_contingency(contingency)) # 卡方检验
06  # 运行结果
07  # (11.27698522484865, 0.08018392803605061, 6, array([[7.58792373...
```

返回结果的第一个值为统计量，第二个值为 p-value 值。卡方检验的原假设是理论分布与实际分布一致，本例中 p-value>0.05，即不能拒绝原假设。换言之，受教育程度对投票影响不显著（如果 p-value<0.05，则影响显著）。第三个值是自由度，第四个值的数组是列联表的期望值。

7.8　相关性分析

相关性分析是研究两个或者两个以上随机变量间相关关系的统计方法。在数据分析中，它常用于分析连续型的自变量 X 与连续型的因变量 Y 之间的关系。在待分析的特征较少时，可以使用作图法分析。在特征较多时，推荐使用皮尔森或者斯皮尔曼等工具分析，但这些工具只能判断简单的线性相关。如果要判断非线性关系，则可将连续数据分组后使用方差分析对比各组间的差异。

7.8.1 图形描述相关性

散点图是在两变量相关性分析时最常用的展示方法，图的横轴描述一个变量，纵轴描述另一个变量，从图中可以直观地看到相关性的方向和强弱。正相关一般形成从左下到右上的图形，负相关则形成从左上到右下的图形，还有一些非线性相关也能从图中观察到，如图 7.3 所示。

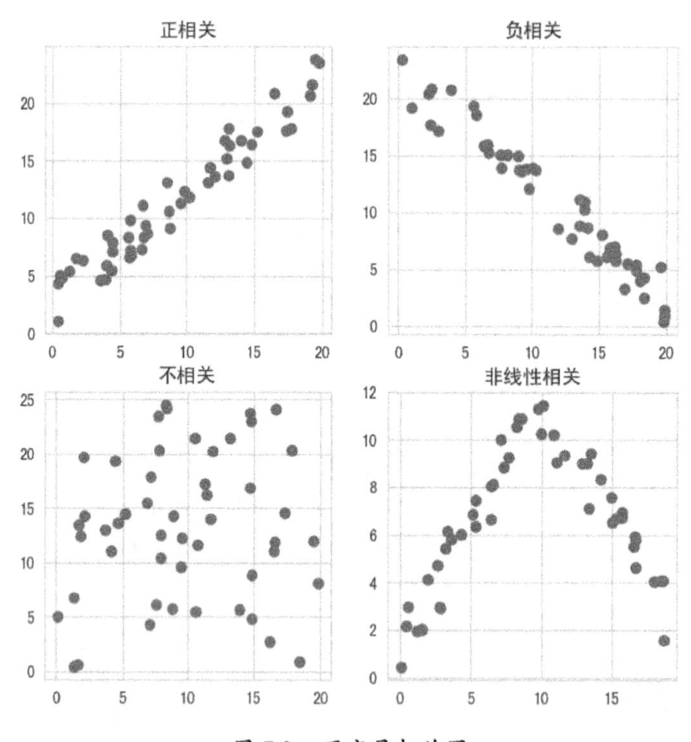

图 7.3 两变量相关图

本例中使用 Statsmodels 自带的 ccard 数据集，展示其中 INCOMESQ 与 INCOME 两个变量的相关性。

```
01  import statsmodels.api as sm
02  import matplotlib.pyplot as plt
03  data = sm.datasets.ccard.load_pandas().data
04  plt.scatter(data['INCOMESQ'], data['INCOME'])
```

运行结果如图 7.4 所示。

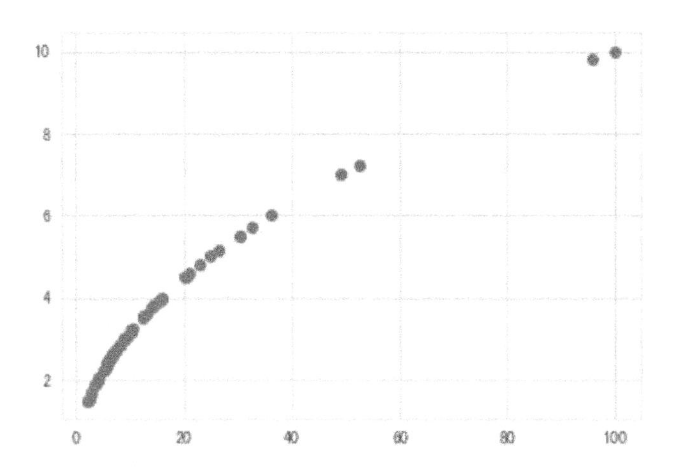

图 7.4　INCOME 与 INCOMESQ 两个变量相关图

从图 7.4 中可以看出，两个变量呈明显的正相关，右上角那一个点的意义是其有一条数据，即当 INCOMESQ 为 100 时，INCOME 为 10。

7.8.2　正态资料的相关分析

皮尔森相关系数（Pearson correlation coefficient）是反应两个变量之间线性相关程度的统计量，可用它来分析正态分布的两个连续型变量之间的相关性，常用于分析自变量之间，以及自变量和因变量之间的相关性。

本例中生成了两组随机数，每组 100 个，来计算其皮尔森相关系数。

```
01   from scipy import stats
02   import numpy as np
03
04   np.random.seed(12345678)
05   a = np.random.normal(0,1,100)
06   b = np.random.normal(2,2,100)
07   print(stats.pearsonr(a, b))
# 运行结果：(-0.034173596625908326, 0.7357112861454593 3)
```

返回结果的第一个值为相关系数，表示线性相关程度，其取值范围为[-1,1]。其值越接近于 1，正相关程度越强；越接近于-1，负相关程度越强；绝对值越接近于 0，说明两个变量的相关性越差。皮尔森相关系数的原假设是两组数据之间不存在相关性。本例中第二个返回值 p-value>0.05，即不能拒绝原假设。

7.8.3 非正态资料的相关分析

斯皮尔曼等级相关系数（Spearman's correlation coefficient for ranked data）主要用于评价顺序变量间的线性相关关系。在计算过程中，它只考虑变量值的顺序（rank，秩或称等级），而不考虑变量值的大小，常用于计算有序的类型变量的相关性。它可以用于非正态变量的相关性检验，但是它只考虑数据大小的顺序，不考虑具体的值，因此，也会丢失一些信息。

本例使用 spearman 函数检测两组数据间的相关性，可以看到两组数的顺序都是从小到大，但数值变化幅度不同。

```
01  from scipy import stats
02  import numpy as np
03  print(stats.spearmanr([1,2,3,4,5], [1,6,7,8,20]))
04  运行结果：
05  SpearmanrResult(correlation=0.9999999999999999, pvalue=1.4042654220543672e-24)
```

它的原假设是两组数据之间不存在相关性。返回的第一个值为统计量，表示相关系数，本例中该值趋近于 1，是正相关；第二个值 p-value<0.05，即拒绝原假设，故在统计学上可认为两组数据之间存在相关性。

7.9 变量分析

变量（特征、字段）分析一般包括单变量分析、两变量分析和多变量分析。单变量分析最为简单，只分析和展示单个变量的统计描述，不包含因果及相关性；两变量分析一般是对单个自变量 X 与单个因变量 Y 之间的关系分析，前面介绍的方法大多数是两变量分析方法，这里不再详述；多变量分析是针对三个或者三个以上的变量分析，常见的有分析多个自变量 $X1,X2,X3\cdots$ 与因变量 Y 之间的关系。

7.9.1 单变量分析

单变量分析是数据分析中最简单的形式，主要目的是通过对数据的统计描述了解当前数据的基本情况，并找出数据的分布模式。从取值上看，常见的指标有均值、中位数、分位数、众数；从离散程度上看，指标有极差、四分位数、方差、标准差、协方差、变异系数；从分布上看，有偏度、峰度等。需要考虑的还有极大值、极小值（数值型变量）、频数和构成比（分类或等级变量），常用的图形展示方法有柱状图、直方图、箱式图、饼图、频率多边形图等。

7.9.2 多变量分析

多变量分析的方法有很多，如树模型、多元线性回归模型、逻辑回归、聚类分析等。

1. 多元线性回归模型

下面详细介绍最常用的多元线性回归模型。当因变量 Y 受到多个自变量 X 的影响时，多元线性回归模型用于计算各个自变量对因变量的影响程度，可以认为是对多维空间中的点做线性拟合。

例程中使用 Statsmodels 库的最小二乘法（Ordinary Least Square, OLS）分析 ccard 数据集中自变量'AGE','INCOME','INCOMESQ','OWNRENT'对因变量'AVGEXP'的影响。

```
01  import statsmodels.api as sm
02  data = sm.datasets.ccard.load_pandas().data
03  model = sm.OLS(endog = data['AVGEXP'],
04      exog = data[['AGE','INCOME','INCOMESQ','OWNRENT']]).fit()
05  print(model.summary())
'''
运行结果：
                         OLS Regression Results
=========================================================================
Dep. Variable:                AVGEXP   R-squared:                  0.543
Model:                           OLS   Adj. R-squared:             0.516
Method:                Least Squares   F-statistic:                20.22
Date:               Thu, 31 Jan 2019   Prob (F-statistic):      5.24e-11
Time:                       15:11:29   Log-Likelihood:           -507.24
No. Observations:                 72   AIC:                        1022.
Df Residuals:                     68   BIC:                        1032.
Df Model:                          4
Covariance Type:           nonrobust
=========================================================================
              coef    std err        t      P>|t|     [0.025     0.975]
-------------------------------------------------------------------------
AGE         -6.8112     4.551    -1.497     0.139    -15.892     2.270
INCOME     175.8245    63.743     2.758     0.007     48.628   303.021
INCOMESQ    -9.7235     6.030    -1.613     0.111    -21.756     2.309
OWNRENT     54.7496    80.044     0.684     0.496   -104.977   214.476
=========================================================================
```

```
Omnibus:                    76.325   Durbin-Watson:              1.692
Prob(Omnibus):               0.000   Jarque-Bera (JB):           649.447
Skew:                        3.194   Prob(JB):                   9.42e-142
Kurtosis:                   16.255   Cond. No.                   87.5
==============================================================================
'''
```

返回结果中的 t 值是线性回归中各个自变量的系数，正值为正相关，负值为负相关，绝对值越大相关性越强；用返回结果中的各变量对应的 p-value 与 0.05 比较来判断显著性，当 p-value<0.05 时，该自变量具有统计学意义，从上例中可以看到收入 INCOME 显著性最高。

2. 逻辑回归

在上面的例程中，因变量 Y 为连续型，而当因变量 Y 为二分类变量时，可以用相应的逻辑回归分析各个自变量对因变量的影响程度。

本例中使用的仍是 ccard 数据集，将'AVGEXP','AGE','INCOME','INCOMESQ'作为自变量 X，将'OWNRENT'作为因变量 Y，使用 Statsmodels 库的 Logit 方法实现逻辑回归。

```
01  import statsmodels.api as sm
02  data = sm.datasets.ccard.load_pandas().data
03  data['OWNRENT'] = data['OWNRENT'].astype(int)
04  model = sm.Logit(endog = data['OWNRENT'],
05       exog = data[['AVGEXP','AGE','INCOME','INCOMESQ']]).fit()
06  print(model.summary())
'''
运行结果:
Optimization terminated successfully.
         Current function value: 0.504920
         Iterations 8
                           Logit Regression Results
==============================================================================
Dep. Variable:               OWNRENT   No. Observations:                   72
Model:                         Logit   Df Residuals:                       68
Method:                          MLE   Df Model:                            3
Date:               Fri, 01 Feb 2019   Pseudo R-squ.:                  0.2368
Time:                       17:05:47   Log-Likelihood:                -36.354
converged:                      True   LL-Null:                       -47.633
                                       LLR p-value:                  4.995e-05
==============================================================================
                 coef    std err          z      P>|z|      [0.025      0.975]
------------------------------------------------------------------------------
```

```
AVGEXP      0.0002    0.001   0.228  0.820  -0.002   0.002
AGE         0.0853    0.042   2.021  0.043  0.003    0.168
INCOME      -2.5798    0.822  -3.137  0.002  -4.191   -0.968
INCOMESQ    0.4243    0.126   3.381  0.001  0.178    0.670
==============================================================================
'''
```

与上例一样，通过返回结果中各变量对应的 p-value 与 0.05 的比较来判定对应变量的显著性。当 p-value<0.05 时，则认为该自变量具有统计学意义，本例中的 AGE 显著性最高。

7.10 TableOne 工具

前面学习了统计描述和统计假设的 Python 方法，即在分析数据表时，需要先确定因变量 *Y*，然后对自变量 *X* 逐一分析，最后将结果组织成数据表作为输出，这一过程相对比较麻烦，而使用 TableOne 工具可以简化这一过程。

TableOne 是生成统计表的工具，常用于生成论文中的表格，底层也是基于 Scipy 模块和 Statsmodels 模块实现的。其代码主要实现了根据数据类型调用不同统计工具，以及组织统计结果的功能。它支持 Python 和 R 两种语言，可使用以下方法安装：

```
01  $ pip install tableone
```

由于 TableOne 的核心代码只有 800 多行，因此建议下载其源码，并阅读核心代码文件 tableone.py，以了解其全部功能和工作流程并从中借鉴统计分析的具体方法。

```
01  $ git clone https://github.com/tompollard/tableone
```

下例中分析了 1996 年美国大选的数据，用 groupby 参数指定其因变量、categorical 参数指定自变量中的分类型变量、pval=True 指定需要计算假设检验的结果，程序最后将结果保存到 Excel 文件中。

```
01  import statsmodels as sm
02  import tableone
03
04  data = sm.datasets.anes96.load_pandas().data
05  categorical = ['TVnews', 'selfLR', 'ClinLR', 'educ', 'income']
06  groupby = 'vote'
07  mytable = tableone.TableOne(data, categorical=categorical,
08                              groupby=groupby, pval=True)
09  mytable.to_excel("a.xlsx")
```

表 7.4 中列出了程序的部分输出结果。对于连续变量 popul，在统计检验中，用独立样本 *T* 检验方法计算出 *P* 值；在统计描述中，计算出 popul 的均值和标准差。对于分类变量

TWnews，使用卡方检验计算出其 P 值，并统计出其各分类的频数及占比。表中还展示出对因变量各类别的记数、空值个数、离群点，以及非正态变量的统计结果。

表 7.4　TableOne 生成的 Excel 统计表

		Grouped by vote				
		isnull	0	1	pval	ptest
variable	level					
n			551	393		
popul		0	373.2 (1192.7)	212.8 (899.1)	0.019	Two Sample T-test
TVnews	0.0	0	94 (17.1)	67 (17.0)	0.094	Chi-squared
	1.0		54 (9.8)	46 (11.7)		
	2.0		59 (10.7)	53 (13.5)		
	3.0		70 (12.7)	31 (7.9)		
	4.0		37 (6.7)	29 (7.4)		
	5.0		52 (9.4)	32 (8.1)		
	6.0		13 (2.4)	19 (4.8)		
	7.0		172 (31.2)	116 (29.5)		
……						
[1] Warning, Hartigan's Dip Test reports possible multimodal distributions for: DoleLR, PID, logpopul.						
[2] Warning, Tukey test indicates far outliers in: DoleLR, popul.						
[3] Warning, test for normality reports non-normal distributions for: DoleLR, PID, age, logpopul, popul.						

对于分类型因变量，使用 groupby 指定其变量名；对于连续型因变量，一般不指定 groupby 值，TableOne 只进行统计描述。

作为小工具，TableOne 也有它的局限性，如只能对分类型的因变量 Y 做统计假设检验，又如只能按数据类型自动匹配检验方法，不能手动指定；再如不支持多变量分析等，因此其解决不了所有数据的统计问题。但它使用方便，大大简化了分析流程，能在分析初期展示出数据的概况，尤其对不太熟悉数据分析方法的编程人员可以给出较好的统计结果。

7.11　统计方法总结

统计分析不仅可以用于数据的分析和展示，还可以用于特征筛选。统计分析的一般步骤如下：

（1）统计描述。对于连续型变量，先看数据量的大小、是否为正态分布，然后提取其统计特征，如均值、方差、分位数等。对于分类型变量，分析其各类别的频数、构成比等，并通过作图的方式展示数据。

（2）统计假设。首先确定自变量 X 和因变量 Y，然后根据 X 和 Y 的类型选择统计方法：当 X 为分类型、Y 为连续型时（当 X 为连续型、Y 为分类型时，同理），可按照 X 的类型对 Y 的类型分组，看 Y 是否符合正态分布及方差齐性。如果符合正态分布，则用 T 检验或 F 检验对比各组差异；如果不符合，则使用秩和检验。当 X 和 Y 均为连续型时，可根据两个变量是否为正态分布及方差齐性来选择皮尔森相关性分析、斯皮尔曼相关性分析或者秩和检验。当 X 和 Y 均为分类型时，可建立列联表并使用卡方检验，如图 7.5 所示。

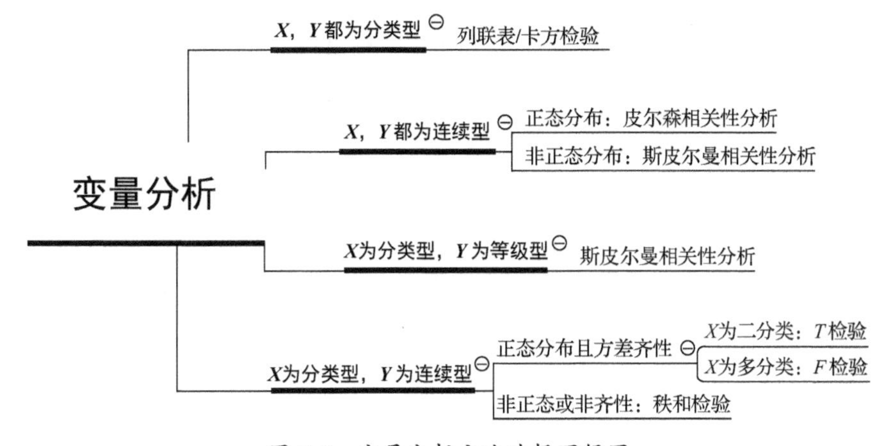

图 7.5 变量分析方法选择逻辑图

（3）多变量分析。在满足条件的情况下，根据因变量 Y 的类型选择分析方法。当 Y 为连续型时，使用多元线性回归模型；当 Y 为二分类时，使用逻辑回归。需要注意的是，在多变量分析时，如果存在无顺序的 X 分类变量（如区域），就需要先对其进行 OneHot 展开，再做回归分析。

8

第 8 章 机器学习基础知识

第 8～10 章将集中介绍机器学习算法，本章主要阐释机器学习相关的基础知识与评价模型的方法和原理、具体实现及如何选择评价策略；第 9 章讲解具体模型的算法；第 10 章介绍模型的选择方法及相关技巧。

本书以实用为主，一方面由浅入深阐明原理，另一方面也着重介绍当前最流行、使用频率最高的算法。

在此后章节中，从具体算法到模型评价方法都用到了 Sklearn 库，它是机器学习中最常用的 Python 第三方库，安装方法如下：

```
01   $ pip install sklearn
```

8.1 基本概念

本节将介绍机器学习中常用的术语及概念，并回答一些常见的问题，以方便读者后续的阅读。

8.1.1　深度学习、机器学习、人工智能

近几年来深度学习非常热门，似乎只要数据足够，用它就可以解决所有问题。其实我们常说的深度学习主要指神经网络及相关算法，神经网络是机器学习的一种方法，而机器学习又是人工智能的一种方法。

机器学习常被分为深度学习和浅度学习，有时为了区别深度学习算法，也把深度学习以外的其他算法统称为机器学习算法。深度学习需要的数据量较大、计算资源较多，在有些领域与经典的浅度学习算法相比，其优势并不突出，在可解释方面也处于劣势，而很多专业领域对没有理论指导的黑盒算法接受程度也不高。但深度学习也有优势，比如对于不理解其含义的数据，只要拥有足够的数据量和算力，通过该算法往往也能得到较好的预测结果，其在图像和语音领域中都有很成熟的解决方案。本章主要介绍除深度学习以外的经典算法，而在第 13 章的图像处理问题中介绍深度学习模型原理及其与机器学习相结合的使用方法。我们是选择深度学习算法还是选择浅度学习算法，主要视具体问题而定。

人工智能涉及的领域则更加广泛，它是 20 世纪 50 年代由几位计算机科学家在达特茅斯会议上提出的概念，是研究和开发用于模拟并扩展人类智能的新兴学科，如开发机器人、机器视觉、自然语言处理、自动驾驶、机器决策、博弈等都属于人工智能的范畴，机器学习也是其中重要的组成部分。

8.1.2　有监督学习、无监督学习、半监督学习

无论哪一种机器学习方法，其目标都是用已知数据训练出模型，当新的数据到来时，使用该模型得出预测结果。

有监督学习（Supervised learning）的训练数据包含特征和目标两部分。例如，通过当前的股票行情及其他已知信息预测第二天的涨跌，是有监督学习问题。有监督学习又常被分为分类（预测是涨是跌）和回归（涨跌的具体数值）。

其中已知的信息被称作特征，也称为自变量；需要预测的值称为目标，也称为因变量。有监督学习中的数据被称为有标签数据或者已标注数据。

无监督学习（Unsupervised learning）的训练数据只包含特征没有确定目标，常用的方法是根据数据之间的相似性对数据进行分类，求取使其类别间的差距最大和类别内的差异最小的分类方法。

在现实中，由于大多数数据都是未标注的，因此常使用无监督学习的方法提取规律。例如，交友网站利用已有的数据把人分成不同群体，对于新加入的用户，则按其特征划分到已有的类别中。从原理上看，主成分分析、图片识别过程中的特征提取都可算作无监督学习。

半监督学习（Semi-Supervised Learning）结合了有监督学习和无监督学习的算法，近年来越来越受到重视。

半监督学习方法常用于标注数据，如果使用有监督学习方法标注数据，往往成本很高，此时可以使用 Co-training 半监督学习方法。它的原理是利用少量已标注的数据训练多个模型，用模型标注未标注的样本，然后选择分类可信度高的样本作为新的标注数据，逐步训练。

总之，在着手解决问题之前，先要明确问题的类型，然后开始选择具体模型。

8.1.3 训练集、验证集、测试集

训练集和测试集主要是针对有监督学习而言的。在构建模型的过程中，一般将有标签的数据分为两组：一组用于训练模型，称为训练集；另一组用于评价模型预测结果，称为测试集。

之所以拆分成两组数据，主要是因为如果使用同一批数据训练和评价，就容易造成过拟合，使模型的泛化能力变差。例如，用一百个训练数据生成一棵有一百个叶节点的决策树，训练集的准确率是 100%，而该模型在用于预测时，如果新的数据与每个训练数据都不相同，则预测结果就会很差。

在更复杂的应用中，有时数据也被切分成训练集、验证集和测试集三部分。其中验证集用来调整参数，以及在训练过程中评价模型的好坏。例如，在需要自动调参的场景中，常用验证集在搜索模型的最佳参数之后再用训练集训练模型，然后使用测试集评价其效果；在一些迭代模型训练过程中，在每一次训练之后都用验证集为其评估，当其评分不再提高或者迭代次数超过最大评估次数时，停止迭代。

8.1.4 过拟合与欠拟合

在建立模型时，通常把数据切分成训练集和测试集。在训练好模型之后，将训练集和测试集代入模型，然后将预测后得到的结果 y' 与实际值 y 比较，即模型评价。

如果训练集和测试集的误差都较大，则模型欠拟合，其预测能力差，此时可以通过更换模型、调整模型参数、加入更多特征等方法改进。

如果训练集的误差小，而测试集的误差大，则模型过拟合，其泛化能力差，此时可以通过增大训练集、降低模型复杂度、增大正则项或者通过特征选择减少特征数等方法改进。

训练集和测试集的误差都较小是理想的状态，而训练集的误差大、测试集的误差小的情况，一般不太可能出现。

8.1.5　常用术语

1. 特征与实例

如果将数据装载到二维的数据表中，通常用列代表特征，如性别、年龄等，特征也被称为属性、变量。特征又分为两类：一类是预测的条件，被称为自变量、条件变量；另一类是预测的目标，被称为目标变量、因变量。

实例是表中的行，也被称为记录，如表中第一行存储的是张三的所有特征、第二行存储的是李四的所有特征。

2. 损失函数

损失函数（Loss function）也被称为误差函数、评价函数，代价函数等。从广义上讲，它指的是做出决策所需承担的风险或失误；具体地讲，它是预测值与实际值之间的误差。模型一般将最小化损失函数作为目标，生成模型之后，再用损失函数去评估模型的好坏。

在评价误差的同时，一般也需要考虑模型的复杂度，以便在两者之间达到平衡。

8.2　评价模型

评价模型是模型算法中的核心问题，决定了算法工程师工作的目标。评价方法不仅是算法工程师需要掌握的基本技能，而且也是系统架构师、产品设计者需要掌握的技能。

首先，从整体的角度看看如何评价模型的好坏。评价算法模型和评价软件产品不同，评价一款软件产品的好坏，主要看是否达到了既定目标、产品设计是否易用、功能是否完整、Bug 的多少等；而评价算法模型一般是对比使用前后的效果差异，而且评价的角度不同往往结果也不同。

例如，当面对客户介绍产品或者汇报工作时，我们说“算法的 RMSE 是 0.72”，对方并不知道 0.72 是好还是差，用一两句话也很难解释 RMSE 是怎么计算出来的。在这种情况下，一般都会找到一个 Baseline（基线），如没使用该算法之前的数据，或者使用其他同类软件的数据，来对比其效果。

从具体实现的角度看，在定义了具体的问题类型（如分类、回归、排序、关联）之后，每一种类型的问题都可选用多种不同的评价方法。

因此，在开始讲解具体机器学习算法之前，本节的前半部分将介绍评价的相关概念及其计算方法，后半部分将在其基础上介绍分类和回归的具体误差评价方法。

8.2.1 方差、协方差、协方差矩阵

1. 数据准备

在阐释相关概念之前，先做一些数据准备，之后的程序及公式都使用以下数据计算，这样可以使读者对概念有更加具象的认识，同时也能熟悉一下 Python 的常用结构 DataFrame 的使用技巧。本例中创建了包含身高、体重两个特征的数据表，共 5 个实例。

```
01  import pandas as pd
02  import numpy as np
03  df = pd.DataFrame({'身高':[1.7, 1.8, 1.65, 1.75, 1.8],
04                     '体重':[140, 170, 135,  150,  200]})
05  print(df)
06  # 运行结果:
07  #     体重 身高
08  # 0  140  1.70
09  # 1  170  1.80
10  # 2  135  1.65
11  # 3  150  1.75
12  # 4  200  1.80
```

2. 数学期望

数学期望（Mean），简称期望，是试验中每次可能结果的概率乘以其结果的总和，是最基本的数学特征之一，如式 8.1 所示：

$$E(X)=\sum_{k=1}^{\infty}x_k p_k \tag{8.1}$$

其中，x_k 为每一种可能的结果，p_k 是该结果对应的概率。以数据准备中的身高数据为例，代入公式，如式 8.2 所示：

$$E(X)=1.7\times0.2+1.8\times0.4+1.65\times0.2+1.75\times0.2=1.74 \tag{8.2}$$

由于共 5 个实例，每个实例出现的概率为 0.2，而 1.8 出现了两次，因此其概率为 0.4，整体的数学期望为 1.74。当不知道全部具体实例的值而只知道各种取值对应的概率时，也可以计算其期望值。

3. 均值

均值（Average）是从总体中抽取的样本的平均值。它与期望的区别在于：期望是对总体的统计量，而均值是对样本的统计量，如式 8.3 所示：

$$\overline{X}=\frac{x_1+x_2+x_3+\cdots+x_n}{n} \tag{8.3}$$

其中，$x_1,\cdots,x_n$ 是样本的具体取值，n 为样本个数，$\overline{X}$ 为样本均值。以数据准备中的身高数据为例，如式 8.4 所示：

$$\overline{X}=\frac{1.7+1.8+1.65+1.75+1.8}{5}=1.74 \tag{8.4}$$

由于本例中的总体和样本都只有 5 个实例，因此其期望与均值相等。一般使用 Pandas 的 mean 方法计算特征均值。

```
01  print(df['身高'].mean())
02  # 返回结果：1.74
```

4. 方差

均值和期望描述的是数据的集中趋势，方差和标准差描述的是数据的离散程度，也是数值对于其数学期望的偏离程度。方差或称样本方差（Variance）是各个数据分别与其均值之差的平方的平均数，具体如式 8.5 所示：

$$\sigma^2=\frac{(x_1-\overline{X})^2+(x_2-\overline{X})^2+(x_3-\overline{X})^2+\cdots+(x_n-\overline{X})^2}{n} \tag{8.5}$$

其中，$x_1,\cdots,x_n$ 是样本的具体值，$\overline{X}$ 是式（8.4）中求出的均值，n 为实例个数。当分母取 n 时为有偏估计，而为了保证无偏估计，一般将分母设置为 $n-1$，此时求取的是调整后的方差，即标准方差，具体如式 8.6 所示：

$$\sigma^2=\frac{(x_1-\overline{X})^2+(x_2-\overline{X})^2+(x_3-\overline{X})^2+\cdots+(x_n-\overline{X})^2}{n-1} \tag{8.6}$$

以数据准备中的身高数据为例代入公式，如式 8.7 所示：

$$\begin{aligned}\sigma^2&=\frac{(1.7-1.74)^2+(1.8-1.74)^2+(1.65-1.74)^2+(1.75-1.74)^2+(1.8-1.74)^2}{5-1}\\&=0.00425\end{aligned} \tag{8.7}$$

一般使用 Pandas 的 var 方法计算特征方差。

```
01  print(df['身高'].var())
02  # 返回结果：0.00425
```

也可以编写程序直接计算：

```
01    print((sum((df['身高']-df['身高'].mean())**2))/(len(df)-1))
02    # 返回结果：0.00425
```

5. 标准差

标准差（Standard Deviation），也称均方差，是方差的算术平方根，如式 8.8 所示：

$$\sigma=\sqrt{\frac{(x_1-\overline{X})^2+(x_2-\overline{X})^2+(x_3-\overline{X})^2+\cdots+(x_n-\overline{X})^2}{n-1}} \tag{8.8}$$

以数据准备中的身高数据为例，其标准差如式 8.9 所示：

$$\sigma=\sqrt{0.00425}=0.065 \tag{8.9}$$

在计算方差时，由于使用了其各个值与均值差异的平方，因而去除了在求均值时正负抵消的影响，但在平方计算之后，其量纲和意义就与原值不同了，且不够直观，因此需要计算其算术平方根得到标准差，可以看到计算后得到的 0.065 基本体现了数据相对于均值的离散程度。需要注意的是，由于使用了乘方累加再开方的算法，因此如果其中某一误差非常大，则标准差也会很大。

一般使用 Pandas 的 std 方法计算特征的标准差。

```
01    print(df['身高'].std())
02    # 返回结果：0.065
```

6. 协方差

协方差（Covariance）用于计算两个变量的整体误差，其计算方法如式 8.10 所示：

$$\operatorname{cov}(X,Y)=\frac{\sum_{i=1}^{n}(X_i-\overline{X})(Y_i-\overline{Y})}{n-1} \tag{8.10}$$

其中，$\overline{X}$ 表示 X 的数学期望。由于是对样本的操作，因此使用均值计算其期望值。下面以数据准备中的身高和体重二维数据分别作为两个变量计算其协方差：

```
01    print((sum((df['体重']-df['体重'].mean())*(df['身高']-df['身高
'].mean()))/(len(df)-1)))
02    # 返回结果：1.4875
```

从程序中可以看出，整体的期望值和协方差一样，也是通过累加并除以 n-1 得到其无偏估计。两个变量相同是协方差的特殊情况，即计算方差。

协方差也是描述两个变量相互关系的统计量，当两个变量在各个实例中的变化方向一致时（同为正或同为负），相乘后的值为正值，即整体协方差为正，则为正相关，说明它们同增同减。本例中协方差为 1.4875，说明身高和体重呈正相关；反之，当协方差为负时，说明两个变量为负相关；当协方差趋近于 0 时，一般反映两个变量的变化方向并无规律，即两个变量无线性相关。

7．协方差矩阵

通常使用协方差计算自变量和因变量之间的关系，或者自变量之间的关系。当需要计算多维度之间的关系时，常用到协方差矩阵。假设有三个维度 X,Y,Z，则其协方差矩阵如式 8.11 所示：

$$C=\begin{bmatrix}\mathrm{cov}(X,X) & \mathrm{cov}(X,Y) & \mathrm{cov}(X,Z)\\ \mathrm{cov}(Y,X) & \mathrm{cov}(Y,Y) & \mathrm{cov}(Y,Z)\\ \mathrm{cov}(Z,X) & \mathrm{cov}(Z,Y) & \mathrm{cov}(Z,Z)\end{bmatrix} \tag{8.11}$$

从中可以看出，协方差矩阵是对称矩阵且对角线是各个维度的方差，使用 Pandas 提供的 cov 方法可以计算 DataFrame 数据表的协方差矩阵。

```
01  print(df.cov())
02  # 返回结果：
03  #             体重          身高
04  # 体重        705.0000      1.48750
05  # 身高        1.4875        0.00425
```

8．相关系数和相关系数矩阵

从上述协方差矩阵中可以看到，其协方差的值与变量的量纲有很大关系，无法通过具体数值对比出哪些变量相关性更强，而此问题可以使用相关系数解决。相关系数是协方差除以两个变量的标准差，其公式如式 8.12 所示：

$$\rho(x,y)=\frac{\mathrm{cov}(X,Y)}{\sigma_X\sigma_Y} \tag{8.12}$$

当各个样本对于均值偏离较大时，其标准差和协方差都会变大，这时可以通过除以标准差对变化幅度做归一化处理。计算之后，相关系数的取值范围为[-1,1]，也称皮尔森系数。它在第 6 章热力图中和第 7 章相关性分析中都曾用到，是描述变量之间关系的一种方法。

使用 Pandas 提供的 corr 方法可以计算 DataFrame 中的相关系数矩阵。

```
01  print(df.corr())
02  # 返回结果
03  #        体重        身高
04  # 体重  1.000000  0.859346
05  # 身高  0.859346  1.000000
```

从返回结果可以看到，其对角线上是变量与其自身的相关性，为最大值 1。相关系数矩阵也是对称矩阵，身高与体重的相关系数为 0.85，说明二者也存在较强的相关性。

8.2.2 距离与范数

距离是比较宽泛的概念，只要满足非负（任意两个相异点的距离为非负值）、自反（Dis(*y*,*x*)=Dis(*x*,*y*)）、三角不等式（Dis(*x*,*z*)<=(Dis(*x*,*y*)+Dis(*y*,*z*)）就都可以称之为距离，即可以把两点之间的距离扩展为两个实例之间的差异程度。下面来看几种常用的计算距离的方法，例程中仍然使用身高、体重数据。下面分别介绍使用公式和科学计算库 scipy 的程序来实现计算前两个实例的距离。首先，定义数据：

```
01  from scipy.spatial.distance import pdist  # 导入科学计算库中的距离计算工具
02  df = pd.DataFrame({'身高':[1.7, 1.8, 1.65, 1.75, 1.8],
03                     '体重':[140, 170, 135,  150,  200]})
04  x = df.loc[0,:]  # 取第一个实例 x
05  print(x)
06  # 返回结果:
07  # 体重    140.0
08  # 身高      1.7
09  y = df.loc[1,:]  # 取第二个实例 y
10  print(y)
11  # 返回结果:
12  # 体重    170.0
13  # 身高      1.8
```

1. 欧氏距离

欧氏距离也称为欧几里得距离，计算的是两点之间的直线距离，记作||*w*||（用两条竖线代表 *w* 的 2 范数），其公式如式 8.13 所示：

$$\text{Dis}_2(x,y)=\sqrt{\sum_{j=1}^{d}(x_j-y_j)^2} \tag{8.13}$$

其中，*d* 是维度，2 是阶数，也称为范数。在二维（平面距离）情况下，其公式可简化为式 8.14：

$$c=\sqrt{a^2+b^2} \tag{8.14}$$

其中，*c* 是两点之间的欧氏距离，*a* 和 *b* 分别为第一个维度（如横轴）上两点之间的距离和第二个维度（如纵轴）上两点之间的距离，即勾股定理。

以下程序用于计算数据表中前两个实例的欧氏距离。

```
01  d1 = np.sqrt(np.sum(np.square(x-y))) # 公式计算
02  d2 = pdist([x,y])                    # 调用距离函数
```

```
03    print(d1, d2)
04    # 返回结果 (30.000166666203707, array([30.00016667]))
```

2. 曼哈顿距离

曼哈顿距离也被称为城市街区距离、L1 范数。它比欧氏距离的计算更加简单，其原理就像是汽车只能行驶在平坦、竖直的街道上，结果是各点坐标数据之差的绝对值之和。其公式如式 8.15 所示：

$$\mathrm{Dis}_1(x,y)=\sum_{j=1}^{d}|x_j-y_j| \tag{8.15}$$

其中，d 是维度。在二维情况下，其公式可简化为式 8.16：

$$c=a+b \tag{8.16}$$

以下程序可用于计算数据表中前两个实例的曼哈顿距离。

```
01    d1 = np.sum(np.abs(x-y))
02    d2 = pdist([x,y],'cityblock')
03    print(d1, d2)
04    # 返回结果 (30.1, array([30.1]))
```

3. 海明距离

海明距离更为简单，也被称为 L0 范数。可以说，它并不是真正的距离，而是主要度量向量中非零元素的个数。海明距离常用于信息编码中，对应编码不同的位数，也称为码距，其本质也是计算数据的相似程度，公式如式 8.17 所示：

$$\mathrm{Dis}_0(x,y)=\sum_{j=1}^{d}(x_j-y_j)^0 \tag{8.17}$$

当 x_j 与 y_j 不相等时，非零值的 0 次方为 1，距离加 1；当 x_j 与 y_j 相等时，0 的零次方没有意义，不累加。

以下程序可用于计算数据表中前两个实例的海明距离。

```
01    d1 = pdist([x,y], 'hamming')
02    d2 = pdist([[0,0,0,1],[0,0,0,8]], 'hamming') # 对比两个数组的海明距离
03    print(d1, d2)
04    # 返回结果：(array([1.]), array([0.25]))
```

Scipy 库中计算海明距离的结果是统计字段内容不同的比例，取值为 0～1。由于前两个实例的身高、体重字段都不相同，因此结果为 1。例程的第二行又以两个数组的内容为例进行比较，由于数组各有 4 个元素，其中有一个不同，因此结果为 0.25。

4. 闵氏距离

欧氏距离、曼哈顿距离、海明距离的计算方法相似，它们都是在每一个维度上计算距离之后再按照不同的规则计算整体距离。当把这几种距离用同一公式表示时，即闵氏距离。它不是具体的距离算法，而是对算法的定义，也称为 Lp 范数。其公式如式 8.18 所示：

$$\mathrm{Dis}_p(x,y)=\left(\sum_{j=1}^{d}|x_j-y_j|^p\right)^{1/p}=\|x-y\|_p \tag{8.18}$$

其中，d 是维数，p 是阶数，也称 p 范数。当 p=0 时，是海明距离；当 p=1 时，是曼哈顿距离；当 p=2 时，是欧氏距离；当 $p\to\infty$时，是切比雪夫距离。

以下程序用于计算数据表中前两个实例的 L2 范数，即欧氏距离。

```
01    d1=np.sqrt(np.sum(np.square(x-y)))
02    d2=pdist([x,y],'minkowski',p=2) # 求 p=2 时的闵氏距离
03    print(d1, d2)
04    # 返回结果：(30.000166666203707, array([30.00016667]))
```

5. 切比雪夫距离

当 $p\to\infty$时，代入闵氏距离公式，通过乘高次方累加再开方的运算之后，各维度中某一个差异较大的维度就会突显出来，即切比雪夫距离。它的结果取决于距离最大维度上的距离（各维度值差的最大值）。其公式可简化为式 8.19：

$$\mathrm{Dis}_\infty(x,y)=\max_j|x_j-y_j| \tag{8.19}$$

在二维情况下，其公式可简化成式 8.20：

$$c=\max(a,b) \tag{8.20}$$

以下程序用于计算数据表中前两个实例的切比雪夫距离。

```
01    d1 = np.max(np.abs(x-y))
02    d2 = pdist([x,y],'chebyshev')
03    print(d1, d2)
04    # 返回结果：(30.0, array([30.]))
```

6. 马氏距离

上面介绍的几种计算距离的方法，只与距离相关的两个点有关，也可以看成对比具有多个特征的两个实例的相似性。

马氏距离相对复杂一些，它不仅涉及被对比的两个实例，而且还涉及两个实例所在整体

的分布。马氏距离可定义为两个服从同一分布并且其协方差矩阵为Σ的随机变量之间的差异程度。其公式如式 8.21 所示：

$$\text{Dis}_M(x,y)=\sqrt{(\vec{x}-\vec{y})^T\Sigma^{-1}(\vec{x}-\vec{y})} \tag{8.21}$$

其中，Σ是整体样本的协方差矩阵，在前一小节中已经介绍。它既包含了变量间的关系，又包含了量纲信息，公式中的上标 T 表示矩阵的转置，-1 表示求逆矩阵运算。

马氏距离用于表示数据的协方差距离。与欧氏距离不同的是，它考虑到各种特性之间的联系（如身高与体重的关联），并且与尺度无关。

下面仍使用身高和体重的数据，计算前两个实例的马氏距离。

```
01  delta = x-y
02  S=df.cov()                                      #协方差矩阵
03  SI = np.linalg.inv(S)                           #协方差矩阵的逆矩阵
04  d1=np.sqrt(np.dot(np.dot(delta,SI),delta.T))
05  d2=pdist([x,y], 'mahalanobis', VI=SI)
06  print(d1, d2)
07  # 返回结果：(1.5775089213090279, array([1.57750892]))
```

程序中使用了 Numpy 库的线性代数模块 linalg 计算协方差矩阵的逆矩阵，与其他距离不同的是，虽然计算的是前两个实例的距离，但运算中使用了整个数据表 df 的协方差矩阵。在调用 pdist 函数时，用参数 VI 设置协方差矩阵的逆矩阵。

注意： 欧氏距离和马氏距离是最常用的两种计算距离的方法。

8.2.3　回归效果评估

有监督学习问题主要包括分类问题和回归问题。分类问题的因变量 Y 是离散的，即有两个或多个类别。在已知多个自变量 X 的情况下，预测 Y 属于哪个类别，其中又以二分类最为常见，比如预测是否“死亡”就是二分类问题。回归问题的因变量是连续的，即在已知多个自变量 X 的情况下，预测 Y 的具体值，如预测“最高气温”就是回归问题。

学习评估方法，一方面在工程中看到他人定义的评价函数时，可以理解其原理和意义，以便更有针对性地优化算法；另一方面在自己定义问题时，也能尽量针对数据的内容定义更为合理的评价函数。

读者可能认为回归的误差只需要计算预测值和实际值的差异就可以了，然而当我们预测多个实例时，差异会有正负。如果取均值，其误差可能趋近于 0，则必然不对，这时常常需要计算每条差异绝对值的均值，即 MAE（平均绝对误差），另外还可以计算其 MSE（均方误差）和 RMSE（均方根误差）。有时还需要区别对待正负差异，如在对医疗资源的使用方面，如果预测过大则会造成一定量的浪费，而如果预测过小则可能造成极严重的后果，此时就需要对不同的差异赋予不同的权重。

1. MSE

MSE（Mean Squard Error）是均方误差，其计算公式如式 8.22 所示：

$$\mathrm{MSE}(Y,Y')=\frac{1}{m}\sum_{i=1}^{m}(y_i-y_i')^2 \tag{8.22}$$

其中，y_i是真实值，y_i'是预测值，m 是测试实例个数，公式计算了预测值与实际值之差平方的均值。其公式类似于方差公式，不同的是方差求的是实例与其均值的差异，MSE 求的是实际值与预测值的差异。MSE 是最基本的误差计算方法，Sklearn 也提供了相关的函数支持，具体用法如下：

```
01   from sklearn.metrics import mean_squared_error
02   y_true = [1, 1.25, 2.37]
03   y_pred = [1, 1, 2]
04   print(mean_squared_error(y_true, y_pred))
05   # 返回结果：0.06646666666666688
```

2. RMSE

RMSE（Root Mean Squard Error）是均方根误差，是 MSE 的算术平方根，其计算公式如式 8.23 所示：

$$\mathrm{RMSE}(Y,Y')=\sqrt{\frac{1}{m}\sum_{i=1}^{m}(y_i-y_i')^2} \tag{8.23}$$

与标准差类似，RMSE 也解决了 MSE 在乘方之后，量纲和意义与原值不同、不够直观的问题。它的算法也类似于计算欧氏距离（L2 范数），此处计算的是预测值与实际值的差异。RMSE 也是最常用的回归误差计算方法之一。

3. MAE

MAE（Mean Absolute Error）是平均绝对误差，计算预测值与实际值之差绝对值的均值，其公式如式 8.24 所示：

$$\mathrm{MAE}(Y,Y')=\frac{1}{m}\sum_{i=1}^{m}|y_i-y_i'| \tag{8.24}$$

其计算方法类似于曼哈顿距离（L1 范数），优势在于不像 RMSE 或 MSE 一样对大误差敏感，且容易理解；而缺点在于包含绝对值运算，不方便求导。MAE 也是一种常用的误差计算方法，尤其是它便于向非专业人士解释计算原理。Sklearn 也提供了相关的函数支持，具体用法如下：

```
01    from sklearn.metrics import mean_absolute_error
02    y_true = [1, 1.25, 2.37]
03    y_pred = [1, 1, 2]
04    print(mean_absolute_error(y_true, y_pred))
05    # 返回结果：0.206666666667
```

和 MAE 类似的还有中值绝对误差（Median absolute error），它计算的是预测值与实际值之差绝对值的中值，Sklearn 中对应的方法是 median_absolute_error。

4. R-Squared 拟合度

上述几种误差计算方法都依赖于 y 值的大小，往往是当 y 值较大时误差较大，当 y 值较小时误差也较小。R-Squared 方法对 MSE 进行了归一化处理，其公式如式 8.25 所示：

$$R^2 = 1 - \frac{\text{MSE}(y, y')}{\text{Var}(y)} \tag{8.25}$$

其中，分子是均方误差（实际值与预测值的差异），分母是方差（实际值与均值的差异）。当 R^2 为 1 时，MSE 为 0，即没有误差，说明预测效果好；当 R^2 为 0 时，MSE 和 Var 相等，即预测出的结果和把均值作为预测值的结果一样，效果不佳；当 R^2 为负数时，此时预测效果不如用均值作为预测值。R^2 与 MSE 算法相似，但其结果更加直观易懂。Sklearn 也提供了相关的函数支持，具体用法如下：

```
01    from sklearn.metrics import r2_score
02    y_true = [1, 1.25, 2.37]
03    y_pred = [1, 1, 2]
04    print(r2_score(y_true,y_pred))
05    # 返回结果：0.812699605486
```

5. 相关系数

前面章节已经介绍了皮尔森相关系数的原理及求解方法。相关系数有时也用于测量误差，其主要应用于判断实际值与预测值是否具有相关性，即同增同减的性质。它能够很好地查看趋势，但对具体预测值和实际值的差异不敏感。

8.2.4 分类效果评估

1. FP/FN/TP/TN

二分类是最常使用的分类器，二分类器的各个因变量可以是连续型也可以是分类型，而预测的值有真有假。在大多数情况下，我们需要对实际为真预测为假、实际为假预测为真、实际和预测都为真、实际和预测都为假四种情况分别评价，这是判断分类效果的基础，也是常见的算法试题。

首先介绍 FP/FN/TP/TN 指标。其中，F 是 False、T 是 True、P 是 Positive、N 是 Negative 的缩写。先看 FP/FN/TP/TN 指标中的第二个字母 P/N，描述的是预测值是真还是假，而第一个字母 T/F 描述的是预测是否正确（注意：它并不是实际值）。

举个简单的例子，有 100 个人做检查，模型根据检查结果预测患病的人数，其中实际患病为 20 人，模型预测患病为 16 人，而 16 人中确实患病的有 11 人，计算其 FP/FN/TP/TN。

TP 真阳是预测为患病，预测正确，即实际也患病，11 人。

TN 真阴是预测为没患病，预测正确，即实际也没患病，100−16−(20−11)=75 人。

FN 假阴是预测为没患病，预测错误，即实际患病，即漏诊，20−11=9 人。

FP 假阳是预测为患病，预测错误，即实际没患病，即误诊，16−11=5 人。

从本例中可以看到，TP 和 TN 都是正确的预测。对于不同的数据，虽然 FN 和 FP 都是错误的，但严重程度不同，如患病但没预测出来可能导致严重的后果。精确率、召回率、准确率都是基于 FP/FN/TP/TN 计算得到的。

使用 Sklearn 提供的混淆矩阵方法可以计算 FP/FN/TP/TN 的值，具体方法如下例所示，首先定义预测值和实际值，本小节后面的例程中也将延用这两个列表变量。

```
01  y_pred = [0, 0, 0, 1, 1, 1, 0, 1, 0, 0]  # 预测值
02  y_real = [0, 1, 1, 1, 1, 1, 0, 0, 0, 0]  # 实际值
```

然后计算混淆矩阵：

```
01  from sklearn.metrics import confusion_matrix
02  cm = confusion_matrix(y_real, y_pred)
03  tn, fp, fn, tp = cm.ravel()
04  print("tn", tn, "fp", fp, "fn", fn, "tp", tp)
05  # 返回结果：tn 4 fp 1 fn 2 tp 3
```

2. 准确率

准确率（Accuracy）简称 Acc，是最直观的评价方法，计算的是预测正确的数占总数的

比例。大多数模型默认的评价函数都是准确率，准确率的计算公式如式 8.26 所示：

$$\text{Acc} = \frac{\text{TP} + \text{TN}}{\text{TP} + \text{TN} + \text{FP} + \text{FN}} \tag{8.26}$$

上例的计算结果为式 8.27：

$$\text{Acc} = \frac{11 + 75}{100} = 86\% \tag{8.27}$$

Sklearn 库的 metrics 度量工具集中提供多种评价方法，其中计算准确率的方法为 accuracy_score，例程如下。

```
01   from sklearn.metrics import accuracy_score
02   print(accuracy_score(y_real, y_pred))
03   # 返回结果：0.7
```

3. 召回率

召回率（Recall）针对实例中所有实际值为真的实例，计算真阳性在其中的占比，其中 FN 是假阴，即预测为假（预测错误）而实际为真的实例。召回率的计算公式如式 8.28 所示：

$$\text{Recall} = \frac{\text{TP}}{\text{TP} + \text{FN}} \tag{8.28}$$

上例的计算结果为式 8.29：

$$\text{Recall} = \frac{11}{11 + 9} = 55\% \tag{8.29}$$

Sklearn 库提供了计算召回率的方法 recall_score，例程如下。

```
01   from sklearn.metrics import recall_score
02   print(recall_score(y_real, y_pred))
03   # 返回结果：0.6
```

4. 精度

精度（Precision）针对实例中所有预测值为真的实例，计算真阳性在其中的占比，其中 FP 是假阳性，即预测为真（预测错误）而实际为假的实例。精度的计算公式如式 8.30 所示：

$$\text{Precision} = \frac{\text{TP}}{\text{TP} + \text{FP}} \tag{8.30}$$

上例的计算结果如式 8.31 所示：

$$\text{Precision} = \frac{11}{11 + 5} = 68.75\% \tag{8.31}$$

Sklearn 库提供了计算精度的方法 precision_score，例程如下：

```
01    from sklearn.metrics import precision_score
02    print(precision_score(y_real, y_pred))
03    # 返回结果：0.6
```

5. *F* 值

F 值又称 F-Measure 或 F-Score，是结合了精度和召回率的综合评价指标。在上例中，由于对疾病的识别就要宁可错杀一千不能放过一个，因此，可以将召回率作为重要的评价标准。但在大多数情况下，需要在各个指标之间取得平衡。*F* 值的计算方法可以使两个评价标准相互制约，以达到平衡的效果。*F* 值的计算公式如式 8.32 所示：

$$Fa=\frac{(a^2+1)PR}{a^2(P+R)} \tag{8.32}$$

其中，a 是参数，P 是精度，R 是召回率。当 a=1 时，是最常用的 $F1$ 指标，如式 8.33 所示：

$$F1=\frac{2PR}{P+R} \tag{8.33}$$

F 值的取值范围为 0～1，其中 *F* 值越大，模型效果越好。当 *P* 和 *R* 的值都趋近于 1 时，*F* 值趋近于 1；当 *P* 或 *R* 其中一个值趋近 0 时，*F* 值趋近于 0。

Sklearn 库提供了计算 *F*1 及 *Fn* 的方法，例程如下：

```
01    from sklearn.metrics import f1_score
02    from sklearn.metrics import fbeta_score
03    print(f1_score(y_real, y_pred))                    # 计算 F1
04    # 返回结果：0.666666666667
05    print(fbeta_score(y_real, y_pred, beta=2))     # 计算 Fn
06    # 返回结果：0.625
```

6. Logloss

Logloss 是 Logistic Loss 的简称，又称交叉熵，也是分类器的常用评价函数之一，常用于评价逻辑回归以及作为神经网络的损失函数。与前面学习的几种评价函数不同，它是比较实际分类 0/1 与预测的分类概率 proba 之间的关系，比直接比较实际值和预测值的精度更高。其计算公式如式 8.34 所示：

$$\text{Logloss}=-\frac{1}{N}\sum_{i=1}^{N}\sum_{j=1}^{M}y_{i,j}\log(p_{i,j}) \tag{8.34}$$

其中，N 是实例个数，M 是分类个数，$y_{i,j}$ 为实际值属于分类 j，$p_{i,j}$ 为预测是分类 j 的概率。log 函数的图像如图 8.1 所示。

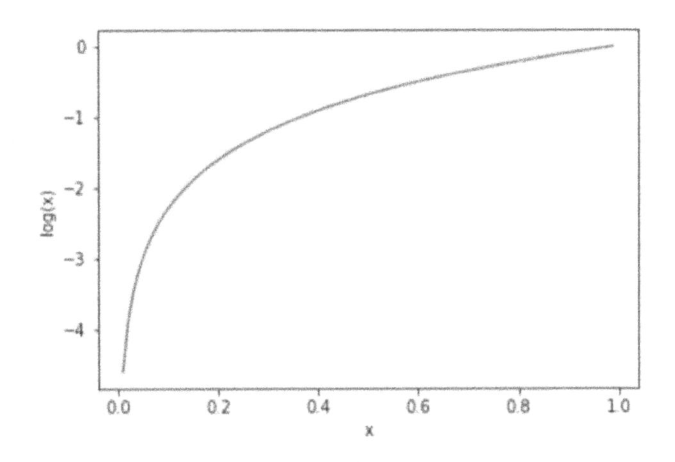

图 8.1　log 函数图像

当 p 趋近于 1 时，log(p)趋近于 0；当 p 趋近于 0 时，log(p)为较大的负数。因此，在 Logloss 的公式中，当对某一分类预测准确时，累加一个很小的数值；反之，在不准确时，累加一个较大的负数，其目标在于惩罚错误项。Logloss 的计算结果越低，模型的效果越好。

Sklearn 库提供了计算 Logloss 的方法，例程如下：

```
01   from sklearn.metrics import log_loss
02   y_real = [0, 1, 1, 1, 1, 1, 0, 0, 0, 0]
03   y_score=[0.9, 0.75, 0.86, 0.47, 0.55, 0.56, 0.74, 0.22, 0.5, 0.26]
04   print(log_loss(y_real,y_score))
05   # 返回结果：0.7263555416075982
```

7. AUC-ROC 曲线

前面介绍的分类评价方法得出的结果都是一个或几个具体的数值，而我们看到的预测结果常常是绘制成图形显示的，其中以 AUC-ROC 曲线最为常见。

在阐述 AUC-ROC 曲线之前，先介绍 FPR 和 TPR 两个基础概念。TPR（TP Rate）是真阳性占所有实际为阳性（真阳性+假阴性）的比例，该值越大越好，其公式如式 8.35 所示：

$$\mathrm{TPR}=\frac{\mathrm{TP}}{\mathrm{TP}+\mathrm{FN}} \tag{8.35}$$

FPR（FP Rate）是假阳性占所有实际为阴性（真阴性+假阳性）的比例，该值越小越好，其公式如式 8.36 所示：

$$FPR = \frac{FP}{TN + FP} \tag{8.36}$$

在理想的情况下，TPR 应该接近于 1，FPR 应该接近于 0，ROC（Receiver Operating Characteristic）曲线就是用 TPR 和 FPR 两个指标作图得到的。

作图的另一个关键概念是阈值，预测后得到的是属于某一分类的概率，取值为 0～1，一般选取 0.5 作为判断阈值来决定最终的分类。在二分类中，常把大于 0.5 的预测为 1，小于 0.5 的预测为 0。

在绘制曲线时，通过概率对样本排序并把每个样本的概率作为阈值计算出 FPR 和 TPR，在该点绘图并连线，最终生成 ROC 曲线。AUC（Area Under Curve）表示 ROC 曲线下的面积，其取值为 0.5～1，该值越大越好。

Sklearn 库提供了计算 AUC-ROC 曲线的方法，例程如下（本例中沿用了上例中的数据）。

```
01  from sklearn.metrics import roc_auc_score, roc_curve
02  import matplotlib.pyplot as plt
03  print(roc_auc_score(y_real, y_score)) # AUC 值
04  # 返回结果：0.64
05  fpr, tpr, thresholds = roc_curve(y_real, y_score)
06  plt.plot(fpr, tpr) # 绘图
07  plt.show()
```

程序输出的 ROC 曲线如图 8.2 所示。

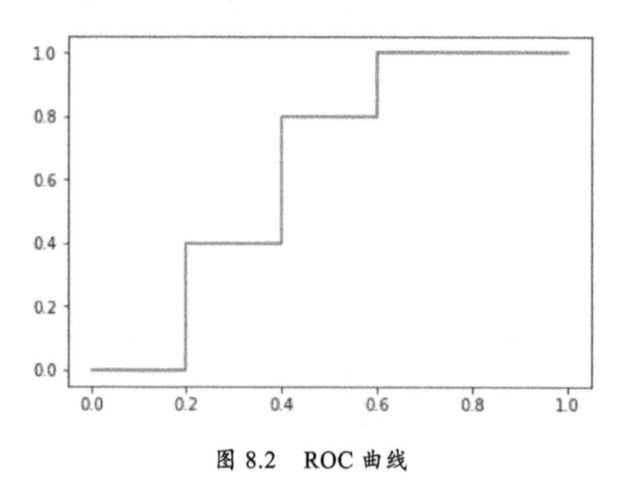

图 8.2　ROC 曲线

8. P-R 曲线

P-R 曲线是用召回率作为横坐标、精度作为纵坐标画出的曲线，与 ROC 曲线类似，从

中可以更直观地看到对比效果，以便寻找召回率与精度的平衡点。

Sklearn 库提供了计算 P-R 曲线的方法，例程如下：

```
01  from sklearn.metrics import precision_recall_curve
02  precision, recall, _ = precision_recall_curve(y_real, y_score)
03  plt.plot(recall,precision)
```

9. 多指标评分

Sklearn 库还提供了 classification_report 方法，用于一次性显示精确率、召回率、F1 等多个评测指标，需要注意的是其参数是实际值和预测值，而非概率值。

```
01  from sklearn.metrics import classification_report
02  y_real = [0, 1, 1, 1, 1, 1, 0, 0, 0, 0]
03  y_score=[0.9, 0.75, 0.86, 0.47, 0.55, 0.56, 0.74, 0.22, 0.5, 0.26]
04  y_pred = [round(i) for i in y_score]
05  print(classification_report(y_real, y_pred))
06  # 返回结果：
07  #              precision    recall  f1-score   support
08  #          0       0.75      0.60      0.67         5
09  #          1       0.67      0.80      0.73         5
10  # avg / total      0.71      0.70      0.70        10
```

第 9 章 机器学习模型与工具

机器学习算法是数据挖掘的核心，很多想要进入大数据领域的程序员都是从算法书籍开始学习的，而复杂的公式推导起来很有技术含量，算法中又使用到一些数学的知识，于是他们开始重读线性代数，这往往需要花上几个月的时间，“战线”越拉越长，而数学书上的知识与实际程序联系起来的又不多。因此，当遇到具体问题时还是不知从何下手，只会调用第三方算法库，但又不知其原理，遇到问题只能照猫画虎，无法深入和改进。

那么，如何学习算法才能少走弯路，原理究竟要学习到什么程度呢？笔者认为，可以以目标为导向学习算法。在学习过程中，先搞清楚每种算法的适用场景、主要解决哪一类问题、输入输出的是什么，再学习其具体的使用方法，然后理解其原理，层层推进。在推导遇到问题时，再复习相关的基础知识，这种有目标的学习效果往往更好。

本章将介绍常用算法的原理，并针对各算法给出对应的 Python 例程，着重说明算法的使用场景，尽量详细地解释推导中的知识点。对于数据基础较为薄弱的读者，即使不能完全理解推导过程，也能通过阅读代码，正常且快速地使用模型。读者通过对本章的学习，可以掌握常用的机器学习算法，并对大多数数据建模问题建立思路。在学习过程中，建议读者不要过分拘泥于推导细节而花费太多时间，要尽可能地从目标层面考虑问题。

机器学习模型一般可以归纳为三种类型：

第一类：基于距离的模型，主要通过比较各个实例间特征的类似程度建立模型，包括 K 近邻（K-Nearest Neighbor，KNN）算法、K-Means 聚类、线性回归、逻辑回归等。

第二类：基于逻辑的模型，主要基于逻辑判断，包括决策树类模型、关联规则模型等。

第三类：基于统计的模型，主要基于概率计算，包括贝叶斯类模型、隐马尔可夫模型等。

9.1　基于距离的算法

基于距离的算法相对简单，容易理解。它不只是用于地图中的距离计算，更多的使用场景是计算特征之间的相似度。例如，在实例不多的情况下，想要实现预测功能，比较常见的做法是寻找各个特征与之类似的实例。

考虑比较复杂的情况，当特征个数较多时，很难找到方方面面都相似的实例，这时可以为每个特征设置不同权重；另外，特征的取值范围不同使得其尺度更大的特征在计算时变得更加重要，此时需要做归一化处理。在距离计算中，还有很多处理技巧和算法，但其核心都是基于距离，或者说基于差异。本小节将介绍计算距离的常用方法以及相关程序实现。

9.1.1　K 近邻算法

K 近邻算法是最简单的机器学习算法之一，其原理是寻找与待预测实例的各个特征最为相近的 *K* 个训练集中的样例。对于分类问题，使用投票法判定其类别，同时也可以返回该实例属于各个类别的概率；对于回归问题，可取其均值，或者使用按距离加权等方法。简而言之，K 近邻算法是根据距离实例最近的范例来判定新实例的类别或估值。

K 近邻算法的优点是对异常值不敏感、精度高，但在样本少或者噪点多的情况下会发生过拟合，且该算法需要记忆全部训练样本，空间复杂度和计算复杂度都比较高，占用资源较多。

其参数设定主要是选择计算距离的算法和 *K* 值（近邻个数）。在一般情况下，起初随着 *K* 值的增大预测效果随之提升，而提高到一定程度后效果又会下降。对于 K 近邻算法来说，调参非常关键，可以根据数据本身的特点设置参数，也可以使用自动调参方法，自动调参将在第 10 章详细介绍。

Sklearn 库支持 K 近邻算法的分类和回归，下面用一个简单的实例介绍其基本用法。

```
01  from sklearn import neighbors, datasets
02  from sklearn.model_selection import train_test_split
03
04  data = datasets.load_breast_cancer()
05  X = data.data                                 # 自变量
```

```
06  y = data.target                                   # 因变量
07  x_train,x_test,y_train,y_test = train_test_split(X,y,test_size=0.1,
    random_state=0)
08  clf = neighbors.KNeighborsClassifier(5)     # 设置近邻数为 5
09  clf.fit(x_train, y_train)                         # 训练模型
10  print(clf.score(x_test, y_test))                  # 给模型打分
11  print(clf.predict([x_test[0]]), y_test[0], clf.predict_proba([x_test[0]]))
12
13  # 返回结果：
14  # 0.894736842105
15  # [0] 0 [[ 0.6  0.4]]
```

这是本书中第一个机器学习算法的实例，通过本例程也将介绍一些常用的库和方法。Sklearn 库是 Python 最常用的机器学习工具库，包括数据处理、机器学习算法、模型验证方法，以及用于实验的一些简单的数据集。

本例中使用了 Sklearn 库自带的乳腺癌数据集，为了防止过拟合，使用 Sklearn 库提供的 train_test_split 方法将数据随机分成训练集和测试集两部分，其中测试集占 10%，random_state 设置为 0，以保证在每次运行时得到同样的切分结果，以上的准备数据集和切分数据集是较为通用的处理步骤。

下一步使用 Sklearn 库提供的 K 近邻算法，设置其近邻数为 5，并使用 fit 方法训练模型。训练之后，结果存储在 clf 模型中，接下来使用 score 方法对模型打分，score 方法的输入参数是测试集的自变量和因变量。对于分类模型，其默认的评分方法是 accuracy_score 精确度。

最后调用了预测方法 predict，它的参数是一组自变量，输出结果是对应因变量的预测结果。为简化输出，本例中只对测试集的第一个元素进行了预测。另外，对于分类模型，一般还支持 predict_proba 方法，它输出的结果是因变量属于每个分类的概率。本例为二分类问题，预测结果为 0，实际结果也为 0，其属于第 0 类的概率为 0.6，即五个近邻中有三个分类为 0。

Sklearn 库支持的所有算法基本都使用上述流程：加载数据，切分数据集，选择模型，训练、评分、预测。它们的方法名也基本相同，其核心的调用方法只有三四行代码，例程非常简单。

在实际使用时，因为有非常大的优化空间，所以往往没有这么简单。比如可以调参、设置距离计算方法，还可以选择按距离远近对近邻加权，以及去掉一些远距离点等。

由于 K 近邻算法非常简单，因此下面介绍不使用 Sklearn 库，而直接用代码实现 K 近邻算法的方法。其步骤如下：

（1）计算待预测值与每条样例的距离。

（2）按距离排序。

（3）选取距离最小的 K 个点。

（4）计算 K 点中各个类别出现的概率。

（5）返回出现概率最高的分类。

具体例程如下：

```
01  from sklearn.metrics import accuracy_score
02  from scipy.spatial import distance
03  import numpy as np
04  import operator
05
06  def classify(inX, dataSet, labels, k):
07      #S=np.cov(dataSet.T)                  #协方差矩阵，为计算马氏距离
08      #SI = np.linalg.inv(S)                #协方差矩阵的逆矩阵
09      #distances = np.array(distance.cdist(dataSet, [inX], 'mahalanobis',
        VI=SI)).reshape(-1)
10      distances = np.array(distance.cdist(dataSet, [inX], 'euclidean').reshape(-1))
11      sortedDistIndicies = distances.argsort()
                                              # 取排序的索引，用于 label 排序
12      classCount={}
13      for i in range(k):                    # 访问距离最近的 5 个实例
14          voteILabel = labels[sortedDistIndicies[i]]
15          classCount[voteILabel]=classCount.get(voteILabel,0)+1
16      sortedClassCount = sorted(classCount.items(),
17               key=operator.itemgetter(1), reverse=True)
18      return sortedClassCount[0][0]         # 取最多的分类
19
20  ret = [classify(x_test[i], x_train, y_train, 5) for i in range(len(x_test))]
21  print(accuracy_score(y_test, ret))
22  # 返回结果：0.894736842105
```

本例中的距离计算使用了欧氏距离，同时提供了计算马氏距离的实现代码（第 7 行到第 9 行，未优化）。接下来是选取邻近样例中最多的类别作为对该实例的预测，最终用 Sklearn 库中的评价函数 accuracy_score 计算预测结果的精确度，其结果与 Sklearn 库中 KNeighborsClassifier 的一致。

需要注意的是，距离计算方法需要根据具体的数据设置，虽然有些算法考虑的因素比较全面，但并不能以此推断该方法在所有情况下都能实现最优的预测效果。

9.1.2　聚类算法

无监督学习没有标签数据，仅通过数据本身的异同将数据切分成不同类别，称之为簇，

其中又以聚类算法最为常见。无监督学习的作用是从未标注的数据中学习一种新的标注方法，从而给训练数据分类，以及用该方法标注新的数据。

K-Means（K-均值）是最常见的聚类方法，其中 K 是用户指定的要创建的簇的数目，算法以 K 个随机质心（Exemplar）开始，计算每个实例到质心的距离，每个实例会被分配到距其最近的簇质心，然后基于新分配到的簇的实例更新质心（同类样本的中心点，常用均值计算），以上过程重复数次，直到质心不再改变。其中距离的计算方法一般使用欧氏距离，也可以使用其他计算距离的方法。

该算法能保证收敛到一个驻点（平稳点），但不能保证能得到全局最优解，其结果受初始质心影响较大。该算法可采用一些优化方法，如先将所有点作为一个簇，然后使用 K-Means（K=2）进行划分，在下一次迭代时，选择有最大误差的簇进行划分，重复到划分为 K 个簇为止。该算法在数据量大的情况下，计算量也随之增大，需要加入优化策略，如一开始只取部分数据计算。

对于有监督学习，一般通过比较实际标签值和预测标签值来判断模型的学习效果；对于无监督聚类，往往使用散度评价其学习效果。散度（Divergence）用于表征空间各点矢量场发散的强弱程度，给定数据矩阵 X，其散度矩阵定义如式 9.1 所示：

$$S=\sum_{i=1}^{n}(X_i-\mu)^T(X_i-\mu) \tag{9.1}$$

其中，μ 是均值，散度可以理解为各点相对于均值的发散程度。当数据集 D 被划分为多个簇 $D_1,D_2,\cdots,D_k$ 时，μ_j 为簇 D_j 的均值，S_j 为簇 D_j 的簇内散度矩阵，B 为将 D 中各点替换为相应簇均值 u_j 后的散度矩阵，也称簇间散度矩阵，计算方法如式 9.2 所示：

$$S=\sum_{j=1}^{N}S_j+B \tag{9.2}$$

无论是否划分，整体的散度 S 不变，它由各个簇内部的散度 S_j 和各均值相对于整体的散度 B 组成。聚簇的目标是增大 B，减少各个 S_j，就是让簇内部的点离均值更近、各簇间的距离更远，这类似于 F 检验中的组内差异和组间差异，可以使组内元素具有更多的共性。上述公式可以作为评价聚类质量的量度。

Sklearn 库提供 K-Means 聚类的算法支持，下例中使用 Sklearn 库自带的 make_blobs 方法生成两个维度的 X，共 100 个数据，然后用 K-Means 方法将其分为三个簇，用其中两维特征绘图，并将簇的差异用不同颜色标出。

```
01  from sklearn.datasets import make_blobs     # 数据支持
02  from sklearn.cluster import KMeans          # 聚类方法
03  import matplotlib.pyplot as plt             # 绘图工具
04
```

```
05  X,y = make_blobs(n_samples=100, random_state=150)
06  y_pred = KMeans(n_clusters=3,random_state=random_state).fit_predict(X)  # 训练
07  plt.scatter(X[:,0],X[:,1],c=y_pred)
08  plt.show()
```

运行结果如图 9.1 所示。

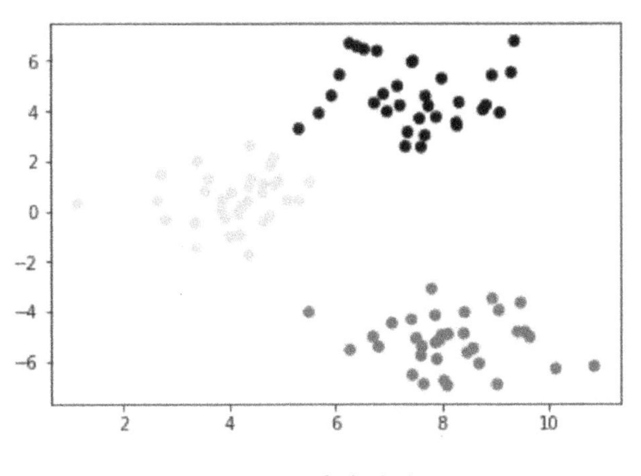

图 9.1　聚类结果

使用聚类算法需要注意以下问题：

（1）在特征较多时，最好先降维，以免无意义的数据淹没有意义的数据。

（2）在训练聚类前，最好先分析各个特征的分布情况并做标准化处理，以免值大的特征具有较大的权重。

（3）可根据先验知识，依据特征的重要程度给予不同的权重。

（4）对于无法直接分成几簇的数据，可以考虑使用核函数转换后再计算距离。

（5）聚类不仅是无监督学习方法，而且还是从现有特征中提取新特征，以及将数值型数据转换成分类型数据的方法。

本节介绍了两种基于距离的机器学习算法，它们不仅可以独立使用，而且还可以作为其他复杂算法的特征提取工具。从广义的角度看，距离即差异，有很多算法，比如线性回归、SVM 算法都可以归入基于距离的算法，下面将依次介绍。

9.2　线性回归与逻辑回归

线性模型（Linear model）也是基于距离的模型，它的核心在于依赖直线和平面处理数据。最直观的是，在二维情况下，已知一些点的 X，Y 坐标，统计条件 X 与结果 Y 的关系，

画一条直线，让直线离所有点都尽量近（点线距离之和最小），即用直线抽象地表达这些点。然后利用该直线对新的自变量 X 预测新的因变量 Y 的值，如图 9.2 所示。

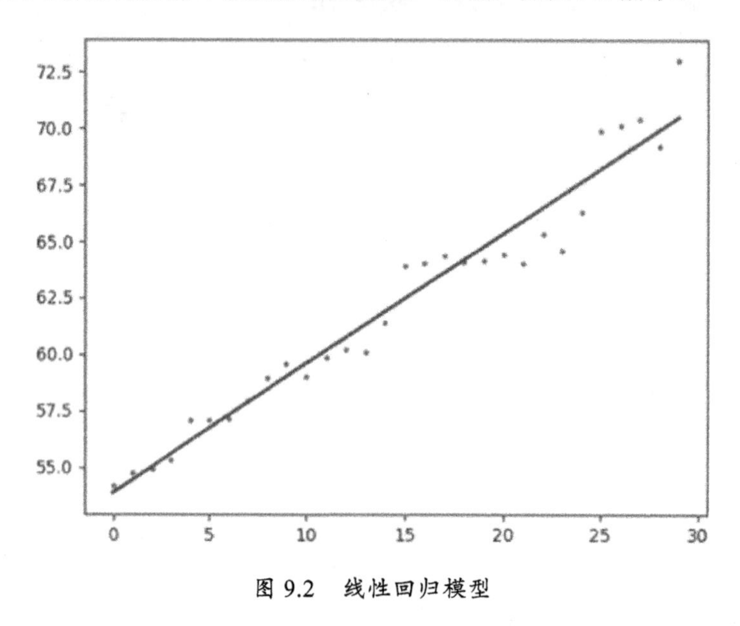

图 9.2　线性回归模型

9.2.1　线性回归

线性回归（linear regression，简称 LR），是线性模型的基础。在二维情况下，线性回归是一元线性回归（只有一个自变量），即解一元一次方程。而在实际问题中，因变量一般都是多维（求多个自变量与一个因变量的关系），为了解 N 元一次方程，就要用到在第 7 章数据分析中使用过的多元线性回归。

线性回归问题是利用数理统计中的回归分析方法，确定自变量和因变量之间的定量关系，其具体实现一般使用最小二乘法。

最小二乘法（Ordinary Least Squares，简称 OLS）的核心就是保证所有数据偏差的平方和最小（“平方”在古代称为“二乘”）。基本公式如式 9.3 所示：

$$Y = XW + e \tag{9.3}$$

其中，X 是包含多维特征的自变量，Y 是因变量，W 是参数，e 是偏差。

当有一个自变量（二维）时，用直线拟合点，直线方程如式 9.4 所示：

$$y = w_0 + w_1 x + e \tag{9.4}$$

其中，w_0 是截距，w_1 是斜率，e 是偏差。

下面推导：当有多个自变量（多特征，多元回归）时，求解参数 W 的过程。

y 的估计值 y'的计算方法如式 9.5 所示：

$$y' = w_0 + w_1x_1 + w_2x_2 \cdots \tag{9.5}$$

每个点的偏差是 $e = y - y'$，所有点的偏差的平方和如式 9.6 所示：

$$M = \sum_{i=1}^{n}(y_i - y_i')^2 = \sum_{i=1}^{n}(y_i - w_0 - w_1x_{i1} - w_2x_{i2}\cdots)^2 \tag{9.6}$$

当偏差的平方和 M 最小时，直线拟合效果最好，此时已知训练集的各个自变量 X 和因变量 y，求解回归系数 W，以便将 y 表示成多个自变量 X 的线性组合。具体方法：求 M 对各个 w 的偏导，偏导为 0 处是极值点（误差 M 最小的点），如式 9.7 所示：

$$\begin{cases} \dfrac{\partial M}{\partial w_0} = -2\sum_{i=1}^{n}(y_i - w_0 - w_1x_{i1} - w_2x_{i2}\cdots) = 0 \\ \cdots \\ \dfrac{\partial M}{\partial w_j} = -2\sum_{i=1}^{n}(y_i - w_0 - w_1x_{i1} - w_2x_{i2}\cdots)x_{ij} = 0 \end{cases} \tag{9.7}$$

右侧展开，如式 9.8 所示：

$$\begin{cases} nw_0 + \sum x_{i1}w_1 + \sum x_{i2}w_2 + \cdots = \sum y_i \\ \cdots \\ \sum x_{ip}w_0 + \sum x_{ip}x_{i1}w_1 + \sum x_{ip}x_{i2}w_2 + \cdots = \sum x_{ip}y_i \end{cases} \tag{9.8}$$

写成矩阵形式，如式 9.9 和式 9.10 所示：

$$X'XW = X'Y \tag{9.9}$$

$$W = (X'X)^{-1}X'Y \tag{9.10}$$

使用上述公式即可计算出回归系数 $W(w_1, w_2, w_3\cdots)$ 的值。预测时，将回归系数和自变量代入公式，即可得到预测值 y'，一般用矩阵乘法实现。

最小二乘法的程序实现如下例所示。

```
01  import numpy as np
02  import matplotlib.pyplot as plt
03
04  def train(xArr,yArr):                      # 训练模型
05      m,n = np.shape(xArr)
06      xMat = np.mat(np.ones((m, n+1)))       # 加第一列设为1，用于计算截距
07      x = np.mat(xArr)
08      xMat[:,1:n+1] = x[:,0:n]
09      yMat = np.mat(yArr).T
10      xTx = xMat.T*xMat
```

```
11      if np.linalg.det(xTx) == 0.0:       #行列式的值为 0，无逆矩阵
12         print("This matrix is sigular, cannot do inverse")
13         return None
14      ws = xTx.I*(xMat.T*yMat)
15      return ws
16
17   def predict(xArr, ws):                  # 预测
18      m,n = np.shape(xArr)
19      xMat = np.mat(np.ones((m, n+1)))    # 加第一列设为 1，用于计算截距
20      x = np.mat(xArr)
21      xMat[:,1:n+1] = x[:,0:n];
22      return xMat*ws
23
24   if __name__ == '__main__':
25      x = [[1], [2], [3], [4]]
26      y = [4.1, 5.9, 8.1, 10.1]
27      ws = train(x,y)
28      if isinstance(ws, np.ndarray):
29         print(ws)                        # 返回结果：[[2.  ] [2.02]]
30         print(predict([[5]], ws))        # 返回结果：[[12.1]]
31         plt.scatter(x, y, s=20)          # 绘图
32         yHat = predict(x, ws)
33         plt.plot(x, yHat, linewidth=2.0)
34         plt.show()
```

程序运行结果如图 9.3 所示。

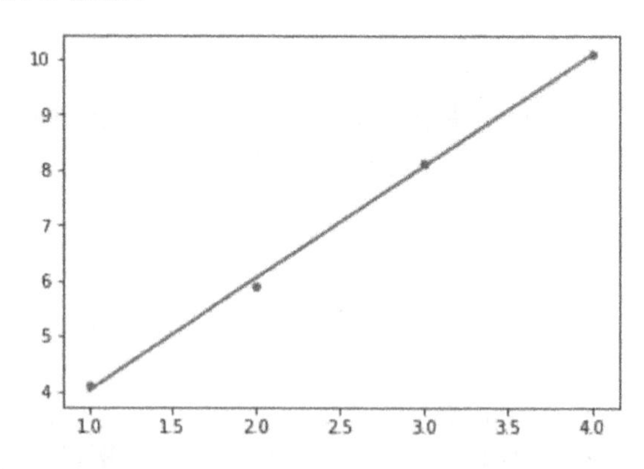

图 9.3　用最小二乘法实现线性回归

注意：回归系数的个数比特征多一个，以便用于表示截距。在 Sklearn 库中也这样，不同的是其截距存储在 intercept_中，其他存储在 coef_中。

使用 Sklearn 库提供的线性回归方法，例程如下（延用上例中的数据）：

```
01   from sklearn import linear_model
02   model = linear_model.LinearRegression()
03   model.fit(x, y)      # 训练模型
04   print(model.intercept_, model.coef_)
                          # 返回结果：(2.0000000000000018, array([2.02]))
05   print(model.predict([[5]])) # 返回结果：[12.1]
```

9.2.2　逻辑回归

逻辑回归（Logistic regression），也称逻辑斯蒂回归。在有监督学习中，回归是预测具体的值。而此处的“逻辑回归”是一种分类方法，逻辑是指其处理结果是逻辑值 0 或 1，即解决二分类问题，而回归指的是它的基础算法是线性回归。

与线性回归不同的是，逻辑回归的 Y 是分类 0 或 1，而不是具体数值，它也是线性模型的扩展。如图 9.4 所示，它的原理是用一条直线（以二维空间为例），将空间中的实例分成 0 或 1 两个类别。

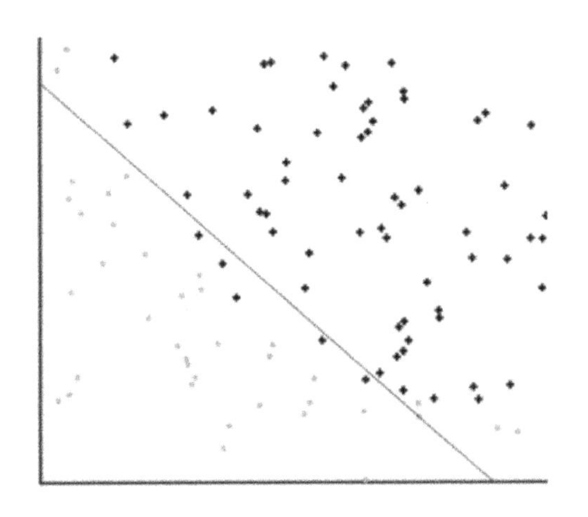

图 9.4　逻辑回归示意图

把具体值转换成类别的方法：对于二分类常使用 Sigmoid 函数，对于多分类常使用 Softmax 方法，Softmax 方法是 Sigmoid 函数的扩展。

Sigmoid 函数，也称 S 型函数，是数值和逻辑值间转换的工具。如图 9.5 所示，它把 X 从负无穷到正无穷映射到 y 轴的 0 到 1 之间。很多时候需要求极值，而因为 0,1 分类是不连续的，不可导，所以要用一个平滑的函数拟合逻辑值。Sigmoid 公式如式 9.11 所示：

$$S(x)=\frac{1}{1+e^{-x}} \tag{9.11}$$

以下为用 Python 程序实现 Sigmoid 函数，并绘制 Sigmoid 曲线：

```
01   import numpy as np
02   import matplotlib.pyplot as plt
03   def sigmoid(x):                        # S 型函数实现
04       return 1.0 / (1.0 + np.exp(-x))
05   x = np.arange(-10,10,0.2)              # 生成-10～10，间隔为 0.2 的数组
06   y = [sigmoid(i) for i in x]
07   plt.grid(True)                         # 显示网格
08   plt.plot(x,y)
```

程序绘制出的 Sigmoid 曲线，如图 9.5 所示。

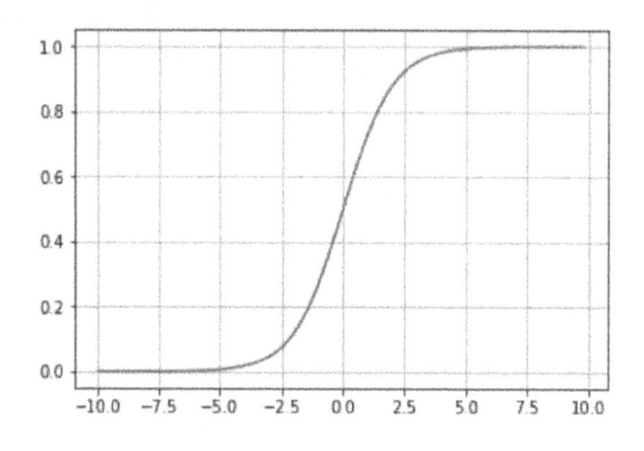

图 9.5 Sigmoid 曲线

与线性回归类似，Sklearn 库也实现了逻辑回归方法 LogisticRegression，以供开发者直接使用，具体使用方法请参考线性回归，此处不再详细介绍。

线性模型的优点是理解和计算都相对简单，缺点是无法解决非线性问题，或者说需要先将其转换成线性问题后，再求解。

9.3 支持向量机

支持向量机（Support Vector Machine，简称 SVM），属于广义的线性模型。线性模型可依据平面（多维）或直线（一维/二维）来理解，例如逻辑回归模型就是用一条直线将两个类别的数据分开，如图 9.6 所示。

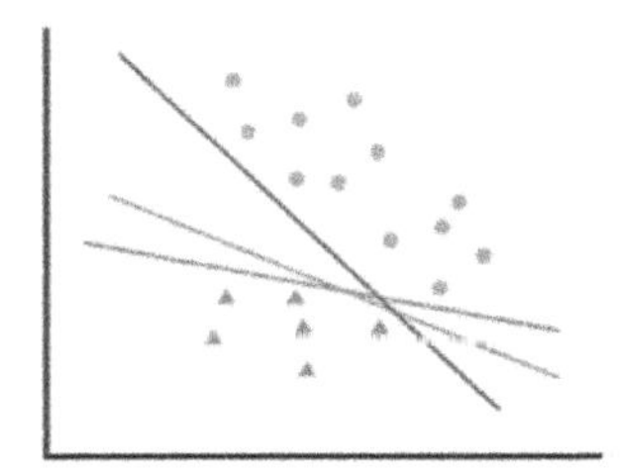
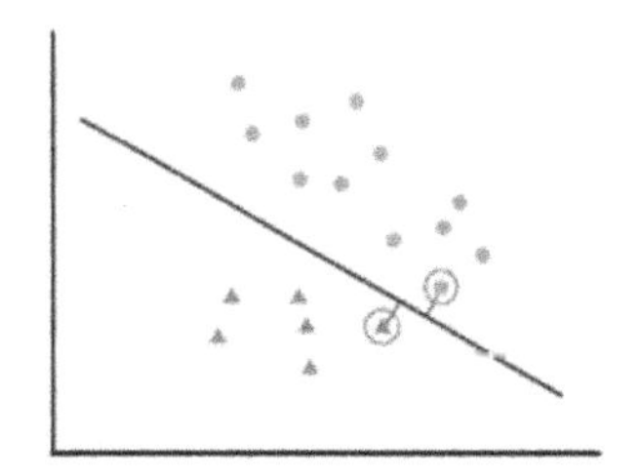

图 9.6　线性模型原理

能将两类分开的直线不止一条（图 9.6 的左图），而我们通常希望找到离两组数据都最远的那条线（中间线），以便取得更好的泛化效果，即图 9.6 右图中所示的极大边距分类器。一般把用于分类的直线（或多维中的面）称为决策面，把离决策面最近的那些点（训练实例）称为支持向量，也就是图 9.6 右图中圈中的点。

有时会遇到无法用直线分类的情况，如图 9.7 所示。

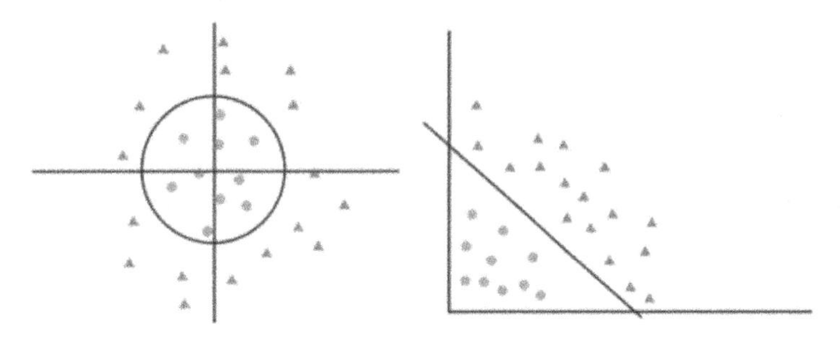

图 9.7　广义线性分类

其中图 9.7 中的左图可以用圆环划分，图 9.7 中的右图展示了同样的数据。在对其各特征值取平方并变换到新的特征空间后，数据变成了线性可分。将数据从线性不可分转成线性可分的函数称为核函数，转换的方法称为核技巧（这里使用了平方操作，核函数也常把数据从低维映射到高维）。由于需要把原始模型转换成线性模型，再进一步操作，因此称之为“广义线性模型”。

综上，相对于基本线性模型，支持向量机模型主要有两方面的扩展：一方面是考虑分类时的最大边距，另一方面是使用核函数把线性不可分的数据转换成线性可分的数据。

1. 求解线性方程

使用 SVM 分类器，即求取能把数据正确分类的直线（或平面），并使得边界两边的各个点离边界最远。为了简化问题，我们只需考虑离分割线最近的数据点（支持向量），于是就转换为求点到直线距离的问题。

点(x_0,y_0)到直线 $Ax+By+C=0$ 的距离公式如式 9.12 所示：

$$d=\left|\frac{Ax_0+By_0+C}{\sqrt{A^2+B^2}}\right| \tag{9.12}$$

其中，直线 $Ax_0+By_0+C=0$ 也可写成 $y=ax+b$ 或 $ax-y+b=0$，如式 9.13 所示：

$$ax-y+b=(a,-1)\begin{pmatrix}x\\y\end{pmatrix}+b=0 \tag{9.13}$$

若用 w 代替$(a,-1)$，用 x 代替向量$\begin{pmatrix}x\\y\end{pmatrix}$，则有 $wx+b=0$。

在多维的情况下，一般使用 $wx+b$ 描述决策面。其中，w 是权向量，决定了决策面的方向；b 是偏置，决定了决策面的位置。

求某点 x_0 到决策面 $wx+b$ 的距离，代入距离公式得到式 9.14：

$$d=\frac{|wx_0+b|}{\|w\|} \tag{9.14}$$

之后求具体的 w 和 b 值使距离 d 最小。可以看成，在$|wx+b|$的条件下，求$\|w\|$的最小值，即求带条件的最小值，这里使用到拉格朗日乘子方法。

拉格朗日乘子用于寻找多元变量在一个或者多个限制条件下的极值点，如求函数 $f(x_1,x_2,\cdots)$ 在 $g(x_1,x_2,\cdots)=0$ 约束条件下的极值。其主要思想是将约束条件函数与原函数联系到一起生成等式方程，如式 9.15 所示：

$$L(x,\lambda)=f(x)+\lambda\times g(x) \tag{9.15}$$

其中，λ 为拉格朗日乘子，该公式把带条件的求极值化简成不带条件的求极值。

在极值点处分别对 x 和 λ 求导。这里引入了 λ，把求解 w 变成求解 λ。从而求出在距离为最小值的情况下 λ 的取值，然后求 w，不断迭代，最终确定直线的参数。而其中 λ 不为 0 的点又正好是支持向量（只有不为 0 的点是该直线的限定条件），这样同时求得了支持向量和分割线。

2. 松弛变量

由于数据可能不是 100%线性可分，因此引入了松弛变量。它是允许变量处于分隔面的错误一侧的比例。

松弛变量一般用惩罚系数 C 设置，C 值越大对误分类的惩罚越大（越不允许松弛），趋向于对训练集全分对的情况，这样在对训练评价时的准确率很高，但泛化能力弱。C 值越小对误分类的惩罚越小，越允许出错，将分错的实例当成可接受的噪声点，泛化能力较强，但可能影响整体准确率。

3. 维度变化与核函数

低维不可分的数据转换成高维可分的原理：*N* 个点在 *N*-1 维一定是可分的，就如同只要决策树的叶子够多，在训练集中一定能保证正确率。PCA 降维和核函数升维都是对数据的映射，即转换了视角，但数据内部关系不变。

核函数的用途很广泛，SVM 只是其中的一种使用场景。SVM 中常用的核函数有线性、多项式、径向基、Sigmoid 曲线等。

4. 用途

SVM 是基于距离的模型（根据距离远近判断相似性），一般处理数值型特征，常用作分类器，是有监督学习方法。

从数据存储角度看，有的算法要保留全部数据，如 KNN；有的完全不保留数据，如决策树；而 SVM 保留一部分数据——支持向量（边界附近的点比其他点更重要），这样既能减少数据存储量，被保存的数据又有具体的意义。

SVM 的优点是泛化错误率低、开销不大、易解释，综合了参数化模型和非参数化模型的优点。需要注意的是，它对参数和核函数的选择比较敏感。

在神经网络大规模应用之前，SVM 是一种非常流行的算法，尤其是在没有领域相关先验知识的情况下，它是不用人工干预就能很好工作的分类器。

5. 例程

本例中使用 Sklearn 库自带的鸢尾花数据集做多分类预测，模型使用了 Sklearn 库中的 SVC 支持向量机分类器，试用了两种核函数：高斯核和线性核，并作图显示出了数据的前两维向量以及支持向量（图中深色点）。

```
01  from sklearn import svm
02  from sklearn.model_selection import train_test_split
03  from sklearn.datasets import load_iris
04  import matplotlib.pyplot as plt
05
06  iris=load_iris()
07  X = iris.data  # 获取自变量
08  y = iris.target  # 获取因变量
09  X_train, X_test, y_train ,y_test = train_test_split(X,y,test_size=0.2,
```

```
          random_state=0)
10   clf = svm.SVC(C=0.8, kernel='rbf', gamma=1)    # 高斯核，松弛度为 0.8
11   #clf = svm.SVC(C=0.5, kernel='linear')         # 线性核，松弛度为 0.5
12   clf.fit(X_train, y_train.ravel())
13
14   print('trian pred:%.3f' %(clf.score(X_train, y_train)))# 对训练集打分
15   print('test pred:%.3f' %(clf.score(X_test, y_test)))    # 对测试集打分
16   print(clf.support_vectors_)     # 支持向量列表，从中看到切分边界
17   print(clf.n_support_)           # 每个类别支持向量的个数
18
19   plt.plot(X_train[:,0], X_train[:,1],'o', color = '#bbbbbb')
20   plt.plot(clf.support_vectors_[:,0], clf.support_vectors_[:,1],'o')
```

程序输出如图 9.8 所示。

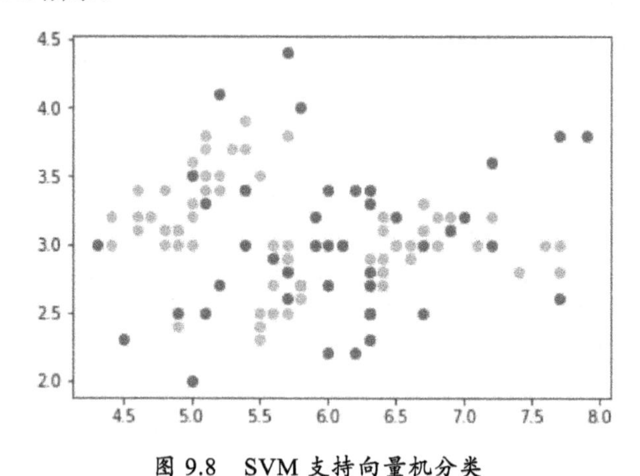

图 9.8　SVM 支持向量机分类

9.4　信息熵和决策树

前面介绍了基于距离的几种模型，本节将介绍基于逻辑的模型，常用的有树模型和规则模型。

树模型及基于树模型的复杂模型，几乎占据了机器学习领域的半壁江山。决策树（Decision Tree）是通过一系列的判断达到决策的方法。它可用于分类（二分类、多分类）、回归，是有监督学习算法。当前流行的随机森林、梯度迭代决策树等算法都是基于决策树的算法。

决策树的优势在于复杂度低，简单直观，容易理解，对缺失不敏感；可以生成规则；能

处理非线性问题；支持离散和连续型数据，可用于分类和回归。其缺点是容易过拟合，启发式的贪心算法不能保证建立全局最优解。

先举一个简单的实例：假设因变量是“是否购买房屋”，自变量是年龄 Age、是否有工作 Has_job、是否已有房屋 Own_house、信贷评级 Credit_rating 四个特征。树的各个分叉点是对属性的判断，叶子是各分枝的实例个数，如图 9.9 所示。

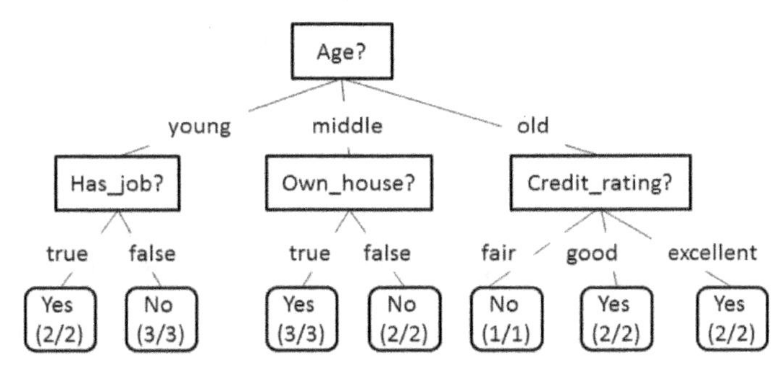

图 9.9　决策树示意图

图 9.9 是简单的分类树，只使用了两层，每个叶子节点都得到了一致的结果（如 2/2）。如果结果不一致，则会使用其他特征继续分裂，直到特征用完，或分支下得到一致的结果，或者满足一定停止条件（如事先设定树的最大层数）。对于有歧义的叶子节点，一般用多数表决法。常用剪枝的方法来避免决策树的过拟合。

决策树的原理看起来非常简单，但在属性值和实例较多的情况下，计算量也非常大，因此需要采用一些优化算法来判断哪些属性会带来明显的差异。此时，会用到信息量的概念。

9.4.1　信息量和熵

1. 信息量

在一般情况下，意外越大，越不可能发生；概率越小，信息量越大，即信息越多。比如“今天肯定会天黑”，其实现概率为 100%，说与不说没有差异，即信息量为 0；如果有人说“今天天有异象，不会天黑”，这是个小概率事件，则信息量很大。信息量计算公式如式 9.16 所示：

$$I=\log_2\left(\frac{1}{p}\right)=\log_2(p^{-1})=-\log_2(p) \tag{9.16}$$

其中，$\log_2$ 是以 2 为底的对数，p 是事件发生的概率。为了让读者有更直观的认识，举例如下：在掷骰子时每个数出现的概率都有 1/6，即 $\log_2(6)=2.6$。如果要描述 1～6 的全部可能性，则二进制需要 3 位（3>2.6）。抛硬币正反面各有 1/2 的可能性，即 log(2)=1，故用 1 位二进制即可描述。相比之下，掷骰子的信息量更大。

2. 熵

熵是信息量的期望值，描述的也是意外程度，即不确定性。熵的计算公式如式 9.17 所示：

$$E(S)=-\sum_{i=1}^{n}p_i\times\log_2(p_i) \tag{9.17}$$

从公式可以看出：$0<E(S)\leqslant\log_2(m)$，m 是分类个数，$\log_2(m)$是各类别均匀分布时的熵。二分类熵的取值范围是[0,1]，其中 0 是非常确定，1 是非常不确定。

当分类越多时，信息量越大，熵也越大（可以对比抛硬币和掷骰子）。如图 9.10 所示，由于图 C 将点平均分成 5 类（其熵为 2.32），图 B 将点平均分成两类（熵为 1），因此看起来图 C 更复杂，更不容易被分类，熵也更大。

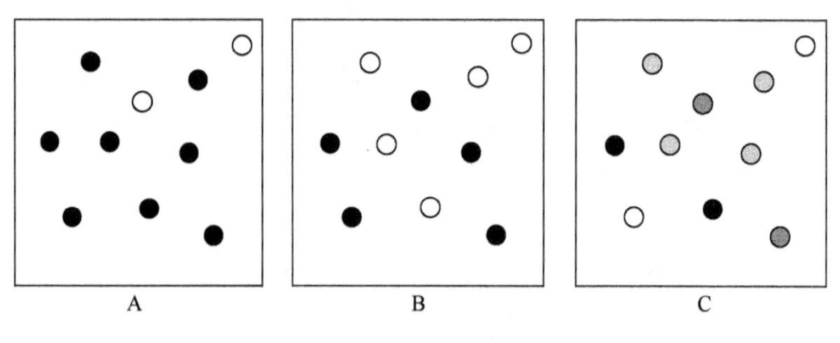

图 9.10　信息熵对比图

另外，分类越平均，熵越大。图 B（熵为 1）比图 A（熵为 0.72）更复杂，更不容易被分类，熵也更大。

3. 信息增益

信息增益（Information Gain）是信息熵的差值，其计算公式如式 9.18 所示：

$$\text{Gain}(S,A)=E(S)-E(S,A) \tag{9.18}$$

其中，S 的信息熵为 $E(S)$，在使用了条件 A 之后，其变成了 $E(S,A)$，因此条件引起的变化是 $E(S)-E(S,A)$，即信息增益（描述的是变化量）。好的条件 A 是信息增益越大越好，即变化后熵越小越好。因此，在决策树分叉时，应优先使用信息增益最大的属性，这样既降低了复杂度，也简化了之后的逻辑。

下面举例说明：假设使用 8 天股票数据为实例，以次日涨/跌作为目标分类，实心为涨，空心为跌，如图 9.11 所示。

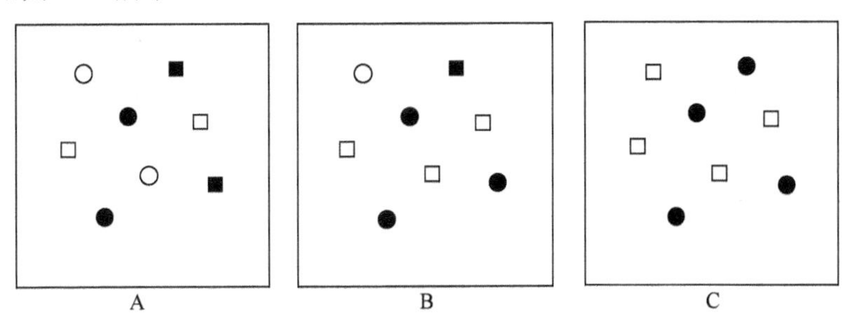

图 9.11　不同的信息增益

涨跌的概率比为 50%∶50%（二分类整体熵为 1），图 9.11 描述了三种特征分别将样本分为两类：方和圆，每一类四个。图 A 中在特征为方或圆时涨跌比例各自为 50%∶50%（条件熵为 1，信息增益为 0）。图 B 中方出现时的涨跌比例为 25%∶75%，圆出现时的涨跌比例为 75%∶25%(条件熵为 0.81，信息增益为 0.19)。图 C 中方出现时的涨跌比例为 0∶100%，圆出现时的涨跌比例为 100%∶0（条件熵为 0，信息增益为 1）。

我们想要寻找的特征是可直接将样本分成正例和反例的特征，如图 C 中圆一旦出现，第二天必大涨，而最无用的图 A 分类后与原始数据中正反比例相同。虽然图 B 不能完全确定，但也使我们知道当图 B 中的圆出现后，很可能上涨，因此也带有一定的信息增益。

使用奥卡姆剃刀原则：如无必要，勿增实体，即在不确定是否是有效的条件时暂时不要加入树，以求建立最小的树。比如，如果特征 *X*（代表当日涨幅）明显影响第二天的涨跌，则优先加入；对于特征 *Y*（代表当天的成交量），当单独考虑 *Y* 时，可能无法预测第二天的涨跌，但如果考虑当日涨幅 *X* 等因素之后，成交量 *Y* 就可能变为一个重要的条件，则后加 *Y*。

对于特征 *Z*（邻居老王是否购买该股票），当单独考虑 *Z* 时，无法预测，但在考虑所有因素之后，Z 的作用仍然不大，则属性 *Z* 最终被丢弃。综上所述，其策略是先选出有用的特征，将不确定是否有效的特征放在后面考虑。

4. 熵的作用

熵不只是决策树中的一种算法，也是一种思考方式。例如，当正例与反例为 99∶1 时，全选正例的正确率也有 99%，但这并不能说明算法优秀，这就如同在牛市中盈利并不能说明操作水平高；当目标为二分类时，随机取值的正确率是 50%；若是分为三类，随机取值的正确率则为 33%，这也并不能说明分类效果变差了。在评价算法的准确率时，以上因素都要考虑在内。在组合多个算法时，一般也应该选择信息增益大的先处理。

在决策树中，利用熵可以有效地减小树的深度。计算每种特征的熵，然后优先选择熵小的、信息增益大的（如图 9.11 中图 C 的方案）依次划分数据。熵算法可以作为决策树的一部分单独使用，也可以用于计算特征的重要性。

下面的 Python 程序可以用于计算信息熵，也可以计算不同自变量对因变量取值的影响。

```
01  import math
02  def entropy(*c):
03      if(len(c)<=0):
04          return -1
05      result = 0
06      for x in c:
07          result+=(-x)*math.log(x,2)
08      return result;
09  print(entropy(0.99,0.01))
10  # 返回结果: 0.0807931358959
11  print(entropy(0.5,0.5))
12  # 返回结果： 1.0
13  print(entropy(0.333,0.333,0.333))
14  # 返回结果： 1.58481951167
```

9.4.2　决策树

生成决策树一般包含两个步骤：生成树和树剪枝。生成树主要是选择分枝节点生成树结构，常用的方法有 ID3，C4.5，CART 等。

上面介绍的信息熵的方法属于选择分枝节点技术，主要用于处理自变量和因变量都为离散数据的情况，而使用信息增益最大的特征做切分点，即 ID3 方法。

ID3 方法的缺点是它会优先选择特征为多分类的变量分裂，这是因为类别越多熵越大。而 C4.5 方法改进了这一问题，它用信息增益比率（Gain ratio）作为选择分支的准则，同时还通过将连续数据离散化解决了 ID3 方法中不能处理连续特征的问题。在具体操作时，先对连续特征的取值排序并将其中各个值作为切分点，相对比较复杂，因此使用 C4.5 方法需要更大的运算量。

CART（Classification and Regression tree）方法，即分类回归树方法。顾名思义，它同时支持分类和回归两种决策树。在使用 CART 方法分类时，要使用基尼（Gini）指数来选择最好的数据分割特征，其中基尼指数描述的是纯度，与信息熵的含义相似。CART 方法中的每一次迭代都会降低基尼指数，回归时将比较不同分裂方法的均方差作为分裂依据。另外，

CART 方法还改进了其剪枝策略。

决策树一般都需要剪枝操作。一方面是由于理想的决策应保证简捷，即在保证正确率的情况下，尽量使深度最小、节点最少。另一方面，剪枝也可以减小过拟合。

剪枝又分为前剪枝和后剪枝。前剪枝是在树的分裂过程中，通过事先定义规则来决定树何时停止分裂，如设定树的最大深度、同一节点以下数据误差范围、叶节点最小实例个数等。后剪枝是先构造整个决策树，然后处理叶子结点置信度不够的子树。后剪枝相对前剪枝更为常用，具体方法包括错误率降低剪枝 REP（Reduced-Error Pruning）、悲观错误剪枝 PEP（Pesimistic-Error Pruning）、代价复杂度剪枝 CCP（Cost-Complexity Pruning）等方法。

本例除了使用 Sklearn 机器学习库，还使用了绘图库 pydotplus 及其底层的 graphviz 工具，一起把决策树绘制成图片。软件安装方法如下：

```
01  $ sudo pip install pydotplus
02  $ sudo apt-get install graphviz
```

例程使用了 Sklearn 库自带的鸢尾花数据集，目标是根据花萼长度（sepal length）、花萼宽度（sepal width）、花瓣长度（petal length）、花瓣宽度（petal width）这四个特征来识别出鸢尾花属于山鸢尾（iris-setosa）、变色鸢尾（iris-versicolor）和维吉尼亚鸢尾（iris-virginica）中的哪一种类型，属于多分类问题。例程中使用了 Sklearn 库自带的决策树分类器实现分类功能，并将决策树绘制成图保存在当前目录下的 a.jpg 文件中。

```
01  from sklearn.datasets import load_iris          # 鸢尾花数据集
02  from sklearn.model_selection import train_test_split # 切分数据集工具
03  from sklearn import tree                        # 决策树工具
04  import pydotplus                                # 作图工具
05  import StringIO
06  iris=load_iris()
07  X = iris.data                                   # 获取自变量
08  y = iris.target                                 # 获取因变量
09  X_train, X_test, y_train ,y_test = train_test_split(X,y,test_size=0.2,
    random_state=0)
10  clf = tree.DecisionTreeClassifier(max_depth=5)
11  clf.fit(X_train,y_train)                        # 训练模型
12  print("score:", clf.score(X_test,y_test))       # 模型打分
13  # 生成决策树图片
14  dot_data = StringIO.StringIO()
15  tree.export_graphviz(clf,out_file=dot_data,
16                       feature_names=iris.feature_names,
17                       filled=True,rounded=True,
18                       impurity=False)
19  graph = pydotplus.graph_from_dot_data(dot_data.getvalue())
```

```
20   open('a.jpg','wb').write(graph.create_jpg())   # 保存图片
```

生成的决策树逻辑图，如图 9.12 所示。

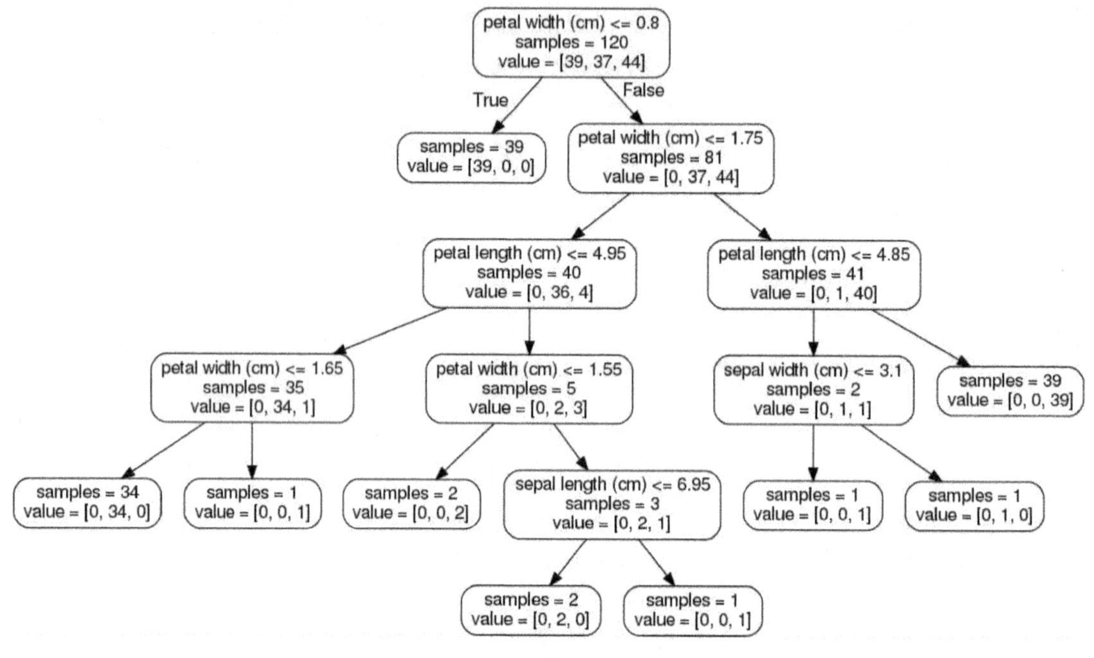

图 9.12　决策树逻辑图

使用 Sklearn 库的树模型训练后，对测试集打分，默认评价函数是准确率 Accuary。如果数据集中包含大量无意义的数据，则评分结果可能不是很高。但是从图的角度看，如果某一个叶子节点的实例足够多，且分类一致，则有时也可以把这个判断条件单独拿来使用。Sklearn 库的树工具除了分类也提供了树回归模型。

在使用决策树模型时，最终得到的不仅是用于预测的模型，而且还可以通过模型查看树中的具体规则。而树的逻辑本身也是从无序到有序的分裂过程。

9.5 关联规则

使用决策树分类模型经常遇到的问题：当数据并不完全可分时，模型效果并不好。而实际的数据经常是这样：各种无意义的数据和少量有意义的数据混杂在一起，无意义的数据又无规律可循，无法统一去除。

例如，由于股票和外汇市场受各种因素的影响，因此预测次日涨跌的各种算法的效果都

不好。虽然无法找到通用的规律，但前人却在数据中探索到了一些模式，如十字星、孕线、三只乌鸦等组合，它们对特定情况具有一定的预测性。

在决策树算法中，也会遇到同样的情况：虽然模型整体得分不高，但在某些叶节点上纯度高（全是正例或全是反例）并且实例多，这时就可以单独取出该分枝作为规则。这虽然不能预测任意数据，但可以作为过滤器使用。

由于大多数的规则是由人来手工定义的，因此程序员常常需要将一些已有的知识程序化作为筛选和判断的方法。例如，对于“抢红包”活动的反作弊方法，往往先由人总结规律，然后将其程序化。当人的经验足够丰富、规则足够多时，其效果往往也不错。

本节将介绍规则模型，即使用机器学习的方法在海量数据中寻找规则。规则模型和决策树同属逻辑模型，不同的是决策树对正例和反例同样重视，而规则模型只重视其中的一项。因此，决策树呈现的是互斥关系；而规则模型允许重叠，结果是相对零散的规则列表，其更像在大量数据中挑选有意义的数据。

如果说树是精确模型，那么规则模型则是启发式策略（虽然经过修改也能覆盖所有实例，但一般不这样使用）。它可以找到数据集中的一个子集，相对于全部数据，该子集有明显的意义。规则模型多用于处理离散数据，如在文本中查找频繁单词、提取摘要、分析购物信息等。

规则模型具体有两种实现方法：一种是找规则，使其覆盖同质（全真或全假）的样本集（和树类似）；另一种是选定类别，找覆盖该类别实例样本的规则集。

关联规则（Association Rules）是反映一个事物与其他事物之间相互依存性和关联性的方法，使用它可以挖掘有价值的特征之间的相关关系。关联规则的经典案例：挖掘啤酒和尿布之间的关联，即通过对购物清单的分析，发现看似毫无关系的啤酒和尿布经常在用户的购物车中一起出现，这时就可以通过挖掘出啤酒、尿布这个频繁项集，当用户买了尿布时向他推荐啤酒，从而实现组合营销的目的。

本节将介绍两种基于关联规则的无监督学习算法：Apriori 和 FP-growth。

9.5.1　Apriori 关联规则

用 Apriori 关联规则实现的频繁项集挖掘算法是最基本的规则模型。Apriori 在拉丁语中的意思是“来自以前”，算法的目标是找到出现频率高的简单规则。

Apriori 关联规则的原理：如果某个项集是频繁的，那么它的所有子集也是频繁的；反之，如果一个项集是非频繁的，那么它的子集也是非频繁的。例如，如果啤酒和尿布常常同时出现，则啤酒单独出现的概率也很高；反之，如果这个地区的人极少喝啤酒，则啤酒和尿布的组合也不会常常出现。

具体算法：生成单个物品列表，先去掉频率低于支持度（物品出现的最低频率）的项，再组合两个物品，去掉低于支持度的，以此类推，求出频繁项集，然后在频繁项集中抽取关联规则。算法的输入是大量可能相关的数据组合、支持度和置信度，输出的是频繁项集或关联规则。

Apriori 关联规则的优点是易于理解；缺点是计算量大，如果共有 N 件物品，则计算量是 2^{N-1}。这在特征较多或特征的状态过多时，都会导致大量计算。

Apriori 关联规则涉及的相关概念：

（1）支持度：数据集中包含该项集的记录所占的比例。

（2）置信度：同时支持度除以部分支持度，即纯度。

（3）频繁项集：经常同时出现的物品的集合。

（4）关联规则：两种物品间可能存在很强的关系，比如 A,B 同时出现，如果 A->B，则 A 称为前件，B 称为后件。如果 A 发生的概率为 50%，而 AB 的概率为 25%，则 A 不一定引发 B，但如果 AB 发生的概率为 49%，则可认为 A->B。

下面以购物为例，从多次购物数据中取频繁项集，并显示各组合的支持度。首先，使用 load 函数读取购物数据，数据存储在二维数组中，每行视为一次购物。然后定义 create_collection 函数将每种商品作为一个集合放入列表，构建初始组合。

```
01  from numpy import *
02
03  def load():
04      return [['香蕉','苹果','梨','葡萄','樱桃','西瓜','芒果','枇杷'],
05              ['苹果','菠萝' ,'梨','香蕉','荔枝','芒果','橙子'],
06              ['菠萝','香蕉','橘子','橙子'],
07              ['菠萝','梨','枇杷'],
08              ['苹果','香蕉' ,'梨','荔枝','枇杷','芒果','香瓜']]
09
10  # 创建所有物品集合
11  def create_collection_1(data):
12      c = []
13      for item in data:
14          for g in item:
15              if not [g] in c:
16                  c.append([g])
17      c.sort()
18      return list(map(frozenset, c))
```

接下来定义 check_support 函数计算每种组合的支持度，并判断是否大于设置的最小支持度。如果满足条件则加入列表，同时用字典的方式返回各种组合的支持度。

```
01  def check_support(d_list, c_list, min_support):
02      # d_list 是购物数据，c_list 是物品集合，support 是支持度
03      c_dic = {}                                # 组合计数
04      for d in d_list:                          # 每次购物
05          for c in c_list:                      # 每个组合
06              if c.issubset(d):
07                  if c in c_dic:
08                      c_dic[c]+=1               # 组合计数加 1
09                  else:
10                      c_dic[c]=1                # 将组合加入字典
11      d_count = float(len(d_list))              # 购物次数
12      ret = []
13      support_dic = {}
14      for key in c_dic:
15          support = c_dic[key]/d_count
16          if support >= min_support:            # 判断支持度
17              ret.append(key)
18          support_dic[key] = support            # 记录支持度
19      return ret, support_dic                   # 返回满足支持率的组合和支持度字典
```

下一步，用 create_collection_n 函数建立多个商品组合，参数 k 用于设置组合中商品的个数，此函数只创建组合，而不做任何筛选和判断。

```
01  def create_collection_n(lk, k):
02      ret = []
03      for i in range(len(lk)):
04          for j in range(i+1, len(lk)):
05              l1 = list(lk[i])[:k-2];
06              l1.sort()
07              l2 = list(lk[j])[:k-2]
08              l2.sort()
09              if l1==l2:
10                  ret.append(lk[i] | lk[j])
11      return ret
```

最后是核心函数 apriori 和主程序调用，apriori 函数依次创建从一个商品到多个商品的组合，并判断各个组合是否满足支持度。如果满足则加入返回列表，同时返回所有商品组合的支持度字典。

```
01  def apriori(data, min_support = 0.5):
02      c1 = create_collection_1(data)
```

```
03        d_list = list(map(set, data))        # 将购物列表转换成集合列表
04        l1, support_dic = check_support(d_list, c1, min_support)
05        l = [l1]
06        k = 2
07        while (len(l[k-2]) > 0):
08            ck = create_collection_n(l[k-2], k)      # 建立新组合
09            lk, support = check_support(d_list, ck, min_support)
                                                  # 判断新组合是否满足支持率
10            support_dic.update(support)
11            l.append(lk)                        # 将本次结果加入整体
12            k += 1
13        return l, support_dic
14
15    if __name__ == '__main__':
16        data = load()
17        l,support_dic = apriori(data)
18        print(l)
19        print(support_dic)
20    # 返回结果：
21    # [[frozenset({'枇杷'}), frozenset({'梨'}), ... , frozenset({'芒果', '
    苹果', '香蕉'})], [frozenset({'苹果', '梨', '香蕉', '芒果'})], []]
22    # {frozenset({'枇杷'}): 0.6, frozenset({'梨'}): 0.8, ... , frozenset({'
    苹果', '梨', '香蕉', '芒果'}): 0.6}
```

9.5.2 FP-Growth 关联分析

FP 是 Frequent Pattern 的缩写，代表频繁模式，可将其看作 Apriori 的加强版。FP-Growth 算法比 Apriori 算法的速度快，性能提高在两个数量级以上，在大数据集上表现更佳。和 Apriori 算法多次扫描原始数据相比，FP-Growth 算法则只需扫描两遍原始数据，并把数据存储在 FP 树结构中。

FP 树以树的方式构建，与搜索树不同的是，FP 树中的一个元素项可以出现多次。另外，FP 树会存储项集出现的频率，每个项集以路径的方式存储在树中，存在相似元素的集合会共享树的一部分，只有当集合之间完全不同时，树才会分叉。

除了树，FP-Grouth 还维护索引表（Header table），即把所有含相同元素的节点组织成列表，以便查找。

其具体算法是先构建 FP 树，然后从 FP 树中挖掘频繁项集。

（1）收集数据。数据是五次购物的清单（记录），如表 9.1 中“购物项”列所示。

（2）去除非频繁项，如香瓜、西瓜、橙子等，并按出现频率排序，如表 9.1 中“除非频繁项并排序”列所示。

表 9.1　购物列表

序列号	购物项	除非频繁项并排序
01	香蕉、苹果、梨、葡萄、樱桃、西瓜、芒果、枇杷	香蕉、梨、苹果、芒果、枇杷
02	苹果、菠萝、梨、香蕉、荔枝、芒果、橙子	香蕉、梨、苹果、菠萝、芒果
03	菠萝、香蕉、橘子、橙子	香蕉、菠萝
04	菠萝、梨、枇杷	梨、菠萝、枇杷
05	苹果、香蕉、梨、荔枝、枇杷、芒果、香瓜	香蕉、梨、苹果、芒果、枇杷

（3）将清单依次加入树，并建立索引表（左侧框），如图 9.13 所示。

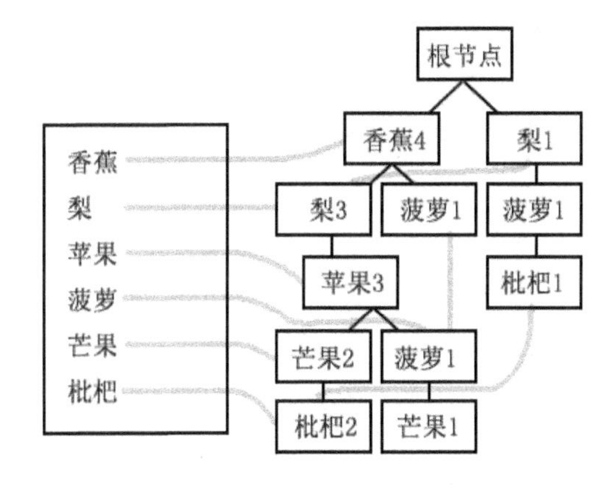

图 9.13　FP 树及索引表

（4）从下往上构造每个商品的 CPB（conditional pattern base，条件模式基）。沿着索引表顺图中的灰色线条找出所有包含该商品的路径（从根节点开始到该商品经过的路径），其就是该商品的 CPB。所有 CPB 的频繁度（计数）为该路径上 item 的频繁度（计数）。

例如，枇杷的 CPB 是路径香蕉+梨+苹果+芒果，频度为 2；路径梨+菠萝，频度为 1。而苹果的 CPB 是路径香蕉+梨，频度为 3。

（5）构造条件 FP 树（Conditional FP-tree），是累加每个 CPB 上的商品的频繁度（计数），并过滤掉低于阈值的项。递归挖掘每个条件 FP 树，累加频繁项集，直到 FP 树为空或者只剩一条路径为止。

9.6 贝叶斯模型

前面学习了基于逻辑的模型（如决策树类模型）和基于距离的模型（如线性回归、KNN），本节开始学习基于统计的模型。统计模型的优势在于用概率值代替硬规则，如概率模型可以展示出两种可能性的比例：0.51∶0.49 和 0.99∶0.01，虽然在预测时都会预测成前一类别，但是概率能展示出更多的信息及其原因。

9.6.1 贝叶斯公式

先从一个简单的例子开始：假设事件 X 是努力，事件 Y 是成功，凡是成功的人都努力了（当 Y 成立时，X 必然成立）；但是努力的人不一定都能成功（当 X 成立时，Y 不一定成立）。也就是说，X 与 Y 之间的关系不对等，但 X 和 Y 之间又存在联系。很多时候，我们会混淆 X 和 Y 的关系，但通过概率及条件概率可清楚地描述这种关系。

1. 贝叶斯公式

在学习贝叶斯公式之前，先熟悉几个概念及其对应的符号。

（1）边缘概率：事件 X 发生的概率，称为边缘概率，记作 $P(X)$。

（2）条件概率：事件 Y 在事件 X 已经发生条件下的发生概率，称为条件概率，记作 $P(Y|X)$。

（3）联合概率：事件 X,Y 共同发生的概率，记作 $P(XY)$或者 $P(X,Y)$。

贝叶斯公式用于描述两个条件概率之间的关系。联合概率可以写成式 9.19：

$$P(XY) = P(Y)P(X \mid Y) = P(X) \mid P(Y \mid X) \tag{9.19}$$

计算其条件概率的方法如式 9.20 所示：

$$P(Y \mid X) = \frac{P(XY)}{P(X)} = \frac{P(Y)P(X \mid Y)}{P(X)} \tag{9.20}$$

为了更直观地说明问题，对上面的例子稍做调整：用 Y_1 表示成功，Y_0 表示不成功，X_1 表示努力，X_0 表示不努力。当有 50%的人努力时，$P(X_1)$=50%；当有 20%的人成功时，$P(Y_1)$=20%；已知成功的人中 75%都努力了，则 $P(X_1|Y_1)$=75%，求如果努力则成功的概率有多大？如图 9.14 所示。

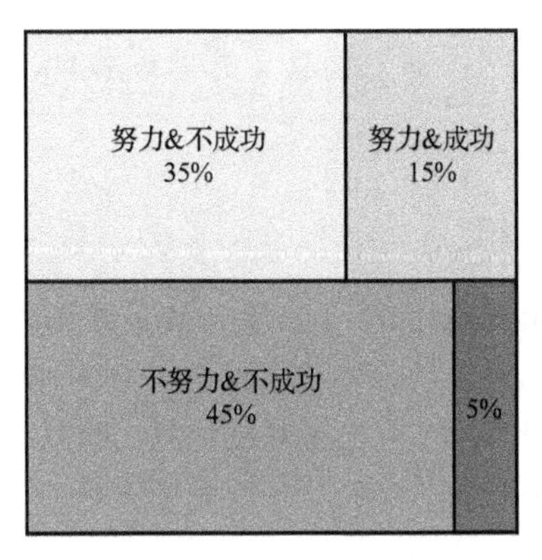

图9.14　条件概率示意图

先求联合概率，其中努力且成功的人，如式 9.21 所示：

$$P\left(X_1Y_1\right)=P\left(X_1 \mid Y_1\right)P\left(Y_1\right)=75\%\times 20\%=15\% \tag{9.21}$$

然后计算条件概率，努力的人的成功概率有多大，如式 9.22 所示：

$$P\left(Y_1 \mid X_1\right)=P\left(X_1Y_1\right)/P\left(X_1\right)=15\%/50\%=30\% \tag{9.22}$$

在实际场景中使用贝叶斯公式时，也常用以下写法，如式 9.23 所示：

$$P(Y_i \mid X)=\frac{P(Y_i)P(X \mid Y_i)}{P(X)}=\frac{P(Y_i)P(X \mid Y_i)}{\sum_{j=1}^{n}P(Y_j)P(X \mid Y_j)} \tag{9.23}$$

其中，分母是所有努力者，即“努力&成功”和“努力&不成功”之和，本例中为 50%。

有时候需要自己计算分母，比如将题目改为有 20%的人成功了 $P(Y_1)=20\%$，成功的人中有 75%是努力的 $P(X_1|Y_1)=75\%$，不成功的人中有 43.75%是努力的 $P(X_1|Y_0)=43.75\%$，代入公式得到式 9.24：

$$\begin{aligned}P(Y_1|X_1)&=\frac{P(Y_1)P(X_1 \mid Y_1)}{P(Y_1)P(X_1 \mid Y_1)+P(Y_0)P(X_1 \mid Y_0)}\\&=\frac{20\%\times 75\%}{20\%\times 75\%+(1-20\%)\times 43.75\%}=30\%\end{aligned} \tag{9.24}$$

2. 先验概率/后验概率

先验概率+样本信息=>后验概率

先验概率是在进行一系列具体的观测和实验之前就知道的量 $P(Y)$，一般来源于经验和历史资料。而后验概率一般认为是在给定样本情况下的条件分布 $P(Y|X)$。

先验概率与样本的结合也是规则和实践的结合。我们可以将样本训练视为一个减少不确定性的过程，即用 X 带来的信息不断地修改 Y 判断标准的过程，在每一次训练之后，后验变为下一次的先验，不断重复。

3. 判别式模型与生成式模型

判别式模型（Discriminative Model）是直接计算条件概率 $P(Y|X)$ 的建模，简单地说就是用正反例直接做除法算出概率，常见的有线性回归、SVM 等。

生成式模型（Generative Model）包括推理的过程，通过联合概率 $P(XY)$ 和贝叶斯公式求出 $P(Y|X)$，常见的有朴素贝叶斯模型、隐马尔可夫模型等。

4. 拉普拉斯平滑

拉普拉斯平滑（Laplace Smoothing）又被称为加 1 平滑，主要解决的是在概率相乘的过程中，如果有一个值为 0，则会导致结果为 0 的问题。具体的方法是分子加 1，分母加 K，K 代表类别数目。

比如，$p(X1|C1)$ 指在垃圾邮件 $C1$ 这个类别中，单词 $X1$ 出现的概率。$p(X1|C1)=n1/n$，其中 $n1$ 为 $X1$ 出现的次数，n 为总单词数。当 $X1$ 不出现时，$P(X1|C1)=0$，修正后 $p(X1|C1)=(n1+1)/(n+N)$，其中 N 是词库中所有单词的数目。

9.6.2 朴素贝叶斯算法

朴素贝叶斯算法（Naive Bayesian）是基于贝叶斯定理和条件独立性假设的分类算法。

该算法的优点是对缺失数据不敏感，算法简单，结果直观，只需要存储概率信息，占用空间不大；其缺点是基于特征之间相互独立的假设，而该假设在实际应用中往往不成立，容易产生高度相关特征的双重计数且赋予更高的比重。

1. 条件独立性假设

条件独立性假设指特征 A 与 B 无关。比如，在关于兔子的特征中，尾巴短和爱吃萝卜这两个特征分别与兔子相关，但它们彼此之间无关，并非尾巴短的都爱吃萝卜，所以有式 9.25：

$$p(B|A)=p(B) \tag{9.25}$$

即无论 A 是什么，B 的概率都不变。

2. 概率的乘法

两个独立事件都发生的联合概率等于两个事件发生概率的乘积。

当 $P(A)$与 $P(B)$无关时，$P(B)=P(B|A)$，因此有式 9.26：

$$P(AB) = P(A)P(B \mid A) = P(A)P(B) \tag{9.26}$$

3. 朴素贝叶斯

朴素贝叶斯是贝叶斯法则应用最为广泛的机器学习算法之一，之所以称为“朴素”是因为它有两个假设：特征之间相互独立和每个特征同等重要。其公式如式 9.27 所示：

$$C_{\text{result}} = \underset{C_k}{\operatorname{argmax}}\, P(Y = C_k)\prod_{j=1}^{n} p(X_j = X_j^{(\text{test})} \mid Y = C_k) \tag{9.27}$$

其中，C_{result} 指最终被预测的类别，该类别为当前给出的特征 X 对应概率最大的一种分类。该公式比较抽象，如果把其简化成二分类问题，那么朴素贝叶斯可看作按当前 X 特征的概率求和，然后对比是正例的概率大还是反例的概率大并取其大者。

4. 例程

本例程使用朴素贝叶斯算法判断影评的感情色彩，训练实例使用豆瓣影评数据集，感情色彩通过“加星”多少获取。

首先，构造训练数据。为了方便读者直接运行调试，以下代码摘录了六条影评数据，建议读者通过搜索“豆瓣 5 万条影评数据集”下载更多训练数据，以得到更好的训练效果。文本数据最常见的数据格式是以句为单位，本例中使用了 Jieba 分词工具将其拆分成以词为单位。load 函数用来读取训练数据，其返回的第一个值为词表，第二个值为每句对应的感情色彩，0 为负面，1 为正面。

```
01  import numpy as np
02  import jieba
03  
04  def load():
05      arr = ['不知道该说什么，这么烂的抄袭片也能上映，我感到很尴尬',
06          '天呐。一个大写的滑稽。',
07          '剧情太狗血，演技太浮夸，结局太无语。总体太差了。这一个半小时废了。',
08          '画面很美，音乐很好听，主角演得很到位，很值得一看的电影，男主角很帅很帅，赞赞赞',
09          '超级喜欢的一部爱情影片',
10          '故事情节吸引人，演员演得也很好，电影里的歌也好听，总之值得一看，看了之后也
             会很感动。']
```

```
11      ret = []
12      for i in arr:
13         words = jieba.lcut(i) # 将句子切分成词
14         ret.append(words)
15      return ret,[0,0,0,1,1,1]
```

下一步是数据处理。将句子内容转换成多个 0 或 1 字段，该操作类似于 OneHot 转换。先用 create_vocab 函数创建词汇表，该表包括在训练集中出现的所有词汇。再用 word_to_vec 函数将句子转换成对应的词表，根据其在词汇表中是否出现设置为 0 或 1，转换成枚举型的数据表。无论是自己编写分类器还是使用 Sklearn 库提供的分类方法，都需要进行数据处理。

```
01  def create_vocab(data):
02      vocab_set = set([]) # 使用 set 集合操作去掉重复出现的词汇
03      for document in data:
04         vocab_set = vocab_set | set(document)
05      return list(vocab_set)
06
07  def words_to_vec(vocab_list, vocab_set): # 将句子转换成词表格式
08      ret = np.zeros(len(vocab_list))
                                  # 创建数据表中的一行，并设置初值为 0（不存在）
09      for word in vocab_set:
10         if word in vocab_list:
11            ret[vocab_list.index(word)] = 1 # 若该词在本句中出现，则设置为 1
12      return ret
```

接下来是贝叶斯分类器的实现，分为训练 train 和预测 predict 两部分。训练部分根据公式计算出每个词在正例/反例中出现的概率，以及整体实例中正例所占比例。预测时，根据测试数据所包含的词汇分别计算其为正例和反例的概率，通过比较二者大小，进行预测。

```
01  def train(X, y):
02      rows = X.shape[0]
03      cols = X.shape[1]
04      percent = sum(y)/float(rows)        # 正例占比
05      p0_arr = np.ones(cols)              # 设置初值为 1，后作为分子
06      p1_arr = np.ones(cols)
07      p0_count = 2.0                      # 设置初值为 2，后作为分母
08      p1_count = 2.0
09      for i in range(rows):               # 按每句遍历
10         if y[i] == 1:
11            p1_arr += X[i]                # 数组按每个值相加
12            p1_count += sum(X[i])         # 句子所有词个数相加（只计词汇表中的词）
13         else:
14            p0_arr += X[i]
```

```
15             p0_count += sum(X[i])
16         p1_vec = np.log(p1_arr/p1_count)  # 当为正例时，每个词出现的概率
17         p0_vec = np.log(p0_arr/p0_count)
18         return p0_vec, p1_vec, percent
19
20     def predict(X, p0_vec, p1_vec, percent):
21         p1 = sum(X * p1_vec) + np.log(percent)          # 分类为 1 的概率
22         p0 = sum(X * p0_vec) + np.log(1.0 - percent)    # 分类为 0 的概率
23         if p1 > p0:
24             return 1
25         else:
26             return 0
```

最后，通过 main 函数调用以上各函数，实现对测试数据的评价。

```
01     if __name__ == '__main__':
02         sentences,y = load()
03         vocab_list = create_vocab(sentences)
04         X=[]
05         for sentence in sentences:
06             X.append(words_to_vec(vocab_list, sentence))
07         p0_vec, p1_vec, percent = train(np.array(X), np.array(y))
08         test = jieba.lcut('抄袭得那么明显也是醉了！')
09         test_X = np.array(words_to_vec(vocab_list, test))
10         print(test,'分类',predict(test_X, p0_vec, p1_vec, percent))
11     # 运行结果：
12     # ['抄袭', '得', '那么', '明显', '也', '是', '醉', '了', '！'] 分类 0
```

5. 朴素贝叶斯工具

上面例程介绍了朴素贝叶斯算法的具体程序实现，在实际应用过程中，可以直接调用 Sklearn 库提供的朴素贝叶斯方法，其中常用的如下。

（1）BernoulliNB：先验为伯努利分布（二值分布）的朴素贝叶斯，用于布尔型变量。

（2）GaussianNB：先验为高斯分布的朴素贝叶斯，用于连续型变量。

（3）MultinomialNB：先验为多项式分布的朴素贝叶斯，多用于文本分类，统计出现次数，用 partial_fit 方法可以进行多次训练。

从贝叶斯网络的角度看，条件独立性去掉了网络中所有的依赖连接，把网络结构简化成了单层，是一个比较简单的模型，类似于线性拟合。如果需要处理一个场景中的多种模式，则需要用集成模型组合多个简单模型。朴素贝叶斯更适合数据多、属性多、分层少的应用。

朴素贝叶斯之所以被称为经典模型，并非因其功能强大，而是因为它是基础算法，可用

于构建更复杂的模型。朴素贝叶斯不仅用于分类或回归预测，而且也用于分析导致结果的重要条件，比如重要特征筛选。

朴素贝叶斯算法常用于信息检索、文本分类、识别垃圾邮件等领域。在处理文本信息时，最好先通过领域知识去掉无统计意义的词和停用词（如中文“的”“地”“得”），否则有意义的信息会被巨量的无意义的信息吞没，而且特征过多也浪费计算资源。

另外，需要注意的是，由于朴素贝叶斯基于条件独立性假设，因此最好在代入模型前先使用降维方法去除特征之间的相关性。

9.6.3 贝叶斯网络

贝叶斯网络（Bayesian network），又称为信念网络（Belief Network），或有向无环图模型。它利用网络结构描述领域的基本因果知识。

贝叶斯网络中的节点表示命题（或随机变量），其中认为有依赖关系（或非条件独立）的命题用箭头来连接。

令 $G = (I,E)$表示一个有向无环图（DAG），其中 I 代表图形中所有节点的集合，E 代表有向连接线段的集合，且令 $x = (x_i)$，$i \in I$ 且为其有向无环图中的某一节点 i 所代表的命题，则节点 x 的联合概率可以表示成式 9.28：

$$p(x) = \prod_{i \in I} p(x_i \mid x_{pa(i)}) \tag{9.28}$$

其中，$Pa(i)$是 i 的父结点，即 i 的前提条件。联合概率可由各自的局部条件概率分布相乘得出，见式 9.29：

$$p(x_1 \cdots x_k) = p(x_k \mid x_1 \cdots x_{k-1}) \cdots p(x_2 \mid x_1) p(x_1) \tag{9.29}$$

由于朴素贝叶斯中的各个变量 x 相互独立且 $p(x_2 \mid x_1) = p(x_2)$，得出式 9.30：

$$p(x_1 \cdots x_k) = p(x_k) \cdots p(x_2) p(x_1) \tag{9.30}$$

因此，可以说朴素贝叶斯是贝叶斯网络的一种特殊情况。

EBay 的 Bayesian-belief-networks 是贝叶斯网络的 Python 工具包，本例使用该库解决蒙提·霍尔三扇门问题。

蒙提·霍尔问题是概率中的经典问题，出自美国的电视游戏节目。问题的名字来自该节目的主持人蒙提·霍尔（Monty Hall）。参赛者会看见三扇关闭的门，其中一扇门后面有一辆汽车，选中这扇门后可赢得该汽车，另外两扇门后面各有一只山羊。

当参赛者选定了一扇门，但未去开启它的时候，节目主持人开启了剩下两扇门的其中一扇，门后面有一只山羊（主持人不会打开有车的那扇门）。之后主持人会问参赛者要不要换另一扇仍然关着的门。问题是换另一扇门是否会增加参赛者赢得汽车的概率？答案是如果不换，则赢得汽车的概率是 1/3；如果换了，则赢得汽车的概率是 2/3。

首先，下载安装软件包：

```
01  $ git clone https://******.com/eBay/bayesian-belief-networks
02  cd bayesian-belief-networks/
03  sudo python setup.py install
```

注意：bayesian 只能在 Python 2 中使用。

程序如下：

```
01  from bayesian.bbn import build_bbn
02
03  def f_prize_door(prize_door):
04      return 0.33333333
05  def f_guest_door(guest_door):
06      return 0.33333333
07  def f_monty_door(prize_door, guest_door, monty_door):
08      if prize_door == guest_door:     # 参赛者猜对了
09          if prize_door == monty_door:
10              return 0                 # Monty 不会打开有车的那扇门，不可能发生
11          else:
12              return 0.5               # Monty 会打开其他两扇门，二选一
13      elif prize_door == monty_door:
14          return 0                     # Monty 不会打开有车的那扇门，不可能发生
15      elif guest_door == monty_door:
16          return 0                     # 门已经由参赛者选定，不可能发生
17      else:
18          return 1                     # Monty 打开另一扇有羊的门
19
20  if __name__ == '__main__':
21      g = build_bbn(f_prize_door, f_guest_door, f_monty_door,
22          domains=dict(
23              prize_door=['A', 'B', 'C'],
24              guest_door=['A', 'B', 'C'],
25              monty_door=['A', 'B', 'C']))
26      g.q(guest_door='A', monty_door='B')# 假设参赛者打开门 A，Monty 打开门 B
```

程序运行结果如图 9.15 所示。

程序中构建的贝叶斯网络结构，如图 9.16 所示。

本例首先通过三个判别函数（节点对应判别函数，而非对应三个门），以及它们之间的依赖关系定义了网络的结构，节点和连线关系是程序员根据业务逻辑定义的，而机器用来优化和计算在给定的条件下产生结果的概率。

```
+-------------+-------+----------+
| Node        | Value | Marginal |
+-------------+-------+----------+
| guest_door  | B     | 0.000000 |
| guest_door  | C     | 0.000000 |
| guest_door* | A*    | 1.000000 |
| monty_door  | A     | 0.000000 |
| monty_door  | C     | 0.000000 |
| monty_door* | B*    | 1.000000 |
| prize_door  | A     | 0.333333 |
| prize_door  | B     | 0.000000 |
| prize_door  | C     | 0.666667 |
+-------------+-------+----------+
```

图 9.15　概率计算结果

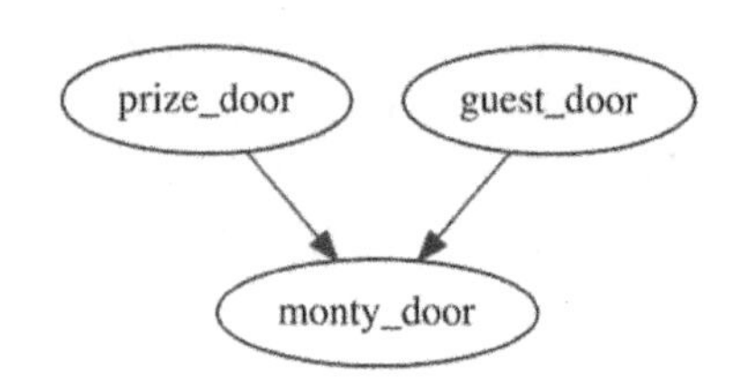

图 9.16　贝叶斯网络结构

由于 prize_door 和 guest_door 都是随机获取的，因此概率都为 0.333；因为主持人知道哪扇门后面是汽车，所以 monty_door 由另外两个结点（父结点）决定。当参赛者猜对时，Monty 会打开另外两扇门的一扇。当没猜对时，Monty 只能打开另一扇有羊的门。

从运行结果可以看到：先验是随机抽取的 0.333，随着限制条件依次加入，不确定性逐渐变小，最终参赛者选择换门（C）的概率（赢）变为不换门（A）的两倍。

9.7　隐马尔可夫模型

隐马尔可夫模型（Hidden Markov Model），简称 HMM，也是统计模型。它处理的问题一般有两个特征：

（1）问题是基于序列的，如时间序列、状态序列。

（2）问题中有两类数据：一类是可以观测到的序列数据，即观测序列。另一类是不能观测到的数据，即隐藏状态序列，简称状态序列，该序列是马尔可夫链。因为该链不能被直观观测，所以也叫隐马尔可夫模型。

1. 原理

马尔可夫性质是无记忆性，马尔可夫链是满足马尔可夫性质的随机过程。也就是说，这一时刻的状态受且只受前一时刻的影响，而不受更前时刻状态的影响。

简单地说，状态序列前项能算出后项，但观测不到；观测序列前项算不出后项，但能观测到，观测序列可由状态序列算出。

HMM 的主要参数$\lambda=(A,B,\Pi)$，如图 9.17 所示，数据的流程是通过初始状态 Pi 生成第一个隐藏状态 h1，h1 结合生成矩阵 B 生成观测状态 o1，h1 结合转移矩阵 A 生成 h2，h2 和 B 再生成 o2，以此类推，生成一系列的观测值。

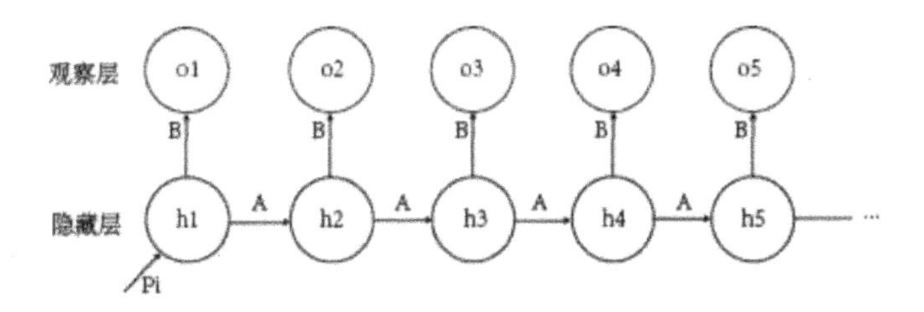

图 9.17　隐马尔可夫链示意图

2. 例程

举例说明，假设读者关注了一只股票，它背后有主力高度控盘，而读者只能看到股票涨/跌（预测值：两种取值），看不到主力的操作：卖/不动/买（隐藏值：三种取值）。涨跌受主力操作影响大，现在读者知道一周之内股票的涨跌，想推测这段时间主力的操作。假设已知下列信息：

已知观测序列 O={o1,o2,⋯,oT}为一周的涨跌 O={1, 0, 1, 1, 1}。

又已知 HMM 参数 λ=(A,B,Π)，其中 A 为隐藏状态转移矩阵，它是主力从前一个操作到后一操作的转换概率 A={{0.5, 0.3, 0.2},{0.2, 0.5, 0.3},{0.3, 0.2, 0.5}}；B 为隐藏状态对观测状态的生成矩阵维，它是主力操作对价格的影响 B={{0.6, 0.3, 0.1},{0.2, 0.3, 0.5}}（此外从三维映射到二维）；Π（Pi）为隐藏状态的初始概率分布，它是主力一开始操作的可能性 Π={0.7, 0.2, 0.1}。

在以下例程中，使用模型的参数 A,B,Π 和观测序列 O 求取隐藏状态，即推断主力操作。由于 Sklearn 库的 HMM 工具已停止更新，无法使用，因此使用了 Python 的马尔可夫第三方库 hmmlearn。其可通过以下命令安装：

```
01  $ pip install hmmlearn
```

程序代码如下：

```
01  import numpy as np
02  from hmmlearn import hmm
03
04  states = ["A", "B", "C"]                    # 定义隐藏状态
05  n_states = len(states)
06
07  observations = ["down","up"]                # 定义观测状态
08  n_observations = len(observations)
09
10  p = np.array([0.7, 0.2, 0.1])               # 设置初始值概率为pi
```

```
11   a = np.array([                                # 设置状态转移矩阵 A
12     [0.5, 0.2, 0.3],
13     [0.3, 0.5, 0.2],
14     [0.2, 0.3, 0.5]
15   ])
16   b = np.array([                                # 设置状态对观测的生成矩阵 B
17     [0.6, 0.2],
18     [0.3, 0.3],
19     [0.1, 0.5]
20   ])
21   o = np.array([[1, 0, 1, 1, 1]]).T            # 设置观测状态
22
23   model = hmm.MultinomialHMM(n_components=n_states)
24   model.startprob_= p
25   model.transmat_= a
26   model.emissionprob_= b
27
28   logprob, h = model.decode(o, algorithm="viterbi")
29   print("The hidden h", ", ".join(map(lambda x: states[x], h)))
                                                   # 显示隐藏状态
30   # 返回结果：The hidden h A, A, C, C, C
```

3. 使用场景

HMM 根据提供的数据和求解的结果不同，有以下几种应用场景。

（1）根据当前的观测序列求解其背后的状态序列，即示例中的用法（常用 Viterbi 方法实现）。

（2）根据模型λ=(A,B,Π)，求当前观测序列 O 出现的概率（常用向前向后算法实现）。

（3）给出几组观测序列 O，求模型λ=(A,B,Π)中的参数（常用 Baum-Welch 方法实现）。具体方法是随机初始化模型参数 A,B,Π；用样本 O 计算寻找更合适的参数；更新参数，再用样本拟合参数，直至参数收敛。

在实际应用中，如语音识别，通常先用一些已有的观测数据 O 来训练模型λ的参数，然后用训练好的模型λ估计新的输入数据 O 出现的概率。

4. 似然函数

概率描述了在已知参数时，随机变量的输出结果；似然则用来描述在已知随机变量输出

结果时，未知参数的可能取值。

假设条件是 X，结果是 Y，条件能推出结果 X->Y，但结果推不出条件。现在手里有一些对结果 Y 的观测值，想求 X，那么可以列举出 X 的所有可能性，再使用 X->Y 的公式求 Y，看哪个 X 计算出的 Y 和当前观测最契合，就选哪个 X。这就是求取最大似然的原理，而在实际运算时，常使用优化方法。

在计算似然函数时，常使用似然函数的对数形式，即“对数似然函数”。它简化了操作（取对数后乘法变为加法），同时也避免了连乘之后值太小的问题。

5. 最大期望算法

最大期望（Expectation Maximization）算法简称 EM 算法，也是经典的数据挖掘算法之一。HMM 中通过观测值计算模型参数，具体使用的 Baum-Welch 算法就是 EM 算法的具体实现。

当在数据很多的情况下求取最大似然时，由于计算量太大穷举无法实现，这时 EM 算法可以通过迭代逼近方式求取最大似然。

EM 算法分为两个步骤：E 步骤是求在当前参数值和样本下的期望函数，M 步骤是利用期望函数调整模型中的估计值，循环执行 E 和 M 直到参数收敛。

6. 隐马尔可夫模型与循环神经网络

RNN（Recurrent Neural Network）是循环神经网络，是深度学习中的一种常见算法，而 LSTM 是 RNN 的优化算法。近年来，RNN 在很多领域中取代了 HMM。下面来看看它们的异同：

相同的是，RNN 和 HMM 解决的都是基于序列的问题，也都有隐藏层的概念，都是通过隐藏层的状态来生成可观测状态的，如图 9.18 所示。

从图 9.18 中可以看出，二者的数据流程相似（Pi 与 U，A 与 W，B 与 V 对应），调参数矩阵的过程都使用梯度方法（对各参数求偏导），其中 RNN 利用误差函数在梯度方向上调整 U,V,W（其中还涉及了激活函数），而 HMM 利用最大期望在梯度方向上调整 Pi,A,B（Baum-Welch 算法），调参过程中也都用到了类似学习率的参数。

不同的是，RNN 中使用激活函数（黑色方块）让该模型的表现力更强，以及 LSTM 方法修补了 RNN 中梯度消失的问题；相对来说 RNN 框架更加灵活。RNN 和 HMM 有很多相似之处，也可以把 RNN 看成 HMM 的加强版。

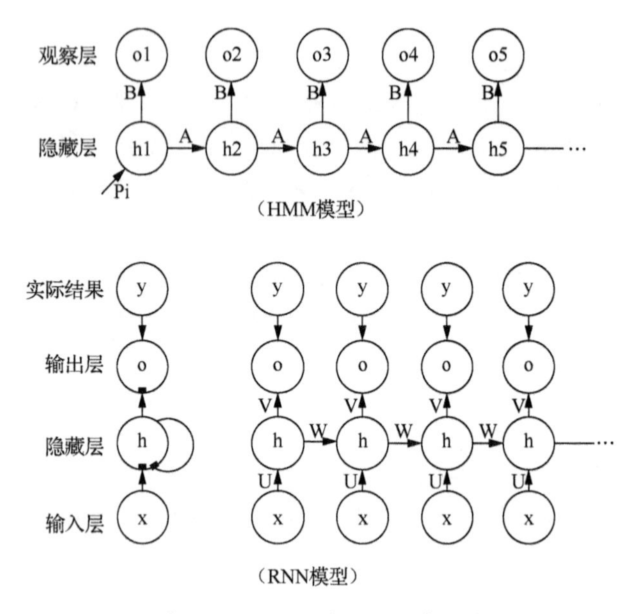

图 9.18 HMM 与 RNN 对比图

9.8 集成算法

简单的算法一般复杂度低、速度快、易展示结果，但预测效果往往不能令人满意。每种算法就好像是一位专家，集成就是把简单的算法（基算法/基模型）组织起来，即多位专家共同决定结果。

1. 组织算法和数据

此处关注的是对数据和算法整体的规划，而不是具体的算法或者函数。

（1）从数据拆分的角度看：可以按行拆分实例，也可以按列给特征分组。

（2）从算法组合的成分看：可以集成不同算法，也可以集成同一算法的不同参数，还可以使用不同数据集（结合数据拆分）集成同一算法。

（3）从组合的方式看：可以使用少数服从多数，或加权求合（可根据正确率分配权重）。

（4）从组合的结构看：可以是并行、串行、树型或者使用更加复杂的结构。

综上所述，可以看到各种构造集成的方法，可选的组合也太多，无法一一列举。在机器学习领域中，对算法的选择和组合主要是根据开发者的领域经验，即对数据的理解、对算法的组织以及对工具的驾驭能力。在使用集成算法的过程中，除了调库和调参，更重要的是整体设计。由于集成算法相对简单，也可以自己编写程序实现。

集成算法是否能取得更好的预测效果，还需要具体问题具体分析。如果基算法选错了，即使再组合、调参，也收效甚微。而有些问题确实可以拆分，以达到一加一大于二的效果。例如，用线性函数拟合曲线的效果不好，而用分段线性函数的效果就比较好。分段线性函数是对线性模型和决策树模型的集成（决策树判断在何处分段），如图 9.19 所示。

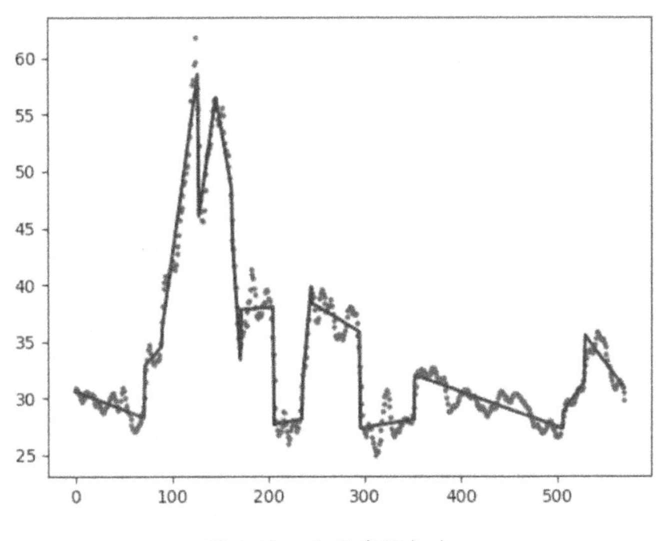

图 9.19 分段线性拟合

一般来说集成模型多少会比简单模型效果好，但集成的过程也会增加复杂度。

从组合的结构看，常用的集成算法一般分为三类：Bagging，Stacking 和 Boosting（可以把它们简化成并行、串行和树型）。Bagging 把各个基模型的结果组织起来，取折中的结果；Stacking 把基模型组织起来，注意不是组织结果而是组织基模型本身，该方法更加灵活，也更复杂；Boosting 根据旧模型中的错误来训练新模型，层层改进。

2. Bagging

Bagging 自举汇聚法的全称是 bootstrap averaging，它把各个基模型的结果组织起来，具体实现也有多种方式，下面以 Sklearn 库中提供的 Bagging 集成算法为例。

BaggingClassifier/BaggingRegressor 是从原始数据集抽样 N 次（抽取实例、抽取属性）得到的 N 个新数据集（有的值可能重复，有的值可能不出现），然后使用同一模型训练得到 N 个分类器，预测时使用投票结果最多的分类作为预测结果。

RandomForestClassifier（随机森林分类）也是非常流行的机器学习算法之一。它是对决策树的集成，是用随机方式建立决策树的森林。当对样本预测时，先用森林中的每一棵决策树分别进行预测，最终结果使用投票最多的分类，也是少数服从多数的算法。

VotingClassifier 可选择多个不同的基模型分别进行预测，以投票方式决定最终结果。

Bagging 中的各个基算法之间没有依赖关系，可以并行计算。它的结果参考了各种情况，折中了欠拟合和过拟合的结果。

3. Stacking

Stacking 模型用于组合其他各个基模型。其具体方法是把数据分成两部分，用其中一部分数据训练几个基模型 A1,A2,A3，然后用另一部分数据测试它们，把 A1,A2,A3 的输出作为输入，并训练组合模型 B。需要注意的是，它不是把模型的结果组织起来，而是把模型组织起来。理论上，Stacking 可以组织任何模型，而实际中常使用单层逻辑回归作为基模型。Sklearn 库也提供 StackingClassifier 方法支持 Stacking 集成模型。

4. Boosting

Boosting（提升算法）是不断地创建新模型，每一个新模型都更重视上一个模型中被错误分类的样本，最终按成功度加权组合得到结果。

由于引入了逐步改进的思想，因此其重要特征会被加权，这与人的直觉一致。一般来说，它比 Bagging 的效果好一些。由于新模型是在旧模型的基础上创建的，因此不能使用并行方法训练，且由于对错误样本的关注，也可能造成过拟合。常见的 Boosting 算法如下：

AdaBoost（自适应提升算法）对分类错误的样本给予更大权重，再进行下一次迭代，直到收敛。AdaBoost 是相对简单的 Boosting 算法，可以自己编写代码实现，常见的做法是基模型用单层分类器实现，即树桩，树桩对应当前最适合划分的特征值位置。

GBM（Gradient Boosting Machine，梯度提升算法）是目前比较流行的数据挖掘模型，通过求损失函数在梯度方向上下降的方法，层层改进。GBM 泛化能力较强，常用于各种数据挖掘比赛中。常用的 Python 第三方工具有 XGBoost，LightGBM 和 Sklearn 库提供的 GradientBoostingClassifier 等。GBM 常把决策树作为基模型，常见的 GBDT 梯度提升决策树算法一般也指 GBM 模型。

通常使用 GBM 都是直接调用 Python 第三方库，重点在于：在什么情况下使用 GBM，以及选择哪个 GBM 第三方库、数据格式以及模型参数。

在调参方面，GBM 作为梯度下降算法，需要在参数中指定学习率（每次迭代改进多少）和误差函数；当将决策树作为基算法时，还需要指定决策树的相关参数（如最大层数）；另外还需要设置迭代的次数、每次抽取样本的比例等。

在选库方面，Sklearn 库提供的 GradientBoostingClassifier 是 GBM 最基本的实现，同时还提供了图形化工具，使开发者对 GBM 的结果有更直观的认识。不过，Sklearn 库只是一个算法集，不是专门的 GBM 工具，因而其只加入了 GBM 基本功能的支持。

XGBoost（eXtreme Gradient Boosting）是一个单独的工具包，对 GBDT 做了一些改进，如加入了线性分类器的支持、正则化、对代价函数进行了二阶泰勒展开、对缺失值进行处理、支持分布式计算等。CatBoost 对于小数据集训练效果更好，但训练速度相对较慢。

LightGBM（Light Gradient Boosting Machine）也是一款基于决策树算法的分布式梯度提升框架。相对于 XGBoost，LightGBM 速度又有提高，并且占用内存更少。

本例使用 Sklearn 库中的 GBDT 方法实现对波士顿房价的预测功能，使用 5 层决策树（每个基模型最多 5 层），经过 200 次迭代之后，生成预测房价的模型。从图 9.20 中可以看到，预测结果的均方误差在迭代的过程中是如何下降的。

```
01  from sklearn import ensemble
02  from sklearn import datasets
03  from sklearn.metrics import mean_squared_error
04  from sklearn.model_selection import train_test_split
05  import matplotlib.pyplot as plt
06
07  boston = datasets.load_boston()     # 读取 Sklearn 库自带的数据集
08  X_train,X_test,y_train,y_test = train_test_split(boston.data, boston.target,
09                                  test_size=0.2,random_state=13)
10  params = {'n_estimators': 200, 'max_depth': 5,
11            'min_samples_split': 5,'learning_rate': 0.01,
12            'loss': 'ls', 'random_state': 0}
13  clf = ensemble.GradientBoostingRegressor(**params)
14  clf.fit(X_train, y_train)           # 训练模型
15  print("MSE: %.2f" % mean_squared_error(y_test, clf.predict(X_test)))
16  # 返回结果 13.22
17
18  test_score = []
19  for i, y_pred in enumerate(clf.staged_predict(X_test)):
20      test_score.append(clf.loss_(y_test, y_pred)) # 计算测试集误差
21  plt.plot(clf.train_score_, 'y-')  # 黄色(浅色)
22  plt.plot(test_score, 'b-')          # 蓝色(深色)
```

程序运行结果如图 9.20 所示。

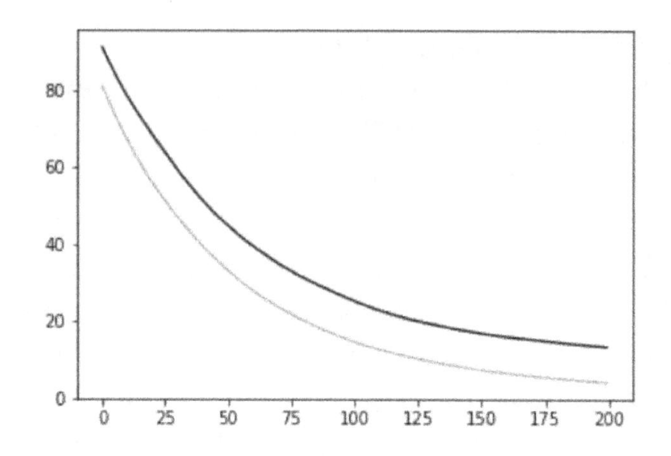

图 9.20　迭代次数对应的训练集与测试集误差下降趋势对比

本章学习了机器学习的经典算法，读者可能有疑问：对算法要掌握到什么程度呢？笔者认为：对于初级和中级的算法工程师来说，其主要工作是对算法的调用和调优。学习算法原理的初衷，并不是要手动编写所有用到的算法（使用现成工具往往更加高效和稳定），而是在遇到问题时，知道如何选择算法；在调参时，知道主要参数的含义，以便更好地结合自己的领域知识。

10

第 10 章 模型选择与相关技术

上一章学习的大多数算法都可以解决分类和回归的问题，但在实际应用时，我们不可能把已知的每种算法都尝试一遍，因此本章将介绍选择算法的步骤、方法，以及自动选择算法的工具。

10.1 数据准备与模型选择

本节将介绍人工选择模型的原则和方法、各种模型对特征的特殊需求、从模型的角度看特征工程，以及将现有数据转换成各种不同模型支持的数据类型的方法。

10.1.1 预处理

在现实场景中，数据一般都需要经过处理才能代入模型。除了去重、处理缺失值、异常值等数据预处理操作，还有几类常见的操作，如从文本中提取特征、特征类型转换、组合与分析特征等。

1. 文本特征

大量特征都是从文本中获取的，而模型能直接处理的一般都是数值和类别，因此就需要将文本进行转换。将文本转换成数值的常用技术包括：分词、统计词在正反例中出现的频率、TF-IDF、文本向量化等。根据不同的数据可选择不同的处理方式，文本处理技术将在第 10.3 节中介绍。

2. 特征类型转换

离散型数据和连续型数据的相互转换也很重要，首先需要根据目标变量的类型选择不同的模型，然后根据模型对数据的要求转换特征。有些模型可以同时支持数值型和分类型的特征，如 XGBoost，即只需要在代入数据时指定其类型即可；而 Sklearn 分类器只支持数值型特征，故需要事先转换。另外，由于 Sklearn 库中的大多数模型不允许特征中包含空值，因此需要在数据代入模型前先填充缺失值。

在进行转换类型时，需要注意一些细节。假设：当“男人”“女人”“孩子”分别对应枚举值的 0，1，2 作为数值型代入模型时，模型认为“男人”与“孩子”之间的距离更大，这明显不合理。在此情况下，应该使用 OneHot 将该属性拆成三个特征：是否是男人、是否是女人和是否是孩子。

有时也需要将连续型数据离散化，做进一步的抽象，此时需要考虑切分的方法，如等深分箱、等宽分箱、切分窗口重叠等，切分前建议先用直方图分析数据的分布。

3. 组合与分析特征

分析特征间的关系对选择算法也很重要，有时可以看到特征间有明显的关联，比如图像中每个像素与它上下左右的相邻像素都相关，此时可以使用神经网络中的卷积来替代全连接。

实例间也可能存在联系，比如股票中的涨跌幅就是由两日收盘价计算出来的（两实例的特征相减），相对于收盘价，涨跌幅更具有意义。

另外，还有一些不太明显的关系也可以通过分析特征的相关系数得到，或者使用降维减小相关性和减少数据。

10.1.2 选择模型

1. 判断是否为有监督学习

选择算法需要先确定可用的数据是否为标注数据，如果是未标注数据，则使用聚类等无监督学习算法；如果是标注了少部分数据，则可以选择半监督学习算法；如果大多数为标注数据，则选择有监督学习算法。

2. 寻找该领域的成熟算法

在关联规则、图像处理、自然语言处理、地图数据、时序数据等领域，都有比较成熟的算法，有些还涉及专业领域的知识。在这种情况下，要尽可能使用现有的成熟模型。

例如，在分析用户的浏览、收藏、购物、给用户推荐等问题时，可能会用到聚类和关联规则。在分析自然语言处理或者时序等有序数据时，可能会用到隐马尔可夫模型和 RNN，而图像处理问题或者从图像中提取特征一般使用 CNN。对于需要解释性的回归问题，尽量选择线性回归或者广义线性模型。对于纯数据的决策问题，随机森林和 GBDT 类算法的效果一般最好。

3. 检查数据的规律性

通过作图分析、先验知识等方式查看数据的规律性，如果大多数数据都是有规律的，就使用精确模型。精确模型对所有数据有效，往往用于预测（比如决策树）。如果大多数都是“噪音”，只有少量有价值的点（或者是稀疏的），最好能选用启发模型。启发模型对部分数据有效，往往用于筛选（比如规则模型）。因此，至少需要先把有序数据和无序数据分开。

4. 选择具体模型

在选择具体模型时，可在头脑中将算法的选择看作一棵决策树，根据数据的不同特征选择使用其对应的算法。上一章把模型粗分成三类：基于实例之间的差异创建的距离模型，基于自变量 X 与因变量 Y 之间的依赖关系创建的统计模型，以及偏重规则的逻辑模型。

每一种模型都涉及其中一种或几种类别。比如决策树可归入逻辑模型，但是在处理回归问题时，也需要计算实例间的距离。虽然三类模型不能完全分开，但是遇到具体问题时，三选一总比十选一容易得多。

模型有时也被划分成判别式和生成式。判别式的训练过程一般以总结为主，比如决策树、线性拟合；而生成式中加入了一些推理，比如关联规则、一阶规则、贝叶斯网络等。在选择算法时，也要注意是否需要机器推导。

对于深度学习和浅层学习，它们的算法也有很多相似之处，像在 CNN 和 RNN 的算法中也融入了浅层学习的很多想法，而 HMM 和 GBDT 的原理和深度学习也很相似。深度模型更值得借鉴的是，它可以在多个层次同时调整，这在集成浅层算法时也可以作为参考。在选择具体方法时，也需要考虑数据量和算力。如果数据在万条实例以下，或是使用没有 GPU 的单机计算，建议使用普通机器学习方法。

5. 判断是否为线性问题

线性是指量与量之间为按比例、成直线的关系，在数学上可以理解为一阶导数为常数的函数；反之，非线性则指量与量不按比例、不成直线的关系，即一阶导数不为常数。

线性模型和线性变换都是非常基本的元素，在算法中几乎无处不在。比如，PCA 降维使用的就是线性变换的方法；在计算特征的相关性时，判断的也是是否属于线性相关；在统计分析中的多变量分析也常使用多元线性回归。

线性模型有较强的可解释性，从计算结果中可以看到各个自变量与因变量是正相关或负相关，还是不相关，通过系数大小也可以判断其相关性的大小。但是一般单纯的线性模型只能处理简单的问题，主要是和其他算法组合使用。线性模型指基本线性模型、线性混合模型和广义线性模型（先映射成线性模型，再做处理），比如线性拟合、logistic 回归、局部加权线性回归、SVM 都属于线性类的模型，有的也能拟合曲线，但作用范围有限。

如果发现自变量和因变量之间存在较强的线性关系，则尽量使用线性模型，因为其简单、直观、可解释性强。对于非线性问题常使用规则类模型解决，如决策树。神经网络的主要优点之一也是能解决非线性问题。

6. 单模型与多模型

选择是否使用模型组合，首先要看功能，像自动驾驶、机器人、棋类比赛这样的复杂问题会涉及机器视觉、博弈论、机器决策等技术，必然需要多模型协作以及使用增强学习方法。

对于较单一的决策或预测问题，在处理具体问题时，也需要先判断是单模式问题，还是多模式问题。单模式问题一般倾向于用几何距离类的算法；对于多模式问题，像朴素贝叶斯、线性回归这种简单算法就不太适用了，有时我们会使用集成算法，即把几种算法结合在一起。或者先看看能不能把数据拆分后再做进一步处理。

取得正确结果的路径往往不止一条，就如同决策树中的分枝，从这个角度看，在处理复杂问题时，逻辑模型也是必不可少的。

当遇到实例分布不均时，可以考虑把回归问题拆分成分类和回归问题的组合。例如，在预测购买行为时，由于大多数顾客只看不买，如果把所有数据都代入模型，那么模型为使绝大多数实例预测正确，必然偏向购买量为 0 的结果。此时，可以先使用分类模型预测是否购买（分类问题），然后针对购买的用户再预测购买量的大小（回归问题）。

7. 选择微调或独立编写

在选定模型之后，可以自己编写代码实现，也可以调用现成的库，即通过调参优化其效果（微调），或者修改其部分源码实现扩展功能。在现有第三方库能支持功能的情况下，尽量选择现有的第三方库，因为现有库经过了大规模的使用和验证，在正确性和效率上都比较好。

微调总比重构来得容易，但效果也有限。以 ImageNet 比赛为例，每一次重大的进步都是因为加入了新结构，而微调和增加算力的效果都不是特别显著。

使用现成算法也有同样的问题，比如在用 Sklearn 库中的算法时，主要以调参为主。这对调用者来说，库就是黑盒，无法针对数据的特征做内部的修改，或者在内部嫁接多个算法。由于用现有库可以轻松达到一般水平，但是很难突破，因此有时候针对一个数据挖掘比赛，可看到前十名用的都是同一个算法，其实大家主要是在比调参和特征工程，其预测效果也在伯仲之间。

总之，在一开始建模时尽量使用第三方库。如果后期发现现有库无法满足需求，再改进算法，尽量减少重复造轮子的工作。

10.2　自动机器学习框架

由于模型的选择和调参主要依赖于分析者的经验，因此在具体使用时，经常出现针对同一批数据和同一种模型，不同的分析者得出的结果相差很大的情况。

前面学习了常用的机器学习方法、原理及适用场景，对于完全没有经验的开发者来说，只要有足够的时间，尝试足够多的算法和参数组合，理论上也都能达到最优的训练结果。同理，程序也能实现该功能，并通过算法优化该过程，自动寻找最优的模型解决方案，即自动机器学习框架。

本节我们将学习自动机器学习框架的基本原理，以及三个常用的自动机器学习框架——Auto-Sklearn，Auto-Ml 和 Auto-Keras。

10.2.1　框架原理

自动机器学习框架主要涉及数据处理、特征处理、模型处理三个方面，以及各个步骤组合后机器学习管道（Machine Learning Pipeline）的全链路调优，其具体子模块如图 10.1 所示。

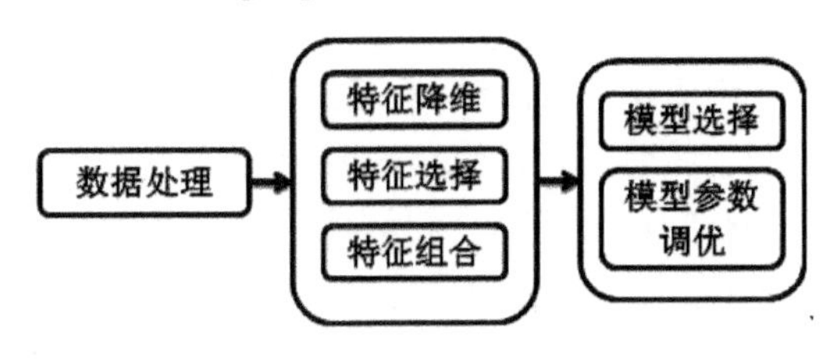

图 10.1　数据处理管道

其中的数据预处理包含尺度变化（rescaling）、非均衡数据处理权重（weight balance）、热独编码；数据处理一般包括特征选择（如 Fast ICA）、特征降维（如 PCA）、特征组合；模型处理一般包括模型选择、模型调参、模型集成等。

自动机器学习框架包括局部管理解决方案，如 HyperOpt 自动调参、Tsfresh 时序工具、FeatureHub 特征打分工具等，本节主要介绍全管道框架。大多数全管道框架都包含以上两三个大模块，不同工具侧重点不同。其之所以称之为框架，是因为除了工具自带的机器数据处理和机器学习算法，大多数工具都提供接口，以便加入更多的方法及子模型。除了具体算法，工具本身主要负责子模块之间的架构。

常用的 Python 全管道开源自动机器学习框架有 Auto-Sklearn，Auto-ML，Auto-Keras，Tpot，ATM 等。

10.2.2 Auto-Sklearn

Auto-Sklearn 主要基于 Sklearn 机器学习库，使用方法也与之类似，这让熟悉 Sklearn 库的开发者很容易切换到 Auto-Sklearn。在模型方面，除了 Sklearn 提供的机器学习模型，还加入了 XGBoost 算法支持；在框架整体调优方面，使用了贝叶斯优化。

1. 安装

由于 Auto-sklearn 需要基于 Python 3.5 以上版本，且依赖 swig，因此需要先安装该库，具体方法如下：

```
01  $ sudo apt-get install build-essential swig
02  $ pip install auto-sklearn
```

关于 Auto-Sklearn 的文档和例程不多，推荐下载 Auto-Sklearn 的源码，并阅读其中的 example 和 doc，以便更多地了解 Auto-Sklearn 的功能和用法。

```
01  $ git clone https://github.com/automl/auto-sklearn.git
```

2. Auto-Sklearn 的优缺点

在通常情况下，我们只能依据个人的经验，基于机器性能、特征多少、数据量大小、算法以及迭代次数来估计模型训练时间，而 Auto-Sklearn 支持设置单次训练时间和总体训练时间，这使工具既能限制训练时间，又能充分利用时间和算力。

Auto-Sklearn 支持切分训练集和测试集的方式，也支持使用交叉验证，从而减少了训练模型的代码量和程序的复杂程度。另外，Auto-Sklearn 还支持加入扩展模型以及扩展预测处理方法，具体用法可参见其源码 example 中的示例。

其缺点是 Auto-Sklearn 输出携带的信息较少，如果想进一步训练则只能修改或重写代码。

3. 举例

本例使用 1996 年美国大选的数据，将“投票 vote”作为因变量，由于它只有 0 或 1 两种取值，因此使用分类方法 AutoSklearnClassifier。例程中将训练时间指定为两分钟，模型指定为只选择随机森林 random_forest，训练后输出其在训练集上的打分 score。

```
01  import autosklearn.classification
02  import statsmodels.api as sm
03  
04  data = sm.datasets.anes96.load_pandas().data
05  label = 'vote'
06  features = [i for i in data.columns if i != label]
07  X_train = data[features]
08  y_train = data[label]
09  automl = autosklearn.classification.AutoSklearnClassifier(
10      time_left_for_this_task=120, per_run_time_limit=120, # 两分钟
11      include_estimators=["random_forest"])
12  automl.fit(X_train, y_train)
13  print(automl.score(X_train, y_train))
14  # 返回结果：0.94173728813559321
```

4. 关键参数

Auto-Sklearn 支持的参数较多，以分类器为例，参数及其默认值如图 10.2 所示。

```
Init signature: autosklearn.classification.AutoSklearnClassifier(time_left_for_this_task=36
00, per_run_time_limit=360, initial_configurations_via_metalearning=25, ensemble_size:int=5
0, ensemble_nbest=50, ensemble_memory_limit=1024, seed=1, ml_memory_limit=3072, include_est
imators=None, exclude_estimators=None, include_preprocessors=None, exclude_preprocessors=No
ne, resampling_strategy='holdout', resampling_strategy_arguments=None, tmp_folder=None, out
put_folder=None, delete_tmp_folder_after_terminate=True, delete_output_folder_after_termina
te=True, shared_mode=False, n_jobs:Union[int, NoneType]=None, disable_evaluator_output=Fals
e, get_smac_object_callback=None, smac_scenario_args=None, logging_config=None)
```

图 10.2　Auto-Sklearn 分类器参数及其默认值

常用参数分为以下四部分：

（1）控制训练时间和内存使用量。

参数默认训练总时长为一小时（3600 秒），一般使用以下参数按需重置，单位是秒。

◎　time_left_for_this_task：设置所有模型训练时间的总和。

◎ per_run_time_limit：设置单个模型训练的最长时间。

◎ ml_memory_limit：设置最大内存用量。

（2）模型存储。参数默认为训练完成后删除训练的暂存目录和输出目录，使用以下参数可指定其暂存目录及是否删除。

◎ tmp_folder：暂存目录。

◎ output_folder：输出目录。

◎ delete_tmp_folder_after_terminate：训练完成后是否删除暂存目录。

◎ delete_output_folder_after_terminate：训练完成后是否删除输出目录。

◎ shared_mode：是否共享模型。

（3）数据切分。使用 resampling_strategy 参数可设置训练集与测试集的切分方法，以防止过拟合，用以下方法设置五折交叉验证。

```
01  resampling_strategy='cv
02  resampling_strategy_arguments={'folds': 5}
```

用以下方法设置将数据切分为训练集和测试集，其中训练集数据占 2/3。

```
01  resampling_strategy='holdout',
02  resampling_strategy_arguments={'train_size': 0.67}
```

（4）模型选择。参数支持指定备选的机器学习模型，或者从所有模型中去掉一些机器学习模型，这两个参数只需要设置其中之一即可。

include_estimators：指定可选模型。

exclude_estimators：从所有模型中去掉指定模型。

除了支持 Sklearn 库中的模型，Auto-Sklearn 还支持 XGBoost 模型。具体模型及其在 Auto-Sklearn 中对应的名称可通过查看源码中具体实现方法获取，通过目录 autosklearn/pipeline/components/classification/查看支持的分类模型，可看到其中包含 adaboost，extra_trees，random_forest，libsvm_svc，xgradient_boosting 等方法。

10.2.3 Auto-ML

Auto-ML（Auto Machine Learning）是个宽泛的概念，有不止一个软件以此命名，本小节介绍的 Auto-ML 并不是谷歌基于云平台的 AUTOML。Auto-ML 也是一款开源的离线工具，优势在于简单快速，且输出信息比较丰富。它默认支持 Keras，TensorFlow，XGBoost，LightGBM，CatBoost 和 Sklearn 等机器学习模型，整体使用进化网格搜索方法完成特征处理和模型优化。

1. 安装

Auto-ML 安装方法如下：

```
01   $ pip install auto-ml
```

为了更多地了解 Auto-ML 的功能和用法，建议下载其源码：

```
01   $ git clone https://github.com/ClimbsRocks/auto_ml
```

2. 举例

本例也使用 1996 年美国大选的数据，将“投票 vote”作为因变量，使用分类方法 type_of_estimator='classifier'。训练时需要用字典的方式指定各字段类型，其中包括因变量 output、分类型变量 categorical、时间型变量 date、文本 nlp，以及不参与训练的变量 ignore。

```
01   from auto_ml import Predictor
02   import statsmodels.api as sm
03   
04   data = sm.datasets.anes96.load_pandas().data
05   column_descriptions = {
06       'vote': 'output',
07       'TVnews': 'categorical',
08       'educ': 'categorical',
09       'income': 'categorical',
10   }
11   
12   ml_predictor = Predictor(type_of_estimator='classifier',
13                            column_descriptions=column_descriptions)
14   model = ml_predictor.train(data)
15   model.score(data, data.vote)
```

程序的输出较多，不在此列出。相对于 Auto-Sklearn，Auto-ML 的输出内容更加丰富，包含最佳模型、特征重要性、对预测结果的各种评分，建议读者自行运行上述例程。由于它同时支持深度学习模型和机器学习模型，因此可以使用深度学习模型提取特征、使用机器学习模型完成具体的预测，从而得到更好的训练结果。

10.2.4 Auto-Keras

对于训练深度学习模型，设计神经网络结构是其中技术含量最高的部分，优秀的网络架构往往依赖创建模型的经验、专业领域的知识以及大量的算力试错。而在实际应用中，往往基于类似功能的神经网络微调生成新的网络结构。

Auto-Keras 也是一个离线使用的开源库，用于构建神经网络结构和搜索超参数，支持 RNN 和 CNN 神经网络，使用高效神经网络搜索 ENAS，还可以利用迁移学习的原理将在前面任务中学到的权值应用于后期的模型中，效率相对较高。除了支持 Keras，Auto-Keras 还提供 TensorFlow 和 PyTorch 的版本。

1. 安装

由于需要把输出的神经网络结构保存成图片，Auto-Keras 使用了 pydot 和 graphviz 图像工具和 torch 等多种工具，因此，安装时会下载大量的依赖软件。我们可以使用以下方法安装 Auto-Keras：

```
01  $ apt install graphviz
02  $ pip install pydot
03  $ pip install autokeras
```

使用以下方法下载源码：

```
01  $ git clone https://github.com/jhfjhfj1/autokeras
```

2. 举例

本例中使用了 mnist 数据集，它是一个入门级的图像识别数据集，可用于训练手写数字识别模型。例程自动下载训练数据，然后创建图片分类器，训练时间设置为 10 分钟，模型在测试集上的正确率为 99.21%。建议使用带 GPU 的机器训练模型，它比使用 CPU 的训练速度快几十倍。

```
01  from keras.datasets import mnist
02  from autokeras import ImageClassifier
03  from autokeras.constant import Constant
04  import autokeras
05  from keras.utils import plot_model
06
07  if __name__ == '__main__':
08      (x_train, y_train), (x_test, y_test) = mnist.load_data()
09      x_train = x_train.reshape(x_train.shape + (1,))
10      x_test = x_test.reshape(x_test.shape + (1,))
11      clf = ImageClassifier(verbose=True, augment=False)
12      clf.fit(x_train, y_train, time_limit=10 * 60)
13      clf.final_fit(x_train, y_train, x_test, y_test, retrain=True)
14      y = clf.evaluate(x_test, y_test)
15      print(y * 100)
16      clf.export_keras_model('model.h5')
```

```
17        plot_model(clf, to_file='model.png')
18    # 返回值: 99.21
```

上述程序在笔者的环境下训练出了 17 层网络，其中包括 dropout 层、池化层、卷积层、全连接层等，程序以图片的方式将描述信息保存在 model.png 中。下面截取了图片中的一部分，如图 10.3 所示。

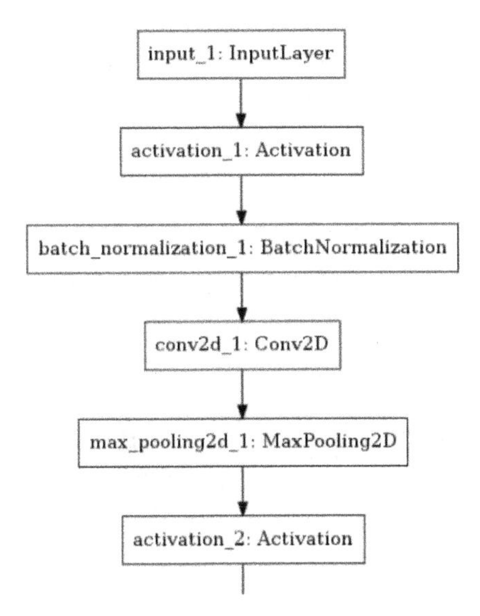

图 10.3　Auto-Keras 自动生成的神经网络（部分）

10.3　自然语言处理

在一些算法示例或者机器学习比赛中，看到的往往都是数值型数据，它们可以直接被代入模型处理。而在现实的场景中，会遇到大量的文本信息，比如产品描述、用户评价、病情诊断等内容，这就需要通过文本处理将其转换成可处理的数据类型，如分类、数值、布尔型等，再代入模型。本节将介绍如何从一句或者一段文本中提取已知或者未知特征的方法。

10.3.1　分词工具

处理中文和英文最大的不同在于：对于最小的语义元素“词”，英文使用空格分割，而中文需要把句子切分成词后再进行下一步的处理。因此，在介绍自然语言处理的具体算法之前，需要先了解一下分词工具。

Jieba（结巴）分词工具是中文处理中最常用的分词工具，自带词典 dict.txt。词典的每一行由“词”“使用频率”和“词性”三部分组成，具体的词性定义可参考 Jieba 自带的词典文件，其位置在 Python 的第三方库目录下，如其在 Linux 中的安装路径如下：

/usr/local/lib/python3.7/site-packages/jieba/dict.txt

在使用时，Jieba 内部先加载词库，然后对于要切分的句子，在词典中查找所有可能组成该句子的词组合，生成 DAG 有向无环图，再根据动态规划查找最大概率路径以确定切分方案（即精确切分），而对于不能识别的词，使用隐马尔可夫模型预测。

用以下命令安装 Jieba：

```
01   $ pip install jieba
```

使用 Jieba 的 cut 方法可将整句切分成单词，常用的三种切分方式是全模式、精确模式和搜索引擎模式，通过参数 cut_all 设置。全模式是切分出句中所有可能的词（可能重叠），而精确模式是以最合理的方式切分（不重叠）。搜索引擎模式是在精确模式的基础上，对长词再次切分，以提高召回率。如下例所示：

```
01   import jieba
02   print(' '.join(jieba.cut('今天我去参观展览馆', cut_all=True))) # 全模式
03   # 返回结果：今天 我 去 参观 观展 展览 展览馆
04   print(' '.join(jieba.cut('今天我去参观展览馆', cut_all=False))) # 精确模式
05   # 返回结果：今天 我 去 参观 展览馆
```

Jieba 内部通过词库方式实现分词，而基础词库的词量有限，欠缺对某些领域专有名词及命名实体的支持。为了解决这一问题，Jieba 提供了 load_userdict 方法，让开发者可以加载自定义的词库，词库的格式与其默认词库的一样，示例如下：

```
01   去参观 100 v
```

通过以下程序加载字典：

```
01   jieba.load_userdict('a.txt')
02   print(jieba.lcut('今天我去参观展览馆'))
03   # 返回结果：['今天', '我', '去参观', '展览馆']
```

从返回结果可以看到，新定义的“去参观”被识别为一个词。与 cut 方法的功能相似，lcut 方法可以直接输出词列表。

除了分词，Jieba 还提供分析词性的功能，可通过 pseg 方法调用该功能。

```
01   import jieba.posseg as pseg
02   words = pseg.cut("今天我去参观展览馆")
03   for w in words:
04       print("%s %s" %(w.word, w.flag))
05   # 返回结果：今天 t   我 r   去参观 v   展览馆 n
```

10.3.2　TF-IDF

1. 原理

TF-IDF（Term Frequency - Inverse Document Frequency）是信息处理和数据挖掘的重要算法，属于统计类方法，最常见的用法是寻找一篇文章的关键字。

TF（词频）是某个词在这篇文章中出现的频率，频率越高越可能是关键字。其具体的计算方法如式 10.1 所示：

$$tf_{i,j}=\frac{n_{i,j}}{\sum_k n_{k,j}} \tag{10.1}$$

词频是关键字在文章中出现的次数除以该文章中所有词的个数，其中 i 是词的索引号，j 是文章的索引号，k 是文章中出现的所有词。

IDF（逆向文档频率）是该词出现在其他文章中的频率，其计算方法如式 10.2 所示：

$$idf_i=\log\frac{|D|}{|\{j:t_i\in d_j\}|} \tag{10.2}$$

其中，分子是文章总数，分母是包含该关键字的文章数目。如果包含该关键字的文章数为 0，则分母为 0。为解决此问题，在计算时分母常常加 1。当关键字在大多数文章中都出现时，其 idf 值会很小。

把 TF 和 IDF 相乘，就是这个词在该文章中的重要程度，如式 10.3 所示：

$$tfidf_{i,j}=tf_{i,j}\times idf_i \tag{10.3}$$

2. 使用 Sklearn 库提供的 TF-IDF 方法

Sklearn 库也支持 TF-IDF 算法。本例中，先使用 Jieba 工具分词，并模仿英文句子将其组装成以空格分割的字符串。

```
01  import jieba
02  import pandas as pd
03  from sklearn.feature_extraction.text import CountVectorizer
04  from sklearn.feature_extraction.text import TfidfTransformer
05
06  arr = ['第一天我参观了美术馆',
07         '第二天我参观了博物馆',
08         '第三天我参观了动物园',]
09
```

```
10  arr = [' '.join(jieba.lcut(i)) for i in arr] # 分词
11  print(arr)
12  # 返回结果：
13  # ['第一天 我 参观 了 美术馆', '第二天 我 参观 了 博物馆', '第三天 我 参观 了 动物园']
```

然后使用 Sklearn 库提供的 CountVectorizer 工具将句子列表转换成词频矩阵，并将其组装成 DataFrame 数据表。

```
01  vectorizer = CountVectorizer()
02  X = vectorizer.fit_transform(arr)
03  word = vectorizer.get_feature_names()
04  df = pd.DataFrame(X.toarray(), columns=word)
05  print(df)
06  # 返回结果：
07  #    动物园  博物馆  参观  第一天  第三天  第二天  美术馆
08  # 0   0      0      1     1      0      0      1
09  # 1   0      1      1     0      0      1      0
10  # 2   1      0      1     0      1      0      0
```

其中，get_feature_names 方法返回数据中包含的词，需要注意的是它去掉了长度为 1 的单个词，且重复的词只保留一个。X.toarray 函数返回了词频数组，组合后生成了包含关键字的字段，这些操作相当于对中文切分后做 OneHot 展开。每条记录对应列表中的一个句子，如第一句“第一天我参观了美术馆”，其关键字“参观”“第一天”“美术馆”都被设置为 1，其他关键字被设置为 0。

接下来使用 TfidfTransformer 方法计算每个关键字的 TF-IDF 值，值越大，说明该词在它所在的句子中越重要。

```
01  transformer = TfidfTransformer()
02  tfidf = transformer.fit_transform(X)
03  weight = tfidf.toarray()
04  for i in range(len(weight)):        # 访问每一句
05      print("第{}句：".format(i))
06      for j in range(len(word)):      # 访问每个词
07          if weight[i][j] > 0.05:     # 只显示重要关键字
08              print(word[j],round(weight[i][j],2))  # 保留两位小数
09  # 返回结果
10  # 第 0 句：美术馆 0.65    参观 0.39    第一天 0.65
11  # 第 1 句：博物馆 0.65    参观 0.39    第二天 0.65
12  # 第 2 句：动物园 0.65    参观 0.39    第三天 0.65
```

经过对数据 X 的计算后，返回了权重矩阵，由于句中的每个词都只在该句中出现了一次，因此其 TF 值相等。由于“参观”在三句中都出现了，因此其 IDF 值较其他关键字更低。细心的读者可能会发现，其 TF-IDF 的结果与上述公式中计算得出的结果不一致，这是由于

Sklearn 库除了实现基本的 TF-IDF 算法，还提供了归一化、平滑等一系列优化操作。详细操作可参见 Sklearn 源码中 sklearn/feature_extraction/text.py 的具体实现。

3. 写程序实现 TF-IDF 算法

TF-IDF 算法相对比较简单，手动实现代码量也不大，并且还可以在其中加入定制化的操作。例如，本例中也加入了对单个字重要性的计算。

本例先使用 Counter 方法统计各个词在句中出现的次数。

```
01  from collections import Counter
02  import numpy as np
03
04  countlist = []
05  for i in range(len(arr)):
06      count = Counter(arr[i].split(' '))
                    # 用空格将字符串切分成字符串列表，统计每个词出现的次数
07      countlist.append(count)
08  print(countlist)
09  # 返回结果：
10  # [Counter({'第一天': 1, '我': 1, '参观': 1, '了': 1, '美术馆': 1}),
11  #  Counter({'第二天': 1, '我': 1, '参观': 1, '了': 1, '博物馆': 1}),
12  #  Counter({'第三天': 1, '我': 1, '参观': 1, '了': 1, '动物园': 1})]
```

接下来定义函数分别计算 TF，IDF 等值。

```
01  def tf(word, count):
02      return count[word] / sum(count.values())
03  def contain(word, count_list): # 统计包含关键字 word 的句子数量
04      return sum(1 for count in count_list if word in count)
05  def idf(word, count_list):
06      return np.log(len(count_list) / (contain(word, count_list)) + 1)
                    #为避免分母为 0，让分母加 1
07  def tfidf(word, count, count_list):
08      return tf(word, count) * idf(word, count_list)
09  for i, count in enumerate(countlist):
10      print("第{}句：".format(i))
11      scores = {word: tfidf(word, count, countlist) for word in count}
12      for word, score in scores.items():
13          print(word, round(score, 2))
14  # 运行结果：
15  # 第 0 句：第一天 0.28   我 0.14   参观 0.14   了 0.14   美术馆 0.28
16  # 第 1 句：第二天 0.28   我 0.14   参观 0.14   了 0.14   博物馆 0.28
17  # 第 2 句：第三天 0.28   我 0.14   参观 0.14   了 0.14   动物园 0.28
```

从返回结果可以看出，其 TF-IDF 值与 Sklearn 计算出的值略有不同，但比例类似且都对单个字进行了统计。

最后，需要探讨一下 TF-IDF 的使用场景。在做特征工程时，常遇到这样的问题：从一个短语或短句中提取关键字构造新特征，然后将新特征代入分类或者回归模型，那么这时是否需要使用 TF-IDF 方法呢？首先，TF 是词频，即它需要在一个文本中出现多次才有意义。在短句中，如果每个词最多只出现一次，那么计算 TF 就不如直接判断其是否存在简单。

另外，TF-IDF 的结果展示的是某一个词针对它所在文档的重要性，而不是对比两个文档的差异。比如，上例中虽然三个短句都包含“参观”，IDF 值较小，但由于词量小，TF 值较大，因此其最终得分 TF-IDF 仍然不低。如果两个短语属于不同类别，则新特征对于提取分类特征可能没有意义，但是对于生成文摘就是有意义的关键字。

对于此类问题，建议的处理方法是先切分出关键字，将是否包含该关键字作为新特征，然后对新特征和目标变量做假设检验，以判断是否要保留该变量，以此方法从文本中提取新特征。

10.4 建模相关技术

前几节总结了预处理和训练模型的设计与调用方法，本节将根据在使用模型时遇到的具体问题，介绍一些思路和经验性知识，使读者全方位掌握模型的训练及使用的具体方法。

本节涉及的技术原理并不难，直接使用现有第三方库提供的方法相对来说更加简单、稳定。

10.4.1 切分数据集与交叉验证

为了得到较为客观的评价结果，我们要用训练集训练模型，用测试集对模型评测。要根据数据量的大小来切分训练集和测试集，它们的数据比例通常是 9∶1 或 8∶2。

Sklearn 库提供了切分训练集和测试集的方法：train_test_split。它可以切分自变量数据，也可以同时切分自变量和因变量数据，测试集比例由 test_size 参数设置，random_state 指定切分的随机值，以保证每次运行代码时的切分结果一致。

```
01   from sklearn.model_selection import train_test_split
02   X_train,X_test,y_train,y_test=train_test_split(X,y,test_size=
      0.3,random_state=10)
03   X_train,X_test=train_test_split(X,test_size=0.3,random_state=10)
```

在切分训练集和测试集之后，产生的问题是测试数据无法参与训练，这在数据较少及标注成本较高的情况下，也会造成不小的数据损失，而交叉验证可以解决这一问题。

交叉验证（Cross-validation）将数据切分成较小的子集，用其中的大部分数据训练、小部分数据测试，数据循环使用。例如，五折交叉验证是将数据平均分成 ABCDE 共 5 份，第一次使用 ABCD 作为训练集，E 作为测试集；第二次用 ABCE 作为训练集，D 作为测试集；以此类推，最终训练出 5 个模型。在计算模型准确率时，使用 5 个模型准确率的均值；在模型预测时，也使用 5 个模型预测的均值，或者投票的方法，如图 10.4 所示。

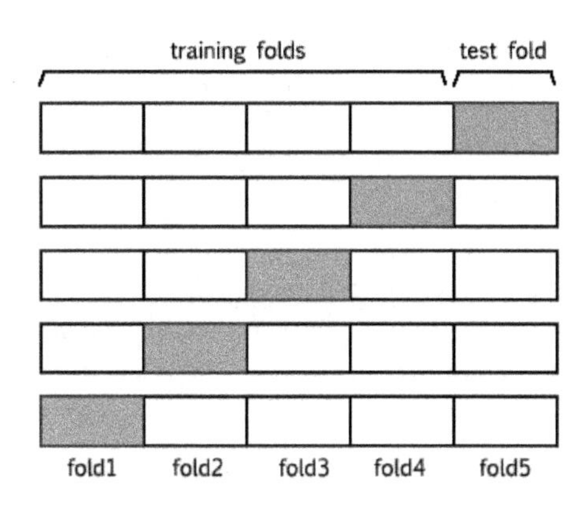

图 10.4　交叉验证示意图

本例中先用 train_test_split 方法将数据切分成测试集和训练集，然后用 Kfold 方法将训练集切分成五折交叉验证，每次循环用其中 4 份数据训练模型，然后分别用验证集和预测集做预测，并分别存储在 train_preds 和 test_preds 中。最后，计算验证集上的评分，以及对 5 个模型的预测结果取均值作为对预测集的最终预测。

```
01   from sklearn.cross_validation import KFold
02   from sklearn.model_selection import train_test_split
03   from sklearn.metrics import accuracy_score
04   from sklearn.datasets import load_iris
05   import numpy as np
06   from sklearn.svm import SVC
07
08   iris = load_iris()
09   X_train,X_test,y_train,y_test=train_test_split(iris.data,iris.target,
10                                       test_size=0.3,random_state=10)
11   num = 5                                           # 五折交叉验证
12   train_preds = np.zeros(X_train.shape[0])   # 用于保存预测结果
13   test_preds = np.zeros((X_test.shape[0], num))
14   kf = KFold(len(X_train), n_folds = num, shuffle=True, random_state=0)
15   for i, (train_index, eval_index) in enumerate(kf):
```

```
16        clf = SVC(C=1, gamma=0.125, kernel='rbf')
17        clf.fit(X_train[train_index], y_train[train_index])
18        train_preds[eval_index] += clf.predict(X_train[eval_index])
19        test_preds[:,i] = clf.predict(X_test)
20    print(accuracy_score(y_train, train_preds)) # 返回结果: 0.971428571429
21    print(test_preds.mean(axis=1))
22    # 返回结果:
23    [ 1.   2.   0.   1.   0.   1....]
```

以上代码手动实现了交叉验证功能，这在机器学习算法中的使用频率非常高，开发者也常在上面的循环中加入一些优化处理。Sklearn 库也提供了更加简便的方法 cross_val_score，使用它可以直接计算交叉验证的效果。

```
01    from sklearn.model_selection import cross_val_score    # Python 3 使用
02    # from sklearn.cross_validation import cross_val_score  # Python 2 使用
02    print(cross_val_score(clf, iris.data, iris.target).mean())
03    # 返回结果: 0.973447712418
```

10.4.2 模型调参

成熟的模型一般都支持多个参数，而合适的参数又能提升预测效果。参数的重要程度也有所不同，当参数较多时，组合呈几何倍数增长，这时人工尝试各种组合可能非常困难。开发者常常通过循环的方式尝试穷举各种参数组合，为简化这一操作，第三方库也提供了一些自动调参方法。本小节将介绍其中最常用的两种。

1. 网格搜索

网格搜索是由开发者设置可选参数，由程序通过穷举的方式循环遍历所有参数可选项，尝试每种可能组合，记录其中表现最好的参数。Sklearn 库提供了网络搜索工具 GridSearchCV（Grid Search with Cross Validation），其在网格搜索时将训练集分为训练和调参两部分，并使用交叉验证方法。

本例中使用了鸢尾花数据集和 SVC 算法，用 param_grid 方法给出了可选参数。在使用网格调参搜索到最佳参数之后，使用这些参数实例化模型并用于预测，程序最后还显示出了最佳参数以及对应的评分。

```
01    from sklearn.model_selection import GridSearchCV
02    from sklearn.svm import SVC
03    from sklearn.datasets import load_iris
04
```

```
05  iris = load_iris()
06  model = SVC(random_state=1)
07  param_grid = {'kernel':('linear', 'rbf'), 'C':[1, 2, 4], # 制定参数范围
08                'gamma':[0.125, 0.25, 0.5 ,1, 2, 4]}
09  gs = GridSearchCV(estimator=model, param_grid=param_grid, scoring='accuracy',
10                    cv=10, n_jobs=-1)
11  gs = gs.fit(iris.data, iris.target)
12  y_pred = gs.predict(iris.data)  # 预测
13  print(gs.best_score_)
14  # 返回结果：0.98
15  print(gs.best_params_)
16  # 返回结果：
17  {'C': 1, 'gamma': 0.125, 'kernel': 'rbf'}
```

网格调参使用穷举法训练其每种参数的组合，适合小数据集。当可选参数较多或者数据较多时，Sklean 库还提供了随机搜索 RandomizedSearchCV 方法，用于随机选取参数组合，其可在较短时间内选择较优的参数，但精度较差。

数据量较大时的另一种调参方法是，利用贪心算法对模型影响最大的参数调优后，将其固定下来，再对下一个影响大的参数调优，直至调优所有参数。它的缺点是可能找不到全局最优解，而优点是速度快。

2. Hyperopt

Hyperopt 是专门用于模型调参的第三方库，通过贝叶斯优化算法调参。贝叶斯优化又称序贯模型优化（Sequential model-based optimization，SMBO），它无须计算梯度，可处理数值型和离散型的变量、条件变量，可并行优化。

Hyperopt 的速度更快，效果更好。相对于 GridSearch，Hyperopt 除了适用于 Sklearn 类模型，也适用于其他模型，且不需要列举所有可能的参数值，但需要自己实现损失函数和 CV 方法。

Hyperopt 的使用方法与 Sklearn 系列工具的不同，下面将介绍其具体用法。首先，使用以下方法安装软件：

```
01  pip install hyperopt
```

下面通过简单实例学习 Hyperopt 的基本用法。

```
01  from hyperopt import fmin, tpe, hp, Trials
02  trials = Trials()
03  best = fmin(
04      fn=lambda x: (x-1)**2, # 最小化目标，如误差函数
05      space=hp.uniform('x', -10, 10), # 定义搜索空间，名称为x，范围为-10~10
```

```
06       algo=tpe.suggest,          # 指定搜索算法
07       trials=trials,             # 保存每次迭代的具体信息
08       max_evals=50)              # 评估次数
09    print(best)                   # 返回结果：{'x': 0.980859461591201}
10    for t in trials.trials:
11       print(t['result'])
12    # 返回结果
13    {'loss': 0.9071371635226961, 'status': 'ok'}
14    {'loss': 8.061260274817041, 'status': 'ok'} ....
```

本例的目标是在-10 至 10 之间搜索 x，使 x-1 的平方最小化，程序迭代次数设为最多 50 次，其运行结果接近于 1。可以看到，使用 Hyperopt 方法只需要指定取值范围，而不需要指定具体取值。其中，hp.uniform 设定搜索范围是定义上下界的平均分布。除了平均分布，它还支持 hp.choice 用于枚举值、hp.normal 用于正态分布。本例中只定义了一个搜索变量，而在实际应用时一般使用字典方式定义多个变量。

例程中还使用了 Trials 方法记录每一次迭代的具体信息，并显示其损失函数的值，其误差值一般会随着迭代次数的增加而逐渐收敛。

Hypterop 的核心是定义损失函数和参数范围，下面介绍一个实用的例程。例程仍使用鸢尾花数据集，尝试支持向量机和随机森林两种常用模型，设置其调参范围，使用 Hyperopt 选择最佳参数。

```
01    from sklearn.datasets import load_iris
02    from sklearn.cross_validation import cross_val_score
03    from hyperopt import hp,STATUS_OK,Trials,fmin,tpe
04    from sklearn.ensemble import RandomForestClassifier
05    from sklearn.svm import SVC
06
07    def f(params): # 定义评价函数
08       t = params['type']
09       del params['type']
10       if t == 'svm':
11          clf = SVC(**params)
12       elif t == 'randomforest':
13          clf = RandomForestClassifier(**params)
14       else:
15          return 0
16       acc = cross_val_score(clf, iris.data, iris.target).mean()
17       return {'loss': -acc, 'status': STATUS_OK} # 求最小值:准确率加负号
18
19    iris=load_iris()
```

```
20  space = hp.choice('classifier_type', [ # 定义可选参数
21      {
22          'type': 'svm',
23          'C': hp.uniform('C', 0, 10.0),
24          'kernel': hp.choice('kernel', ['linear', 'rbf']),
25          'gamma': hp.uniform('gamma', 0, 20.0)
26      },
27      {
28          'type': 'randomforest',
29          'max_depth': hp.choice('max_depth', range(1,20)),
30          'max_features': hp.choice('max_features', range(1,5)),
31          'n_estimators': hp.choice('n_estimators', range(1,20)),
32          'criterion': hp.choice('criterion', ["gini", "entropy"])
33      }
34  ])
35  best = fmin(f, space, algo=tpe.suggest, max_evals=100)
36  print('best:',best)
37  # 程序运行结果:
38  # best: {'C': 4.870514518746289, 'classifier_type': 0, 'gamma':
    2.5103658076266333, 'kernel': 1}
```

例程中使用了交叉验证评价模型的准确率，Hyperopt 支持用数组指定参数，以便在同一调参过程中比较多个模型的不同参数及其训练效果。尽管 Hyperopy 进行了很多优化，但调参过程仍然比较耗时，对于大数据量的数据，建议先选取部分数据调参。

可以看出，Sklearn 机器学习工具集提供了机器学习中绝大多数的功能（如建模、调参、评价、特征工程等），但做得不是很细。当需要更精细的工具时，建议使用专门的第三方库。

综上所述，无论是模型实现、模型选取，还是模型调参，都可以使用很多现成的方法，这也是 Python 开发的优势所在，其大量的第三方库支持了开发者需要的绝大多数功能，不需要再聚焦于实现细节，而是更多着眼于整体设计。因此，在程序实现时，建议读者尽量使用功能足够丰富和稳定的现有工具，避免重复造轮子。

10.4.3　学习曲线和验证曲线

在建模过程中，加入更多实例、增加迭代次数往往能提升模型预测的效果，但数据增加也会使用更多的计算资源及延长训练时间，无限细化模型还可能造成过拟合。因此，希望开发者能在数据量和训练效果之间找到平衡点，而学习曲线和验证曲线可以帮助他们实现该功能。其实现包含两部分：计算和作图。计算部分由 Sklearn 提供的函数实现，作图部分通过 Matplotlib 提供的函数实现。

先看其中较为简单的作图部分的实现代码，由于训练了 10 次，因此计算了其精确率的均值和标准差。图中绘制了训练集和测试集的准确率，并通过计算其标准差绘制了其准确度的变化范围。

```
01   from sklearn import datasets
02   from sklearn.ensemble import RandomForestClassifier
03   import numpy as np
04   import matplotlib.pyplot as plt
05
06   def draw_curve(params, train_score, test_score):
07       train_mean =  np.mean(train_score,axis=1)  # 均值
08       train_std = np.std(train_score,axis=1)     # 标准差
09       test_mean = np.mean(test_score,axis=1)
10       test_std=np.std(test_score,axis=1)
11       plt.plot(params,train_mean,'--',color = 'g',label = 'training')
12       plt.fill_between(params,train_mean+train_std,train_mean-train_std,
13                    alpha=0.2,color='g')          # 以半透明方式绘图区域
14       plt.plot(params,test_mean,'o-',color = 'b',label = 'testing')
15       plt.fill_between(params,test_mean+test_std,test_mean-test_std,
16                    alpha=0.2,color='b')
17       plt.grid()                                 # 显示网格
18       plt.legend()                               # 显示图例文字
19       plt.ylim(0.5,1.05)                         # 设定 y 轴显示范围
20       plt.show()
```

再看计算部分，本例中使用了 Sklearn 自带的乳腺癌数据集，使用随机森林模型，取其数据的 10%（0.1）、20%……直到全部数据（1）分别代入模型训练，使用 learning_curve 方法分别训练模型并使用十折交叉验证，记录模型在训练集和测试集上的评分 train_score 和 test_score，然后用上面定义的函数画图。

从程序运行结果可以看到，当数据量从 10%增加到 20%时，测试集的准确率有明显提升，再增加数据也有提升但速度较慢。

```
01   from sklearn.model_selection import learning_curve
02   breast_cancer = datasets.load_breast_cancer()
03   X = breast_cancer.data
04   y = breast_cancer.target
05
06   clf = RandomForestClassifier()
07   params = np.linspace(0.1,1.0,10)       # 从 0.1 到 1，切分成 10 份
08   train_sizes,train_score,test_score = learning_curve(clf,X,y,
09                            train_sizes=params,
10                            cv=10,scoring='accuracy') # 十折交叉验证
10   draw_curve(params, train_score, test_score)
```

程序运行结果如图 10.5 所示。

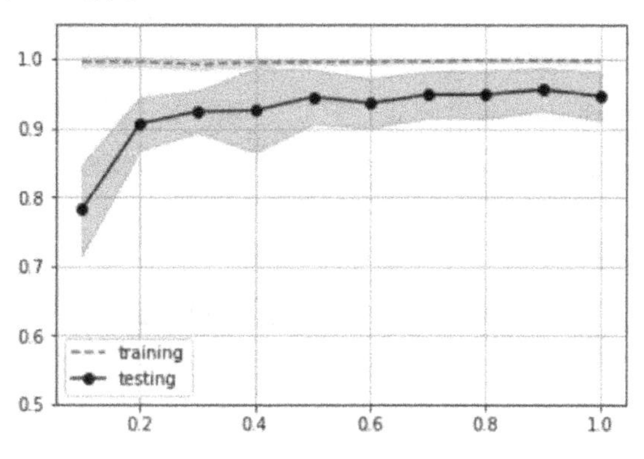

图 10.5　学习曲线

下例使用验证曲线测量调参效果，将随机森林中树的个数分别设置为 10，20，…，240。从运行结果可以看到，过多的子树对于模型效果并无明显提升，这主要是由于此数据集的数据不大，且从中可提炼的规则并不复杂。

```
01  from sklearn.model_selection import validation_curve
02  params = [10,20,40,80,160,240]
03  train_score,test_score = validation_curve(RandomForestClassifier(),
04              X,y,param_name='n_estimators',cv=10,scoring='accuracy',
05              param_range=params)
06  draw_curve(params, train_score, test_score)
```

程序运行结果如图 10.6 所示。

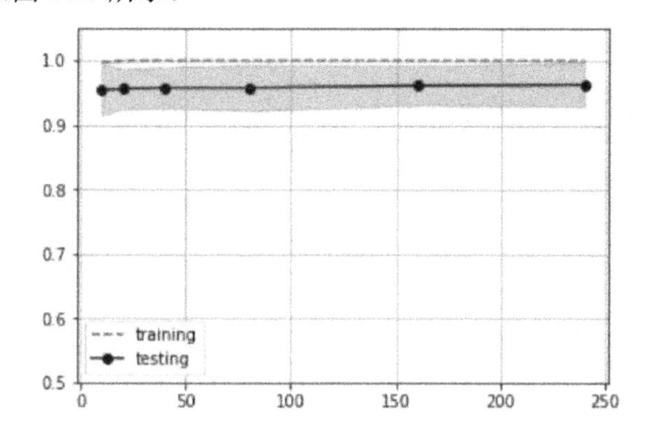

图 10.6　验证曲线

10.4.4 保存模型

如果把训练模型类比成人脑思考问题，把使用模型类比成对脑中已有“思考成果”的使用，那么思维中有多少是真正的思考，有多少是使用现有“成果”呢？如何把习得的“成果”保存下来并重复利用呢？

“思考成果”可能是决策树规则、神经网络参数、规则列表，也可能是典型实例，还有一些学习得来的知识（先验知识、领域知识），那么怎么才能把它们融入训练成为更大的模型呢？

对于人来讲，最终得以保存的可能是不可描述的经验和可描述的规则。其中规则可以是经验总结的，也可以是习得的；可以实例化，又可以加入进一步的推导。它所涵盖的可能是全部（树模型），也可能是部分（规则模型），或者是一条主干（线性拟合）加上一些例外（离群点）。

一般训练完成之后，会将模型及相关数据保存成模型文件，而在使用模型时直接读取文件进行预测即可。除了保存模型本身，Python 还支持保存数据结构及实例。在第 5 章已经介绍了模型保存方法，对于机器学习模型，推荐 Sklearn 自带的 pkl 文件，它可以保存 Python 中的各种数据类型。

在保存数据时，一般使用字典结构。例如，一个字典包含模型、参数、代入模型的特征列表三个 Key，其中模型又可以是一个字典，包括多个子模型，以此类推。另外，还可以将需要保存的数据组织成树型结构，其中 Key 又可作为各层内容的简要说明。

第 11 章 大数据竞赛平台

掌握一门技术最好的途径是观摩和实践。本章将介绍国内外的主流大数据平台，以及参赛和选题的注意事项。竞赛平台分为两种类型：本章前半部分以 Datathon 数据竞赛为例，介绍以设计和定义问题为主的竞赛；后半部分介绍算法竞赛平台，通过剖析 Kaggle 大数据竞赛经典案例《泰坦尼克号幸存问题》讲解平台的使用方法，通过解读核心代码阐释解题思路，并示范运用计算工具挖掘训练数据的过程。

11.1 定义问题

对于人工智能行业的从业者，无论是开发工程师、产品设计师、数据智能类产品的创业者，还是希望通过人工智能技术改变行业未来的领导者，再宏大的目标，最后还是需要落实到具体产品和项目中。更直白地说就是，具体的功能能否实现、能否达到预计的效果。那么，要达到这一目标就至少要了解：人工智能发展到现阶段能解决什么样的问题？目前我们需要解决的问题到底是什么？

从开发的角度看，产品的生命周期一般分为用户调研、发现需求、评估需求、可行性分析、设计方案、开发、功能验证、上线等步骤。前期的调研设计往往比后期的执行更加重要，做数据分析挖掘更是如此，因为它不像软件产品，只要设计的功能正常可用就可以交付了。

数据模型产品受数据量和数据质量的影响很大，没做完以前很难得知是否能达到既定效果。因此，在前期调研、可行性分析方面，就需要更多专业人士的经验。

近年来，随着人工智能技术的发展，新技术不断刷新人们的认识，似乎只要有足够的数据和算力，领域内的所有问题都可以被解决，只是投入资源多少和时间早晚的问题。

从未来的发展看似乎是这样，但眼前的事实并非如此。如果仔细分析机器超越人类的案例则可以发现，目前机器超越人类的领域基本都是针对比较抽象和单一的问题，并且其解决方案也主要围绕具体问题展开，因此其算法扩展到其他领域还需要大量的调优。

11.1.1 强人工智能与弱人工智能

2018 年年底报道：谷歌的 BERT 模型在阅读理解处理方面破 11 项记录，全面超越人类，那么是不是使用该算法再输入现有的知识，经过训练，就可以产生有问必答的百科全书式机器人呢？先来看看对 BERT 的评测，包括 QLUE 测试和 SquAD 测试两部分。

QLUE 测试基本涵盖了自然语言处理的各个子模块，提供测试集但不公开测试集结果。在开发者上传预测结果后，线上给出评分。其中的测试包括如下内容：

◎ MNLI：判断两个句子之间是继承、反驳，还是其他关系。

◎ QQP：计算两个问句的类似程度。

◎ QNLI：问答系统，区分问题的正确答案和同一段中的其他描述。

◎ SST-2：电影评论的感情色彩标注。

◎ CoLA：判断语法是否正确。

◎ MRPC：两个句子的语义是否等价。

（其他测试与上述测试类似，但数据范围不同，在此不一一列举）

SQuAD（Standford Question Answering Dataset）测试，是斯坦福大学于 2016 年推出的阅读理解数据集，即给定文章并准备相应问题，需要算法给出问题的答案。SQuAD 一共有 107 785 个问题以及配套的 536 篇文章。与 GLUE 的分类不同，它寻找的是答案在段落中的位置。

BERT 模型本身是深度学习神经网络的改进版本。在训练过程中，除了训练集提供的数据，它并没有融入人类常识性的经验。可以看到，它解决的问题都非常具体，并不能真正理解语言和构造的知识体系。因此，可以说现在人工智能的发展阶段和机器拥有人类智能的距离还非常遥远。

再看机器学习模型，简单地说，使用历史数据训练的模型主要以学习模仿前人经验为主。当有足够数据特征的数据量，再配合有效的算法，基本上就可以达到该领域专业人士，或略高于普通从业者的水平，但很难实现质的飞跃。

综上所述，现在我们看到和使用的人工智能技术基本都属于弱人工智能。也就是说，它只能在某些特定的领域解决问题。而强人工智能包括推理（Reasoning）和解决问题（Problem_solving），因此，也可以说人工智能是认知心理学与计算机科学的交叉学科。解决问题包括设定目标、判断可行性、将目标切分成子目标、试错、执行、评估等，而在这个体系结构没有建立起来之前，这些工作都需要开发人员来实现。

现阶段使用算法主要是与人的经验相结合，作为辅助手断来简化部分人类劳动。当前它只能从提供的数据中寻找规律，而人的背后有更加强大的常识体系。如果能结合二者的优势，效果往往会更好。

总而言之，算法只是工具，当面对具体任务时，编程能力虽然非常重要，但是最终能否达成目标，最重要的是目标的设定和评估——是否设计了一个在现有数据情况下可达成的目标，这需要专业领域的人员和工程师深度协作、相互渗入才能实现。

11.1.2　Datathon 竞赛

Datathon 竞赛是医疗急救和大数据结合的比赛，源于硅谷的 Hackathon 黑客马拉松。Hackathon 是短期、高强度的技术竞赛，指在推动技术创新。Datathon 意为 Data+Hackathon，即数据竞赛，由解放军总医院举办，每年一到两次，临床医生、数据科学家、统计学家、工程师均可报名参加。赛程一般两到三天，参赛者根据自己的兴趣和知识背景，按医生和工程师结合的方式分组比赛，每个小组集中解决一个临床医疗相关的大数据问题。

比赛过程：首先，由带队临床医生对题目阐述，招募队员；然后参赛人员进行组队；在接下来的两天中，队员讨论和研究问题，如数据范围、提取数据、分析以及建模；最后一天展现成果。为公平起见，每组限制在 10 人左右，参加该比赛需要提前报名，主办方根据其简历进行一定的资格筛选。

在两三天的时间内，参赛人员要确定问题、提取数据、分析建模、撰写报告，因此基本只能做简单的分析和模型构建，没有太多时间调优。

可以说，该比赛的目标并不是用两天时间开发出可用的模型或者软件，而是给临床医生和数据工程师提供交流的平台。Datathon 比赛结束后，同组的工程师和医生往往会继续研究比赛中的课题，最终获得更多成果。而工程师和医生通过比赛可以更加了解医疗大数据擅长解决哪些问题。

比赛过程中使用的数据包括解放军总医院急诊数据、重症监护数据库 MIMIC 和重症监护数据库 EICU，其中解放军总医院急诊数据只供竞赛使用，MIMIC 和 EICU 数据库都是开放的医疗数据，可从网上下载。由于 EICU 库包括患者在 ICU 期间的各种检验及检测数据，非常庞大和复杂，有意参加比赛的读者最好事先研究数据，否则仅提取数据都非常困难。

在 2018 年 11 月举行的 Datathon 比赛上，麻省理工学院计算生理学实验室的科学家 Alistair Johnson 分享了定义问题的方法。首先，问题必须是能用数据解答的。比如，“药品 T 会导致不良事件吗？T 药好不好？”此类问题比较模糊，其中并未定义“不良事件”指什么，好坏与否也没有指定具体哪一方面。又如，“有 S 病史的患者在院内的死亡率较高吗？”，此问题相对比较清晰，条件是“是否有 S 病史”，结局变量是“院内死亡与否”。同时，在数据范围内，算法可以使用假设检验方法实现。

在学习解决问题之前，首先需要学习定义问题，什么样的问题才是好的问题，这需要至少从三个方面考虑。

（1）已知条件：当前能获取的数据量的大小和具体内容。

（2）定义目标：需要定义清晰、可量化的结果。

（3）现有技术：涉及哪些算法，算法能否实现目标。

好的数据团队需要包括领域内的专业人士和工程师，专业人士一般可以把模糊的问题具体化，另外，他们的经验更加重要。比如，在用模型做一些疾病判定时，可以取得仪器得出的检验指标，但是在医生看病的时候，还会观察病人的身体状态，像“没有精神”“身体虚弱”等在机器预测时可能获取不到。这些信息对预测结果影响的大小，往往只有专业人士才能给出答案。

另一种情况是，工程师可以获取成百上千维度的指标以及大量的数据，虽然它们可以通过一些方法筛选特征，比如通过训练模型产生特征重要性排序（feature importance）、相关性分析等，但是效果往往不是很好，这时如果能和专业人士的经验相互印证，先考虑主要因素的影响，则往往能事半功倍。

11.2 算法竞赛

在模型的具体实现方面，初学者也需要不断积累实际开发经验。在实践过程中，不仅需要自己摸索，还需要向高手学习和请教。大数据竞赛就提供了这样的数据平台，它在数据提供者和开发者之间建立了桥梁：企业或研究机构将问题描述、数据、研究目标发布到平台上；开发者对其进行分析、建模，并上传处理结果；平台根据评价规则打分和排名显示，大多数平台都提供活跃的讨论区供大家交流，有的比赛还设有奖金。

11.2.1　大数据竞赛平台优势

大数据竞赛平台提供了明确的问题定义和评价体系，在这平台上，初学者可以和高手同场竞技，一起讨论，他们既可以学习解决问题的常用套路，又可以进行头脑风暴。

1. 知易行难

在曾看过的一篇文章中，讨论了参加大数据比赛对找工作有什么好处，其中有一个答案是“没有”。其理由是初学者很难在 Kaggle（最著名的大数据竞赛平台）中拿到名次，参与程度可深可浅，面试官无法通过它判断开发者的水平。笔者认为比赛的目的并不一定是拿名次，相比之下，在实战中磨炼自己的过程更为重要。

在学习数学、算法时，有时感觉好像明白了，但做题或者细问之下，发现并不能真正会用，即使当时会用，过一段时间不用又模糊了。这是因为在书中它们只是一些零散的点，而实际中则需要在场景中发挥作用。另外，在具体应用时也会遇到很多“坑”，自己踩一遍的收获远大于照抄照搬，而竞赛平台正好提供了这样的实践机会。

2. 数据和评价体系

也有开发者认为：可以自己拿爬虫抓取数据，而且可以找自己更感兴趣的数据来挖掘。而对于自己找的数据，当对预测结果不满意时，很难判断到底是数据本身携带的信息量不够，还是算法做得不好。不像平台上很多人同时比赛，只要拿自己的成绩和 Top1 的比一比，就能判断问题出在哪里。

通过上一节的学习可以看到，很多时候定义问题比解决问题更困难。在竞赛平台上，问题、数据和评价标准都是事先被定义好的，这也在很大程度上降低了问题的复杂性和难度。

3. 与高手同台竞技

在竞赛平台上，有很多人会在赛中或者赛后公布自己的算法。在平台的讨论区中，开发者可以提出自己的问题，也可以从他人的讨论中发现一些潜在的问题。最重要的是，在这个过程中，大家思考同一个问题可以带来很多引导和思路。这种状态非常难得，即使是在一个很多同事都在做数据分析和模型的工作环境中，往往也是各做各的工作，大家围绕同一个问题深度讨论的情况也并不多见。

4. 设计算法和编写应用程序的差异

写应用程序可以大量借鉴别人的代码，甚至连 API 都一样，别人能实现的功能自己也能做，但算法比赛不同，照抄照搬还想超过原创者的基本没有。因为，参考别人的代码，其最终成果可能只有几百行，但是推理和尝试的代码量往往比成果多得多，这部分并没有呈现出来，看似简单的答案只是冰山一角。因此，有时看了别人的代码，觉得每句都能理解，但到自己做的时候，还是只能照猫画虎，做些简单的微调。

11.2.2 Kaggle 大数据平台

Kaggle 可以算是最著名的机器学习比赛，由安东尼・高德布卢姆（Anthony Goldbloom）于 2010 年在墨尔本创立，是一个为开发商和数据科学家提供举办机器学习竞赛、托管数据库、编写和分享代码的平台，该平台已经吸引了 80 多万名数据科学家的关注。

先来看看 Kaggle 的具体使用方法。在竞赛界面中可以看到比赛分为不同类别：Getting Start，Playground，Featured，Research 等（用不同颜色区分），建议初学者从 Getting Start 开始，在这个级别中有更多的教程和代码分享，题目也比较简单，适合入门，如图 11.1 所示。

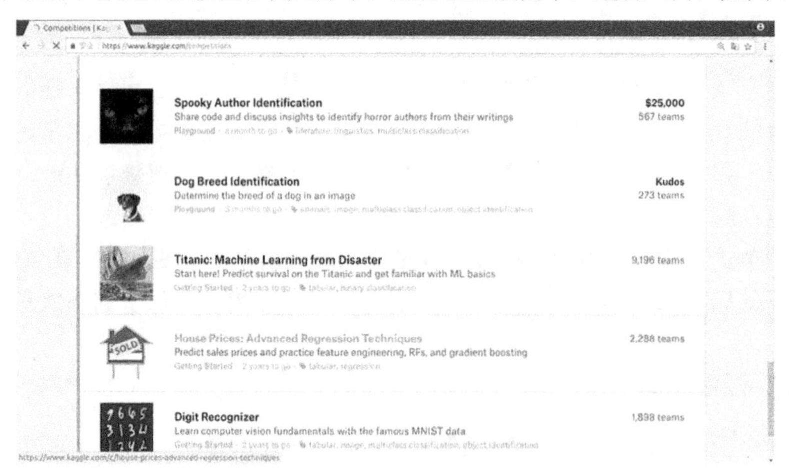

图 11.1　Getting Start 级别下的教程和代码分享页面

11.2.3 实战泰坦尼克号幸存问题

本节通过剖析 Kaggle 平台上的经典案例，逐步切入问题。从获取数据、分析数据、清洗聚合，再到训练模型，用简单的数据和代码建构数据挖掘的完整流程。

1. 平台使用方法

泰坦尼克号幸存问题（Titanic: Machine Learning from Disaster）是 Kaggle 上参赛者最多的比赛，比赛长年开放。下面和读者一起通过参与该比赛熟悉一下 Kaggle 平台，赛题详情请参见平台，如图 11.2 所示。

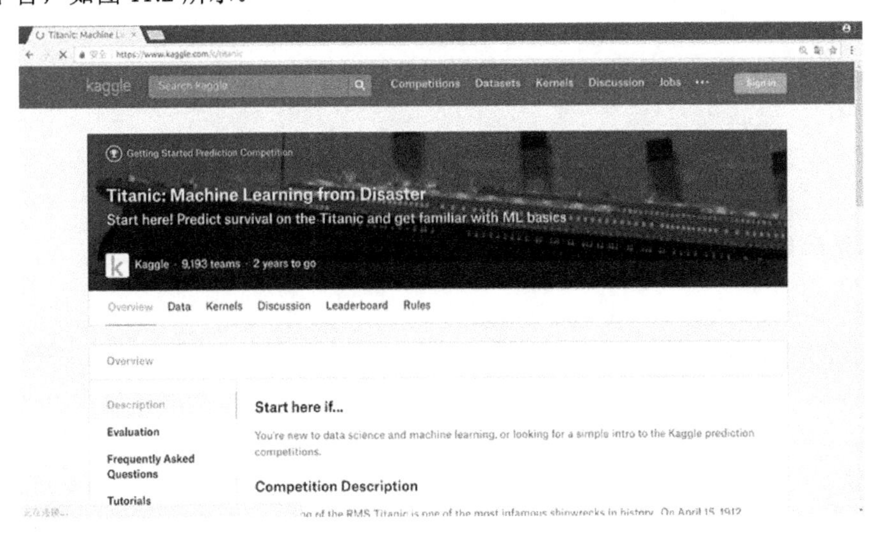

图 11.2　赛题页面

赛题界面提供了问题描述（Overview）、数据（Data）、示例代码（Kernels）、讨论区（Discussion）、排行榜（Leaderboard）和规则（Rules）。

问题描述包括赛题目标：预测泰坦尼克号上的乘客是否幸存；题目所需技能是分类算法、Python 或 R 语言；对结果的评价方法（evaluation）等。

数据以 csv 格式存储，提供了含有自变量（条件）和因变量（结果）的训练样本（train.csv）、只有自变量没有因变量的测试样本（test.csv），开发者用训练样本训练出模型，并对测试样本进行预测。预测的结果根据格式要求（gender_submission.csv）保存成文件并上传到 Kaggle 网站，网站给出预测结果评分并排名。

示例代码中有开发者共享的解题思路和代码，大多数用 Python 或 R 语言实现。本赛题推荐 Omar El Gabry 的“A Journey through Titanic”例程，它讲解了解决问题的全过程，包含数据分析、数据清洗和模型预测，如图 11.3 所示。

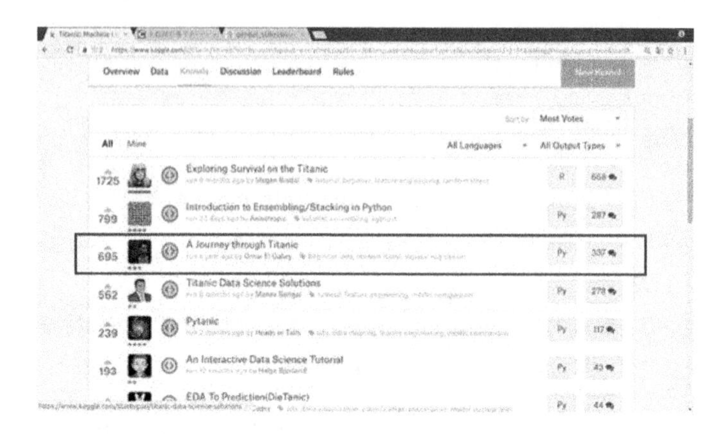

图 11.3 “A Journey through Titanic”所在页面

2. 算法解读

下面通过解读几个核心代码段来学习解题思路。

（1）下载数据。下载数据前先要注册 Kaggle 用户，由于 Kaggle 的一些数据存储在 Google 服务器上，因此如果出现连接问题，也可以通过搜索“Kaggle 比赛 titanic 数据集”在其他网站下载。

将下载的文件解压后，可以看到两个 csv 文件，它们均是纯文本文件，打开即可看到内容。

（2）数据分析预测常用库。

```
01  # 数据集和数据处理
02  import pandas as pd
03  from pandas import Series,DataFrame
04  import numpy as np
05
06  # 绘图分析
07  import matplotlib.pyplot as plt
08  import seaborn as sns
09  sns.set_style('whitegrid')
10  %matplotlib inline # Jupyter 绘图使用
11
12  # 机器学习
13  from sklearn.linear_model import LogisticRegression    # 逻辑回归
14  from sklearn.svm import SVC, LinearSVC                 # 支持向量机
15  from sklearn.ensemble import RandomForestClassifier    # 随机森林
16  from sklearn.neighbors import KneighborsClassifier     # K 近邻
17  from sklearn.naive_bayes import GaussianNB             # 数据集和数据处理
```

（3）数据读取和基本分析。

```
01    titanic_df = pd.read_csv('train.csv')
02    test_df = pd.read_csv('test.csv')
03    print(titanic_df.head())
04    print(titanic_df.info())
05    print(titanic_df.describe())
```

使用 head 方法查看数据集 Dataframe 的前 N 行数据（行数默认为 5，相对应地，用 tail 命令可以查看数据集的后 N 行数据），上述程序显示了前 5 行数据，此数据集中含有数值型和字符型两种数据，包含乘客号、是否幸存、乘客类别、姓名、性别等信息，其中 Cabin（客仓）有部分空值，如图 11.4 所示。

```
   PassengerId  Survived  Pclass  \
0            1         0       3
1            2         1       1
2            3         1       3
3            4         1       1
4            5         0       3

                                                Name     Sex   Age  SibSp  \
0                            Braund, Mr. Owen Harris    male  22.0      1
1  Cumings, Mrs. John Bradley (Florence Briggs Th...  female  38.0      1
2                             Heikkinen, Miss. Laina  female  26.0      0
3       Futrelle, Mrs. Jacques Heath (Lily May Peel)  female  35.0      1
4                           Allen, Mr. William Henry    male  35.0      0

   Parch            Ticket     Fare Cabin Embarked
0      0         A/5 21171   7.2500   NaN        S
1      0          PC 17599  71.2833   C85        C
2      0  STON/O2. 3101282   7.9250   NaN        S
3      0            113803  53.1000  C123        S
4      0            373450   8.0500   NaN        S
```

图 11.4　数据集 Dataframe 的前 N 行数据

使用 info 方法查看数据集的基本信息，在此可以看到各个字段的类型和数据的缺失情况；从显示结果中可见，数据比较规整，基本是清洗好的，如图 11.5 所示。

```
<class 'pandas.core.frame.DataFrame'>
RangeIndex: 891 entries, 0 to 890
Data columns (total 12 columns):
PassengerId     891 non-null int64
Survived        891 non-null int64
Pclass          891 non-null int64
Name            891 non-null object
Sex             891 non-null object
Age             714 non-null float64
SibSp           891 non-null int64
Parch           891 non-null int64
Ticket          891 non-null object
Fare            891 non-null float64
Cabin           204 non-null object
Embarked        889 non-null object
dtypes: float64(2), int64(5), object(5)
memory usage: 83.6+ KB
```

图 11.5　用 info 方法查看数据集的基本信息

用 describe 方法可以看到数值型特征的统计值，包含计数（count）、均值（mean）、标准差（std）、最小值（min）、最大值（max）以及 25,50,75 分位数。这样无须查看所有数据即可对各个特征的分布有大致的了解，如图 11.6 所示。

```
       PassengerId    Survived      Pclass         Age       SibSp
count   891.000000  891.000000  891.000000  714.000000  891.000000
mean    446.000000    0.383838    2.308642   29.699118    0.523008
std     257.353842    0.486592    0.836071   14.526497    1.102743
min       1.000000    0.000000    1.000000    0.420000    0.000000
25%     223.500000    0.000000    2.000000   20.125000    0.000000
50%     446.000000    0.000000    3.000000   28.000000    0.000000
75%     668.500000    1.000000    3.000000   38.000000    1.000000
max     891.000000    1.000000    3.000000   80.000000    8.000000

            Parch        Fare
count  891.000000  891.000000
mean     0.381594   32.204208
std      0.806057   49.693429
min      0.000000    0.000000
25%      0.000000    7.910400
50%      0.000000   14.454200
75%      0.000000   31.000000
max      6.000000  512.329200
```

图 11.6　用 describe 方法查看数值型特征的统计值

（4）特征工程。

```
01  def get_person(passenger): # 小于 16 岁的分类为儿童
02      age,sex = passenger
03      return 'child' if age < 16 else sex
04
05  def conv(df):
06      df['Person'] = df[['Age','Sex']].apply(get_person,axis=1) # 组合特征
07      df['Fare'] = df['Fare'].fillna(df['Fare'].mean()) # 缺失值填充为均值
08      df["Embarked"] = df["Embarked"].fillna("S") # 缺失值填充为 S
09      df['Fare'] = df['Fare'].astype(int) # 类型转换
10
11      person_dummies  = pd.get_dummies(df['Person']) # OneHot 编码
12      person_dummies.columns = ['Child','Female','Male']
13      df = df.join(person_dummies_titanic) # 连接原数据与 OneHot 数据
14      df = df.drop(['PassengerId','Name','Ticket','Person','Sex',
        'Embarked','Cabin','Age'],
15                          axis=1) # 删除非数值型特征
16      return df
17
18  titanic_df = conv(titanic_df)
19  test_df = conv(test_df)
```

下面展示了特征工程的几种基本方法，而在实际使用过程中会更为复杂，见后续例程。

◎　处理缺失值：包括均值填充和默认值填充。

◎　用现有数据拆分、组合出更多特征：本例中将 16 岁以下的男女统一归类为儿童类别，并转换成 OneHot 编码（将枚举型转换成 0/1 的数值型）。

◎　清理包括删行、删列、去重、类型转换，本例中删除了非数值型数据，用 astype 方法处理类型转换。

（5）数据分析。

```
01    facet = sns.FacetGrid(titanic_df, hue="Survived",aspect=4)
02    facet.map(sns.kdeplot,'Age',shade= True)
03    facet.set(xlim=(0, titanic_df['Age'].max()))
04    facet.add_legend()
05    plt.show()
06
07    fig, axis1 = plt.subplots(1,1,figsize=(18,4))
08    average_age = titanic_df[["Age", "Survived"]].groupby(['Age'],as_
      index=False).mean()
09    sns.barplot(x='Age', y='Survived', data=average_age)
10    plt.show()
11    #?facet.map()
```

图 11.7 中上面的图片展示的是变量关系 FacetGrid，hue 指定对 Serviced 做颜色差异显示，sns.kdeplot 指定用 Age 特征做核密度图，Set xlim 指定横轴坐标范围，add_legend 设置显示标签。

图 11.7 中下面的图片展示的是每个年龄幸存者的比例，使用 groupby 按照年龄将所有数据分组后，再对每组取均值作图。其中使用 figsize 设置是为了调整图像长宽比使横坐标正常显示，而不是堆叠在一起，如图 11.7 所示。

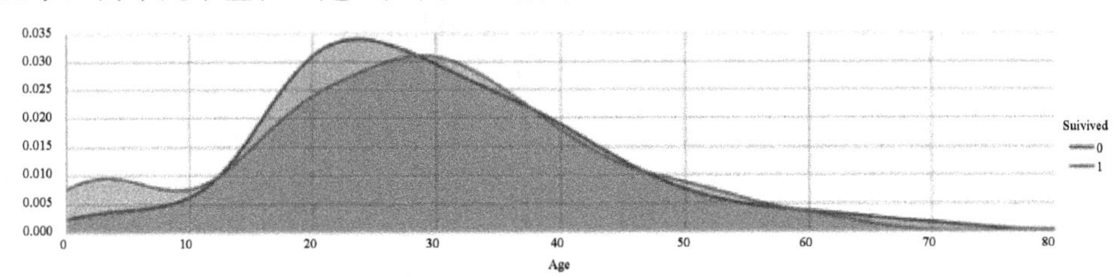

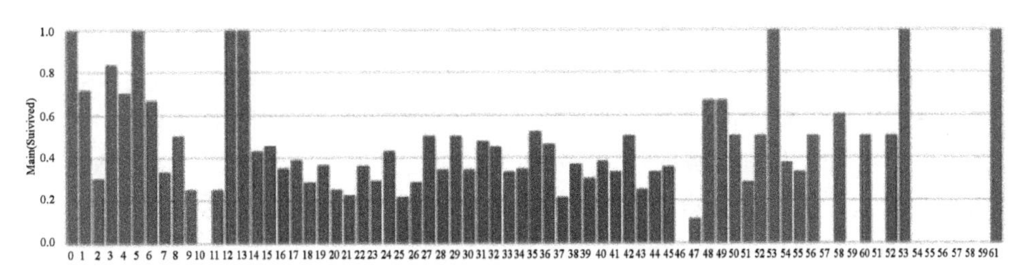

图 11.7　用 groupby 按照年龄取均值作图

（6）模型预测。

```
01    # 生成模型所需的训练集和测试集
```

```
02 X_train = titanic_df.drop("Survived",axis=1)
03 Y_train = titanic_df["Survived"]
04 X_test  = test_df.copy()
05
06 logreg = LogisticRegression() # 初始化模型
07 logreg.fit(X_train, Y_train) # 训练模型
08 print(logreg.score(X_train, Y_train)) # 模型评分
09 Y_pred = logreg.predict(X_test) # 预测
```

本例先将数据转换成模型可识别的格式，然后训练模型。以逻辑回归为例展示最简单的模型训练和模型预测。

通过上述代码，即可搭建出一个简单的机器学习框架。训练之后，开发者可通过 Submit Predictions 上传自己的预测结果（注意，Submit Predictions 按钮登录后才显示），之后就可以看到排名了。

11.2.4 国内大数据平台

Kaggle 是一个很好的竞赛平台，平台上高手很多，代码分享和思路讲解也很丰富，但是它的用户信息和数据都存储在 Google 服务器上，虽然能浏览网页，但目前注册、上传、下载数据还不能直接连接，如注册后在邮箱中点击激活时，出现 " You did not enter the correct captcha response. Please try again "，就是由于连接 Google 失败导致的，因此使用时比较麻烦。

国内的大数据竞赛平台有 DataCastle 和天池等，有些比赛也设有奖金。在比赛结束后，排名靠前参加答辩的选手会分享答辩 PPT 以及答辩视频，有时也会分享代码。相对来说，天池的数据包含丰富的业务场景，更接近现实。有些比赛还提供在线的计算平台，还有一些比赛会给前几名提供知名企业的面试直通车的机会。另外，天池的数据科学家排行榜也是很好展示实力的途径。

一开始看到天池的技术圈，感觉和 Kaggle 相比其分享太少了（虽然 Kaggle 中的文章和示例也主要在新手学习区），后来发现它的很多比赛都设有官方的钉钉群或者 QQ 群。可能是由于群里反馈更快，很多问题都在群里交流，因此没有在技术圈中记录下来。虽然很多时候大家不会在钉钉群里详细讲算法，但有时他们的只言片语也会带给初学者很大的启发。另外，有人也会尝试一些算法，然后分享结果，这样也能使初学者少走很多弯路。

11.2.5 赛题选择

从时效性上来看，建议一开始先选择参赛队多的往期题目，最好是获胜者提供了源代码

的比赛。很多比赛在结束之后仍开放提交代码并提供线上评分（但没有奖金），这样边做边学，学习速度会更快，也更适合建立基本思路。

下一阶段，建议参加正式比赛。一般比赛都有赛方建立或者参赛者自发组织的讨论和答疑群，很多人在其中交流算法及遇到的问题。而在动态的互动中，更容易学到实用的技巧。排行榜也会不断更新，这能使我们确定自己的水平到底排在什么位置。不过在此阶段，需要注意的是调整心态，反复被挤出排行榜的心情必然不好，于是就要不断寻找下一次提交的目标，每天提交两次，每个修改计划都在 8 小时以内，于是不断寻找局部最优解，微调再微调，最终就能在整个结构上进行调整和做更多的尝试。

从难易程度上来看，建议从简单的赛题开始，如果影响因素太多，就难以判断哪里出了问题。一开始最好选择纯数据类的，即不包含文本和图片及其他复杂特征的问题。

从题型上来看，以下几类典型问题最好都尝试一下：

（1）以 GBDT 为代表的决策问题。

（2）时序问题。

（3）关联规则问题。

（4）自然语言处理的相关问题。

（5）图像处理的相关问题。

11.2.6 比赛注意事项

无论是在比赛还是在现实工作中，除了纯技术因素，背景知识、计划、心态也很重要。下面是实战中的一些注意事项：

（1）需要理解比赛的背景知识，比如股票、医疗。然后使用现成的工具计算更有效的组合特征，还可以从中找到一些方向。

（2）不要试图参加结束时间相近的多个比赛，因为如果时间不够，就没法做大的修改和更多的尝试。

（3）在数据量小的比赛中，暂时领先并不能说明就是模型好，还需要防止过拟合。

（4）多仔细研究别人的方案，尽量减少“重复造轮子”。

（5）不要总是使用熟悉的工具，在比赛中尝试新方法更加重要。

12

第 12 章 决策问题：幸福感挖掘

本章通过天池大数据平台的比赛“快来一起挖掘幸福感”来探讨分类和回归问题的解决方法和注意事项，并解读目前最流行的 XGBoost 模型的原理及核心代码。

12.1 赛题解读

幸福感挖掘是 2019 年天池平台的新人赛，该比赛长期开放，参赛者登录并选择报名比赛之后即可从赛题界面下载数据。平台提供每天两次评测机会，参赛者上传预测结果后，由平台打分和排名。由于新人赛一般不设置奖金，这就使得更多人愿意在平台论坛上分享思路和代码，平台也会提供一些学习资料。新人赛也相对比较简单，适合入门。

天池比赛一般分为线上赛和线下赛，线上赛是数据和算法工具都由平台提供，不允许下载数据。参赛者通过客户端或者 Web 方式连接服务端，使用平台提供的工具建模。一般在数据需要保密、算力较大、复赛的情况下，常见线上赛模式。而大多数比赛为线下赛，参赛者可以从平台上下载测试集、训练集、说明文件和提交数据的模板。在本地训练后，将结果上传到服务器，由服务器端定时评测。本赛题为线下赛，参赛者可多次提交结果，后上传的版本将覆盖旧版本。

当数据集较小时，少量特殊数据的预测结果往往会产生较大影响。为了避免出现对测试集过拟合以及申请多账号猜榜的行为，一般比赛将测试集分成 A 榜和 B 榜。在比赛前期用 A 榜数据测评，而比赛的最后几天公开 B 榜测试集，使用 B 榜评测结果作为最终打分的依据。参赛者需要注意及时提交 B 榜数据，否则将无法参加最终的比赛和排名。

数据挖掘的第一步是确定问题和分析问题。本赛题使用中国人民大学中国调查与数据中心主持的《中国综合社会调查》问卷的调查结果，选择其中的个体变量（年龄、性别、职业、健康、婚姻等）、家庭变量（父母、配偶、子女）、社会态度（公平、信息），并且允许使用外部数据。目标是预测其对幸福感的评价，同时也希望提取各个特征之间的相关性。

登录天池网站可查看详细的赛题介绍、下载训练数据和测试数据及对各个特征的说明文档，据此理解各个变量的含义及进一步挖掘其中的规律。

赛题训练集共 8000 个实例，140 维变量，评价函数使用 MSE 均方误差。该题目是比较单纯的数据问题，即不需要图片分析，只包括少量文本，无须深度挖掘。另外，数据集的 8000 个实例提供了足够的样本，不用太考虑小数据集过拟合的问题。而 140 维变量也足够多，以至于无法人为细化处理，这就使批量处理和统计分析方法展现出了优势。每个特征也都有对应的含义说明，这方便开发者将领域和模型相结合。

12.2　模型初探

不同开发者解决问题的思路不同，有的从了解数据特征的意义开始，有的从作图表分析数据开始，而笔者选择从建模开始：先调通从下载数据、预测、本地打分、按格式生成提交数据、上传数据平台评测的完整流程，再做进一步优化。同时，也向读者推荐这种先搭建框架，再逐步优化的方式。这一方面可以在最短的时间内看到成果，另一方面也可以避免纠结于细节而影响整体进度。

首先，定位问题类型。由于提供了因变量——幸福评级，因此该问题是有监督学习。而又由于因变量为多分类，故可选择分类模型或回归模型。因此，在前面介绍的机器学习算法基本上都可以使用，而解决该类问题最常用的方案是随机森林、梯度下降决策树、支持向量机以及多模型融合，其中又以梯度下降决策树最为常用。

比赛中最终成型的代码可能只有一两百行，但在数据挖掘过程中，开发者进行的大量试错、分析、调优并不展示在最终代码中，而这部分的代码量可能是最终成果的五到十倍。这也是在类似场景中，“拿来就用”效果不太理想的重要原因。在本例中，并没有将最终代码一次性展示给读者，而是呈现在建模的各个阶段、调试方法以及定位问题的技术中。

（1）简单数据分析：引入所需要的头文件，加载数据，同时查看特征和特征的类型。

```
01   import pandas as pd
```

```
02  import datetime
03  from pandas.api.types import is_numeric_dtype      # 用于判断特征类型
04  from sklearn.ensemble import RandomForestClassifier,
    GradientBoostingClassifier                     # 分类模型
05  from sklearn.ensemble import RandomForestRegressor,
    GradientBoostingRegressor                      # 回归模型
06  from sklearn.model_selection import cross_val_score, train_test_split
                                                   # 切分数据集
07  from sklearn.metrics import mean_squared_error     # 评价函数
08
09  data = pd.read_csv('data/happiness_train_complete.csv', encoding='gb2312')
10  test = pd.read_csv('data/happiness_test_complete.csv', encoding='gb2312')
11
12  print(data.columns.tolist())                   # 查看所有特征
13  print(data.dtypes)                             # 查看各特征类型
```

（2）特征工程：去掉无法直接代入模型的特征，将数据切分成训练集和验证集，并用均值填充缺失值。需要注意的是，由于 id 号对预测没有意义，还可能带来干扰，因此在第 08 行去除了该特征。

```
01  features = []
02  label = 'happiness'                            # 目标变量
03
04  for col in data.columns:
05      if not is_numeric_dtype(data[col]): # 非数值型特征
06          print(col, data[col].dtype)
07          print(data[col].unique()[:5])
08      elif col != label and col != 'id':  # 加入可直接代入模型的特征
09          features.append(col)
10
11  x = data[features]                             # 自变量
12  y = data[label]                                # 目标变量
13  x_train, x_val, y_train, y_val = train_test_split(x, y, test_size=0.25,
    random_state=0)
14  x_train = x_train.fillna(x.mean())     # 空值填充训练集
15  x_val = x_val.fillna(x.mean())         # 空值填充验证集
16  x_test = test.fillna(x.mean())         # 空值填充测试集
17  x = x.fillna(x.mean())                 # 空值填充全集
```

（3）模型预测：本例中尝试了随机森林回归、GBDT 分类和 GBDT 回归三种模型，使用默认参数训练，最终保留了效果最好的 GBDT 回归模型。下面分别实现了本地验证和远程提交，本地验证部分把训练数据切分成训练集和验证集，用验证集对模型打分；远程提交部分用全部训练数据训练模型，对测试集预测，并生成提交格式文件。生成的文件使用当前时间命名，以便保留不同版本。

```
01  #clf = RandomForestRegressor(criterion='mse', random_state=0)
                                                # 随机森林回归
02  #clf = GradientBoostingClassifier(criterion='mse',random_state=0)
                                                # GBDT 分类
03  clf = GradientBoostingRegressor(criterion='mse', random_state=0)
                                                # GBDT 回归
04
05  if True:                                    # 用于本地测试
06      clf.fit(x_train, y_train)
07      mse = mean_squared_error(y_val, [round(i) for i in clf.predict(x_val)])
08      print("MSE: %.4f" % mse)
09  else:                                       # 用于远程提交
10      clf.fit(x, y)                           # 全量数据训练
11      df = pd.DataFrame()
12      df['id'] = test.id
13      df['happiness'] = clf.predict(x_test[features])
14      df.to_csv('out/submit_{}.csv'.format(datetime.datetime.now().
        strftime('%Y%m%d_%H%M%S')),index=False)
```

本例以最简单的方式完成了数据处理和模型预测的全流程，将生成的文件提交到天池平台即可得到评分和排名。

12.3　模型调优

模型调优分为粗调和精调，粗调主要是解决建模中严重的错误，使模型的准确率显著增加；而精调是通过细化特征、模型调参等方法将模型的预测效果从较好变得更好，花费的时间也往往最多，而收效却不会非常显著。

本节通过模型调优，将模型误差从 1.1827 优化至 0.4688（2019 年 6 月 13 日，2345 支参赛队，排名 19）。

12.3.1　模型粗调

使用上例中代码训练的模型预测结果，提交后可正常评测，但得分并不理想。其线上误差为 1.1827，排行榜的前 100 名平均得分在 0.48 左右，得到的结果与之相差很大。一般在实例和特征都足够的情况下，训练结果非常差都是由明显的“错误”引发的，而非细节导致。

其原因有以下几种可能：

（1）训练模型时使用的评价函数与评测时使用的不一致。

（2）提交的结果与提交格式的要求不一致，实例顺序不一致。

（3）预测结果分布与训练集目标变量分布不一致。

对以上问题逐一排查，并分析其目标变量分布：

```
01   print(data['happiness'].value_counts())
02   # 程序运行结果:
03   # 4    4818
04   # 5    1410
05   # 3    1159
06   # 2     497
07   # 1     104
08   # -8     12
```

从运行结果可以看到，正常数据分布在 1～5，其中选 4 的人最多，占一半以上，呈非正态分布，而其中有 12 个实例目标变量值为-8，由此基本可推测出它是异常值或缺失值。由于误差函数是均方误差 MSE，其中的乘方操作放大了差异大的实例误差。例如，当目标变量 4 预测成 5 时，如果测试集有 3000 个实例，那么单个实例带来的误差就是 1/3000；当目标变量 4 预测成-8 时，那么单个实例带来的误差就是 144/3000（0.048），对预测结果影响很大。

因此，在训练集中剔除目标变量小于 0 的实例，即在第二步特征工程的第 10 行加入过滤代码。

```
01   data = data[data['happiness'] > 0]
```

在加入过滤代码后，预测结果有明显提高，线下得分为 0.4887，天池评测得分为 0.485，两者基本一致，在 2000 多支参赛队伍中进入排行榜（2019 年 6 月，排名前 100 名）。此时，只使用了 Sklearn 库自带的 GBDT 回归模型算法，未进行任何调参。另外，只对特征进行了简单的筛选，未处理文字特征和枚举型特征，代码在 50 行以内。

12.3.2 模型精调

本例中只进行了一般化的调优，并未逐个分析特征的意义和取值，主要是向读者展示调优中可泛化的思路。下面列出了一些优化的方案，留待读者探索。优化具体分为优化特征和优化模型两部分。

1. 寻找干扰特征

有时候，开发者认为特征越多越好，这在建模的初期的确如此，但在中后期的精调过程中，无用的特征非但不能提高模型预测水平，还可能会带偏模型。在前面已经介绍过，可以通过假设检验方法筛选特征，也可以通过模型反馈的特征重要性筛选特征。而本例介绍另一种方法——穷举法筛选特征，其在数据量不大的情况下很实用。

```
01  baseline = 0.4887 # 误差baseline
02  for i in features:
03      features_new = [x for x in features if x != i]
04      clf = GradientBoostingRegressor(criterion='mse', random_state=0)
05      clf.fit(x_train[features_new], y_train)
06      mse = mean_squared_error(y_eval, [round(i) for i in clf.predict
        (x_eval[features_new])])
07      if mse < baseline:
08          print("remove", i, "MSE: %.4f" % mse)
```

程序遍历所有自变量特征，在循环中每次去掉一个，然后用相同的模型训练并打分。如果去掉该特征后误差变小了，则认为该特征可能是干扰特征。程序运行结果显示：去掉 public_service_7，county，nationality，income 等特征后误差变小了，其中去掉 public_service_7 特征后效果最为显著。

常用的特征选择方法还有逐步回归法（Stepwise Regression）。它常用于多元线性回归模型中，又可细分为三种具体方法：前向方法、反向方法和双向方法。前向方法将特征逐个加入模型，使用假设检验方法检查模型所能解释的因变量变异是否显著增加，直至将所有有效特征都加入模型；反向方法先将所有变量放入模型，然后尝试逐个剔除变量，与本例中使用的方法类似；双向方法结合了前两种方法，即在每次加入新特征后，都尝试剔除当前贡献度最小的特征，以求得最佳特征组合。

2. 优化分类型特征

对于有干扰效果的自变量也有不同的处理方法。首先，在 happiness_index.xlsx 中查看其含义，可以看出 nationality（民族）、county（区县编码）等特征都是用数值表示的分类型特征，同样的特征还有 city（城市）、province（区县），而模型将其识别为数值型。例如，1＝上海市、2＝ 云南省、3＝ 内蒙古自治区、4＝ 北京市，这就使得上海与北京的距离大于上海与云南的距离，明显不合理。

对于分类型数据，可将其转换成 OneHot 编码，具体方法在第 6 章已介绍。但对于类别较多的类型特征，如 city 有 85 种取值，如果做 OneHot 编码，特征维度则会增加很多，数据会变得非常稀疏，那么某一小城市对应的实例可能会非常少。这种情况下常用的方法是对自变量各个不同的取值，求其对应因变量的均值。例如，用“北京”的平均幸福指数代替该特征中北京对应的编码，这样也可以将幸福指数类似的城市统一处理。

```
01  def get_mean(fea, data, test):          # 同时变换训练集和测试集
02      arr1 = data[fea].unique()
03      arr2 = test[fea].unique()
04      arr3 = list(arr1)
05      arr3.extend(arr2)                   # 有的数据只出现在训练集或测试集中
06      arr4 = list(set(arr3))
07      dic = {}
08      for x in arr4:
09          dic[x] = data[data[fea] == x][label].mean()     # 取其因变量均值
10      data[fea] = data[fea].apply(lambda x: dic[x])      # 数据替换
11      test[fea] = test[fea].apply(lambda x: dic[x])
12      return data,test
13
14  data, test = get_mean('city', data, test)
15  data, test = get_mean('invest_other', data, test)
16  data, test = get_mean('province', data, test)
```

本例中，将投资类型、省份、城市等类别特征做了对应变换。

3. 优化缺失值填充

在模型初探的特征工程部分中，使用训练集自变量的均值填充缺失值有两点可以优化：第一点是从题目给出的 happineess_index.xlsx 中可以看到对未知值的多种定义，如-1＝不适用、-2＝不知道、-3＝拒绝回答、-8＝无法回答，本例中将其统一设置为缺失，在后面都使用均值填充。第二点是用全集（训练集和测试集）的均值填充缺失值，这样在填充时同时考虑到了测试集和训练集各个特征的不同分布，该方法在数据量较小时非常重要。

除了以上两个优化点，以下代码还在处理特征时去掉了对模型干扰最大的特征——public_ service_7。

```
01  for col in data.columns:
02      if not is_numeric_dtype(data[col]):     # 非数值型特征
03          continue
04      elif col != label and col != 'id' and col not in ['public_service_7']:
                                                # 去掉干扰特征
05          features.append(col)
06          data[col] = data[col].apply(lambda x: np.nan if x < 0 else x)
                                                # 优化点一
07          test[col] = test[col].apply(lambda x: np.nan if x < 0 else x)
08
09  data_all = pd.concat([data,test]) # 优化点二
10  x = data[features]                                          # 自变量
```

```
11  y = data[label]                                          # 目标变量
12  x_train, x_val, y_train, y_val = train_test_split(x, y, test_size=0.25,
    random_state=0)
13  x_train = x_train.fillna(data_all[features].mean())      # 空值填充训练集
14  x_val = x_val.fillna(data_all[features].mean())         # 空值填充验证集
15  x_test = test.fillna(data_all[features].mean())          # 空值填充测试集
16  x = x.fillna(data_all[features].mean())                  # 空值填充全集
```

4. 优化模型

之前用到效果最好的模型是 Sklearn 库自带的梯度下降决策树回归模型 GradientBoostingRegressor，为了进一步优化建模效果，这里单独使用了 Python 第三方模型工具 XGBoost。安装方法如下：

```
01  $ pip install xgboost
```

XGBoost 提供两种 API：一种类似于 Sklearn 库中模型相关的 API；另一种是其自身定义的方法，建议使用后者，因为它提供的功能更加全面。本例中先自定义了误差函数，然后定义了模型参数，其可使用 HyperOpt 自动调参，这里笔者使用了一些常用的参数。然后将训练数据切分成五组，并手动实现五折交叉验证。

在循环内部，每次训练一个模型，再用模型对验证集和测试集做预测，并保存在 train_preds 和 test_preds 中，最后对比实际值与模型对训练集的预测值并对模型打分，再用各个模型对预测集的预测取均值作为最终预测结果，输出到待提交的文件中。

```
01  import xgboost as xgb
02  from sklearn.cross_validation import KFold
03  import numpy as np
04
05  def my_eval(preds, train):                          # 自定义误差函数
06      score = mean_squared_error(train.get_label(), preds)
07      return 'myeval', score
08
09  my_params = {"booster":'gbtree','eta': 0.005, 'max_depth': 6, 'subsample': 0.7,
10               'colsample_bytree': 0.8, 'objective': 'reg:linear',
                 'eval_metric': 'rmse',
11               'silent': True, 'nthread': 4} # 模型参数
12
13  train_preds = np.zeros(len(data))               # 用于保存预测结果
14  test_preds = np.zeros(len(test))
15  kf = KFold(len(data), n_folds = 5, shuffle=True, random_state=0)
                                                    # 五折交叉验证
16  for fold, (trn_idx, val_idx) in enumerate(kf):
17      print("fold {}".format(fold+1))
```

```
18      train_data = xgb.DMatrix(data[features].iloc[trn_idx],
        data[label].iloc[trn_idx])                    # 训练集
19      val_data = xgb.DMatrix(data[features].iloc[val_idx],
        data[label].iloc[val_idx])                    # 验证集
20      watchlist = [(train_data, 'train'), (val_data, 'valid_data')]
21      clf = xgb.train(dtrain=train_data, num_boost_round=5000,
        evals=watchlist,
22              early_stopping_rounds=200, verbose_eval=100,
23              params=my_params,feval = my_eval)
24      train_preds[val_idx] = clf.predict(xgb.DMatrix(data[features].iloc[val_idx]),
25              ntree_limit=clf.best_ntree_limit)
26      test_preds += clf.predict(xgb.DMatrix(test[features]),
27              ntree_limit=clf.best_ntree_limit) / kf.n_folds
28  print("CV score: {:<8.8f}".format(mean_squared_error(train_preds,
    data[label])))
29
30  df = pd.DataFrame()                               # 生成提交结果
31  df['id'] = test.id
32  df['happiness'] = test_preds
33  df.to_csv('out/submit_{}.csv'.format(datetime.datetime.now().
    strftime('%Y%m%d_%H%M%S')),index=False)
```

经过以上几个步骤的优化，程序线下得分为 0.4527，线上得分为 0.4688，得到了较为明显的改善。模型原理、具体参数及其含义将在第 12.5 节中具体介绍。

5. 其他优化方法

本例中只列举了几种比较通用的优化方法，未分析具体特征的分布、缺失情况及组合。其实优化的方法还有很多，如下：

对于收入，在寻找干扰特征的过程中，发现去掉 income（个人去年全年的总收入）后训练效果反而有所提升，这并不符合常理。稍做数据分析即可发现，不同地区的平均收入差异很大，北京受访者的平均收入是 65194 元，而宁夏受访者的平均收入是 11760 元，因此需要同时考虑收入和地区两个因素。不同年龄的人的平均收入也不同，比如退休人员与在职人员、刚毕业参加工作的人和工作多年的人。

对于自身工作状态，以及父母、配偶的工作状态，由于各种工作的收入及稳定性都不是按顺序排列的，因此不能直接用数值型描述，也需要进一步处理。

对于不同特征需要使用不同的填充方式，如工作状态，可以将空值归入第 9 项：其他。另外，有些特征可以合并。

对于时间特征，可以考虑采访时间所对应的受访人的心情对当时幸福指数的判断，可将其拆分成月份、周几以及在一天中的哪个时段等。

可以进一步分析的还有目标变量的分布和预测值的分布是否一致、对模型进一步调参、对特征进一步筛选等。很多时候，我们都是花 20%的时间做好模型，然后花 80%的时间调优。后期时间花得是否值得，视情况而定。对于比赛而言，微小的差异就可能决定成败；而在实际工作中，模型的可解释性、开发期的长短、程序的复杂程度往往比微小的优化更加重要。

12.4　模型输出

本程序通过交叉验证方式训练出了五个模型，除了对测试集进行预测，模型还可以输出特征重要性。由于本例程的基本模型是决策树，因此还可以用树图的方式展示模型的工作过程。本节将介绍 XGBoost 模型的输出方法。

12.4.1　显示决策树

XGBoost 模型提供 plot_tree 函数来绘制树图，使用时需要指定绘图区域以及输出哪一棵子树。在一般情况下，第一棵决策树（索引值为 0 的决策树）最为重要。本例将输出该树的内容，即使树最深只有六层，但由于分枝繁多，因此图片会很宽。本例中将绘图区域设置为 40 英寸×3 英寸，并使用 300dpi（每英寸 300 个像素点）导出图片。

```
01   fig,ax = plt.subplots()
02   fig.set_size_inches(40,6)
03   xgb.plot_tree(clf, ax=ax, num_trees=0) # 显示模型中的第一棵树
04   plt.savefig('tmp.png',dpi=300)
```

图 12.1 所示为树图的部分内容：

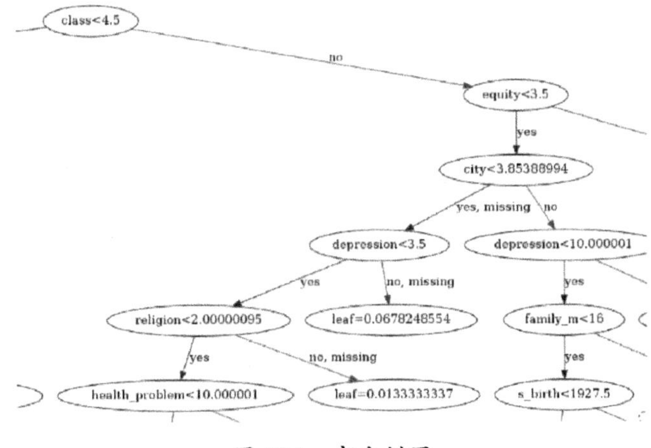

图 12.1　部分树图

12.4.2 特征重要性

和大多数模型一样，XGBoost 也可以根据模型输出特征重要性，只是与 Sklearn 库的方法名略有不同，其常使用 get_score 方法或 get_fscore 方法。由于数字不够直观，故常用条型图的方式展示重要性最高的前 *N* 个特征。用以下代码对特征重要性排序后，取其前 20 个特征作图，使用的是 Pandas Series 自带的作图函数。

```
01    feat_imp = pd.Series(clf.get_score(importance_type='gain')).
      sort_values(ascending=False)
01    feat_imp[:20].plot(kind='bar', title='Feature importance')
      # 对重要性最高的 20 个特征作图
```

程序运行结果如图 12.2 所示。

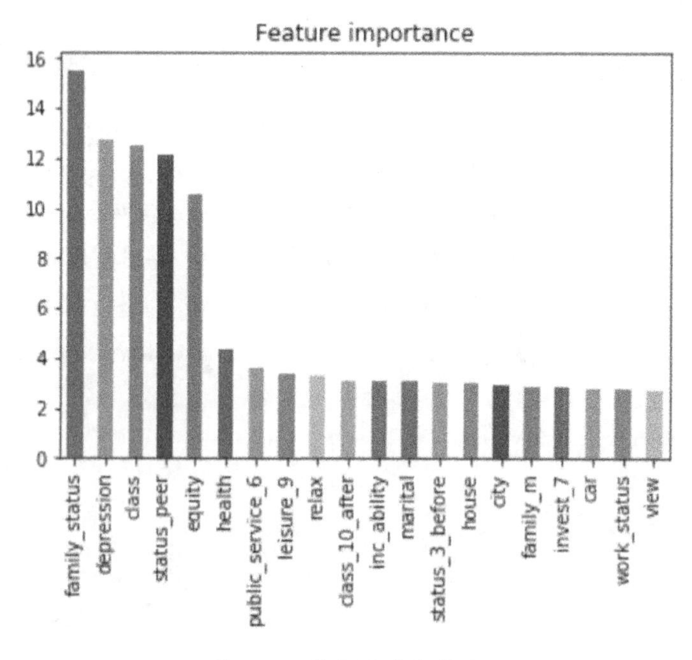

图 12.2　特征重要性排序

从程序中可以看到，get_score 方法可以指定特征重要性的评价标准，如 weight，gain，over 等。weight 是该特征在所有树中被用作分割节点的次数；gain 是特征在树中的平均增益；cover 是特征在分裂节点时处理（覆盖）的所有样例的数量。其中，gain 方法比较常用，也可以根据具体情况使用多种方法取其并集或者交集。

12.5　XGBoost 模型

有人戏称数据挖掘比赛为 GBDT（梯度下降决策树）调参大赛，因为在很多比赛后期，大家都使用 GBDT 类的算法。因为它们的特征类似，只有模型参数和模型后期的集成方法不同，所以最终大家的成绩差别也很小。

在第 9 章中介绍过 GBDT 类的算法，这里简单回顾一下：

Boosting 算法，即不断地使用同一算法（比如决策树）创建新模型，而新模型分配给上一次错分样本更大的权重，最终按成功度加权组合得到结果。由于引入了逐步改进的思想，因此重要属性会被加权。

GBM 算法是目前比较流行的数据挖掘模型，通过求损失函数在梯度方向上下降的方法，层层改进，是泛化能力较强的算法，常用于各种数据挖掘比赛。在 GBM 算法中又以 XGBoost 库使用最为广泛，下面将介绍 XGBoost 的用法及原理。

12.5.1　XGBoost 参数分析

在上例中使用 XGBoost 模型时，设置了多个参数 Param，本小节将说明参数的具体含义及用法。XGBoost 的参数可分为三类：决策树参数、Boost 参数和其他参数。

1. 决策树参数

虽然 XGBoost 提供了 linear 和 tree 两种基模型，但是一般都使用树分类器。决策树参数的设置主要是控制树的大小，避免过拟合，具体参数由实例的多少及分布密度决定。具体参数如下：

◎　max_depth：最大树深（默认为 6）。

◎　max_leaf_nodes：树上最大的节点或叶子的数量。

2. Boost 参数

Boost 参数主要用于设置子模型之间的关系以及模型的整体参数，具体参数如下：

◎　scale_pos_weight：正反例数据权重，常用于正反例分布不均匀的分类场景中。

◎　early_stopping_rounds：设置迭代次数，如果迭代次数之内无提高则停止。

◎　eta：学习率（默认为 0.3）。

◎ min_child_weight：最小叶子节点样本权重之和（默认为 1）。
◎ max_delta_step：每棵树权重改变的最大步长（默认为 0，即为没约束，一般不设）。
◎ subsample：每棵树所用到的子样本占总样本的比例（默认为 1，一般为 0.8）。
◎ colsample_bytree：树对特征采样的比例（默认为 1）。
◎ colsample_bylevel：每一级的每一次分裂对列数的采样的占比。
◎ lambda：权重的 L2 正则化项，避免过拟合，降低复杂度（默认为 1，不常用）。
◎ alpha：权重的 L1 正则化项，避免过拟合，降低复杂度（默认为 1）。
◎ gamma：节点分裂所需的最小损失函数下降值（默认为 0）。

3. 其他参数

◎ booster：选择分类器的类型为树或线性（默认为 gbtree）。
◎ silent：是否打印输出信息（默认为 0）。
◎ nthread：最大线程数（默认为全部）。
◎ seed：随机种子，使用后随机结果变得可复现（类似于 Sklearn 库中 random_ state）。
◎ objective：损失函数。
◎ eval_metric：结果评价方法，如 rmse, mae, logloss, auc 等。

12.5.2 XGBoost 原理解析

下面主要讲解 XGBoost 的原理，这是本章中相对较难的部分，需要一定的数学基础。有些书的作者往往在公式推导中跳过一些他们认为比较简单的步骤，解释说明也比较少，但这往往会给初级和普通读者的阅读带来一定的障碍，有时衔接不上，有时需要在推导公式的过程中翻阅其他图书。针对本小节的公式推导，由于尽量想让更多的读者能够理解，因此对于熟悉数学推导的读者来说可能稍显啰嗦。

本节将从误差计量入手，由浅入深地分析 XGBoost 的原理和具体实现。

1. 整体误差（重点：整体视角）

整体误差是指在 XGBoost 模型训练完成之后，将训练集中的所有实例代入模型，用函数（总误差 L）来衡量模型的好坏，如式 12.1 所示：

$$L(\phi)=\sum_{i}l(y_i',y_i)+\sum_{k}\Omega(f_k) \tag{12.1}$$

式中等号右侧的第一项是训练集所有实例的误差之和，其中 i 指每个实例，y_i' 为预测值，y_i

为实际值，l 是衡量 y_i' 与 y_i 差异的方法，如 RMSE。其目标是训练一个模型，最好能对于所有的实例都做出与真实值相似的预测。

公式右侧第二项为正则项，它用于防止模型过拟合。如果一个模型使用 400 个实例训练，那么模型就会生成 400 个叶节点与实例一一对应，这在训练集上没有误差，但泛化能力将会很差，因此应尽量简化模型，正则项将在第四步详述。

2. 计算生成第 t 棵树时的误差（重点：从第 t-1 棵到第 t 棵决策树）

梯度下降决策树是由多棵树组成的模型。假设它由 t 棵树组成，则误差如式 12.2 所示：

$$L^{(t)} = \sum_{i=1}^{n} l(y_i, y_i'^{(t-1)} + f_t(x_i)) + \Omega(f_t) \tag{12.2}$$

先看第一项，计算 n 个实例误差的总合，y_i 是实际值，而此时的预测值是之前 t-1 棵树的预测值 $y_i'^{(t-1)}$ 加第 t 棵树的预测值 $f_t(x_i)$，$f_t(x_i)$ 就是第 t 棵树产生的增补值。

3. 泰勒公式（重点：从始至终计算预测的误差 L）

在已知函数在某一点（x_0 点）各阶导数值的情况下，泰勒公式可以用这些导数值做系数构建一个多项式来近似函数在这一点邻域中的值。其公式如式 12.3 所示：

$$f(x) = \frac{f(x_0)}{0!} + \frac{f'(x_0)}{1!}(x - x_0) + \frac{f''(x_0)}{2!}(x - x_0)^2 + \cdots + \frac{f^n(x_0)}{n!}(x - x_0)^n + R_n(x) \tag{12.3}$$

其中，$R_n(x)$ 是余项。简单举个例子：如果不知道 x 的函数 $f(x)$，但知道 x 附近的 x_0 的函数 $f(x_0)$，则就可以先找到 $f(x_0)$，然后根据它们的距离 $x - x_0$，以及它们位置的相对方向（f 的导数），推测出 x 的函数 $f(x)$ 的大概取值。

换一种写法，求点 x 附近的距离为 Δx 的点的函数 f，在只考虑两阶导数的情况下，代入泰勒公式，如式 12.4 所示：

$$f(x + \Delta x) \simeq f(x) + f'(x)\Delta x + \frac{1}{2} f''(x)\Delta x^2 \tag{12.4}$$

本文中所求的函数 f 是误差函数 L，代入公式如式 12.5 所示：

$$L(x + \Delta x) \simeq L(x) + L'(x)\Delta x + \frac{1}{2} L''(x)\Delta x^2 \tag{12.5}$$

此处的 Δx 指 x 的细微变化，在第二步的公式中，每训练一棵树，f_t 函数都相当于是对上一步结果的微调，于是有式 12.6：

$$L(x+f_t) \simeq L(x) + L'(x)f_t + \frac{1}{2}L''(x)f_t^2 \tag{12.6}$$

可以认为：已知第 t-1 棵树的预测结果与真实值的误差 $L(x)$，该误差函数的一阶导为 $L'(x)$，二阶导为 $L''(x)$，且已知第 t 棵相对于第 t-1 棵的调整 f_t，可以估计出：加入第 t 棵树后的预测值与真实值的误差。得出如式 12.7 所示的公式：

$$L^{(t)} \simeq \sum_{i=1}^{n}[l(y_i, y_i'^{(t-1)}) + g_i f_t(x_i) + \frac{1}{2}h_i f_t^2(x_i)] + \Omega(f_t) \tag{12.7}$$

其中，g_i 和 h_i 分别是误差函数 l 对第 t-1 棵预测值的一阶导和二阶导。简单地说，共有 t 棵树的模型，它的误差是第 t-1 棵树构造模型的误差函数 l，加上误差函数一阶导 g_i 乘以第 t 棵树的贡献 f_t，再加上误差函数的二阶导 h_i 乘以第 t 棵树贡献的平方。

4. 公式右侧正则项（重点：得分 w）

首先，看最简单的单棵决策树。当模型训练完成之后，预测时把 x 代入该树，经过条件判断的分支，最后落入哪个叶节点，预测结果就是该叶节点的值。

而 Boost 决策树是生成多棵决策树，它对 x 的预测结果是将 x 代入每棵决策树，得到多个叶节点的值 w，将其结果累加得到预测值（最基本的情况）。这里，各个叶节点的值 w 简称得分。

正则项是为了防止模型太复杂而过拟合，其计算方法如式 12.8 所示：

$$\Omega(f) = \gamma T + \frac{1}{2}\lambda\sum_{j=1}^{T} w_j^2 \tag{12.8}$$

其中，T 是树中的叶结点个数，w 是叶节点的得分，γ 和 λ 是可调节的参数。在加入整体误差 L 的计算公式中，w 越大误差 L 越大（w 不均匀），树的叶子越多 L 也越大，为求得最小的 L，就要最终在树的复杂度和准确度之间取得平衡。

5. 以实例为单位累加变为以节点为单位累加（重点：转换视角）

此时关注 f_t，分析误差 L 与第 t 棵树 f_t 的关系，第 t-1 棵树误差是个常数项，先忽略不计，可将误差计算式简化为式 12.9：

$$L^{(t)} = \sum_{i=1}^{n}[g_i f_t(x_i) + \frac{1}{2}h_i f_t^2(x_i)] + \Omega(f_t) \tag{12.9}$$

每一个 x_i 是一个实例，它经过第 t 棵决策树 f_t 的处理后，会落在某个叶节点上，得到该叶节点的得分 w，即 $ft(x_i)$->w_j，因此可将 $f_t(x_i)$转换为 w_j 代入上式，得到式 12.10：

$$L^{(t)}=\sum_{j=1}^{T}[(\sum_{i\in I_j}g_i)w_j+\frac{1}{2}(\sum_{i\in I_j}h_i)w_j^{\ 2}]+\Omega(f_t) \tag{12.10}$$

其中，T 是树的叶节点个数。需要注意的是，I_j 指落入树中节点 j 的所有训练实例。把正则项展开后得到式 12.11：

$$L^{(t)}=\sum_{j=1}^{T}[(\sum_{i\in I_j}g_i)w_j+\frac{1}{2}(\sum_{i\in I_j}h_i+\lambda)w_j^{\ 2}]+\gamma T \tag{12.11}$$

6. *w* 如何取值使预测误差最小（重点：求极值）

求极值问题：当误差函数 L 为最小值时，求 w_j 的取值，极值即导数为 0 的点，简单推导如式 12.12：

$$\begin{aligned}&0=(gw+\frac{1}{2}(h+\lambda)w^2+C)'\\&0=g(h+\lambda)w\\&w=-\frac{g}{h+\lambda}\end{aligned} \tag{12.12}$$

其规范的写法如式 12.13 所示：

$$w_j^{\ *}=-\frac{\sum_{i\in I_j}g_i}{\sum_{i\in I_j}h_i+\lambda} \tag{12.13}$$

叶节点的合理取值 w 取决于四个值：第一，落在该点的实例 I_j；第二/三，将这些实例代入之前 t-1 棵决策树预测后，误差的方向（一阶导和二阶导）；第四，系数 λ 由人工设置。简言之，如果之前的 t-1 棵树对该点的值预测偏大，则用第 t 棵树的 w 将它调小，以实现对之前预测结果的校正。

把上式计算得出的 w 代入误差公式，简单推导如式 12.14 所示：

$$\begin{aligned}&L=g\left(-\frac{g}{h+\lambda}\right)+\frac{1}{2}(h+\lambda)\left(-\frac{g}{h+\lambda}\right)^2+C\\&L=-\frac{g^2}{h+\lambda}+\frac{1}{2}\frac{g^2}{h+\lambda}+C\\&L=-\frac{1}{2}\frac{g^2}{h+\lambda}+C\end{aligned} \tag{12.14}$$

规范的写法如式 12.15 所示：

$$L^{(t)}=-\frac{1}{2}\sum_{j=1}^{T}\frac{(\sum_{i\in I_j}g_i)^2}{\sum_{i\in I_j}h_i+\lambda}+\gamma T \tag{12.15}$$

误差最小的条件是，对于所有（T个）叶节点，代入落入该节点的实例，用之前 t-1 棵树的误差的导数和正则项即可计算出第 t 棵树的误差。

此处可以看到，在计算第 t 棵树的误差时，不需要计算出该树每个叶节点的 w，只需把计算 w 的素材 h,g,I_j,λ 代入即可。

7. 在分裂决策树时计算误差函数（重点：细化到每一次分裂）

此步骤关注的不是整棵树，而是每次分裂使用的最基本的贪婪算法：在生成树时，从根节点开始，遍历所有属性的可能取值作为分裂点，计算该分裂点左子树样本集合 l_l 和右子树样本集合 l_r 的误差，两者相加后与不分裂的误差相比，即可判断分裂是否合理。

注意，此时的误差 L 计算的不是全树的误差，而是仅限于与本次分裂相关的实例在分裂前后的误差对比，如式 12.16 所示。

$$L_{\text{split}}=\frac{1}{2}\left[\sum_{j=1}^{T}\frac{(\sum_{i\in I_l}g_i)^2}{\sum_{i\in I_l}h_i+\lambda}+\sum_{j=1}^{T}\frac{(\sum_{i\in I_r}g_i)^2}{\sum_{i\in I_r}h_i+\lambda}-\sum_{j=1}^{T}\frac{(\sum_{i\in I}g_i)^2}{\sum_{i\in I}h_i+\lambda}\right]-\gamma \tag{12.16}$$

总之，误差大小取决于 w；w 值又取决于落入该叶节点的实例，以及之前的决策树对这些实例预测值的误差方向；包含哪些实例取决于分裂方法，因此，只要确定如何分裂以及之前的树的信息就可以估算出分裂后的误差变化。

12.5.3 XGBoost 源码分析

对于资深的开发工程师来说，有时候读代码比读公式更直观，甚至在不完全理解原理的情况下也能对其源码做局部修改。本小节从程序员的角度，下载、编译和解析代码，希望读者对 XGBoost 程序能有比较直观的认识。

XGBoost 的核心代码由 C++实现，位置在 src 目录下，共有 40 多个 cc 文件和 11 000 多行代码。虽然其代码量不是非常庞大，但理解全部核心代码也需要很长时间。笔者认为阅读源码的目的是了解基本原理、流程、核心代码的位置和从哪里入手修改可以快速入门。因此，我们就需要跟踪代码执行的过程，同时查看在某一步骤内其内部环境的取值情况。具体方法是单步调试或在代码中加入一些打印信息，这里选择了安装编译源代码的方式。

1. 下载编译

首先，从 git 上下载最新源码，并用参数--recursive 下载它的支持包 rabit 和 cur，否则无法编译通过。

```
01    $ git clone --recursive https://github.com/dmlc/xgboost
02    $ cd xgboost
03    $ make -j4 # 编译
```

2. 运行示例程序

测试程序 demo 目录中有多分类、二分类、回归等各种示例，此处从二分类入手。

```
01    $ cd demo
02    # 运行一个测试程序
03    $ cd binary_classification
04    $ ./runexp.sh # 可以通过修改 cfg 文件、增加迭代次数等进一步调试
```

3. 主流程分析

下面从程序入口 main 开始来看程序执行的主要流程，图 12.3 为示意图，每个框对应一个 cc 文件，也可以将其视作调用关系图，即并非完全按照类图绘制，同时省略主流程以外的一些细节，以关注流程为主。

下面将介绍核心代码及其核心函数。

（1）src/cli_main.cc：主程序入口。

CLIRunTask：解析参数。提供的主要功能有训练、打印模型和预测。

CLITrain：模型训练。在装载数据后，调用学习器 Learner 的实际功能（配置 cofigure，迭代，评估，存储……），其中 for 循环包含迭代调用计算和评估。

（2）src/learner.cc：学习器。

其定义三个核心句柄：gbm_（子模型 tree/linear）、obj_（损失函数）和 metrics_（评价函数）。

UpdateOneIter：此函数在每次迭代时被调用。其主要包含四个步骤：调整参数（LazyInitDMatrix）、用当前模型预测（PredictRaw，gbm_-> PredictBatch）、求当前预测结果与实际值的差异的方向（obj_->GetGradient）和根据差异修改模型（gbm_->DoBoost）。

EvalOneIter 支持对多个评价数据集分别评价，即对每个数据集先进行预测（PredictRaw）和评价（obj_->EvalTransform），再调用 metrics_中的各个评价器输出结果。

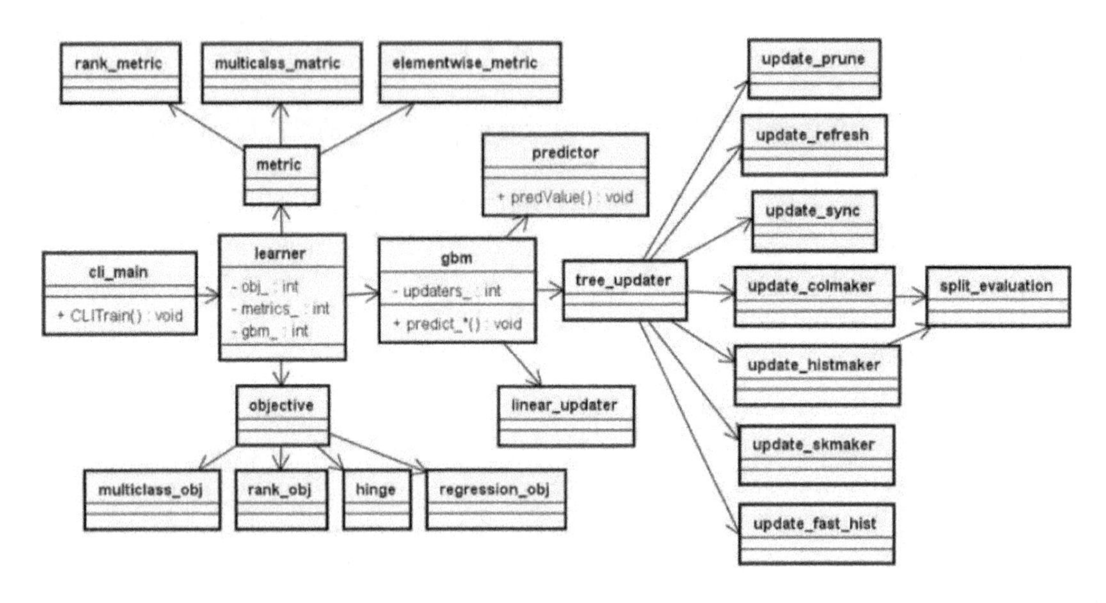

图 12.3　XGBoost 源码调用关系图

（3）src/metric/metric.cc：评价函数入口。

每个子目录都有一个入口函数，metric.cc 是评价函数的入口，learn 允许同时支持多个评价函数（注意评价函数和误差函数不同），主要的三种评价函数——多分类、排序和元素评价分别定义在三个文件中。

（4）src/objective/objective.cc：损失函数入口。

objective.cc 是损失函数的入口，Learner::load 函数调用 Create 创建损失函数，该目录中实现了多分类、回归、排序的多种损失函数（每种对应一个文件），每种损失函数最核心的功能都是 GetGradient 函数，另外也可以参考 plugin 中的示例，自定义损失函数。例如，src/objective/regression_obj.cc（最常用的损失函数 RegLossObj）可计算一阶导和二阶导，并存入 gpair 结构。这里计算了样本的权重，scale_pos_weight 也是在此处起作用的。

（5）src/gbm/gbm.cc：迭代器 Gradient Booster。

此处对模型进行了封装，主要支持 tree 和 linear 两种子模型。树分类器又包含 GBTree 和 Dart 两种，Dart 加入了归一化和 dropout 来防止过拟合。gbm.cc 中也有三个重要句柄：model_存储当前模型数据、updaters_管理每一次迭代的更新算法和 predictor_用于预测。

DoBoost 和 BoostNewTrees 进一步迭代生成新树，具体功能详见更新器部分。

Predict*调用各种预测方法，详见预测部分。

（6）src/predictor/predictor.cc：预测方法入口。

predictor.cc 是入口程序，支持调用 CPU 和 GPU 两种预测方式。

PredValue：核心函数，计算了从训练到当前迭代的所有回归树集合（以回归树为例）。

（7）src/tree/tree_updater.cc：树模型的具体实现。

src/tree 和 src/linear 分别是树模型和线性模型的具体实现，tree_updater.cc 是 Updater 的入口，每一个 Updater 都是对一棵树的一次更新。其中 Updater 分为计算类和辅助类两类，都继承于 TreeUpdater，相互之间又有调用关系，比如 prune 调用 sync，colmaker 和 fast_hist 调用 prune。

以下为辅助类：

src/tree/updater_prune.cc：用于剪枝。

src/tree/updater_refresh.cc：用于更新权重和统计值。

src/tree/updater_sync.cc：用于在分布式系统的节点间同步数据。

src/tree/split_evaluator.cc：定义弹性网络 elastic net 和单调约束 monotonic 两种切分方法。在此为切分评分，正则项在此发挥作用。打分的依据是差值、权重和正则化项。

以下为算法类，树算法最核心的操作是选择特征和特征的切分点，具体原理详见第 9 章的 CART 算法、信息增益、熵等概念，这里实现的是几种树的生成方法。

src/tree/updater_colmaker.cc：贪婪搜索算法（Exact Greedy Algorithm），是最基本的树算法，一般都用该算法举例说明，这里提供了分布和非分布两种支持。程序先使用 EnumerateSplit 方法穷举特征的每一个可能取值作为分裂点，使用 split_evaluator 打分计算信息增益；然后使用 UpdateSolution 方法提供多种切分的候选方案；最后使用 FindSplit 方法寻找当前层的最佳切分点。

src/tree/updater_histmaker.cc 是 XGBoost 默认的树生成算法，与后面提到的 skmaker 都继承自 BaseMaker（BaseMaker 的父类是 TreeUpdate），是基于直方图选择特征切分点的。HistMaker 提取 Local 和 Global 两种方法，Global 是在学习每棵树前，提出候选切分点；Local 是在每次分裂前，重新提出候选切分点。UpdateHistCol 对每一个 col 做直方图分箱，并返回一个分界 Entry 列表。

src/tree/updater_skmaker.cc 继承自 BaseMaker，加权分位数草图，用子集替代全集，使用近似的 sketch 方法寻找最佳分裂点。

4. 其他技术

（1）GPU，多线程，分布式。

代码中包含大量有关 GPU、多线程、分布式的操作，由于这里主要是介绍核心流程，因此没有提及它们。在代码中，扩展名为.cu 和.cuh 的主要是针对 GPU 的程序。

（2）关键字说明。

Dmlc（Deep Machine Learning in Common）：分布式深度机器学习开源项目。

Rabit：可容错的 allrecude（分布式），支持 Python 和 C++，可以运行在包括 MPI 和 Hadoop 等的各种平台上。

Objective 与 Metric（Eval）：这里的 Metric 和 Eval 都指评价函数，Objective 指损失函数，它们计算的都是实际值和预测值之间的差异，但用途不同。Objective 主要是在生成树时，用于计算误差和通过误差的方向调整树；而评价函数主要用于判断模型对数据的拟合程度，有时通过它判断何时停止迭代。

（3）基于直方图的切分点选择。

分位数（quantiles）是用概率分布划分连续的区间，每个区间的概率相同，即把数值先进行排序，然后根据事先定义的分位数把数据分为几份。

XGBoost 是先用二阶导 h 对分位数进行加权，然后让相邻两个候选分裂点相差不超过某个值 ε。因此，总共会得到 $1/\varepsilon$ 个切分点。

通过特征的分布，按照加权直方图算法确定一组候选分裂点，再通过遍历所有的候选分裂点来找到最佳分裂点。它不是枚举所有的特征值，而是对特征值进行聚合统计，然后形成若干个 bucket（桶），只将 bucket 边界上的特征值作为 split point 的候选，从而获得性能提升，对稀疏数据效果较好。

13

第 13 章 迁移学习：猫狗图片分类

图片分类和图片识别的应用领域很广，比如医疗影像识别、商品分类、特征提取等，使用模型不但可以节约大量的人力、识别速度也快，而且对于某些应用的准确度还高于人类识别。近几年，影像识别在与手机 App 以及更多智能硬件结合之后，更是拓展了其应用领域。

因此，在机器学习和人工智能领域中，多少都会涉及图片相关的任务，此类任务是典型的深度学习应用。从原理到模型再到具体工具，深度学习需要学习的内容很多，而本书的重点不在于深度学习。那么在不熟悉深度学习的情况下，能否完成图片识别的任务呢？

本章将探讨如何利用现有的深度学习模型，通过迁移学习的方式，从图片中提取特征并完成图片分类的任务，这可以使读者从本例中的猫狗区分泛化到人脸、物品以及图像相关的各个领域。

13.1 深度学习神经网络

虽然只是使用现有的深度学习模型，但也需要了解一下有关深度学习的基本原理、可以解决什么问题、有哪些可选方案以及使用效果如何等方面的知识。本节将介绍深度学习的基础知识、与图片识别有关的深度学习模型以及该领域的发展现状。

13.1.1 深度学习

这几年深度学习非常热门，几乎提到人工智能就能提到深度学习。我们常说的“深度学习”一般指深度学习神经网络（后简称神经网络），而神经网络是机器学习的一种，机器学习又是人工智能的一种。

人工神经网络（Artificial Neural Networks，ANN）是一种模仿人脑神经网络进行并行信息处理的算法数学模型，通过调整内部大量节点之间相互连接的关系，达到信息处理的目的。

举个简单的例子：有一家玩具工厂想通过试生产的方式培养员工生产玩具的能力。具体过程是提供三种材料（输入）和一种成品（输出），让工人们练习。所有工人被分成三组（w1,w2,w3），如图 13.1 所示，产品按箭头方向逐步生产。生产分成四层：输入层（三种材料）->隐藏层 1（初级半成品）->隐藏层 2（高级半成品）->输出层（成品），注意每层中的圆圈是产品（状态），而非员工（权重）。

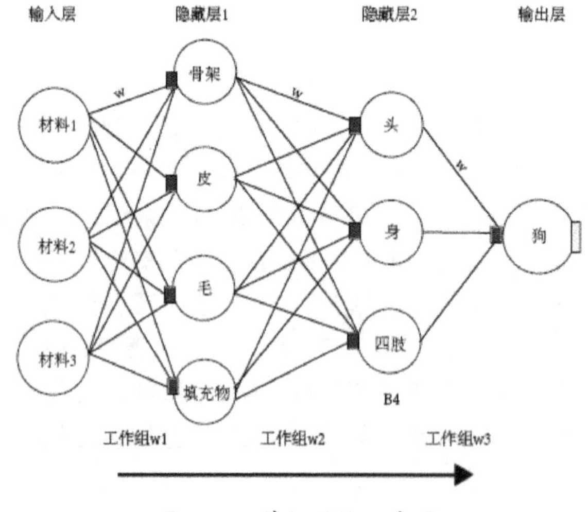

图 13.1 神经网络示意图

当工人生产完玩具后，交给质检员（灰色方块），质检员将之与成品规格对比（误差函数），然后告诉第三组的工人：做得太大了，下回做小一点。于是第三组反馈给第二组：头太大，身体太大……第二组反馈给第一组：骨架太大，填充太多……从而所有人都做相应的调整（以上只是示例，实际每层节点的含义并没这么具体）。

训练就是不断地给他们不同材料去实践（训练），并用产品规格去评价做出来的产品（误差函数），然后每个人再不断地调整自己（调整权值）。在大量的磨合之后，大家就都找到了合适的工作方式（各自权重）。这时候，再给他们一些没用过的新材料，也可以根据训练出来的体系生产相对合理的产品。

在训练之后，得到的是网络的结构以及各连接的权重（w）。那么，是不是只要提供足够的训练数据（材料和规格）就可以了呢？程序设计者至少需要事先指定网络的层数，每层的单元数、激活函数、误差函数、优化率、是否全连接等。程序员就如同工厂的管理者，其经验知识体现在结构的设计中。

13.1.2 卷积神经网络

卷积神经网络（Convolutional Neural Networks, CNN）是一种专门用来处理具有网格结构数据的神经网络，属于前馈神经网络。它被定义为至少在某一层用卷积代替了矩阵乘法的神经网络，最常见的应用场景是图像识别。

1. 卷积

全连接就是上一层的每个点都与下一层的每个点相互连接，每个连接都有其自己的权值；局部连接是只有部分点相互连接；卷积是在局部连接的基础上又共享了权值。如图 13.2 所示，左图是卷积网络，右图是全连接的神经网络。当其为全连接时，共有 72（12×6=72）个连接，72 种权值；而卷积层只有 24 个连接， 4 个权值 w,x,y,z。

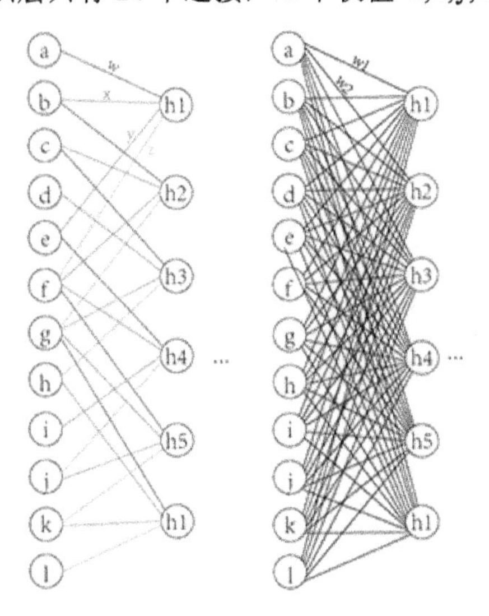

图 13.2 卷积神经网络与全连接神经网络

共享权值就是多个连接使用同一权值，卷积神经网络中共享的权值就是卷积核的内容，这样不但减小了学习难度，而且还带来了“平移等变”的性质。对于图片这种各个部分具有相似特征的数据，非常适合用卷积替代全连接层，这大大简化了运算的复杂度，还节省了存储空间。除了卷积，图片处理还经常使用池化和 Dropout 方法来简化运算量和提高鲁棒性。

2. 池化

池化是指层与层之间的运算，即使用某一位置及其附近相邻的点作为输入，通过指定计算生成该点在本层的输出。在经过池化处理后，该层节点数可能变大，也可能变小，常使用池化方法降采样，以减少计算量。最大池化就是将相邻的 N 个点作为输入，将其中最大的值输出到下一层。除了最大池化，池化算法还有取平均值、加权平均等。

池化具有平移不变性：如果对图片进行少量平移，则经过池化函数后的大多数输出并不会发生改变。比如最大池化，移动一像素后，区域中最大的值通常仍在该区域内。同理，在一个稀疏的矩阵中（不一定是图像），假设对 N 点做最大池化，那么只要其中有一点非 0，则池化结果为非 0。

3. Dropout

再举个例子，现在我们来识别老鼠，老鼠一般都有两只耳朵、两只眼睛、一个鼻子和一个嘴，它们有各自的形状且都是从上到下排列的。如果严格按照这个规则，那么“一只耳”就不会被识别成老鼠。

为了提高鲁棒性，这里使用了 DropOut 方法。它随机地去掉了神经网络中的一些点，而用剩余的点进行训练，假设在一些训练集中的老鼠被去掉的正是耳朵部分，那么“一只耳”最终也可能由于其他特征都对而被识别。

除了提高鲁棒性，DropOut 还有一些其他优点。比如，在卷积神经网络中，我们只训练了一小部分的子网络（由 DropOut 剪出），因为参数共享会使剩余的子网络也能有同样好的参数设定。这在保证学习效果的同时，也大大减少了计算量。

DropOut 就如同在层与层之间故意加入了一些噪声，虽然它避免了过拟合，但却是一个有损的算法。如果小的网络使用它可能就会丢失一些有用的信息，故一般在较大型的网络中使用。

13.1.3　卷积神经网络发展史

ImageNet是为了进行机器视觉研究创建的手动标注类别的图片数据库，目前已有22 000个类别。ImageNet 视觉识别比赛，称为 ILSVRC。比赛是训练一个模型，其能够将输入的图片正确分类到 1000 个类别的某个类别中。其中训练集为 120 万张图片，验证集为 5 万张，测试集为 10 万张。在图像分类方面，ImageNet 比赛的准确率已经作为计算机视觉分类算法的基准。

从 1998 年 LeCun 的经典之作 LeNet，到将 ImageNet 图像识别率提高 10 个百分点的 AlexNet, VGG（加入更多卷积层）和 GoogleNet（使用了 Inception 的一种网中网的结构），再到 RssNet（使用残差网络），ImageNet 的 Top-5 错误率已经降到 3.57%，这已经低于人眼识别的错误率 5.1%，并且仍在不断进步。这些不断提高的成绩以及在更多领域中的应用让神经网络算法在图像识别领域中变得越来越热门，如表 13.1 所示。

表 13.1　卷积神经网络模型

模型名	AlexNet	VGG	GoogleNet	ResNet
发布时间	2012	2014	2014	2015
层数	8	19	22	152
Top-5 错误	16.4%	7.3%	6.7%	3.57%
Inception	-	-	+	-
卷积层数	5	16	21	151
全连接层数	3	3	1	1

由此可以看到，自 2012 年以来，卷积神经网络和深度学习技术占据了这一比赛的排行榜。越是后期的网络，卷积层数越多，网络层次也越多，目前网络的构造已经非常复杂和精巧了，同时也需要大量的算力。对于初学者而言，针对它几乎没有什么改进的空间，因此，本阶段的目标是使用，而非优化。

13.2　使用现有的神经网络模型

本章使用的深度学习库是Keras，其应用模块Application提供了带有预训练权重的Keras模型，包括 DenseNet121，DenseNet169，DenseNet201，InceptionResNetV2，InceptionV3，ResNet50，VGG16，VGG19，Xception。这些模型都可以用来进行预测、特征提取和将原有

模型的参数作为新模型的初始化参数。

在 Keras 中第一次调用模型时，模型会从网络上自动下载，一般存放在目录$HOME/.keras/models/下。每个模型的深度都有几十至上百层，除了 VGG16 和 VGG19 模型比较大，其他模型的大小一般在 100MB 以内，另外权重都是预先训练好的，可以直接使用。下例是使用 ResNet50 识别一张大象的图片。

```
01  from keras.applications.resnet50 import ResNet50
02  from keras.preprocessing import image
03  from keras.applications.resnet50 import preprocess_input, decode_predictions
04  import numpy as np
05
06  model = ResNet50(weights='imagenet') # 创建模型
07  print(model.summary())          # 显示模型基本信息
08
09  img_path = 'cat.jpg'
10  img = image.load_img(img_path, target_size=(224, 224))
                                    # 读取图片，并转换成 224 像素×224 像素的大小
11  x = image.img_to_array(img)     # 转换图片格式
12  x = np.expand_dims(x, axis=0)
13  x = preprocess_input(x)
14
15  preds = model.predict(x)        # 预测
16  print('Predicted:', decode_predictions(preds, top=3)[0])
```

从 summary 显示的模型信息中可以看到，有多个卷积层（Convolution2D）、激活层（Activation）、池化层（AveragePooling2D）和全连接层（Dense）。

13.3 迁移学习

迁移学习（Transfer Learning）是指将已经学习的知识应用到其他领域，而在图像识别问题中，是将训练好的模型通过简单调整来解决一个新的问题。借助于迁移学习，如果想使用图像相关的特征，不用算力强大的 GPU 也可以训练上百层的神经网络。

卷积神经网络中的卷积层和池化层主要是对图片的几何特征进行抽取，比如浅层的卷积池化层可以抽取出一些直线、角点等简单的抽象信息，深层的卷积池化层可以抽取人脸等复杂的抽象信息，最后的全连接层是对图片分类的处理。

例如，在利用 ImageNet 数据集上训练好的 ResNet50 模型来解决一个新的图像分类问题时，就可以保留训练好的 ResNet50 模型中卷积层的参数，只去掉最后一层全连接层，将新

图像放入训练好的神经网络，利用前 N-1 层的输出作为图片的特征，将模型作为图片特征提取器，然后将提取到的特征向量作为输入训练一个新的单层全连接网络来处理新的问题，或者将这些特征代入 SVM，LR 等其他机器学习模型中进行训练和预测。

迁移学习所需的时间和样本量及计算量远少于重新训练模型所需的，虽然在同样条件下，其学习效果略差于用全部数据重新训练，但其往往更为实用。

13.4　解决猫狗分类问题

猫狗大战是 2013 年 Kaggle 上的比赛，其使用了 25 000 张（约 543M）猫狗图片作为训练集，12 500 张（约 271M）猫狗图片作为测试集，数据都是分辨率为 400 像素×400 像素左右的小图片，目标是识别图片中的动物是猫还是狗。

对于图像识别，在数据量足够大的情况下，一般使用深度学习中的卷积神经网络。而本节将从迁移学习的角度，来看如何应用现有的深度学习模型从图片中提取特征，供深度学习或者其他机器使用。使用此方法，既无须大量的学习和训练模型的时间成本，又能解决与图片识别相关的大多数问题。

13.4.1　数据及代码结构

数据及代码位置如下：cat_vs_dog.ipynb 中存放所有代码，train 目录中存放所有训练数据，注意将猫和狗的图片分开目录存放，test 目录存放测试数据。

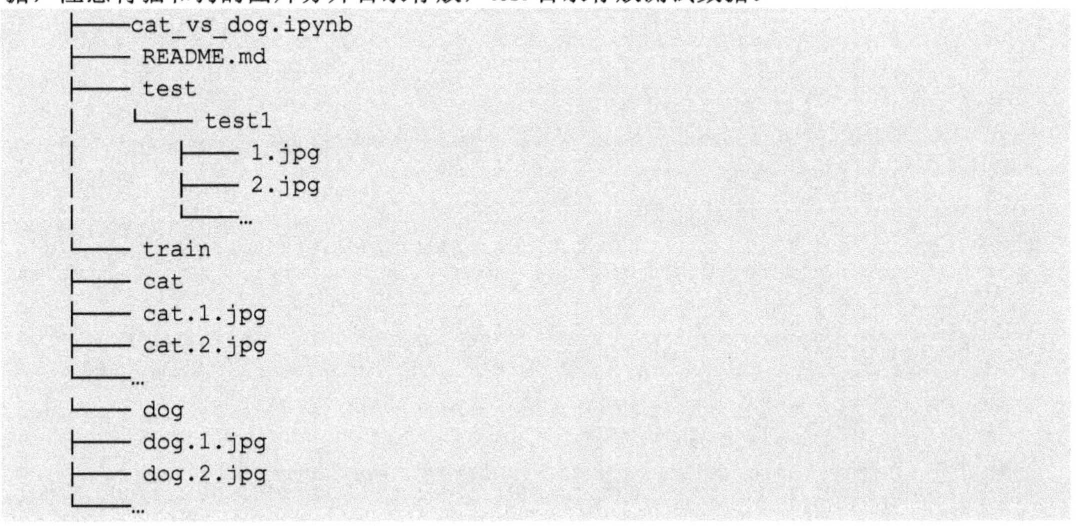

```
├──cat_vs_dog.ipynb
├── README.md
├── test
│   └── test1
│       ├── 1.jpg
│       ├── 2.jpg
│       └──…
└── train
├── cat
├── cat.1.jpg
├── cat.2.jpg
└──…
└── dog
├── dog.1.jpg
├── dog.2.jpg
└──…
```

13.4.2 提取特征

本例中分别使用了 InceptionV3，Xception，ResNet50 三种模型提取图片特征，其中 h5 扩展名文件是一种 Python 文件存储格式，使用 h5py 库存取。

```
01  from keras.models import *
02  from keras.layers import *
03  from keras.applications import *
04  from keras.preprocessing.image import *
05  import h5py
06  import warnings
07
08  warnings.filterwarnings('ignore')      # 忽略警告信息
09
10  def get_features(MODEL, width, height, lambda_func=None):
11      input_tensor = Input((height, width, 3))
12      x = input_tensor
13      if lambda_func:
14          x = Lambda(lambda_func)(x)      # 转换入参
15      # 获取模型，include_top 参数指定不使用最后的全连接层，用于提取特征
16      base_model = MODEL(input_tensor=x, weights='imagenet', include_top=False)
17      model = Model(base_model.input, GlobalAveragePooling2D()(base_model.output))
18
19      gen = ImageDataGenerator()
20      # 读取图片，注意 train 和 test 是图片存储路径
21      train_generator = gen.flow_from_directory("train", (width, height),
        shuffle=False,
22              batch_size=16)
23      test_generator = gen.flow_from_directory("test", (width, height),
        shuffle=False,
24              batch_size=16, class_mode=None)
25
26      train = model.predict_generator(train_generator, train_generator.
        nb_sample)                              # 提取特征
27      test = model.predict_generator(test_generator, test_generator.nb_sample)
28      with h5py.File("data_%s.h5"%MODEL.func_name) as h: # 以写入方式打开文件
29          h.create_dataset("train", data=train)
30          h.create_dataset("test", data=test)
31          h.create_dataset("label", data=train_generator.classes)
32
```

```
33    get_features(ResNet50, 224, 224)   # 用 ResNet50 模型提取图片特征
34    get_features(InceptionV3, 299, 299, inception_v3.preprocess_input)
                                         # 用 InceptionV3 提取特征
36    get_features(Xception, 299, 299, xception.preprocess_input)
                                         # 用 Xception 提取特征
```

13.4.3　训练模型和预测

在特征提取完成后，训练了一个简单的全连接神经网络，迭代了 8 次，并对测试集 test 进行了预测。预测结果保存在 y_pred 中，训练过程保存在 history 后，并将在此后进行分析。

```
01    import h5py
02    import numpy as np
03    from sklearn.utils import shuffle
04    from keras.models import *
05    from keras.layers import *
06
07    np.random.seed(12345678)
08    X_train = []
09    X_test = []
10
11    for filename in ["data_ResNet50.h5", "data_Xception.h5",
      "data_InceptionV3.h5"]:
12        with h5py.File(filename, 'r') as h: # 从上一步生成的 h5 文件中读取数据
13            X_train.append(np.array(h['train']))
14            X_test.append(np.array(h['test']))
15            y_train = np.array(h['label'])
16
17    X_train = np.concatenate(X_train, axis=1)     # 维度变换
18    X_test = np.concatenate(X_test, axis=1)
19    X_train, y_train = shuffle(X_train, y_train) # 随机打乱顺序
20
21    input_tensor = Input(X_train.shape[1:])
22    x = Dropout(0.5)(input_tensor)               # 加入 dropout 层
23    x = Dense(1, activation='sigmoid')(x)        # 加入全连接层
24    model = Model(input_tensor, x)               # 创建模型
25
26    model.compile(optimizer='adadelta',
27                  loss='binary_crossentropy',
```

```
28                metrics=['accuracy'])
29  # 训练模型
30  history = model.fit(X_train, y_train, batch_size=128, nb_epoch=8,
    validation_split=0.2)
31  y_pred = model.predict(X_test, verbose=1)    # 模型预测
32  y_pred = y_pred.clip(min=0.005, max=0.995)
```

13.4.4 训练结果分析

使用 matplotlib 库分别对 8 次迭代的错误率作图进行比较分析。从结果可以看出，迭代两次后，精确率就稳定下来了。由于本例中使用了全部图片（25 000 张）训练模型，因此正确率比较高。

```
01  import matplotlib.pyplot as plt
02  %matplotlib inline
03
04  def plot_training(history):
05      acc = history.history['acc']                    # 获取精确度
06      val_acc = history.history['val_acc']
07      epochs = range(len(acc))
08      plt.plot(epochs, acc, 'b')
09      plt.plot(epochs, val_acc, 'r')
10      plt.legend(["acc", "val_acc"], loc='best')  # 显示标签
11      plt.title('Training and validation accuracy')
12      plt.show()
13      loss = history.history['loss']                  # 获取误差
14      val_loss = history.history['val_loss']
15      plt.plot(epochs, loss, 'b')
16      plt.plot(epochs, val_loss, 'r')
17      plt.legend(["loss", "val_loss"], loc='best')
18      plt.title('Training and validation loss')
19      plt.show()
20
21  plot_training(history)                      # 调用函数解析训练过程记录 history
```

运行结果如图 13.3 所示。

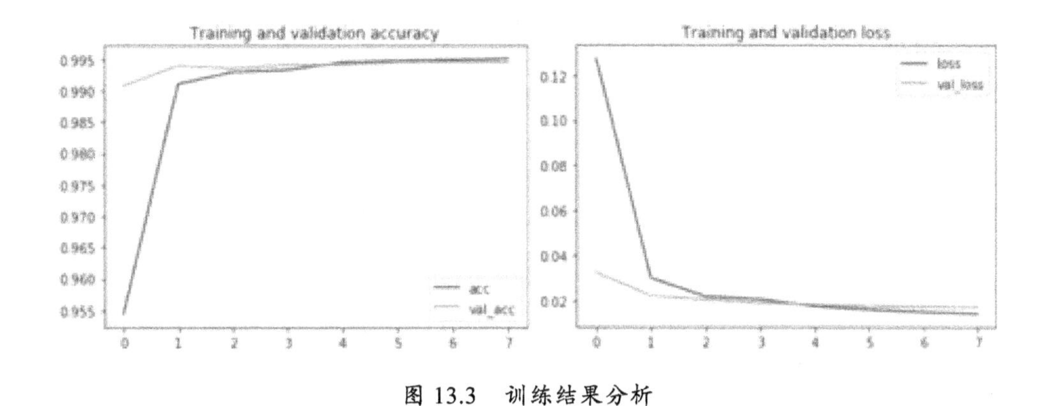

图 13.3　训练结果分析

13.4.5　代码下载

本例中的代码及少量图片可以从 git 下载，由于所有图片有几百兆，占用空间大，特征提取需要的时间长，故只上传了几百张图片。如果想训练出图 13.3 展示的效果，请下载 Kaggle 赛题中的所有数据，替换 train 和 test 目录即可。注意，需要把猫和狗的图片存放在不同的目录下。

14

第 14 章 图像分割：识别图中物体

随着机器视觉技术的发展，由于判别图片类别（如猫狗分类）的单一任务已不能满足需求，因此更进一步地发展出多任务的综合模型，而图像分割是其中的典型应用。它根据不同区域的性质，将图片分割成互不相关的区域，并从中提取感兴趣的区域。该技术已被应用于医疗、军事、通讯、交通等领域，如辅助诊断、景物标记定位、识别前景物体、从图片提取特征等场景，是人工智能领域的必备技术。

传统的分割方法是利用图形、图像工具，通过对图片中的边缘（区域之间有边缘分割）、区域（同一区域具有相同性质）设定阈值拆分图片，或者基于聚类的方法分割图像。但由于光线、颜色、阴影、噪点、模糊、拍摄距离等因素的影响，它们分割的效果往往不佳。

目前，效果最好的图像分割方法是使用深度学习神经网络算法，经过一系列优化使其训练速度、识别速度以及精度都已达到较高水平，已成为一种较为成熟的机器学习技术。图 14.1 所示中仅是通过对几十张水果图片训练产生的模型，即可识别出普通照片中的橙子。可以看到图 14.1 中的三个橙子，甚至商标下的部分橙子也能被正常识别。

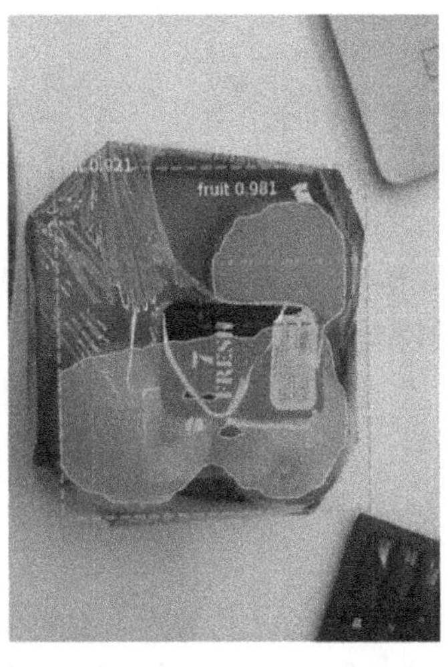

图 14.1　识别图中的橙子

本章将介绍基于深度学习神经网络的 Mask R-CNN 算法进行图像分割的基本原理，以及训练和使用此模型的基本方法。

14.1　Mask R-CNN 算法

Mask R-CNN 是国际计算机视觉大会 ICCV（IEEE International Conference on Computer Vision）2017 年的最佳论文。Mask R-CNN 模型实现了三个主要功能：

（1）目标检测：定位图片中的目标物体，绘制目标框（bounding box）。

（2）目标分类：识别目标物体的类别，如使用同一模型可识别人、车、动物等多个类别。

（3）图片分割：在像素的层面上分割目标物体（前景）和其他景物（背景），如图 14.1 中对橙子和其他区域的区分。

Mask R-CNN 并非横空出世，它是由 CNN，R-CNN，SPP Net，Fast R-CNN，Faster R-CNN，Mask R-CNN 逐步发展改进而来的，本节将逐一介绍其发展的各个阶段、功能及原理。

14.1.1　R-CNN

CNN 的原理及使用场景已在上一章介绍过，R-CNN（Region-CNN）是基于区域的卷积网络方法。它使用卷积神经网络来分类目标候选框，其不仅输出“是/否”，还能把识别到的物体用矩形框出来。

具体实现的步骤如下：

（1）从输入图片中提取出 N 个（如 2000 个）待检测区域（取各种不同大小、不同区域的框）。

（2）利用训练好的卷积神经网络（如 AlexNet）对 N 个区域分别提取特征（将深度学习模型作为特征提取器，与上一章迁移学习的原理相似）。

（3）将提取的特征代入支持向量机（SVM）进行分类，得到物体类别。

（4）使用回归器精细修正候选框位置，针对每一个类，训练一个线性回归模型用于计算目标包围框的大小。

14.1.2 SPP Net

R-CNN 的主要问题是计算速度太慢，而耗时最多的计算在提取特征部分，由此出现了 SPP Net。

SPP 全称是 Spatial Pyramid Pooling（空间金字塔池化）。由于从图片中提取的区域大小不同，因此提取的特征数也不同。在将这些特征代入全连接层计算时，需要将区域缩放到统一大小，而 SPP 将机器视觉中的金字塔概念引入了神经网络，该网络的输入为任意尺度。SPP Net 对 R-CNN 进行了两种优化：一种是 SPP Net 中每一个 Pooling 的 filter 会根据输入调整大小，产生固定大小的输出来提取针对候选框的特征。另一种是 SPP Net 只对原图进行一次卷积得到整张图的特征映射表（Feature map），然后找到每个候选框在特征映射表上对应的特征块（Patch），并将此特征块作为每个候选框的卷积特征输入到 SPP Net，这节省了大量的计算时间。

SPP Net 将 R-CNN 加速了 10 到 100 倍，由于加速了候选框特征的提取，因此训练时间也减少到原来的 1/3。

14.1.3 Fast R-CNN

Fast R-CNN 一方面借鉴了 SPP Net 的功能，另一方面又做了进一步的改进：它加入了 ROI 池化层（ROI Pooling Layer），ROI 是 Region Of Interest 的缩写，意为感兴趣区域，是一个矩形窗口。ROI 池化层可看作 SPP Net 的精简版，它去掉了 SPP 的多尺度池化，直接用 M×N 的网格将每个候选区域均匀分成 M×N 块，并对每块进行最大池化（max pooling），从而将特征图上大小不一的候选区域转变为大小统一的特征向量并送入下一层。

在特征提取方面，Fast R-CNN 也使用了 SPP Net 类似的方法，先对全图提取特征映射表，然后用每个候选框坐标信息通过一定的映射关系转换为对应特征图的坐标，并截取对应的候选区域特征，再经过 ROI 层后提取到固定长度的特征向量，送入全连接层。

它的另一个重要改进是将物体类别判别和精调物体位置两个模型融入神经网络同时处理，这样就构成了一个多任务模型（multi-task），使两个目标共享特征且相互促进。其具体方法是将代价函数设置为两种误差的加权组合。相对于 R-CNN，Fast R-CNN 的主要优势是速度快，精度高。

14.1.4　Faster R-CNN

模型速度的另一个瓶颈是提取候选区域，而 Faster R-CNN 有效地解决了该问题。它将提取候选框的操作也加入了神经网络，即区域建议网络 RPN（Region Proposal Network）。RPN 是一个小型的神经网络，位于最后一个卷积层之后，通过模型提取候选区域。

RPN 的具体实现方法：用滑动窗口扫描图像，每一次在原图片上设置 9 个矩形窗口（3 种长宽比，各 3 种尺度，如包含 128×128，256×256，512×512 三种面积，每种面积又包含三种长宽比（1∶1，1∶2，2∶1），如图 14.2 所示，每个区域称作一个锚点（Anchor），将卷积的结果和锚点分别输入到两个网络中的 reg（回归，求目标框的位置）和 cls（分类，确定该框中是不是目标）。

图 14.2　尺度和面积矩形窗口

Faster R-CNN 进一步加快了图像分割的速度。

14.1.5 Mask R-CNN

Mask R-CNN 算法延续了 Faster R-CNN 的区域检测算法，可以高速、准确地识别目标区域。它增加了 FCN 来产生 MASK，即输出一张 Mask 图片，用于标识图片中的每个像素是前景还是背景，比之前只能标注物体所在矩形的功能更进了一步；同时，对于 ROI Pooling 中所存在的像素偏差问题，其提出了对应的 ROIAlign 策略作为改进方案。

ROI Aligns 可视为 ROI Pooling 的改进版，它利用双线性插值的方法，解决了在对 ROI 区域提取固定大小特征时，由于对浮点数取整引起的误差问题。

FCN 算法是一个经典的语义分割算法，可以对图片中的目标进行像素级的准确分割。它是一个端到端的网络，主要的模块包括卷积和去卷积，即先对图像进行卷积和池化使其 feature map 的大小不断减小，然后进行反卷积操作，即进行插值操作，不断地增大其 feature map，经历从大到小，再从小到大的过程，最后对每一个像素值进行分类，从而实现对输入图像的准确分割。

由于加入了 FCN 分割算法，神经网络的整体代价函数就变为了类型误差+范围误差+分割误差的加权组合。

14.2 Mask R-CNN 源码解析

Mask R-CNN 由 Python 语言编写，底层调用 TensorFlow 和 Keras 深度学习第三方库，其核心代码量只有 3000 多行，其中还包括大量注释。本节将介绍安装 Mask R-CNN 环境的方法，以及简要分析 Mask R-CNN 源码结构，通过源码和原理的对应关系来学习深度学习算法的具体实现，也为后续训练模型做准备。

14.2.1 安装工具

首先，安装 Mask R-CNN 所需的 Python 库（建议使用 Python 3.6 及以上版本）。

```
01   $ sudo add-apt-repository ppa:jonathonf/python-3.6
02   $ sudo apt-get update
03   $ sudo apt-get install python3.6
04   $ sudo cp /usr/bin/pip 3 /usr/bin/pip 3.6
05   $ vi /usr/bin/pip3.6 # 把 python 3 改成 python 3.6
06   $ sudo pip3.6 install opencv-python
```

```
07  $ sudo pip3.6 install tensorflow
08  $ sudo pip3.6 install scikit-image
09  $ sudo pip3.6 install keras==2.0.8
10  $ sudo pip3.6 install labelme
```

下载 Mask R-CNN 的源代码：

```
01  $ git clone https://github.com/matterport/Mask_RCNN.git
```

14.2.2　源码结构

数据和代码共有 200MB 左右，其中占空间较大的主要是 image 目录中的图片和 samples 中的例程，模型的核心代码在 mrcnn 目录下。

1. samples/demo.ipynb

demo.ipynb 是 Jupyter notebook 格式代码，即下载训练好的模型 MS-COCO（Microsoft COCO: Common Objects in Context 数据集训练出的模型），使用该模型对 image 目录中的图片进行分割。

MS-COCO 数据集中的图片包含了自然图片及生活中常见的目标图片，背景较为复杂，目标数量也比较多，目标尺寸大小不一，识别效果较好。该模型可以对已知的 81 个类别进行识别和分割。

如果想运行该例程，则还需要安装一些辅助软件。

```
01  sudo apt-get install python3.6-dev
02  sudo pip3.6 install imgaug
03  sudo pip3.6 install Cython
04  sudo pip3.6 install pycocotools
```

在程序运行的过程中，程序会自动下载 mask_rcnn_coco.h5 模型文件，该文件在之后的例程中也会用到。

demo.ipynb 从 image 目录中随机读取一张图片代入模型，在笔者运行时，识别出了复杂街景中的小汽车（car）和公交车（bus），如图 14.3 所示。其代码很短，主要使用现有模型，以调用其他工具为主，适合初学者入门。

2. samples/*

samples 目录下是训练和使用模型的例程，balloon 为识别图中的气球，shape 为识别图中的形状，nucleus 为从显微图像中识别细胞核，coco 为用 coco 数据集训练模型的代码。

图 14.3　用现有模型识别图中汽车

以识别气球为例，其目录下的 README.md 描述了训练模型的步骤，先下载训练模型使用的图片和气球识别模型（几十兆），运行 balloon.py 程序可以看到现有的模型识别效果以及训练模型，而 inspect_balloon_data.ipynb 和 inspect_balloon_model.ipynb 程序分步展示了模型每一步的处理效果，可从其各个步骤的输出图片中进一步理解 ROI，RPN，Mask 等概念。

3. mrcnn/*

mrcnn 是模型的具体实现部分，其中 model.py 是核心代码；MaskRCNN 类是外部调用的主要接口，也实现了主要的逻辑调用流程；ROIAlign Layer，Proposal Layer，Feature Pyramid Network 相关的函数都由注释切分成明显的数据块，与原理一一对应。在理解原理之后，就很容易读懂源码了，建议读者仔细阅读 model.py 程序。

14.3　训练模型与预测

本节从处理图片开始，用完整的例程示范训练模型识别水果和分割图片的全过程，读者通过对本小节的学习，可以举一反三地训练和识别图片中的各种物品。

不同于苹果、橘子，香蕉从不同的角度看差异很大，尤其是三五根香蕉、整把香蕉和单根香蕉的形态差异更大，可以算是识别难度较大的一种水果。本例使用 Mask R-CNN 算法和十几张香蕉图片训练模型，用于识别图像中的香蕉。其具体操作步骤可分为标注图片、图片格式转换、编写程序训练模型、模型预测四步。由于笔者的工作环境是 Ubuntu 系统，因此操作过程中使用了 Python、图片标注工具 labelme 和 Shell 脚本。

14.3.1　制作训练数据

1. 准备图片

准备 15 张形态各异的香蕉图片（每种形态 3 张左右），图片大小在 1000 像素×1000 像素以内即可。如果用手机直接拍摄的照片分辨率太高，可使用 Photoshop 缩放大小，或使用 Linux 中的 convert 命令缩放，数据如图 14.4 所示。

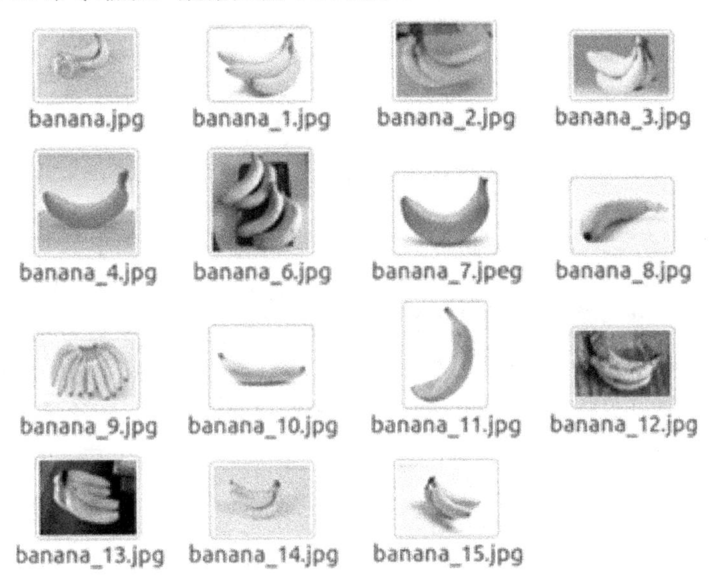

图 14.4　训练模型使用的香蕉图片

2. 标注数据

使用 labelme 工具标注图片中待识别的物体区域。

```
01    $ mkdir pic
02    $ mv *.jpg pic     # 把图片放在一个名为pic的目录下，后面将使用该目录结构
03    $ cd pic
04    $ labelme 图片文件名.jpg
```

操作如图 14.5 所示。

图 14.5　标注图片

labelme 的使用方法类似于 Photoshop 的多边形套索工具，即使用其 create polygons 圈出物体轮廓。如果某点画错了，就用 Backspace 键删除前一个绘制点，标注完后填入物体名 banana，该名字会在后续程序中使用，要注意保存文件，文件名默认为图片名.json。

标注不需要太细，因为 labelme 工具比较智能，只要位置相差不大，就可以自动将锚点贴近边界。好的工具可以让标注事半功倍，在一般情况下，十几张图片只要半个小时左右即可标注完成。另外，在一张图中可标注多根香蕉，区域名字都设置成 banana。

3. 解析 Json 文件

使用 labelme 自带的 labelme_json_to_dataset 命令工具可将 Json 文件拆分成目录，目录中的数据如图 14.6 所示。

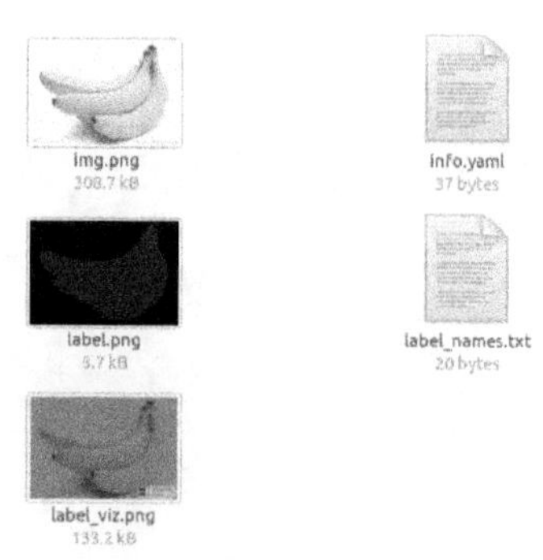

图 14.6　Json 文件拆分成目录文件

由于本例中使用了 15 张图片训练模型，因此 Json 文件也需要被转换 15 次。而当训练数据更多时逐一转换费事费力，因此编写了以下 Shell 脚本一次转换所有 Json 文件，在 Windows 系统中也可以编写类似的批处理文件。

```
01  for file in `ls *.json`
02  do
03      echo labelme_json_to_dataset $file
04      labelme_json_to_dataset $file
05  done
06  mkdir ../labelme_json/                      # 建立专门存储转换后数据的目录
07  mv *_json ../labelme_json/
```

4. mask 文件转码

由于不同版本的 labelme 生成的文件格式不同，有的 mask 文件是 24 位色，有的是 8 位色，因此需要先用以下 Python 程序检查一下图片格式。

```
01  from PIL import Image
02  img = Image.open('label.png')
03  print(img.mode)
```

如果 image.mode 是 P，则图片为 8 位色，直接使用即可；如果是其他格式，则要使用以下程序将其转换成 8 位色的图片。

```
01  Img_8 = img.convert("P")
02  Img_8.save('xxx.png')
```

使用 Shell 脚本将转换后的图片统一复制到文件夹：

```
01  mkdir ../cv2_mask                           # 建立mask 文件存储路径
02  cd ../cv_mask
03  for file in 'ls ../labelme_json'
04  do
05      echo 'cp ../labelme_json/'$file'/label.png '$file.png
06      cp '../ labelme_json /'$file'/label.png' $file.png
07  done
```

5. 生成目录结构

把前几步生成的 cv2_mask, pic, json, labelme_json 放置在 mine/data 目录下，然后把 mine/data 目录放置在 Mask_RCNN 源码目录下，以方便程序调用。

```
01  $ cd Mask_CNN
02  $ mkdir mine
03  $ cd mine
```

```
04    $ mkdir data          # 存放数据
05    $ mkdir models        # 存放模型
06    $ mv XXXX data        # 将上述四个数据目录复制到 data 目录下
```

最终生成如图 14.7 所示的目录结构。

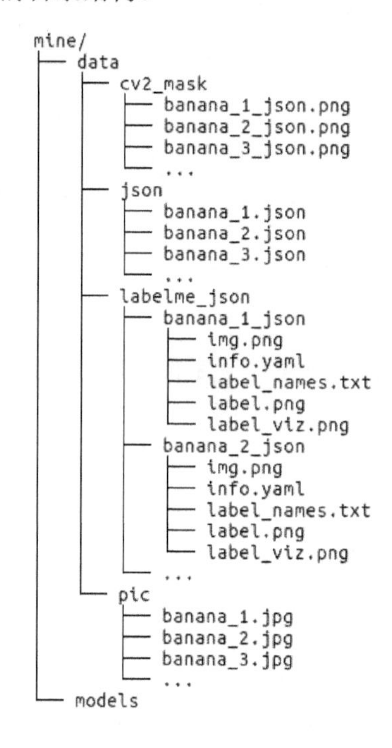

图 14.7　模型所需目录结构

其中，pic 文件夹中是图片文件（原始图片）；json 文件夹中是 labelme 标注后的文件；labelme_json 文件夹中是经过转换后的标注文件，其中每张图对应一个目录，目录下有 4 种文件；cv2_mask 文件夹中是图片中标注物体的掩码 mask 转成 8 位色之后的图像。

14.3.2　训练模型和预测

1. 训练模型

训练模型程序共 130 行代码，为方便读者阅读，将其切分成三部分：配置环境、构建数据集和训练模型。

（1）配置环境。此部分引入了必要的头文件，从网上下载已训练好的 coco 模型用于迁移学习。同时，根据机器的性能和物体类别数指定配置项 ShapesConfig，该配置项在训练模型和模型预测时都需要设定。

```
01  import os
02  import sys
03  sys.path.append(os.path.dirname(os.getcwd()))
                                          # 加入Mask_RCNN源码所在目录
04  import cv2
05  from mrcnn.config import Config
06  from mrcnn import model as modellib,utils
07  import numpy as np
08  from PIL import Image
09  import yaml
10
11  ROOT_DIR = os.getcwd()            # 当前目录
12  MODEL_DIR = os.path.join(ROOT_DIR, "models")
13  COCO_MODEL_PATH = os.path.join(ROOT_DIR, "mask_rcnn_coco.h5")
14  # 从网上下载训练好的基础模型
15  if not os.path.exists(COCO_MODEL_PATH):
16      utils.download_trained_weights(COCO_MODEL_PATH)
17
18  # 配置项
19  class ShapesConfig(Config):
20      NAME = "shapes"               # 命名
21      GPU_COUNT = 1
22      IMAGES_PER_GPU = 1
23      NUM_CLASSES = 1 + 1           # 背景一类，香蕉一类，共两类
24      IMAGE_MIN_DIM = 320
25      IMAGE_MAX_DIM = 384
26      RPN_ANCHOR_SCALES = (8 * 6, 16 * 6, 32 * 6, 64 * 6, 128 * 6)
27      TRAIN_ROIS_PER_IMAGE = 100
28      STEPS_PER_EPOCH = 100
29      VALIDATION_STEPS = 50
30
31  config = ShapesConfig()
32  config.display()                  # 显示配置项
```

（2）构建数据集。构建数据集的逻辑虽然并不涉及复杂的算法原理，但此部分却是在使用不同数据训练模型时差异最大，最需要开发者修改的部分。它将之前在 14.3.1 节生成的图像数据转换成模型可识别的格式，涉及 yaml 格式文件、图像文件、mask 等多种数据。

```
01  class FruitDataset(utils.Dataset):
02      def get_obj_index(self, image):
```

```
03            n = np.max(image)
04            return n
05
06        # 获取标签
07        def from_yaml_get_class(self, image_id):
08            info = self.image_info[image_id]
09            with open(info['yaml_path']) as f:
09                temp = yaml.load(f.read())
10                labels = temp['label_names']
11                del labels[0]
12            return labels
13
14        # 填充 mask
15        def draw_mask(self, num_obj, mask, image,image_id):
16            info = self.image_info[image_id]
17            for index in range(num_obj):
18                for i in range(info['width']):
19                    for j in range(info['height']):
20                        at_pixel = image.getpixel((i, j))
21                        if at_pixel == index + 1:
22                            mask[j, i, index] = 1
23            return mask
24
25        # 读入训练图片及其配置文件
26        def load_shapes(self, count, img_folder, mask_folder, imglist,
          dataset_root_path):
27            self.add_class("shapes", 1, "banana") # 自定义标签
28            print(count, len(imglist))
29            for i in range(count):
30                filestr = imglist[i].split(".")[0]
31                mask_path = mask_folder + "/" + filestr + "_json.png"
32                yaml_path = dataset_root_path + "labelme_json/" + filestr +
                   "_json/info.yaml"
33                cv_img = cv2.imread(dataset_root_path + "labelme_json/" +
34                        filestr + "_json/img.png")
35                self.add_image("shapes", image_id=i, path=img_folder + "/"
                  + imglist[i],
36                        width=cv_img.shape[1], height=cv_img.shape[0],
37                        mask_path=mask_path, yaml_path=yaml_path)
38
39        # 读取标签和配置
```

```
40      def load_mask(self, image_id):
41          info = self.image_info[image_id]
42          count = 1  # number of object
43          img = Image.open(info['mask_path'])
44          num_obj = self.get_obj_index(img)
45          mask = np.zeros([info['height'], info['width'], num_obj],
            dtype=np.uint8)
46          mask = self.draw_mask(num_obj, mask, img,image_id)
47          occlusion = np.logical_not(mask[:, :, -1]).astype(np.uint8)
48          for i in range(count - 2, -1, -1):
49              mask[:, :, i] = mask[:, :, i] * occlusion
50              occlusion=np.logical_and(occlusion, np.logical_not(mask[:, :, i]))
51          labels = []
52          labels = self.from_yaml_get_class(image_id)
53          labels_form = []
54          for i in range(len(labels)):
55              if labels[i].find("banana") != -1:  # 自定义标签
56                  labels_form.append("banana")
57          class_ids = np.array([self.class_names.index(s) for s in
            labels_form])
58          return mask, class_ids.astype(np.int32)
```

（3）训练模型。模型训练的核心代码调用第二部分的 FruitDataset 构建了训练集和验证集，由于本例数据较少，故使用了全部图片构建训练集，使用其中前 7 张图构建验证集，之后使用 Mask R-CNN 训练模型。

在实际操作过程中，读者如果使用没有 GPU 的计算机训练，则需要花费较长时间，这时可以通过修改学习率 learning_rate 和迭代次数 epochs 来加快训练速度，但会损失一定精度。

```
01  # 基础设置
02  dataset_root_path="data/"
03  img_folder = dataset_root_path + "pic"          # 基本图片目录
04  mask_folder = dataset_root_path + "cv2_mask"  # mask 图片目录
05  imglist = os.listdir(img_folder)
06  
07  # 构造训练集
08  dataset_train = FruitDataset()
09  dataset_train.load_shapes(len(imglist), img_folder, mask_folder,
    imglist, dataset_root_path)
10  dataset_train.prepare()
11  
12  # 构造验证集
13  dataset_val = FruitDataset()
```

```
14  dataset_val.load_shapes(7, img_folder, mask_folder, imglist,
    dataset_root_path)
15  dataset_val.prepare()
16
17  # 创建模型
18  model = modellib.MaskRCNN(mode="training", config=config,
19                            model_dir=MODEL_DIR)
20
21  # 定义模式
22  model.load_weights(COCO_MODEL_PATH, by_name=True,
23                     exclude=["mrcnn_class_logits", "mrcnn_bbox_fc",
24                              "mrcnn_bbox", "mrcnn_mask"])
25
26  # 模型训练
27  model.train(dataset_train, dataset_val,
28              learning_rate=config.LEARNING_RATE / 10,
29              epochs=30,
30              layers="all")
```

笔者使用带 GPU 的机器训练模型，不到 15 分钟即可完成。如果把 epochs 设成 2，则两分钟即可完成训练，模型生成在当前目录中的 models 目录下。

2. 用模型分割图片

本例中程序加载了当前目录下的 banana.jpg 图片，并使用之前训练的模型 mask_rcnn_shapes_0029.h5 识别图片中的香蕉。请读者注意将模型路径替换成自己训练出的模型文件路径。程序最后使用 mrcnn 提供的 visualize 模块将图片、识别的物体区域和 mask 显示出来。

```
01  import os
02  import sys
03  sys.path.append(os.path.dirname(os.getcwd()))
04  import skimage.io
05  from mrcnn.config import Config
06  import mrcnn.model as modellib
07  from mrcnn import visualize
08
09  ROOT_DIR = os.getcwd()
10  sys.path.append(ROOT_DIR)
11  MODEL_DIR = os.path.join(ROOT_DIR, "models")
12
13  # 配置，同 train
14  class ShapesConfig(Config):
15      NAME = "shapes"
```

```
16        GPU_COUNT = 1
17        IMAGES_PER_GPU = 1
18        NUM_CLASSES = 1 + 1
19        IMAGE_MIN_DIM = 320
20        IMAGE_MAX_DIM = 384
21        RPN_ANCHOR_SCALES = (8 * 6, 16 * 6, 32 * 6, 64 * 6, 128 * 6)
22        TRAIN_ROIS_PER_IMAGE =100
23        STEPS_PER_EPOCH = 100
24        VALIDATION_STEPS = 50
25
26    config = ShapesConfig()
27    model = modellib.MaskRCNN(mode="inference", model_dir=MODEL_DIR,
      config=config)
28    model.load_weights('models/shapes20190620T1716/mask_rcnn_shapes_
      0029.h5',
29                by_name=True)                       # 注意换成读者生成模型的路径
30
31    class_names = ['BG', 'banana']
32    image = skimage.io.imread('banana.jpg')    # 注意换成需要识别的图片路径
33
34    results = model.detect([image], verbose=1)
35    r = results[0]
36    # 画图
37    visualize.display_instances(image, r['rois'], r['masks'], r['class_ids'],
38                                class_names, r['scores'])
```

程序运行结果，如图 14-8 所示。

图 14.8　模型识别香蕉效果图

从图 14.8 中可以看到，程序框出了香蕉所在区域以及香蕉的轮廓。比较意外的是，它将香蕉左侧同为黄绿色的梨排除在香蕉区域外，这一点是人眼识别时也容易混淆的。

14.3.3 建模相关问题

1. 理解原理与使用模型

是不是只有理解了原理才能正确使用模型，对模型原理要掌握到什么程度？这是常被讨论的问题。笔者认为，对于程序员来说，并不是只有理解了软件的原理才能使用。但建模和使用一般软件又有不同，由于算法是数据和模型结合的产物，即使不修改模型逻辑，也需要对模型有一定的理解才能正确地构造数据。

尽管 Mask R-CNN 是一个 2017 年年底才开源的库，但由于它是步步演变而来的，因此其模型技术已经相当成熟，网上就能找到大量的文档和例程。了解其原理当然最好，但如果不能完全理解，则利用上述例程稍做修改也能使用其大部分功能。

2. 训练集数据量

在图片识别的早期，由于一般都是使用上万张图片训练深度学习模型，因此很多人会认为至少上千张图片才能训练深度学习神经网络，因而花费了大量的时间标注数据。

实际上，现在训练模型一般都基于迁移学习的方法，并非从零开始训练新模型，本例也是从 COCO 数据集上训练好的权重文件开始的。虽然 COCO 数据集不包含香蕉类别，但它包含了大量其他图像（约 12 万张），因此训练好的图像已经包含了自然图像中的大量常见特征，这些特征起到很大作用。另外，由于这里展示的应用案例比较简单，并不需要模型达到很高的准确率，因此 15 张图片就完成了训练。

3. 迭代次数

对于迭代次数的设置，视情况而定。如果发现同一张图片迭代 1 次和迭代 30 次训练出的模型效果类似，那么就可以适度减少迭代次数，以节省算力。上例中，由于模型训练了 30 次，因此产生了 30 个模型文件，每一个约 250MB，占用空间较大，其中一些不使用的模型（迭代的前 N 次模型）可以删掉以节约空间。

4. 图片精度

有人认为图片越大包含的信息越多，被识别的效果越好，但实际并非如此。如果图片比较大，而待识别物体在图中又不是特别小，建议先把图像缩放到较小的分辨率，否则会占用大量计算机内存，计算速度也比较慢。因此，可见精度也是适度即可。

5. 没有 GPU 能否训练深度学习模型

建议使用 GPU。相比 CPU，笔者用 4 核的 GPU 计算，速度目测有几十倍的差异。在没有 GPU 的情况下，如果只为做实验，并且对精度没有太高要求，则可以通过调整迭代次数及学习率，使用 CPU 训练基本的模型。如果对精度有要求，则可以考虑在网上短租运算服务（按小时计费）。

6. 自动标注

虽然使用了 labelme 工具，但是熟练之后标注一张正常的水果图片耗时仍在 2 分钟左右。如需标注大量图片，则可以使用类似半监督学习的方法，先标注少量数据生成模型，让模型自动标注，人为检查标注的是否正确即可。对于不正确的标注再做进一步标注，然后训练，迭代进行，以节约人工标注的工作量。

15

第 15 章 时间序列分析

时间序列简称时序，是指按时间顺序记录的数据，其中每个样本的数据特征相同，具有可比性。时序分析的目的是找出样本相对于时间的统计特性和发展规律，并利用历史数据建立时序模型对未来样本进行预测。

时序问题是机器学习中的一类典型问题，可繁可简，本章将利用三个时序问题的实例，给读者展示常见的时序问题模式以及解决方法。

15.1 时序问题处理流程

与一般机器学习问题不同的是，时序数据处理不仅需要考虑样本本身的特征，还需要考虑各样本之间的先后关系。例如，预测在未来一段时间内某种商品的销售量、某种资源的使用量、地铁客流量，甚至是股票的涨跌，这些都属于时序问题。

15.1.1 分析问题

“盐城汽车上牌量预测”是 2018 年天池大数据平台举办的比赛，读者可从天池平台往期算法大赛中查看该比赛的详情。上牌量预测是一个典型的时序问题且数据简单清晰，以复赛

A 榜数据为例，它提供了前三年的 10 种品牌汽车每天的上牌量，来预测未来半年中每天各品牌的上牌量，数据如表 15.1 所示。

表 15.1　汽车上牌预测数据

date	day_of_week	Brand	cnt
1	3	1	20
1	3	5	48
2	4	1	16
2	4	3	20
3	5	1	1411
3	5	2	811
3	5	3	1005
3	5	4	773
3	5	5	1565
4	6	1	1176
4	6	2	824

比赛提供的数据只有之前的上牌量、日期数据、星期几和品牌，是一个单变量预测问题（暂不计各品牌间的相互影响）。该问题有两个难点：第一，题目未给出具体日期，由于阴历和阳历的计算方法不同，且只有三年数据，无法确定节假日的日期、调休及其对上牌量的影响。第二，预测时段较长（半年），很多时序建模工具对长时段预测的效果不佳。

15.1.2　解决思路

比赛的讨论区有决赛 Top5 代表队总结的比赛攻略，在天池大数据平台技术圈的视频直播中也可以看到决赛的答辩视频。通过分析可以看到，大家的解题思路基本都可以拆解成以下步骤。

1. 特征工程

（1）还原日期。比赛数据对日期进行了脱敏处理，没给出具体年月日，但提供了周几的信息，其中有些节假日上牌量为 0 的也没有给出对应记录。第一步大家都补全了日期，加入了真实日期和节假日信息。此处介绍两个有关阴历的 Python 第三方时间转换库：chinese_calendar 和 Lunar-Solar-Calendar-Converter，它们在处理国内假期相关数据方面非常实用。

（2）从日期中提取信息。这是在特征工程中不同参赛者方法差异最大的环节，根据各自的经验提取各种特征。例如，假期长度、调休日期、调休与节假日的时间距离；某日是该年中的第几个月，该年中的第几周，该年中的第几日（阴历/阳历分别提取）；某日是该月中的第几周，该月中的第几日，正数/倒数第几个工作日等。

（3）提取周期信息。提取周期信息有两种做法：一种是手工计算出同比、环比、往期数据作为新增特征代入模型训练。另一种是用 ARIMA 或 Prophet 等工具分析出大致的周期趋势，然后用该工具直接预测或者代入其他机器学习模型。

在时序比赛中，有一些完全不使用趋势和周期算法的方案也会名列前茅。其原因是，他们直接把周期和统计数据做成了特征，比如用 Pandas 提供的 shift 方法把前 N 天的上牌量作为预测当天上牌量的特征，用 rolling 方法将前 N 天的均值作为特征，将阴历/阳历的去年同期（月、周）数据作为当期特征，以及环比的最大值、最小值、分位数等。该方法的好处是模型可以同时处理多维度的各种特征，美中不足的是可能损失一些对整体趋势的预测。

另外，可以利用时序算法预测周期和趋势数据，此类方法有 ARIMA、小波变换、线性拟合等，它们是解决时序问题的传统方法。这些方法的优点是兼顾整体和细节，有较强的可解释性；劣势是当预测的时段较长时，后期有严重的衰减，另外对于特殊事件的预测能力较差，比较偏重于统计类方法。

2. 建立模型

该比赛的前几名队伍都使用了梯度下降决策树（GBDT）类算法和交叉验证（CV）作为最终模型的解决方案。可见，对于当前较为复杂的时序问题，机器学习方法的预测效果往往优于传统方法，已被广泛使用。另外需要注意的是，对于时序数据中的“月份”“周几”等日期信息，都需要作为“类别”型数据处理。

时序问题一般可以拆解为趋势+周期+突发事件，在处理该问题时，可以从以下方面入手。

一般需要先拟合趋势，比如使用滑动平均模型、指数平均模型、线性回归等。其中需要注意的是拐点的识别（不限于此题），比如一些股票缓涨急跌，即它在上升和下降的趋势中的规律完全不同，这时就需要分段处理。另外，趋势又包含均值和方差，其中均值描述位置的高低，方差描述波动的大小。

周期也非常重要，这里指的周期包括大周期、中周期、小周期，以及周期相互交错和包含的情况。如果年内变化，则周内变化都呈明显周期性，一般可使用季节模型、小波/傅里叶变换、差分周期等方法，并且利用工具或者人的经验拆分。周期与趋势的组合，也有很多不同方式。

突发事件是机器学习模型更擅长处理的部分，常用的模型有随机森林、梯度下降决策树及关联规则等。

和时序问题一样，其他的机器学习问题也都有大分类包含小分类的情况，类似于周期处理，都需要考虑统计特征。

15.2　趋势分析工具 ARIMA

自回归滑动平均模型（Autoregressive Moving Average Model，ARMA）是研究时间序列的重要方法，由自回归模型（简称 AR 模型）与滑动平均模型（简称 MA 模型）为基础“混合”构成，常用于预测具有季节变动特征的销售量、市场规模等场景中，而相对于 ARMA 模型，ARIMA 模型增加了差分操作。

15.2.1　相关概念

1. 自回归模型（AR 模型）

自回归模型（Autoregressive Model）是在时序分析中，用于描述时间序列$\{y_t\}$自身某一时刻和前 p 个时刻之间相互关系的模型，其方法如式 15.1 所示。

$$y_t = \phi_1 y_{t-1} + \phi_2 y_{t-2} + \cdots + \phi_p y_{t-p} + \varepsilon_t \tag{15.1}$$

其中，$\phi_1,\phi_2,\cdots,\phi_p$ 是模型参数；ε_t 是白噪声序列，反映了所有其他随机因素的干扰；p 为模型阶次，即 y_t 由其前 p 个值决定。

2. 滑动平均模型（MA 模型）

滑动平均模型（Moving Average Model），也称移动平均模型，即将时间序列$\{y_t\}$看成白噪声序列的线性组合，使用误差描述模型。假设某个值可通过之前 N 个值的平均值预测，那么稍做变化，实际值就可以通过前一个值的预测值加误差得到。由此，实际值可用多个误差值的累加来表示，其方法如式 15.2 所示。

$$y_t = \varepsilon_t + \theta_1 \varepsilon_{t-1} + \theta_2 \varepsilon_{t-2} + \cdots + \theta_q \varepsilon_{t-q} \tag{15.2}$$

3. 回归滑动平均模型

ARMA 模型结合了 AR 模型和 MA 模型两个维度，其中 AR 模型建立当前值和历史值之间的联系，MA 模型计算 AR 模型部分累积的误差。

4. 数据预处理

ARMA 模型要求被分析的数据呈正态分布、平稳、零均值。平稳性指均值为常数，方差为常数且自协方差为常数。例如，在上升的趋势中，如果均值不是常数，那么震荡幅度就会越来越大，故方差也不是常数。

如果仅是均值非 0 的情况，则可以减去均值；如果趋势可用线性拟合，则可以减去拟合后的趋势。另外，还可以用差分或者季节性差分的方法使之平稳，对于非正态分布，可以使用对数处理。

5. 差分

差分是将数据进行移动之后与原数据进行比较得出的差异数据，这里的移动是指向前或向后移动的时间单位。比如，对某只股票的价格数据做一阶差分，就是将每日价格减去前一天的价格。

在 Python 中，差分运算可使用 Pandas 提供的 diff(periods=*n*)函数实现，其中 *n* 为阶数，默认为一阶差分。一阶差分的具体操作是使用 df.shift()-df 生成平稳数据，如图 15.1 所示的曲线经过一阶差分后变为图 15.2 所示的曲线。

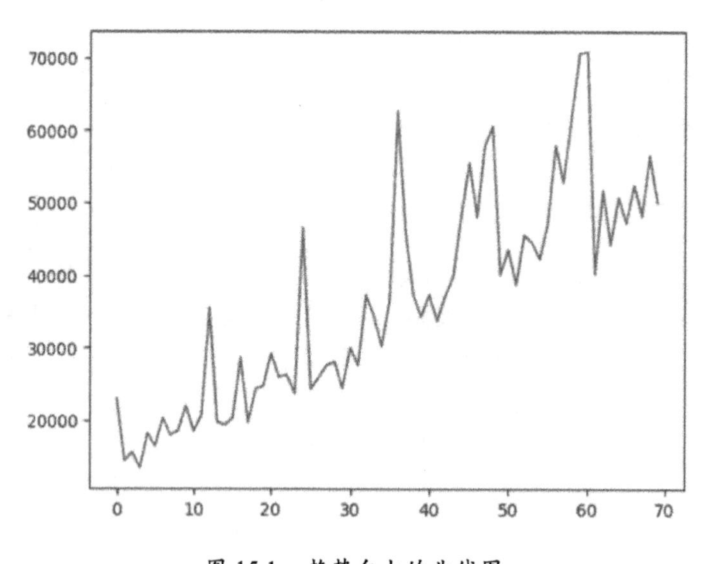

图 15.1　趋势向上的曲线图

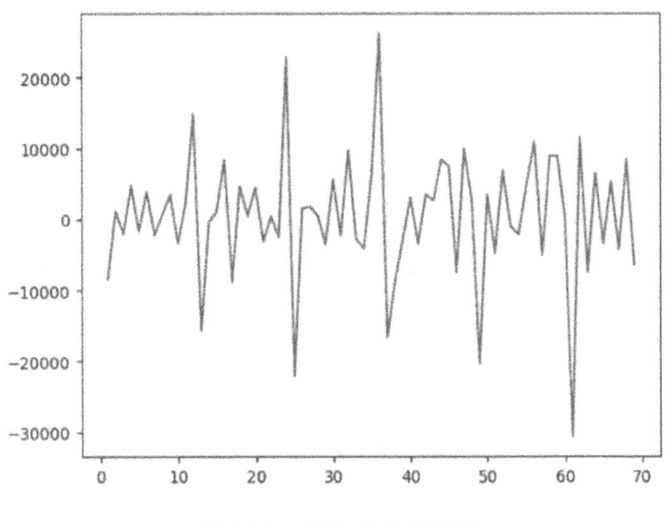

图 15.2　差分后的曲线图

差分之后去掉了趋势，均值趋于 0，这有助于分析其他特征。

6. 自相关与偏自相关

自相关函数（Auto Correlation Function，ACF）和偏自相关函数（Partial Correlation Function，PACF）是分析时序数据的重要方法，也是在平稳条件下求得的。自相关函数图如图 15.3 所示。

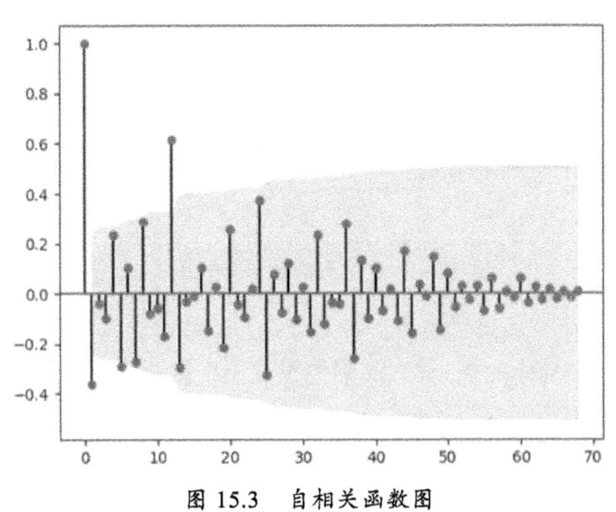

图 15.3　自相关函数图

其中，x 轴表示滞后值，y 轴表示了[-1,1]这些值的相关性。比如，左边第一点相关性为 1，说明该点与它自己完全相关。从图 15.3 中可以观察到：明显有以 12 为周期的相关性。绘图方法如下：

```
01   from statsmodels.graphics.tsaplots import plot_acf
02   plot_acf(df['xxx'])
```

注意：在时序数据中，不能包括空值。如果之前用了一次一阶差分和一次十二阶差分，应去掉前 13 个为空的值。

图 15.3 中的灰色区域描述了统计显著性，如果数据随机分布，Y 轴的位置会在灰色区域之内，因此需要关注灰色区域以外的点。

自相关函数包含了其他变量影响下的相关关系，有时需要只考虑某两个变量的相关关系，即偏相关函数。其中“偏”指的是只考虑首尾两项的关系，把中间项当成常数，故使用了偏导数的方法。绘图方法如下：

```
01   from statsmodels.graphics.tsaplots import plot_pacf
02   plot_pacf(df['xxx'])
```

7. 拖尾和截尾

一般通过观察自相关函数图和偏自相关函数图来确定使用哪种模型，以自相关函数图为例，图片可能呈现如图 15.4 所示的几种形式。

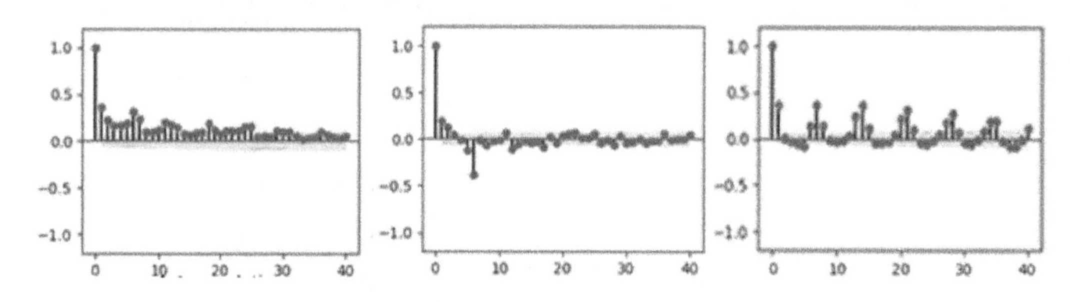

图 15.4　自相关函数图的几种形式

图 15.4 左边的图呈直线形式衰减，说明可能包括趋势，需要进一步差分；中间的截尾图指在某个值（如图 15.4 中的横坐标 7）后突然变小，截止为 0；右边的拖尾图指按指数形式或正弦形式有规律地衰减。

如果自相关函数拖尾、偏自相关函数 p 阶截尾，则使用 p 阶的 AR 模型。

如果自相关函数 q 阶截尾、偏自相关函数拖尾，则使用 q 阶的 MA 模型。

如果自相关函数和偏自相关函数均拖尾，则使用 ARMA 模型。由于 AR 模型和 MA 模型相互影响，因此阶数需要从小到大逐步尝试。

8. 模型检验

在实现模型后，可使用以下方法检验模型的效果：

（1）模型对训练数据的拟合：用模型对训练数据做拟合，然后用观察或者计算误差的方式查看二者的差异，差异越小越好。

（2）检查残差的自相关函数：残差（实际值与预测值的差异）的自相关函数应该没有可识别的结构。

（3）AIC 信息准则：AIC 信息准则（Akaike information criterion）是衡量统计模型拟合优良性的标准，AIC 值越小越好，也有根据 AIC 值自动选择参数的工具。

15.2.2 模型示例

ARIMA 模型具体使用 Python 的第三方库 statsmodels 实现。Statsmodels 库是一套统计工具集，具体需要考虑三个参数：d，p，q，其中 d 是消除趋势的差分阶数，p 是 AR 阶层，q 是 MA 的阶数。

本例使用航空乘客数据 AirPassengers.csv，其中包括 1949 年到 1960 年每月乘客的数量，程序用于预测未来几年中每月的乘客数量，数据可从以下 Git 项目下载。

```
01  $ git clone https://github.com/aarshayj/Analytics_Vidhya/
```

其数据内容如表 15.2 所示。

表 15.2　航空乘客时序数据

Month	#Passengers
1949-01	112
1949-02	118
1949-03	132
1949-04	129
1949-05	121
1949-06	135
1949-07	148
1949-08	148
1949-09	136

（1）做时序图观察基本的趋势和周期，作图程序如下：

```
01   import pandas as pd
02   import numpy as np
03   import matplotlib.pyplot as plt
04
05   data = pd.read_csv('AirPassengers.csv')
06   ts = data['#Passengers']
07   plt.plot(ts)
```

程序运行结果如图 15.5 所示。

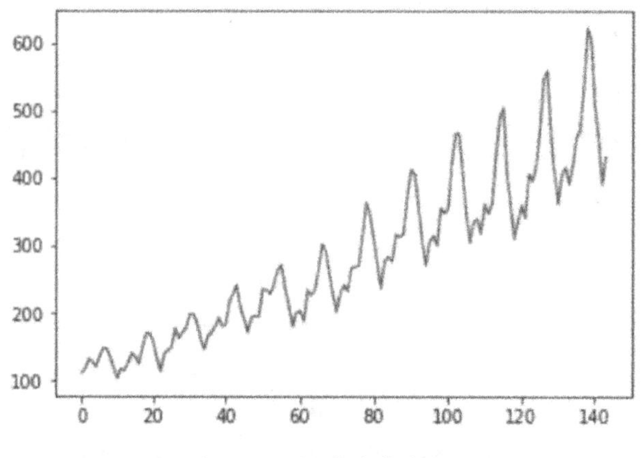

图 15.5　航空乘客数据

（2）分析平稳性、正态性、周期性，并对数据进行转换。

从图 15.5 中可以看出，数据不平稳，其趋势向上且波动加剧。为将其变为平稳数据，先做对数和差分处理。

```
01   ts_log = np.log(ts)
02   ts_diff = ts_log.diff(1)
03   ts_diff = ts_diff.dropna()
04   plt.plot(ts_diff)
```

转换后的数据，如图 15.6 所示。

（3）做自相关函数图和偏自相关函数图，确定模型阶次。使用 statsmodels 库提供的作图方法——acf 和 pacf 做相关的图：

```
01   from statsmodels.graphics.tsaplots import plot_acf
02   from statsmodels.graphics.tsaplots import plot_pacf
03   plot_acf(ts_diff)
04   plot_pacf(ts_diff, method='ols')
```

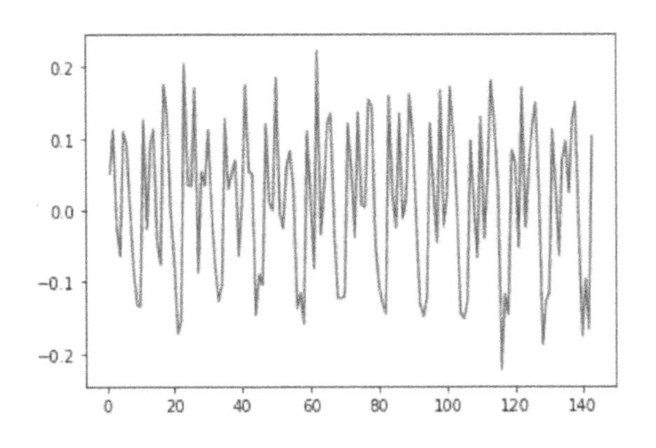

图 15.6　差分处理后的时序数据

运行结果如图 15.7 和 15.8 所示。

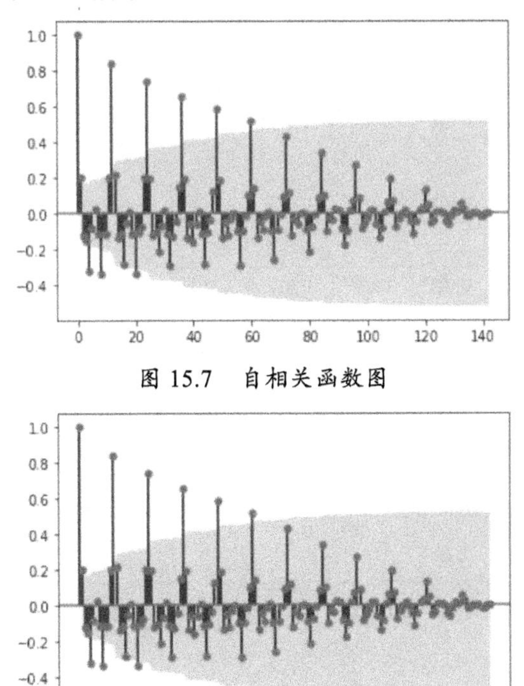

图 15.7　自相关函数图

图 15.8　偏自相关函数图

可以看出，自相关函数图是明显的拖尾图，其最明显的周期为 12 天左右，偏自相关函数图也并非明显截尾，因此使用 ARIMA 模型。

（4）训练模型。

由于 ARIMA 中包含差分支持，因此使用了差分前的数据 ts_log，其中 order 参数分别设置阶数和差分级别 p，d，q。

```
01    from statsmodels.tsa.arima_model import ARIMA
02    model = ARIMA(ts_log, order=(2, 1, 2))
03    results_ARIMA = model.fit(disp=-1)
04    plt.plot(ts_log_diff, color='#ffff00')
05    plt.plot(results_ARIMA.fittedvalues, color='#0000ff')
```

图中设置黄色（浅色）绘制原波形，蓝色（深色）绘制拟合后的波形，如图 15.9 所示。

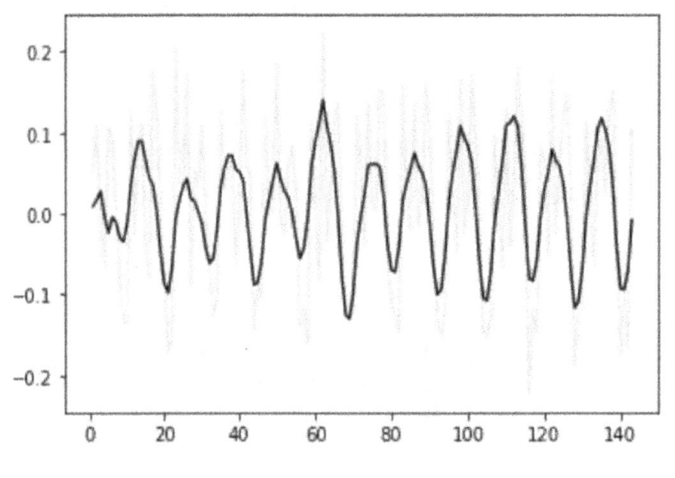

图 15.9　拟合后的差分波形

上面程序拟合的是差分后的波形，用以下方法将其转换回原始波形：

```
01    pred_diff = pd.Series(results_ARIMA.fittedvalues, copy=True)
02    pred_diff_cumsum = predictions_ARIMA_diff.cumsum()
03    pred_log = pd.Series(ts_log.ix[0], index=ts_log.index)
04    pred_log =
predictions_ARIMA_log.add(predictions_ARIMA_diff_cumsum,fill_value=0)
05    pred = np.exp(predictions_ARIMA_log)
06    plt.plot(ts)
07    plt.plot(pred)
```

程序运行结果，如图 15.10 所示。

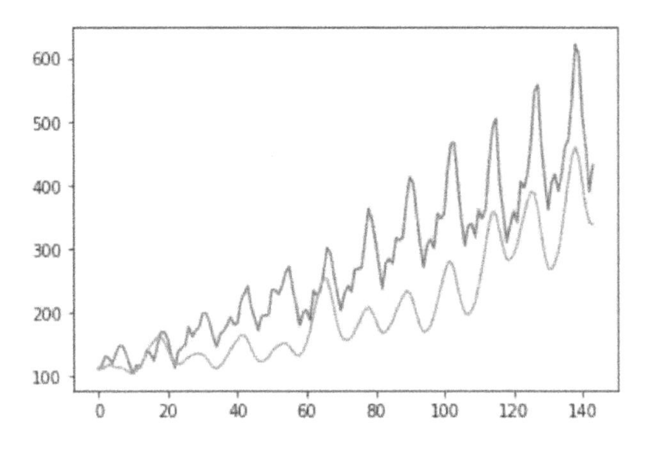

图 15.10　对原始波形的拟合结果

问题与解答：

（1）做 ARMA 分析前是否应该剔除周期性因素？

我们可以从自相关函数图中看出周期性波动，比如图 15.4 右侧的拖尾图，说明某天与前 12 天和 24 天都强相关。如果发现强相关，则可先进行多阶差分（季节差分），再进一步使用 ARMA 模型处理。需要注意的是，各层次差分在预测时都需要对应还原。

（2）在做长期预测时，如何应对衰减？

在使用 ARMA 模型做长时段预测时，可能会遇到严重的衰减问题。例如，在上牌量比赛中，需要预测之后几百天的数据，而 ARMA 在预测了几十天之后，就从类似正弦波型衰减成了一条直线，导致无法使用该模型。在决赛中排名第一的队伍分享了解决此问题的方法，他们也使用了 ARMA 算法，并且也有衰减问题，不同的是他们采用按月预测，这相对于按日预测，衰减改善了很多。

15.3　傅里叶和小波变换

用傅里叶变换预测时序数据，其原理是把时域数据转换到频域，再转换回来。Python 的 Numpy 和 Scipy 库中都支持转换工具 fft 和 ifft，但在使用时会遇到一个问题：比如 25 天的数据转到频域再转回时域还是 25 天，即虽然拟合了数据，但无法直接用于预测。下面介绍通过傅里叶和小波变换实现预测的方法。

15.3.1 傅里叶变换

1. 原理

傅里叶变换是将满足一定条件的函数表示成三角函数（正弦/余弦函数）或者它们积分的线性组合，即将函数拆分成不同高度、宽度、起始位置的波的叠加。本例将时序数据（横轴为时间、纵轴为数值）作为被拆分的数据，拆分成波，即映射到频域，然后通过其逆变换将其转换回时域，再通过历史数据预测未来。

傅里叶变换常用的方法是快速傅里叶变换（Fast Fourier Transform），简称 FFT，下面从程序的角度看如何使用它。经过 FFT 转换的数据和转换前的长度一致，每个数据都分为实部和虚部两部分，假设时序数据长度为 N（N最好是 2 的整数次幂，这样计算速度较快），那么 FFT 转换后：下标为 0 和 $N/2$ 的两个复数的虚数部分为 0，下标为 i 和 $N-i$ 的两个复数共轭，即其虚部数值相同、符号相反。

当再用 IFFT（逆向傅里叶变换）将数据从频域转回时域时，出现了由误差引起的很小的虚部，此时用 Numpy 库提供的 real 方法取其实部即可。

由于其中一半数据是另一半的共轭，因此只需要关心一半数据即可。在 FFT 转换后，下标为 0 的实数表示时域信号中的直流成分（不随时间变化）；在下标为 i 的复数 $a+bj$ 中，a 表示余弦成分，b 表示正弦成分。

2. 程序实现

本例也使用了上例中的航空乘客数据，示例代码如下：

```
01  import pandas as pd
02  import numpy as np
03  import matplotlib.pyplot as plt
04
05  # 将频域数据转换成时域数据
06  # bins 为频域数据，n 设置使用前多少个频域数据，loop 设置生成数据的长度
07  def fft_combine(bins, n, loops=1):
08      length = int(len(bins) * loops)
09      data = np.zeros(length)
10      index = loops * np.arange(0, length, 1.0) / length * (2 * np.pi)
11      for k, p in enumerate(bins[:n]):
12          if k != 0 : p *= 2 # 除去直流成分，其余的系数都乘以 2
13          data += np.real(p) * np.cos(k*index) # 余弦成分的系数为实数部分
```

```
14            data -= np.imag(p) * np.sin(k*index) # 正弦成分的系数为负的虚数部分
15        return index, data
16
17    if __name__ == '__main__':
18        data = pd.read_csv('AirPassengers.csv')
19        ts = data['#Passengers']
20
21        # 平稳化
22        ts_log = np.log(ts)
23        ts_diff = ts_log.diff(1)                # 差分
24        ts_diff = ts_diff.dropna()              # 去除空数据
25        fy = np.fft.fft(ts_diff)
26        print(fy[:10])                          # 显示前 10 个频域数据
27        # 程序返回：[ 1.34992672+0. j -0.09526905-0.14569535j
          -0.03664114-0.12007802j ...
28        conv1 = np.real(np.fft.ifft(fy))    # 逆变换
29        index, conv2 = fft_combine(fy / len(ts_diff), int(len(fy)/2-1), 1.3)
                                                  # 只关心一半数据
30        plt.plot(ts_diff)
31        plt.plot(conv1 - 0.5)                   # 为了看清楚，将显示区域下拉 0.5
32        plt.plot(conv2 - 1)
33        plt.show()
```

程序输出了 FFT 转换后的数据，但只显示了前十个，形式为复数。复数模（绝对值）的两倍为对应频率的余弦波的振幅；复数的辐角表示对应频率的余弦波的相位。由于第 0 个元素表示直流分量，因此虚部为 0。在数据中的位置标记了频率大小，值标记了振幅大小。

程序生成图片，如图 15.11 所示。

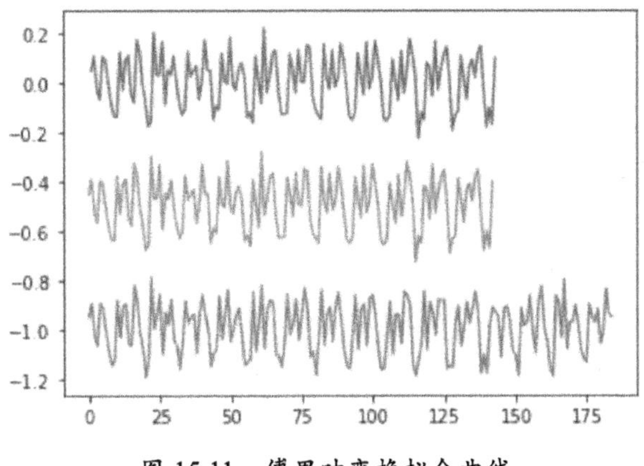

图 15.11　傅里叶变换拟合曲线

图 15.11 中显示的三条曲线分别为原始数据（上方曲线）、做了 FFT 以及 IFFT 逆变换后的数据（中间曲线），以及使用函数还原并预测了未来的数据（下方曲线），由此可见，基本拟合了原始曲线，预测曲线看起来也比较合理。

上述方法实现了用傅里叶变换预测时序数据。与 ARMA 算法相比，其没有明显衰减，更适合长时间的预测。对于随时间变化的波形，如语音数据，一般使用加窗后做傅里叶变换的方法拟合数据。

15.3.2 小波变换

如果波型随时间变化，就需要对波型加窗分段后再处理，且有时需要大窗口，有时需要小窗口，处理起来更加麻烦，因此引入了更灵活的小波变换。

傅里叶变换的基是正余弦函数，而小波的基是各种形状的小波，也就是说它把整个波形看成多个位置和宽度不同的小波的叠加。小波变换有两个变量：尺度 a 和平移量 t，尺度控制小波的伸缩，平移量控制小波的平移。它不需要将数据切分成段就可以处理时库数据，尤其是对突变信号处理得更好。

图 15.12 展示了几种常见的小波函数。

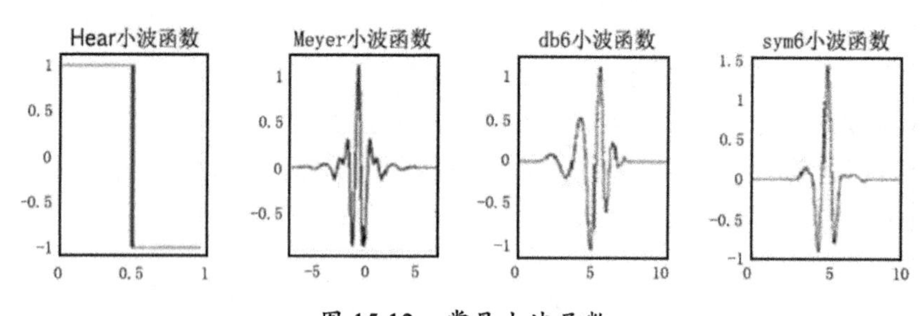

图 15.12　常见小波函数

离散小波变换（Discrete Wavelet Transformatio）简称 DWT，是小波变换中最简单的一种，这里使用 Python 调用 pywt 库实现该变换。

经过变换后的返回值：cA:Approximation（近似）和 cD:Detail（细节），其中 cA 是周期性有规律的部分，可以被模拟和预测，而 cD 可看作噪声。换言之，用此方法可以拆分周期性数据和其上的扰动数据。

本例仍使用乘客数据，下面代码是将细节 D 设为 0，然后还原波形。

```
01  import pywt
02  import pandas as pd
03  import numpy as np
```

```
04  import matplotlib.pyplot as plt
05
06  data = pd.read_csv('AirPassengers.csv')
07  ts = data['#Passengers']
08  ts_log = np.log(ts)
09  ts_diff = ts_log.diff(1)
10  ts_diff = ts_diff.dropna()
11
12  cA,cD = pywt.dwt(ts_diff, 'db2')
13  cD = np.zeros(len(cD))
14  new_data = pywt.idwt(cA, cD, 'db2')
15
16  plt.plot(ts_diff)
17  plt.plot(new_data - 0.5)
18  plt.show()
```

程序运行结果，如图 15.13 所示。

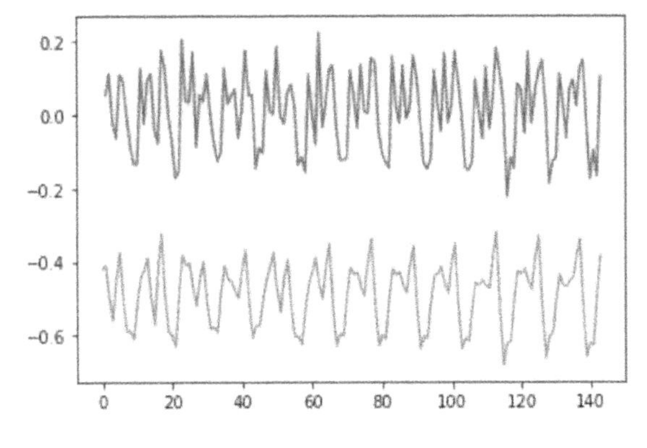

图 15.13　小波变换拟合曲线

从图 15.13 中可以看到，用小波拟合的效果中，上方为原始曲线，下方为小波变换拟合的曲线。常见的方法是使用小波拟合 cA、ARMA 拟合 cD 部分，并将这两种方法配合使用。

15.4　Prophet 时序模型

Prophet 是 FaceBook 开源的时序框架，非常简单实用，不需要理解复杂的公式，只需要看图、调参、调用十几行代码即可完成从数据输入到分析的全部工作。Prophet 预测效果较好，训练速度也较快。

15.4.1 模型介绍

在效果方面，笔者曾在同一项目中尝试了 ARIMA，并将星期和节假日作为特征代入 GBDT 和 Prophet，如果只考虑时序因素，则 Prophet 的效果最好。当然 Prophet 也有弱势，主要问题在于不支持时序因素与时序之外的其他特征同时建模，如在股票预测中它只能利用历史行情中的股票价格建模来预测未来的价格，而不能同时考虑基本面、大盘、行业以及借鉴类似股票等因素。因此，在遇到复杂的问题时，需要 Prophet 与其他模型配合使用。

Prophet 的原理是分析各种时间序列特征，如周期性、趋势性、节假日效应以及部分异常值。在趋势方面，它支持加入变化点，实现分段线性拟合。在周期方面，它使用傅里叶级数（Fourier series）来建立周期模型（sin+cos）。在节假日和突发事件方面，用户可以通过字典的方式指定节假日，及其前后影响的天数。因此，可将 Prophet 视为一种针对时序的集成解决方案。

使用 Prophet 的具体步骤：根据格式要求填入训练数据、节假日数据，指定要预测的时段，然后训练模型。除了预测具体数值，Prophet 还将预测结果拆分成 trend，yearly，weekly，holidays 等成分，并提供各成分预测区间的上下边界。它不仅是预测工具，也是一个很好的统计分析工具。开发者能从中找出可描述的规则，同时，也可以将拆分后的数据作为新特征代入其他模型。

15.4.2 获取数据

本例从网上抓取股票数据作为时序数据使用。获取股票数据的方法有很多，如通过腾讯、新浪、网易股票接口获取实时以及历史股票数据。网站一般以 Web service 方式返回文本数据，需要通过 Python 进一步处理成所需要的数据格式。

本例使用 Python 第三方库 Tushare 获取股票数据，除了股票的实时和历史数据，还有基本面数据等，其权限分为非注册用户和注册用户，注册后根据积分开放不同的功能。本例为方便读者下载数据，使用其对非注册用户开放的接口下载某只股票两年半的历史数据。

首先，需要安装 Tushare 库：

```
01  $ pip install tushare
```

或者从 Git 上下载其源码。

```
01  $ git clone https://github.com/waditu/tushare
```

获取一只股票的全部历史数据：

```
01  import tushare as ts
02  print(ts.get_hist_data('000002'))
```

程序抓取的数据，如表 15.3 所示。

表 15.3　Tushare 获取的股票数据格式

date	open	high	close	low	volume	price_change	p_change	ma5	ma10	ma20	...
2019/6/21	28.4	28.52	28.17	28.12	388345.72	-0.28	-0.98	28.0	28.0	27.4	
2019/6/20	27.7	28.45	28.45	27.63	577484.38	0.72	2.6	27.9	27.9	27.4	
2019/6/19	28.2	28.38	27.73	27.59	390157.88	0.03	0.11	27.8	27.7	27.3	
2019/6/18	28.08	28.11	27.7	27.4	219162.16	-0.21	-0.75	27.9	27.6	27.3	
2019/6/17	27.8	28.2	27.91	27.75	171672.8	-0.02	-0.07	28.0	27.5	27.3	
2019/6/14	28.01	28.29	27.93	27.78	311417.81	0.1	0.36	28.0	27.3	27.3	
2019/6/13	28	28.05	27.83	27.58	250431.08	-0.17	-0.61	27.8	27.2	27.3	
2019/6/12	28.24	28.29	28	27.81	269372.25	-0.33	-1.17	27.7	27.2	27.3	
2019/6/11	27.87	28.45	28.33	27.85	449630.03	0.52	1.87	27.3	27.1	27.3	
2019/6/10	27.29	28.05	27.81	27.17	527547.06	0.69	2.54	26.9	27.0	27.2	

接口返回了指定股票（000002）的蜡烛图数据（开盘价、收盘价、最高价、最低价）、成交量以及 5 日、10 日、20 日均线值。接口的调用方法非常简单，但普通用户功能有限，本例将其作为数据源使用。

15.4.3　模型示例

1. 安装工具

Prophet 和其他第三方工具一样，需要安装后才能使用，安装方法如下：

```
01   $ sudo pip install fbprophet
```

建议下载源码，源码中包括例程、文档和时序数据，可供调试使用。

```
01   $ git clone https://github.com/facebookincubator/prophet.git
```

2. 程序实现

本例用于分析和预测股票交易量。

（1）准备数据。首先使用 Tushare 工具下载数据，然后将数据转换成 Prophet 要求的格式 df，其中需要包含时间数据“ds”和待分析数据“y”。

然后进行时间插补，当周六日和节假日交易量为 0 时，没有对应记录，本例中将填充这些记录，并将其值设置为 0。读者可能认为预测节假日的交易量并不重要（一般都为 0），但在大多数情况下，插补至关重要，如在预测地铁人流量时，后半夜流量很低，多数情况为0，如果不做手工填充，而使用模型均值填充，则会产生很大偏差。

```
01  import pandas as pd
02  import numpy as np
03  import tushare as ts
04  from fbprophet import Prophet
05  import matplotlib.pyplot as plt
06  import datetime
07
08  # 数据准备
09  base = ts.get_hist_data('000002')
10  df = pd.DataFrame()
11  df['y'] = base['volume']
12  df['ds'] = base.index
13
14  # 日期插补
15  ds = df['ds'].min()
16  arr = []
17  while ds < df['ds'].max():
18      ds = str(pd.to_datetime(ds) + datetime.timedelta(days=1))[:10]
19      if ds not in np.array(df['ds']):
20          arr.append({'ds':ds, 'y':0}) # 以字典方式加入数组
21  tmp = pd.DataFrame(arr)
22  df = pd.concat([tmp, df])
23  df = df.reset_index(drop=True)
24  df = df.sort_values(['ds'])
```

（2）设置假期。本例从数据文件 holiday.csv 中读取了假期信息，holiday.csv 内容如表 15.4 所示。

表 15.4　假期数据格式

holiday	ds	lower_window	upper_window
short	2016/1/1	0	2
long	2016/2/7	0	6
short	2016/4/4	0	2
short	2016/5/1	0	2
short	2016/6/9	0	2
short	2016/9/15	0	2
long	2016/10/1	0	6
short	2017/1/1	0	2
long	2017/1/27	0	6

数据由四部分组成：第一列是假期类型，本例中只设置了长假和短假两种，读者可以将其进一步细化成具体假期；第二列为假期的具体日期；第三列为假期向前影响的天数；第四列为假期向后影响的天数。

```
01  holidays = pd.read_csv('holiday.csv')
```

（3）训练模型。将假期和历史数据代入模型训练，并预测未来 30 天的交易量。

```
01  prophet = Prophet(holidays=holidays)
02  prophet.fit(df)
03  future = prophet.make_future_dataframe(freq='D',periods=30)
    # 测试之后 30 天
04  forecasts = prophet.predict(future)
```

（4）作图显示训练结果，使用 Prophet 自带的绘图函数。

```
01  prophet.plot(forecasts).show()
02  prophet.plot_components(forecasts).show()
02  plt.show()
```

程序运行结果如图 5.14 所示，其中黑色的点是实际交易量，浅色线是预测的范围区间，深色线是预测值。可以看到，Prophet 对历史值做了拟合，其中的异常值很难预测准确，且有一些预测值小于 0，这并不符合常理（交易量一定大于 0）。但是从中也可以看到高低的趋势基本正常，也能从中看到节假日、周末以及整体趋势对数据的影响。

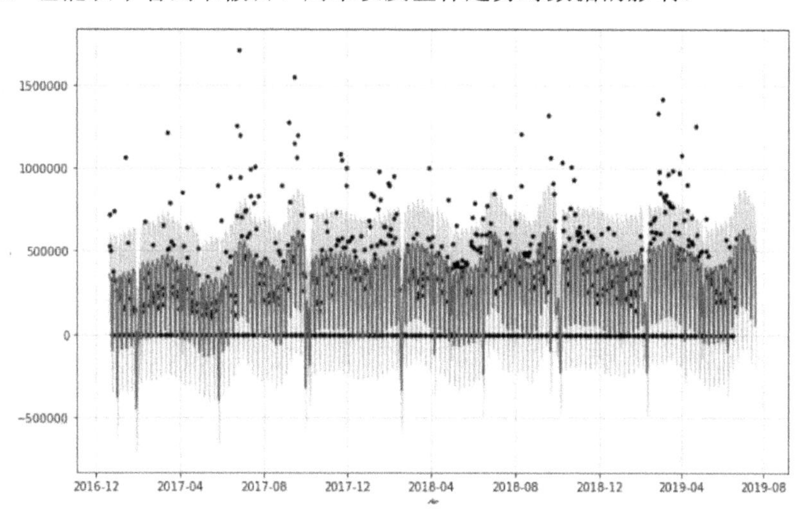

图 15.14　Prophet 分析预测效果

图 15.15 和 15.16 展示了各个子因素的影响，包括 Trend（整体趋势）、Holidays（节日），星期几（Weekly），以及 Yearly 一年中不同季节的影响，其中整体为上升趋势、假期造成了交易量的下降、周末和工作日差别明显、不同月份也有差异。

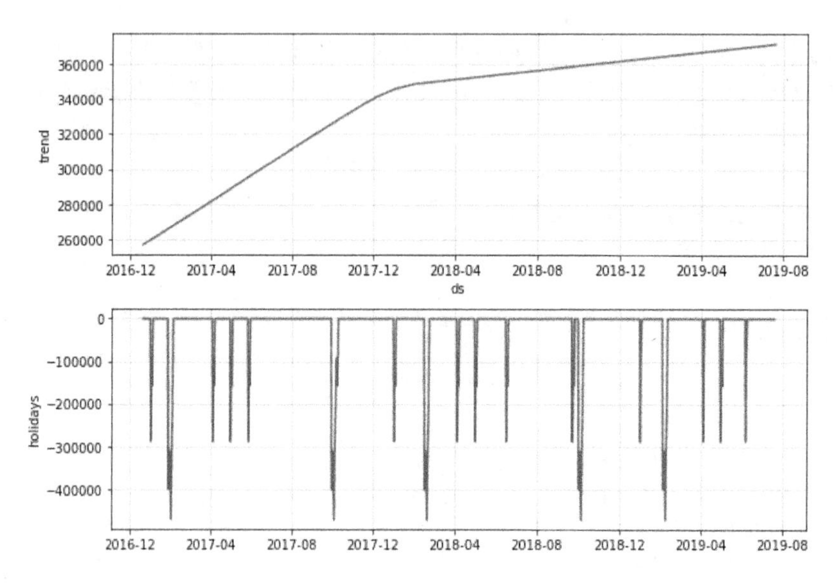

图 15.15　各子因素对交易量的影响

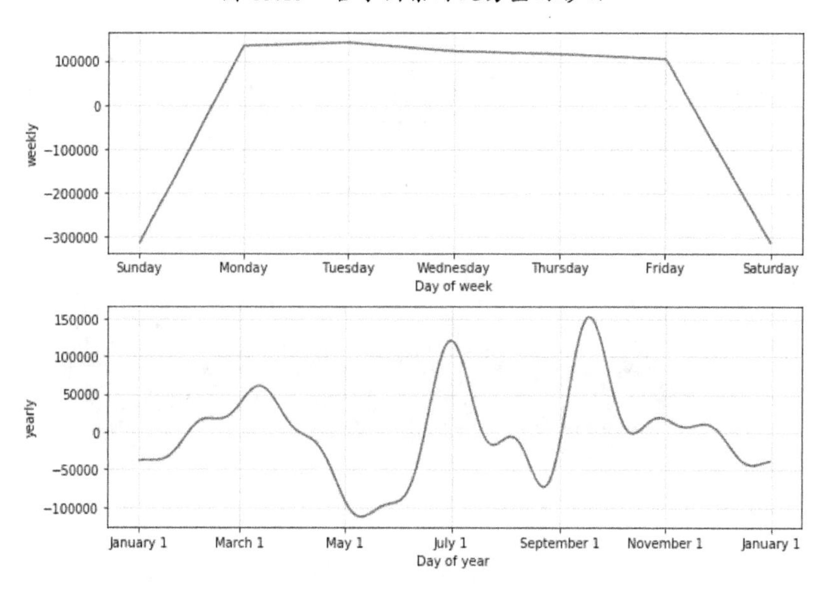

图 15.16　各子因素对交易量的影响

16

第 16 章 自然语言处理：微博互动预测

在实际应用场景中，语言数据和视觉数据往往比纯数值数据要多。在自然语言处理（Natural Language Processing，NLP）中有些领域的算法已经研究已久，如翻译、语音识别、问答系统等，目前比较流行的有新闻分类、阅读理解、聊天、人工智能写作等。近几年，它们在金融、法律、教育、医疗、网上客服等垂直领域都已开始应用。

自然语言处理与机器学习算法相结合来解决预测和决策问题，是非常好的切入点。例如，通过分析电子病历中的文本信息辅助诊断、利用消息面的文本信息辅助预测股票涨跌等功能都已成为当前的热门应用。该方法一方面通过加入更多特征改进了之前模型预测的结果，另一方面在语言处理不佳或者文本资料不足的情况下，也能借助其他特征做出判断，以保证系统正常使用。

本章通过对“微博互动预测问题”的分析和建模，与读者一起探讨自然语言处理和机器学习相结合的具体方法和常见问题。

16.1 赛题分析

微博互动预测是天池平台的往期比赛，决赛后变更为报名和参赛都无时间限制，提供永久排行榜的长期比赛。在开发者登录并报名后，即可下载数据和提交结果，平台每天提供两次评测和排名。

比赛的任务是根据抽样用户的原创博文在发表一天后的转发、评论、点赞数建立博文的互动模型，并预测用户后续博文在发表一天后的互动情况。

16.1.1 数据分析

该比赛的训练数据有 300 多兆，上百万条记录，普通开发机可以正常处理。其数据格式如表 16.1 所示，该问题代表了现实中的一大类应用，包括数据内容比较丰富、数据量大、需要参赛者提取特征、数据有现实中的意义、无规律数据占多数、可多维度分析，等等。这种比赛和提供匿名纯特征单纯比拼算法的竞赛相比，需要研究业务且发挥的空间也更大。

表 16.1 微博互动数据

用户标记	博文标记	发博时间	转发	评论	点赞	博文内容
d80f3d3c5c1d658e82b83 7a4dd1af849	bfc0819b83ec59ce7672 87077f2b3507	2015/2/13 01:09	0	0	0	有生之年！我最喜欢的 up 主跟我的……
24b621c98f2594b698c0b 1d60c9ae6db	2cbd3d514ed5ad3dab81 aa043c8b3d0a	2015/5/19 10:24	0	0	0	如此平凡的日常一幕，还能够再积……
e44d81d630e4f382f657e 72aa4b685da	8a88a25f9f26ed9f7908 0eaacc1a8668	2015/2/11 11:03	0	1	0	#罗永浩的红包#二十三，糖瓜儿粘……
fbe6c953632e1b3dda66c f6118b6ab12	f359a74cb4ac6150a3af 8325eda04ea0	2015/3/22 0:54	0	0	0	有好东西分享给你！闪记笔记记事……
f9a3ca6bc1e75d173cfc9 8ec4b108072	c7bc3445e8b90db8cc5e 045f606dc1ee	2015/2/11 19:29	21	2	6	http://**/RwUFNuQ Microsof...

数据看似比较简单，其目标变量是转发、评论、点赞次数，特征是博文内容和发博时间，ID 号是博文标记和用户标记。这看似是一个单纯的自然语言处理问题，即从博文的内容预测用户对其感兴趣的程度，但实际并非如此，我们先逐个分析数据特征：

- ◎ 用户标记：大多数用户发文不止一条，可通过转发数、评论数、点赞数预测该用户的粉丝量及粉丝的习惯。
- ◎ 博文标记：是微博的 ID 号，可看作索引。
- ◎ 发博时间：可从时间信息中分解出工作日、节假日、时间段等属性。
- ◎ 转发数、评论数、点赞数：是预测的目标，也可以用于计算用户的特征以及分析其相关性。
- ◎ 博文内容：可解析出更多特征，如分词聚类、情绪分析、是否包含链接、表情、视频、是否为自动生成、是否为广告（含天猫、淘宝、超便宜等关键字）、长度、是否@某人、是否为转发#、文章分类（新闻、技术、笑话、心情……）等。

对于该比赛，即使不使用自然语言处理，仅通过提取用户特征和发博时段也可以取得较好的预测效果。

16.1.2 评价函数

评价函数由以下五个公式组成，开发者需要在程序中实现该评价函数，就需要先用前三个公式计算出每条博文预测的转发数、评论数和点赞数与真实值的偏差。其中，count_{fp} 为预测转发数，count_{fr} 为实际转发数，count_{cp} 为预测评论数，count_{cr} 为实际评论数，count_{lp} 为预测点赞数，count_{lr} 为实际点赞数。

转发偏差计算方法，如式 16.1 所示。

$$\text{deviation}_f = \frac{|\text{count}_{fp} - \text{count}_{fr}|}{\text{count}_{fr} + 5} \tag{16.1}$$

评论偏差计算方法，如式 16.2 所示。

$$\text{deviation}_c = \frac{|\text{count}_{cp} - \text{count}_{cr}|}{\text{count}_{cr} + 3} \tag{16.2}$$

点赞偏差计算方法，如式 16.3 所示。

$$\text{deviation}_l = \frac{|\text{count}_{lp} - \text{count}_{lr}|}{\text{count}_{lr} + 3} \tag{16.3}$$

根据上述三项偏差，计算模型对每条微博预测的准确率，如式 16.4 所示。

$$\text{precision}_i = 1 - 0.5 \times \text{deviation}_f - 0.25 \times \text{deviation}_c - 0.25 \times \text{deviation}_l \tag{16.4}$$

最后计算测试集整体准确率，如式 16.5 所示。

$$\text{precision} = \frac{\sum_{i=1}^{N} (\text{count}_i + 1) \times \text{sgn}(\text{precision}_i - 0.8)}{\sum_{i=1}^{N} (\text{count}_i + 1)} \tag{16.5}$$

其中，sgn(x)为改进的符号函数。当 $x>0$ 时，sgn(x)=1；当 $x<=0$ 时，sgn(x)=0。count_i 为第 i 偏博文的反馈总数（转发、评论、点赞之和）；当 $\text{count}_i>100$ 时，按 100 计算。

可以看出，当预测的偏差之和在正负 20%以内时，将反馈总数计入成绩。其中有两点需要注意：第一，反馈越多在评分中权重越大，比如反馈在 100 以上的博文，如果预测正确，则其贡献是反馈为 0 的博文的 100 倍。第二，反馈越多偏差越大，比如实际为 200 次转发，预测成 500 次，偏差 deviation_f=(500-200)/(200+5)=1.63；实际为 2 次，预测成 5 次，deviation_f=

(5-2)/(2+5)=0.43。因此，需要更多关注反馈多的样本。

由于上传评分次数有限，不能过于依赖线上评分，尤其是在后期的模型精调阶段需要不断地评价和修改模型，因此无论计算公式复杂与否，只要参与比赛都需要在本地实现评价函数。本例中评价函数代码实现如下：

```
01  def do_score(real_data, predict_data):
02      d_f = ((predict_data['f'] - real_data['f'])/(real_data['f'] +
        5.0)).apply(lambda x: abs(x))
03      d_c = ((predict_data['c'] - real_data['c'])/(real_data['c'] +
        3.0)).apply(lambda x: abs(x))
04      d_l = ((predict_data['l'] - real_data['l'])/(real_data['l'] +
        3.0)).apply(lambda x: abs(x))
05      count_i = real_data['f'] + real_data['l'] + real_data['c']
06      precision = 1 - 0.5 * d_f - 0.25 * d_c - 0.25 * d_l
07      sign = np.sign(precision - 0.8).apply(lambda x: 0 if x == -1 else 1)
08      count_i[count_i > 100] = 100
09      count_1 = sum((count_i + 1) * sign)
10      count_2 = sum(count_i + 1)
11      return count_1/count_2
```

16.1.3 目标变量分布

表 16.2 中展示出各种反馈的占比，其中反馈为 0 的占绝大多数，为明显的非正态分布，故即使将全部反馈都预测为 0，也能使大部分实例预测正确。如果构造一棵决策树解决此问题，则树中的绝大部分叶节点都为 0。对于这种问题，在统计和建模时常用的方法是将是否反馈（分类）和反馈多少（回归）拆分成两个问题分别预测，然后融合结果。

表 16.2 反馈数据统计

反馈数量	0	1	2
转发	0.821	0.063	0.025
评论	0.793	0.068	0.042
点赞	0.794	0.103	0.046

计算每条博文反馈均值，其中转发为 3.54，评论为 1.26，点赞为 2.22。可见，虽然大多数博文没有得到反馈，但被粉丝关注的少数人拉高了平均反馈数量。

16.1.4　发博用户统计

训练数据中共有 37 000 多个用户，人均发文 33 篇，把每位用户得到的转发、评论、点赞的均值加在一起，可计算出关注度，即图 16.1 中的黑线。按关注度对用户排序，图 16.1 中分别显示了关注度和各种反馈之间的关系以及分布，从中也能看到在 37 000 多人中只有几十个人平均每篇的反馈之和超过 100 且以转发为主。

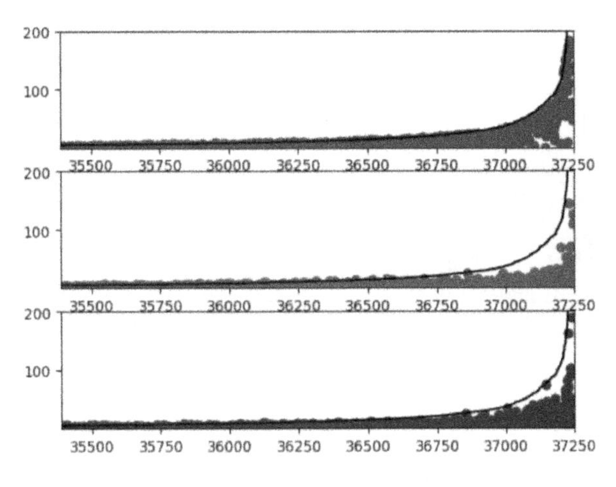

图 16.1　关注度分析图

图 16.1 截掉了图的左侧小于 35 500 的部分，其中包括 15 000 多人从未得到过任何反馈，占了全体用户数的 41.2%。这可能是因为他们不常使用微信，或者只发广告、自动生成消息，或者好友太少。

以下代码对训练集中的每个用户统计了其各个反馈的均值并将其作为该用户的新特征，进一步还可以统计其最大值、分位数、标准差等特征。

```
01   grp = train.groupby('uid')
02   user_data = pd.DataFrame()
03   user_data['f'] = grp['f'].mean()
04   user_data['c'] = grp['c'].mean()
05   user_data['l'] = grp['l'].mean()
```

16.1.5　特殊用户分析

下面是对某个用户的转发分析，该用户共发文 733 篇，其中最多的一篇被转发了 8949

次，因为影响显示截掉了，所以其中有 167 篇为 0 次转发，大多数分布在 0～100 次以内，如图 16.2 所示。从中可以估计该用户的粉丝数至少有 8949 人，使用的方法是 max(f,l,c)。可见，在粉丝多的情况下，反馈更多地取决于博文内容。

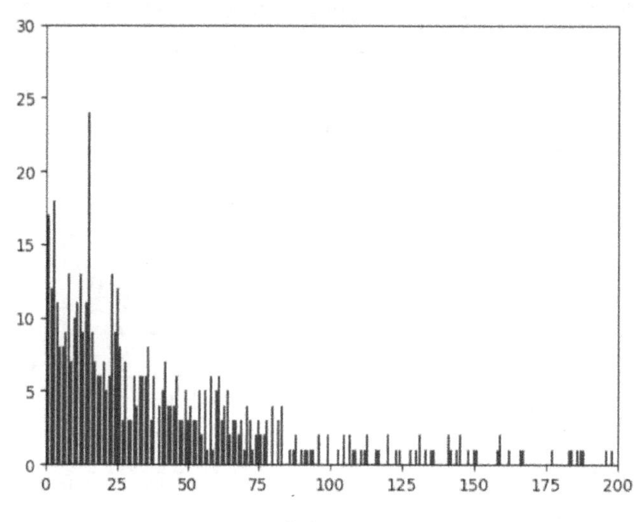

图 16.2　特殊用户反馈分析

16.1.6　整体分析

从直觉上看，最强的特征首先是用户的被关注度，其次是内容，再次是发博时间。做如下测试：计算出每个用户的转发、评论、点赞的均值。在预测时，对于训练集中出现过的用户，直接将均值四舍五入作为预测，对没出现过的用户预测为 0（整体均值）。模型线上得分为 26.49%，可将该模型作为基线 baseline 评定进一下调优的效果。相对于分析信息内容，分析用户行为可能会带来更大的信息增益。

从不同的角度来看：直接可见的是文章，间接可见的是用户的特征。从已有数据可以提取到用户的发文数，各种反馈的均值、方差、关注度、估计粉丝数，以及粉丝对该用户各种文章的反馈；也可以根据不同的反馈（不同的人，身边不同圈子）给用户做聚类。当某个用户的个人信息不足时，取他所属类别的均值。

16.2　中文分析

尽管可以从简单的数据中提取用户信息和时间信息，以达到较高的评分，但赛题中包括了大量的文本信息，而比赛的初衷是希望选手从文本信息中挖掘出有用信息，以及总结文本挖掘的方法。

文本分析是数据分析中的常用技术，常见的文本分析一般有分词、计算 TF-IDF、词性标注、提取关键字、提取摘要、情感分析、比较文本相似度等。其核心是分析连续的文本、抽取关键数据，再进行下一步分析。本节将探讨在机器学习中，中文分析的常用思路和方法。

16.2.1　正则表达式

1. 根据经验提取特征

根据经验提取特征往往是开发者最先想到的，在大多数情况下，其无须复杂算法的处理方法就能达到一定的效果。

对训练数据中的 100 多万条文本做简单的字符串处理，统计得出的结论和人的经验类似：包含表情的博文更容易得到反馈、自己写内容的更容易得到反馈（不带标题，不带链接）、包含链接更多被转发、包含@得到的反馈较少、正文长度与转发量相关……

训练数据中含有链接的占 62%，含有表情的占 13%，含有@的占 24%，可将这些因素都提取成特征。另外，还可以通过观察错误预测的实例，找到一些广告相关的关键字，如“快的打车”“领取红包”“你也来试试手气”“开始报名”等；自动生成博文相关的关键字，如“我上传了”“我更新了”等。

此处用到的主要技术有 Python 提供的字符串处理函数、正则表达式以及 DataFrame 提供的 apply 方法。以提取标题为例，由于转发文章和其他形式的微信反馈有差异，而文章往往包含标题信息，因此可以用以下方法判断博文是否包含标题并将其提取成新的特征。使用 re 库，假设标题是用“##”“【　】”“《》”括起来的字符串，提取标题的方法如下：

```
01   data['c_has_topic'] = data['content'].apply(
02           lambda x: 0 if len(re.compile(r'[#【《](.*?)[#】》]',re.S).findall(x))
             == 0 else 1)
```

注意：尽量使用 DataFrame 的 apply 方法，而不要用 for 循环处理 DataFrame，因为 for 循环迭代访问的速度非常慢。

针对本题中实例大于百万条的情况，用经验提取特征的优势是运行速度快，适用于优化的开始阶段；而缺点是依赖开发者对业务的理解程度，且人的经验只能提取到小部分的关键特征，往往只能从预测错误的实例中寻找线索，如同大海捞针，在后期优化时费时费力。

2. 正则表达式常用方法

根据经验提取特征，虽然不需要使用机器学习算法训练模型，但需要掌握正则表达式的使用方法，以实现较为复杂的判断筛选功能，同时也能提高代码的运行效率以及简化代码。

在大多数情况下，用 Python 处理文本主要是使用其字符串提供的截取、复制、连接、比较、查找、分割等方法，正则表达式则用于更复杂的模式匹配（加强了查找和替换功能）。Python 的正则处理主要使用 re 模块，在使用正则表达式之前需要先加载该模块。

```
01  import re
```

正则表达式有以下常用函数：

（1）re.match 函数。

re.match 函数尝试从字符串的起始位置匹配一个模式，如果匹配成功则返回该匹配对象，如果匹配不成功则返回 None，其语法如下：

```
01  re.match(pattern, string, flags=0)
```

其中，pattern 是正则表达式对象，string 是待匹配字符串，flags 是标志位。标志位的可选项如表 16.3 所示。

表 16.3 正则表达式可选标志位

re.I	使匹配对大小写不敏感
re.L	本地化识别（locale-aware）匹配
re.M	多行匹配，影响^和$
re.S	使“.”匹配包括换行在内的所有字符
re.U	根据 Unicode 字符集解析字符，影响 \w, \W, \b, \B
re.X	忽略正则表达式中的空白和注释

正则表达式对象 pattern 也使用字符串描述，表 16.4 中列出了正则表达式语法中的常用特殊元素，pattern 是正则表达式最核心的部分。

表 16.4 正则表达式语法中常用的特殊元素

^	匹配字符串的开头
$	匹配字符串的末尾
.	匹配除换行符之外的任意字符
[...]	字符集合，匹配[]中的任意一个字符
[^...]	匹配不在[]中的任意一个字符

续表

*	匹配 0 个或多个前面表达式定义的片段
+	匹配 1 个或多个前面表达式定义的片段
?	匹配 0 个或 1 个前面表达式定义的片段
{n}	匹配 n 个前面表达式定义的片段
{n,}	匹配大于等于 n 个前面表达式定义的片段
{n, m}	匹配 n 到 m 个前面表达式定义的片段
a|b	匹配 a 或 b
(...)	将表达式用圆括号分组，特殊符号只影响括号中的区域
(?#...)	注释
\w	匹配数字字母下画线，等价于[A-Za-z0-9_]
\W	匹配非数字字母下画线，等价于[^A-Za-z0-9_]
\s	匹配任意空白字符，等价于 [\t\n\r\f\v]
\S	匹配任意非空字符，等价于 [^\f\n\r\t\v]
\d	匹配数字，等价于[0-9]
\D	匹配非数字，等价于[^0-9]

re.match 函数返回 re.MatchObject 型数据，下例中解析了返回数据：

```
01  ret = re.match('\w', 'A123')
02  print(ret) # 返回结果：<_sre.SRE_Match object; span=(0, 1), match='A'>
03  print(ret.group())                          # 返回结果：A
04  print(ret.start(), ret.end(), ret.span()) # 返回结果：0 1 (0, 1)
```

（2）re.search 函数。

re.search 函数扫描整个字符串并返回第一个成功的匹配，如果匹配成功则返回一个匹配的对象，否则返回 None。其语法如下：

```
01  re.search(pattern, string, flags=0)
```

re.search 函数匹配整个字符串，直到找到匹配项，而 re.match 函数只能从匹配字符串开始。如下例所示：

```
01  string = 'cat and dog'
02  print(re.match('dog', string))
03  # 返回结果：None
04  print(re.search('dog', string))
05  # 返回结果：<_sre.SRE_Match object; span=(8, 11), match='dog'>
```

（3）re.sub 函数。

re.sub 函数用于替换字符串中的匹配项，其语法如下：

```
01  re.sub(pattern, repl, string, count=0, flags=0)
```

其中，repl 是替换的字符串，也可以一个函数；count 是模式匹配后替换的最大次数，默认为 0，表示替换所有的匹配。

下例使用了函数替换方法，将字符串中所有的数字替换成该数字的两倍。

```
01  def double(matched):
02      value = int(matched.group()) # group()返回匹配的字符串
03      return str(value * 2)
04
05  print(re.sub('\d', 'A123', s))
06  # 返回结果：A246
```

（4）re.findall 函数。

re.findall 函数查找字符串中正则表达式所匹配的所有子串，并返回一个列表。如果没有找到匹配项，则返回空列表，其语法如下：

```
01  re.findall(pattern, string, flags=0)
```

（5）re.finditer 函数。

与 re.findall 函数类似，re.finditer 函数在字符串中查找正则表达式所匹配的所有子串，并把它们作为一个迭代器返回，其语法如下：

```
01  re.finditer(pattern, string, flags=0)
```

（6）re.split 函数。

re.split 函数按照能够匹配的子串将字符串分割后返回列表，功能类似于 Python 中字符串提供的 split 功能，不同的是分割符可用正则定义，其语法如下：

```
01  re.split(pattern, string, maxsplit=0, flags=0)
```

其中，maxsplit 为分隔次数，maxsplit=1 即分隔一次，默认为 0，即不限次数，返回结果为字符串列表。

16.2.2　自动提取关键字

1. 分词

文本分析一般以词为单位，与英文不同的是中文的词与词之间没有空格，故在处理时首先要分词。程序实现的方法是把所有词放在一个词典中，通过正向匹配、逆向匹配、双向匹配等方式分词，这种方式经常会产生歧义；也可以利用统计的方法，如 HMM，SVM，通过训练模型分词。

在实际操作中，最常使用的方法是直接调库。有很多在线工具提供 API 来实现自然语言处理功能，效果比离线的好一些，但在处理大量数据时，速度非常慢。离线的常用库有 Jieba，SnowNLP，PyLTP，THULAC，Pynlpir，CoreNLP 等，Jieba 分词的使用方法已在算法章节中介绍。本小节将介绍另一种主流的分词方法——SnowNLP。

SnowNLP 实现了大部分文本分析的常用功能，并且可以自己训练数据。它自带情感分析和关键字提取功能。首先安装 SnowNLP 第三方库：

```
01  $ sudo pip install snownlp
```

以下示例为使用 SnowNLP 给句子分词，并从中提取感情色彩、关键字、摘要、词频等信息。

```
01  from snownlp import SnowNLP
02  s = SnowNLP("跟框架学代码设计，跟应用学功能设计")
03  print(s.words)                    # 分词
04  print(s.sentiments)               # 消极 or 积极，结果为 0～1
05  print(s.tags)                     # 词性标注
06  print(s.keywords(3))              # 关键字
07  print(s.summary(3))               # 摘要
08  print(s.tf)                       # tf
09  print(s.idf)                      # idf
```

以上操作需要较长时间，笔者分析 1000 条博文的用时为 20s，处理所有数据约为 5 小时。可以看到 SnowNLP 提供的功能很多，但其效果一般，在建模初期可利用它提取特征，后期如果认为关键字、感情色彩等因素非常重要，则建议自行训练模型实现。

2. 提取高频词

提取词频往往会想到 TF-IDF 方法，即 TF 计算词在文章中出现的频率，频率高的词更可能是文章的关键字。IDF 通过总文件数目除以包含该词语文件的数目计算，该方法常用于提取文中的关键字。博文最大长度是 140 字，本题数据中内容的平均长度为 74 字，约为 37 个词。在这类短文本中，由于单条博文中一个词反复出现的可能性不大，因此使用了提取高频词并分析是否具有统计显著性的方法。

先提取出现次数足够多的词。由于本例中数据太多，因此从中只抽取了 10%的数据。从中提取词语，在执行过程中用正则表达式去掉仅由字母、数字、下画线组成的词（一般是网址）。

```
01  import jieba
02
03  tmp=data.sample(n = 100000)     # 从数据集中抽样
04  arr = tmp['content'].unique()  # 去除重复博文
05  arr_all = []
06  for i in arr:                   # 将所有词加入 arr_all
07      arr = jieba.lcut(i, cut_all=True)
08      arr_zh = [i for i in arr if len(re.findall(r"^[#\+a-z0-9A-Z
        \\-_]+$",i,re.M)) == 0 and len(i) > 1]
09      arr_all.extend(arr_zh)
10  # 筛选出现 5 次以上的词
```

```
11   arr_word = [key for key,value in pd.value_counts(arr_all).items() if
     value > 5]
```

本例中使用了最基本的关键字提取方法，即从抽样数据中提取、遍历的方法，此方法难免浪费时间和算力，读者可以尝试启发性的思路，如从反馈多的实例中提取，或者从用户粉丝量大，而该条博文反馈却较少的文本中提取关键字。

3. 检查统计显著性

以上程序提取出了 20 000 多个高频词，还需要在其中筛选出有意义的词作为特征，具体方法是针对包含该关键字的博文和未包含该关键字的博文，比较其反馈情况，比较方法使用假设检验。相对于对比均值，这种方法的效果更好，但花费的时间也较长。当其返回的 p 值小于 0.05 时，说明该关键字具有统计显著性。然后筛选显著的特征，由于筛选后关键字还有几百个，因此用 count 限制数量，只使用其中的一部分。

```
01   from scipy import stats
02
03   def get_dic(arr_word, dst, count, data):
04       # arr_word 为关键字数组，dst 为目标变量，count 为关键字个数，data 为数据
05       dic_key = {}
06       for idx,i in enumerate(arr_word):
07           df1 = data[data['content'].str.contains(i)==False]
08           df2 = data[data['content'].str.contains(i)==True]
09           ret2 = stats.levene(df1[dst], df2[dst])
10           if ret2[1] < 0.05:
11               dic_key[i] = [ret2[1], df2[dst].mean(), len(df2)]
12               print(idx, i, dic_key[i], len(dic_key))
13               if len(dic_key) > count:
14                   break
15       return dic_key
```

4. 其他方法

笔者最终使用 GBDT 模型，结合从用户、时间、文本内容中提取的特征，分别对转发、评论、点赞建立了三个模型，前面章节已详述了 GBDT 建模方法，此处不再叙述。

除了上述技术，还有一些思路供读者尝试。

如果提取的关键字中包括一些重复信息，则可以通过计算其相关性进行筛选。

对词可进行进一步的分类以及博文类型的聚类。引入已有的知识体系，如《同义词词林》，它是一本词典，最初目标是提供较多的同义词，对创作和翻译工作会有所帮助。词林把中文词组分为大类、中类和小类，可通过它建立社会、经济、文教等抽象分类。

可以使用分类和回归模型相结合的方法，进一步细化模型。